U0927607

“十三五”国家重点图书
上海高校服务国家重大战略出版工程项目
化学品风险与环境健康安全(EHS)管理丛书
化学法律法规系列
全日制工程硕士参考用书

化学物质管理法规

暨荀鹤　李　明　主编

華東理工大學出版社
EAST CHINA UNIVERSITY OF SCIENCE AND TECHNOLOGY PRESS
·上海·

图书在版编目(CIP)数据

化学物质管理法规 / 暨荀鹤，李明主编. —上海：华东理工大学出版社，2017.7

(化学品风险与环境健康安全(EHS)管理丛书)

ISBN 978-7-5628-5074-8

Ⅰ.①化… Ⅱ.①暨… ②李… Ⅲ.①化学品-危险物品管理-法规-汇编-世界 Ⅳ.①D912.140.9

中国版本图书馆CIP数据核字(2017)第111425号

内容提要

本书主要介绍新化学物质和现有化学物质在世界各主要国家、地区和经济体的法规管理体系。全书共分四篇十六章，第一篇为绪论；第二篇为中国，第一章介绍概况，第二章介绍中国大陆，第三章为香港，第四章为台湾；第三篇为其他国家，第五至第十章分别介绍欧洲、美国、日本、韩国、澳大利亚、东南亚国家；第四篇为风险评估，第十一章为概述，第十二章介绍毒理学基础知识，第十三章为中国风险评估简介，第十四章为欧盟风险评估简介，第十五章为美国风险评估简介，第十六章为其他国家或者国际组织的风险评估简介。

本书适合给参与化学物质法规管理具体工作的企业界人士提供参考，给需要对不同国家、地区和经济体的化学物质法规管理体系进一步了解并进行比较研究的学者和政府官员提供借鉴，并给其他对基于风险评估的化学物质法规管理体系有兴趣的人士提供知识基础。

策划编辑 / 周　颖
责任编辑 / 李芳冰
装帧设计 / 吴佳斐
出版发行 / 华东理工大学出版社有限公司
地　址：上海市梅陇路130号，200237
电　话：021-64250306
网　址：www.ecustpress.cn
邮　箱：zongbianban@ecustpress.cn
印　　刷 / 江苏凤凰数码印务有限公司
开　　本 / 710 mm×1000 mm　1/16
印　　张 / 22.75
字　　数 / 418千字
版　　次 / 2017年7月第1版
印　　次 / 2017年7月第1次
定　　价 / 79.00元

化学法律法规系列编委会

主　任　丁晓阳

副主任　修光利　秦天宝

编委会成员（按姓氏笔画排序）

王红松　石云波　孙贤波　李广兵

李　明　梅庆慧　雷子蕙　暨荀鹤

本册主编　暨荀鹤　李　明

编写人员（按姓氏笔画排序）

丁晓阳　李群英　张　静　周纪标

郑洁华　皇甫平燕　钱立忠

序　言

随着化学品在社会生活中的广泛应用，各国政府、国际组织及商业机构组成全球工作网络致力于提高化学品的安全使用。1992 年由联合国环境规划署在巴西里约热内卢召开的全球环境与发展大会（UNCED）上通过的《21 世纪议程》第 19 章“有毒化学品的无害环境管理”提出“生命周期管理”“优先控制对象”等重要原则，以及扩展和加快化学品风险评价、统一化学品分类和标识、加强化学品风险信息交流等管理计划。欧盟于 1999 年发布《未来化学品政策战略》白皮书，追求对人体健康和环境品质提供高水平保护，确立期限分批获得所有化学品的危险特性，企业对化学品的安全负责，延伸生产链上的责任，对关注度极高的化学物质实施许可，对使用时风险高的化学品实施替代。当时欧盟化学工业产值占全球第一位，行业贸易顺差为 120 亿欧元（1998 年数据），保持和提高欧盟化学工业的竞争力也是化学品政策的重要目标。欧盟认为，经济发展的目的是为了人类生活，开发更安全的化学品是绝对必要的，也能够鼓励创新、促进化学工业的竞争力。法规是塑造化学企业创新行为的主要因素，2006 年欧盟《化学品的注册、评估、授权和限制指令》（REACH）的颁布建立了统一的、覆盖化学品全生命周期的安全管理体系，将欧盟市场上 10 多万种化学物质及其下游产品纳入注册、评估、许可、限制等管理体系，对进入市场的所有化学品进行预防性管理。2007 年，欧盟成立专门的化学品管理局（European Chemicals Agency，ECHA），作为所有化学品注册的主管机构直接向欧盟委员会报告工作，对 REACH 法规的技术、科学和行政方面进行有效管理。至今归属 ECHA 直接管理的法规还包括欧盟《物质和混合物分类、标签与包装指令》（CLP）、欧盟《生物杀灭剂产品指令》（BPR）、为执行鹿特丹公约而制定的欧盟《事先知情同意指令》（PIC）。美国早在 1976 年通过的《有毒物质控制法》（TSCA），赋予美国环保署监管生活消费品和工业中使用的化学制品的权力，但 TSCA 允许新的化学制品在未经详细审查的情况下进入生产流程，在保护力度上与 REACH 不可同日而语。2016 年，TSCA 改革法案在美国国会高票通过，随后由总统签署生效，即《弗兰克·劳滕伯格 21 世纪化学物质安全法案》，该法案首次规定，对于所有活跃于商业市场的化学物质，其安全性必须得到审核。在亚洲，各工业化国家及部分发展中国家和地区近年来相继建立化学物质管理目录和法规，韩国、我国台湾地区等积极开展了全面管控的类 REACH 制订工作，这在本书中均有介绍。各个工业化国家在化学品立法上也不断完善发展，一方面是经济和生活水平提高后民众对健康和环境保护要求的提升，另一方面也是化学行业的持续发展在材料、添加剂等领域深入人们日常生活的一个缩影。

中国政府也积极开展化学品环境管理和安全管理的立法与监管工作。公安部于 1994 年发布《易燃易爆化学物品消防安全监督管理办法》，从消防安全角度对易燃易爆化学物品的生产、使用、储存、经营、运输的消防监督管理作了具体规定。为执行《伦敦准则》，1996 年，国家环保总局联合海关总署和对外贸易经济合作部联合制定了《化学品首次进口及有毒化学品进出口环境管理规定》，后经不断修改，定期更新的《中国严格限制进出口的有毒化学品目录》已成为业内重要的守法合规依据。其中，化学品首次进口的规定则转化为 2003 年制定、2009 年修订的环保部规章《新化学物质环境管理办法》中普遍适用于进口与国内生产的新化学物质的规定。2002 年，《危险化学品安全管理条例》首次颁布实施，其重点在于全面安全管理危险化学品，国家安检总局为主要实施部门，并于 2013 再次修订。在化学品分类制度之前，危险货物分类和标签制度实际适用范围超过了货物运输领域，在仓储乃至工业应用领域提供了安全信息沟通的基础分类体系，危险货物法规性要求较早见 1986 年的《GB 6944 危险货物分类和品名编号》，如今化学品分类采用 GHS 体系，危险货物法规在原有框架内发展，看似花开两朵、各展一枝，实际上两个法规体系在一些具体领域还有着微妙关系。而化学品在下游产品应用领域的法规更具独立性，农药登记制度起源于 20 世纪 70 年代，工业领域的生物杀虫剂管理制度在国内还付之阙如，下游产品应用安全与化学品风险管理之间的有机联系在法规和管理层面还认识不足。化学品法律法规是化学品良好管理的立法手段，也是界定法律权利和义务的重要依据。2010 年起，中国化学工业产值已位居全球各国第一，日益增多的新化学物质在日用品中应用，并进入自然环境，中西部广大地区随着生活水平的提高也大量使用来源于化学品的工业制品。化学品法律法规数量众多，历时弥久，条规复杂，跨越安全、环境和生态保护、人体健康等多个领域，在一定意义上需要高瞻远瞩的整理和编纂，监管体制也有着综合协调和加强优化的空间，以应对日益突出的化学品环境和安全管理挑战。2016 年 12 月国务院办公厅印发《危险化学品安全综合治理方案》，要求进一步完善危险化学品安全法律法规体系，推动制定加强危险化学品安全监督管理专门法律，梳理涉及化学品的现有法律法规，同时要求研究完善危险化学品安全监管体制，加强系统监管。以此为信，我国更加全面有效的化学品法律法规和监管体系正在进一步塑造形成中。

知悉武汉大学环境法研究所与华东理工大学资源环境学院联合组织编写

《化学法律法规系列丛书》，阐释化学品的分类、标签、包装、测试鉴定规定，相关危险货物法规，化学物质管理法规，化学物质在农药、食品、化妆品等下游产品应用安全法规，国际化学品条约及前沿政策，化学品实验中的动物保护法规，化学品管理相关民事和刑事法律责任等化学品法律法规各个领域内容。编写成员中有化学、药学、医学和法学各相关专业博士坚实的学识背景，集合了欧美跨国化工公司负责全球、亚太区或中国区的法规事务高管，也吸引了政策咨询机构和监管部门专家参与，编写队伍跨传统专业分工、跨行业职能视角，有助于知识切实新颖、体系全面精当、内容有机呼应、论述准确到位，全套丛书蔚为壮观。作为化学品法律法规领域耕耘多年的一名老兵，在化学品环境管理和安全管理日益为党中央、国务院重视的今天，我对丛书的面世甚为欣慰。

受丛书编委会委托，提笔为序，并乐于推荐本书为化学品法律法规领域各位人士阅读。本册有如下特点。

一是在丛书架构中承上启下，作用独特，对于化学品法律法规从业人士而言深具阅读价值。借鉴联合国经济和社会理事会 60 年来主导下发展起来的危险货物分类和标签体系，并参考化学品管理先进国家经验，近 10 年来，化学品分类和危害信息沟通以全球协调体系 GHS 规范为指引，在各工业化国家已逐步达成共识，这些法规内容均将在丛书第 1 册介绍。本册所介绍的化学物质管理包括新化学物质和现有化学物质管理，借助 GHS 危害分类体系，从化学物质的研发和市场化开始，识别各类危害信息，根据其被引入人类社会和环境的量级适用不同的测试数据要求，依照特定的产品使用场景进行人体健康和环境风险评估，并确定环境管理的不同要求。在此基础上，中国也建立了基于危害性分析的危险化学品名录，实施全面安全管理；与此平行，消耗臭氧层物质、化学武器公约控制化学物质等特定领域化学品环境管理和安全、安保管理的法规构成化学物质管理的另一部分。丛书第 3 册在前册基础上深入化学品下游应用领域，如化妆品、食品、汽车材料、涂料、药用辅料等的管理措施。这些领域和老百姓的日常生活有着密切关系，其中使用化学品的安全性常常是社会热点话题，不断完善化学品在产品应用中的风险控制法规也正是政府管理职能的有效体现。第 4 册以法律和政策视角，回顾国际化学品公约及政策发展，兼论化学品相关 WTO 技术性贸易壁垒和化学品进出口贸易合规，并从知识产权、行政法、司法诉讼等角度全面阐释化学品管理法规，揭示化学品法规社会经济影响的法律意旨，结篇合题。

二是本册体系新颖，框架要素全面。编者立足于大中华地区，介绍中国大陆、香港特别行政区和台湾地区的化学物质管理法规，国内现有化学物质的注册和风险评估法规尚未建立，因此该部分内容起步于新化学物质管理，同时放眼化学法律法规全局，国内危险化学品、易制爆、易制毒化学品、高毒物品、消耗臭氧层物质等管理法规也是从化学物质角度进行环境管理和安全管理的有机组成部分，在本丛书的体系中与化学物质的注册与管理可以等同视之，编写者巧妙地将其共同列为化学物质管理法规的一部分。再者，编写者注意学习借鉴先发国家和地区的经验，如欧盟 REACH、美国 TSCA，以及和中国经济产业联系紧密的亚洲诸国化学品管理法律等。主编更加匠心独运，在本册中介绍了风险评估和毒理学基础，为有志于深入了解化学物质风险管理背后的风险评估依据者提供了紧扣法规的实用科学知识。

三是著述者积极分析思考，论述严谨可靠，内容实用易懂。如编者全面整理各国化学物质管理法规，分析“正向目录”和“负向目录”的名实，并探讨各国规定异同背后的产业和社会经济背景，以及历史发展在今日法规形态上留下的痕迹。再如“高毒物品管理”一节中，作者全面了解相关法规和标准，在此基础上条分缕析，阐释了高毒物品与剧毒化学品、公安行业标准剧毒物品等立法目的、划分标准的不同，得出“高毒物品”是职业卫生领域基于职业病社会风险而实施的优先性管理物品目录的结论，帮助读者在实践中避免迷惑，本节在细节上揭示了高毒物品目录、国标工作场所有害因素职业接触限值中的化学有害因素，与危险化学品目录中存在多个化学物质辨识信息（CAS）不一致的瑕疵，在宏观上指出职业卫生领域和化学品管理领域风险评估方法论和基础数据的趋同正促进两个目前相距较远的法规在一定层面的结合。著述者们通过详尽的尾注、脚注提供了参考文献信息、部分词语解释、背景资料、易混淆的知识点说明和实务常用参考信息，分享了许多法规未详尽规定、但合规需要了解的解释、说明及实务经验。这种严谨求实、准确专业的文风有力保障了作品的品质。

在此，我衷心祝贺丛书编委会主任丁晓阳先生，武汉大学环境法研究所所长、法学院副院长秦天宝教授，华东理工大学资源环境学院院长修光利教授，本册主编暨荀鹤博士和李明女士及各位参加编写的专家，诚愿本书能促进化学品法律法规领域学者、监管人员、企业实务工作者的专业交流和共识凝聚，推动化学法律法规体系和监管体系进一步完善发展，也期待着更多科研院所和企业研发生产环境友好、安全健康、风险可控的化学品，基于科学和理性的化学风险沟通更加有效顺畅，让化学品管理为建设“美丽中国”发挥积极支撑作用。

国务院发展研究中心资源与环境政策研究所副所长
常纪文
2017 年 2 月

前　　言

化学品[①]与人类的生产生活息息相关、密不可分，但是人们对于其所含的化学物质的认识却远远没有达到清楚了解其所有特性的程度。在生产、使用、储存、转移和处置化学品的过程中，人们逐渐认识到化学品除了给人类的生产生活带来极大便利的同时，其一些危害特性也对人体健康和环境造成了不良影响。因此，如何安全管理，从而合理地最大化应用化学物质，逐渐受到了世界各地政府管理机构的关注。

随着化学工业及其国际贸易的蓬勃发展，从 20 世纪 70 年代开始，不同国家、地区和经济体陆续针对化学物质进行立法，希望通过合适的方式对化学物质的生产、使用、储存、转移（包括国际贸易）和处置等环节进行管理。

本书试图通过对世界各个主要国家、地区和经济体对于化学物质管理法律法规的梳理，帮助读者了解其各自所采取的管理体系。同时，我们也期望本书能给参与化学物质管理具体工作的企业人士提供参考，给需要对不同国家、地区和经济体的化学物质管理体系进一步了解并进行比较研究的学者和政府官员提供借鉴，并给其他对基于风险评估的化学物质管理体系有兴趣的人士提供知识基础。

本书共包括四篇内容。

第一篇绪论，综述本书的内容。这一篇由暨荀鹤编写。

第二篇中国，主要对中国大陆、香港特别行政区和台湾地区的化学物质管理法规进行介绍。其中第一章对中国的化学物质管理进行概况介绍。这一章由暨荀鹤编写。第二章介绍中国大陆的化学物质管理法规，包括新化学物质的管理（暨荀鹤、李明）、危险化学品的管理（钱立忠）、易制爆危险化学品管理（周纪标）、易制毒化学品的管理（郑洁华）、高毒物品的管理（丁晓阳）、消耗臭氧层物质的管理（张静）、监控化学物质的管理（李群英）、中国民用爆炸品管理（周纪标），也涵盖部分地方化学品管理法规——上海市危险化学品禁限控目录（丁晓阳）。第三章介绍香港特别行政区对于化学物质的管

① 在本书中，会看到化学品和化学物质两个概念。一般市场上的化学品，尽管有纯物质的情况，更多的情形下是多个化学物质的混合物。在不同国家、地区和经济体，绝大多数法规针对的是化学物质的管理，但是也有法规针对化学品进行管理。本书的编写者们在编写时尽量将关于对化学品与化学物质的管理在陈述时区分开来，读者在阅读时，需要注意这种情况的存在。

理。这一章主要由张静编写。第四章则介绍了台湾地区对化学物质的管理，这一章由李明编写。

第三篇其他国家，包括了世界主要的对化学物质有管理法规的化学物质生产和/或进口大国。第五章介绍欧洲对于化学物质的管理情况，欧盟《化学品的注册[①]、评估、授权和限制》（REACH）法规。第六章介绍美国的化学物质管理法规，以《有毒物质控制法》（TSCA）为主。这两章主要由皇甫平燕编写。第七章介绍日本的化学物质管理体系，包括《化学物质审查与生产控制法》（化审法，CSCL）、《工业安全与健康法》（安卫法，ISHL）、《特定化学物质环境排放量登记等管理法》（化管法，PRTR）、《有毒有害物质控制法案》（毒剧法，PDSCL）及相关的评估方法等。第八章介绍韩国的化学物质管理体系，包括《化学物质控制法案》（CCA）和《韩国化学物质注册与评估法案》（K-REACH）等。这两章由暨荀鹤编写。第九章介绍澳大利亚的化学物质管理体系，即其国家工业化学品申报与评估计划（NICNAS 计划）等。这一章由张静、暨荀鹤编写。第十章则介绍东南亚诸国，包括泰国、菲律宾、越南、新加坡、印度尼西亚等几个国家对于化学物质的管理。这一章由李明、暨荀鹤编写。

第四篇风险评估，介绍风险评估的基本思路和方法。第十一章对风险评估进行概述。第十二章则介绍毒理学的基础知识，包括绪论、毒效动力学、毒代动力学和毒理学实验。第十三章对中国的风险评估作简单介绍。第十四章介绍欧盟的风险评估体系，包括其发展沿革、方法和相关的模型和软件。第十五章介绍美国的风险评估框架，包括其发展过程、方法和模型。第十六章则介绍其他国家、地区和经济体的风险评估方法，包括经济合作和发展组织（OECD）、世界卫生组织（WHO）、加拿大、澳大利亚和日本。这一篇由暨荀鹤编写，李明、张静也做了极大的贡献。

在纷繁浩杂的法律法规中整理编写本书，其中所倾注的心血和时间是巨大的，在这里我由衷地向各位编写者及其家人表示万分的感谢并向诸位致敬。为了能够给读者们呈现一个系统的、全球性的化学物质管理法规概览，他们完全牺牲了个人有限的休息时间，甚至牺牲了大量的与家人共处的宝贵时光，在利用了各种可以利用的时间片段的情况下，前后投入了 3 年多的时间，完成了本书的编写工作。此外，还需要向协助本书编写工作的，无私地提供信

---

① 在本书中，读者们会看到诸如注册、登记、申报、登录等来表示申报人或者注册者向主管机构递交申报或者注册文档，供主管机构审查，完成化学物质的申报或者登记。本书中将尽量在相应的章节中依据主管机构自身发布的称谓，或者比较约定俗成的说法进行编写。为了方便读者的阅读，特此说明。此外，读者在本书还会看到备案，这一词代表的实践活动与申报或者注册不同。申报人或者注册者只需要向主管机构提交相应文档，即被认为完成了备案。望读者在阅读时留意。

息并解答相关疑问的冲田真规子、禹蓮河、Kevin Doherty、Pichai Poomsith等国际友人表示衷心的感谢。最后还要感谢华东理工大学资源环境学院和武汉大学法学院环境法研究所在本书编写中提供的指导与帮助。

同时，需要指出的是，尽管各位编写者竭尽所能，以期为读者整理相关的化学物质管理法律法规，但是由于时间紧张以及编写者对于相关知识掌握的局限性等原因，本书难免有力所未逮而致不足之处，例如对于像加拿大、瑞士、俄罗斯、土耳其、新西兰、马来西亚、南亚次大陆、南美洲等国家和地区的化学物质管理法规未能在本书中一一呈现给读者。对此，编写者们甚感遗憾，只能在此请读者原谅，亦希望读者能不吝麻烦，向本书的编写者们指出本书中存在的问题与不足之处。我们期待在本书的再版过程中能够一一补充修正。

此致!

编者

2017 年 1 月

目　录

第一篇　绪　论

第二篇　中　国

第三篇　其他国家

第四篇 风险评估

第一篇
绪论

一、背景

从纺织纤维、染料与颜料、家居材料、洗涤用品、建筑材料到杀虫剂、消毒剂、农药、化妆品、药品、食品等，可以说，化学品已经与人类的生产生活息息相关、密不可分。化学品的生产与使用极大地丰富了人们的生产生活水平，为人类文明做出了重要的贡献。这一切要归功于在过去的数个世纪，尤其是20世纪，化学工业得到了长足的发展。化学工业已经成为世界经济的支柱之一，化学品的贸易也是国际贸易中举足轻重的重要组成部分。

但是人们对于化学品中所含化学物质的认识却远远没有达到清楚了解其所有特性的程度。过去的几十年，在生产、使用、储存、转移和处置化学品的过程中，尤其是在一些误用、滥用、事故或者不当的处置方式下，人们逐渐认识到化学物质除了给人类的生产生活带来极大的便利之外，其具有的一些危害特性也会（或者已经确定）对人体健康和环境造成不良影响。因此，如何安全管理，从而合理地最大化应用化学物质，逐渐受到了世界各地政府管理机构的关注。

从1972年开始，联合国通过了《联合国人类环境会议宣言》，呼吁各国政府和人民为了维护并改善人类所居住的环境，造福全体人民和后代们而共同努力。随后，世界各个主要国家、地区和经济体逐渐开始对化学物质管理进行立法，例如1973年日本首先颁布了《化学物质审查与生产控制法》（简称《化审法》CSCL)；或者设立了相应的化学品管理计划，例如1971年经济合作与发展组织（OECD）即已开始制定其化学品计划；对于一些已经有共识的化学物质的危害，国际社会缔结了相应的公约，例如1985年制定的《保护臭氧层维也纳公约》、1987年的《关于消耗臭氧层物质蒙特利尔议定书》以及1989年为了控制危险废物的非法国际运输制定的《关于控制危险废物越境转移及处置的巴塞尔公约》等。

1992年6月，联合国环境规划署（UNEP）在巴西召开的全球环境与发展大会上提出，化学品安全问题是21世纪人类社会、经济和环境可持续发展的高度优先问题。大会发布了《里约环境与发展宣言》和《21世纪议程》文件。在《21世纪议程》文件中第19章“有毒化学品的环境无害化管理”中提出了环境无害化管理的基本方向，并提出了“公众知情权”“利益相关者参与”以及“科学在环境决策中重要性”等一系列指导原则。该文件还提出了加强各国化学品安全管理与国际合作的六个计划领域，即扩大和加速化学品风险的国际评价工作；协调统一化学品的分类与标签；加强有毒化学品和化学品风险的信息交换；制定降低化学品风险的计划；加强各国化学品管理的能力建设；防止有毒和危险化学品的非法国际运输。

之后，联合国环境规划署又于 1998 年和 2001 年分别通过了《关于在国际贸易中某些危险化学品和农药实行预先知情同意程序鹿特丹公约》和《关于持久性有机污染物斯德哥尔摩公约》（POPs 公约）。并于 2000 年 10 月在巴西的巴伊亚萨尔瓦多举行的政府间化学品安全论坛（IFCS）第三届会议上通过了“巴伊亚化学品安全宣言”，重申了对《里约环境与发展宣言》以及《21 世纪议程》中关于化学品安全的承诺，并通过了“2000 年以后各国化学品管理行动重点”文件。

2002 年 8 月 26 日至 9 月 4 日，在南非约翰内斯堡召开了联合国可持续发展世界首脑会议，各国政府首脑通过了一份《执行计划》文件，再次重申对《21 世纪议程》所述内容做出的承诺，要求对化学品及危险废物进行科学健全的管理，以促进可持续发展，保护人类健康和环境。该执行计划要求确保在 2020 年利用具有透明度的科学风险评估和科学风险管理程序，尽可能减少化学品对人类健康和环境产生严重的有害影响。随后在 2003 年 2 月 7 日，根据《执行计划》的授权，联合国环境计划署通过第 22/4 号决议，制定国际化学品管理战略方针（SAICM），以推动全球的化学品管理。

近几十年，在全球的大环境下，不同的国家、地区和经济体也相继开始或者加强在化学物质管理方面的立法。这些法律法规的诞生，对于各个国家、地区和经济体内的化学物质管理起到了非常积极的作用；但是也有其不足之处，主要在于，由于每个国家、地区和经济体的情况不同，所建立起的化学物质管理体系的细节各自不同。随着全球化进程的加速，这种管理差异引起的不便越来越显著。例如化学品的全球性的运输、化学物质生产或者加工工厂的国际转移等，都会涉及对于该化学物质的管理要求的变化。如何符合不同国家、地区和经济体对于同一个化学物质的差异化管理，是化学工业甚至也是各个国家、地区和经济体的管理机构面临的重要挑战。

本书的编写者们恰恰处于这一挑战的最前沿，并在应对这一挑战的实践中，积累了丰富的经验，为本书的编写提供了一个难得的契机，系统地整理这些年来的实践经验，记录并分享给学术界同行以及化学物质管理者们作为参考。

二、正向名录和负向名录①

为了便于对化学物质的管理，立法者往往会确定一系列的化学物质名录。从这些名录的要求来看，主要分为两种：正向名录与负向名录。

---

① 这里指含有化学物质的列表，在不同的国家、地区和经济体，这样的表被称为清单（list）或者目录（inventory），而国内相应的翻译有清单、目录、列表、名录等，在本书此处为了方便，只用名录一词。下文中，根据常用的或者习惯说法保留清单、目录、列表等说法。望读者在阅读时留意。

正向名录为现有化学物质名录，在中国、欧盟、美国、日本、韩国、加拿大、澳大利亚、新西兰、菲律宾、瑞士等国家及中国台湾地区都发布了现有化学物质名录；最近土耳其、墨西哥、巴西、泰国、越南等国家也在提出或者准备提出现有化学物质名录。列入名录中的物质一般不需要再进行登记或者注册。而未列入现有化学物质名录的，则需要进行相应的登记或者注册。当然也有例外，像欧盟的《化学品的注册、评估、授权和限制》（REACH）法规，以及韩国和中国台湾地区的类 REACH 法规对于现有化学物质也有登记或者注册的要求。

这些登记或者注册往往需要申报人提供足够的信息，以便化学物质的管理机构能够判断该化学物质的危害性与使用该化学物质可能存在的风险，从而能够为对该化学物质进行适当的后续管理提供依据。为了能够获得有关该化学物质的足够危害性信息以及必要时进行的危害性评估，申报人或者管理机构会对该化学物质进行相应的理化性质、毒理学与生态毒理学测试，再通过推导获得该化学物质对人体健康或者环境存在不良效应的剂量或者浓度限值。此外，申报人或者管理机构还需要了解并掌握该化学物质使用时的情形，必要时还需要对该化学物质进行暴露评估，通过估算或者实测方法，获得人群或者环境中该化学物质的浓度。通过比较推导的危害效应剂量或者浓度，以及估算或者实测到的化学物质浓度，对该化学物质进行风险评估。

负向名录则指各个国家、地区或经济体禁止、限制、需要进行许可或者授权等名录，列在这些名录上的化学物质的生产、进口、转移、运输、储存或处置等将受到相应的限制。负向名录的来源比较复杂，有的来自在历史中观察到的或者被证实的化学物质的危害性，例如消耗臭氧层物质（本书第二篇第二章第六节）；有的由于该化学物质在该国家、地区或者经济体发生过灾难性的事故，例如日本化审法下的第一类指定化学物质中的多氯联苯类物质（第三篇第七章）；有的则是通过详细的风险评估之后列入相应的化学物质管理名录，例如欧盟的 REACH 法规，明确规定化学物质经过风险评估之后，根据评估的结果，将可能被归类到高度关注物质（SVHC）候选清单中，对于该化学物质的使用将被限制和/或仅被授权应用于特定的用途，最终可能被替代。

此外需要强调的是，这些名录是动态的、并在不断地更新的。而且，在不同国家、地区和经济体之间，名录所列入的化学物质往往是有很大差异的。这种差异性往往是化学物质管理实践中所产生的挑战的主要来源。

三、本书的结构

各个国家、地区和经济体的化学物质管理法规庞杂，因此，本书也未能穷尽所有国家、地区和经济体的所有法规，甚至由于时间上的原因，一些较重要的国家，例如加拿大、瑞士、俄罗斯、新西兰、马来西亚、南亚次大陆、墨西哥、巴西等均未能在本版中体现，甚为遗憾。本书的编写者们期待能够在今后的更新版本中加入这些国家、地区和经济体的相关内容。

在编者看来，同时拥有正向名录和负向名录的双重管理体系具有实践上的便利性，现有化学物质名录的存在，可以帮助管理机构明确，其主要的新增工作内容集中在未知其危害特性与使用时的风险的新化学物质上；而负向名录的存在，可以帮助管理机构设计明确的规则，并对已经获知其危害特性的严重性，或者使用时面临的风险的化学物质进行分类管理。两者的结合大大地提高了化学物质管理机构的管理效率，从而使管理机构的主要精力集中于未知危害特性或者使用时面临的风险的化学物质的管理上来。

而有些国家和地区基于自身化学物质来源构成的特点，例如本身境内并非生产新化学物质的场所，或者本身更多的是化学物质的使用方，则主要采用负向名录来进行化学物质的管理。尽可能地将有限的资源集中于已知其危害特性的、需要特殊关注的化学物质，这也不失为一种有效的管理模式。

对于现有物质的管理，目前欧盟的 REACH 法规的要求相对较高，需要对所有的现有化学物质进行注册，并且要求注册人提交相应的数据和风险评估报告，来证明使用该化学物质的风险是可控的。类 REACH 的法规，如韩国的 K-REACH 和中国台湾地区的 TW-REACH 分别要求对特定数量的现有化学物质进行注册，并提交相应的危害数据和风险评估报告。日本则由政府主管机构[①]根据收集到的化学物质年生产/进口量的信息，进行筛选评估。美国的 TSCA 即将修订，可以继续关注在修订后的法规下，是否会对现有化学物质的管理进行相应的调整。

在上述各个法规的介绍中，风险评估的原则被反复提及。对于风险评估在化学物质管理中的应用和发展，正体现了在 2002 年联合国可持续发展世界首脑会议所通过的《执行计划》，对于具有透明度的科学风险评估和科学风险管理程序的要求。因此，本书在第四篇对风险评估的基本思路和方法进行了介绍。

本书不涉及对于化学物质及化学品的分类、危险货物、鉴定等内容。有关这方面内容请关注本系列丛书第一册。

本书不涉及对于化学物质在具体的应用中的管理。因为化学物质的应用类别种类繁多，其中与人类生产生活密切相关的领域，例如药品、农药、化妆品、食品及食品添加剂、肥料以及一些特殊的用途，例如阻燃剂、对汽车

---

① 在不同国家、地区和经济体的政府文件中及相应的翻译文字中，对其化学物质主管机关也有称为主管机构、主管部门等的，在本书中，为方便阅读，统一为主管机构。

行业的可挥发性有机物等也有相应的法规进行管理。有关这方面的内容请关注本系列丛书第三册。

本书未从国际法和国际政策角度阐述化学品条约和管理战略，不涉及化学品进出口贸易合规、商业信息保护、化学品相关民事侵权诉讼和刑事诉讼等内容，相关内容见本系列丛书第四册。

第二篇
中国

第一章

概　况

改革开放以来，随着社会经济的发展，中国大陆的化工产业得到了巨大的发展。到2013年，中国大陆化学工业规模以上企业合计达26 235家，主营业务收入合计达8万多亿元，固定资产投资达3.5万亿元，进出口贸易总额达3 500亿美元，其中进口金额1 945亿美元，出口金额1 555亿美元。化学品与人们的日常生产生活已经息息相关，而且人们对化学物质可能产生的潜在危害的担心也与日俱增。而中国香港地区作为全球著名的贸易中心，化学品的吞吐量也非常可观。中国台湾地区在20世纪长期的经济发展过程中，已成为亚太地区重要的化学工业和制造业基地之一，拥有完备的工业体系，每年的化学品的生产量与进出口量都非常大。因此，海峡两岸和香港根据各自不同的特点，对化学物质的管理都非常重视，并颁布了一系列的法律法规。在本篇中，即分别对中国大陆（第二章）、香港地区（第三章）和台湾地区（第四章）有关化学物质的管理法规进行介绍。

中国大陆对于化学物质的管理目前仍处于多部门、多层级统筹协调管理的模式。有关化学物质的具体管理部门涉及环境保护部、安全生产监督管理总局、工业和信息化部、农业部、卫生与计划生育委员会、质量监督检验检疫总局、海关总署、公安部、交通运输部、商务部、工商行政管理总局、邮政总局等一个或者多个不同部门。同时，在相关的法律法规中一般都会要求中央、省、市（地）、县（区）各级政府的相关部门根据各自的职责范围，履行相应的管理责任。

从管理的对象来看，对化学物质的管理法规可以分为对新化学物质进行管理的环境保护部《新化学物质环境管理办法》（即7号令①）；对危险化学品进行管理的国务院《危险化学品安全管理条例》（即591号令）及根据591号令的要求对特殊的危险化学品进行管理的法规，如公安部《易制爆危险化学品名录》等；对易制毒化学物质进行管理的国务院《易制毒化学品管理条例》（即445号令）；根据《中华人民共和国职业病防治法》以及《使用有毒物品作业劳动保护条例》，由原卫生部制定的《高毒物品目录》；根据签署的相关

---

① 最早发布的法令编号会有不同，这里引用其业内常用的法令编号（本章下同）。

国际公约，对消耗臭氧层物质进行管理的国务院《中国逐步淘汰消耗臭氧层物质国家方案（修订稿）》及根据该方案，由原国家环保总局、原对外贸易经济合作部、海关总署颁布的《关于加强对消耗臭氧层物质进出口管理的规定》；对化学武器原料进行管理的《中华人民共和国监控化学品管理条例》等。此外，还有一些法规由于历史原因设立，之后因应社会的发展进行修订并继续用于对一些特殊化学品的管理，例如对民用爆炸品进行管理的国务院《民用爆炸物品安全管理条例》（466 号令）。同时，在省（直辖市、自治区）一级，管理部门会根据需要制定相应的法规对化学物质进行管理，例如上海市制定了《上海市禁止、限制和控制危险化学品目录》对危险化学品进行相应的管理。

第二章选择了通过管理对象的不同来梳理中国大陆的化学物质管理法规，并尽可能地对这些法规的出处及其历次修改以及各个法规的主管机构进行了呈现，以便于读者能够了解这些法规出台的背景、法源及其沿革。这样，读者对于这些法律法规为何会选择采用该种管理方式会更容易得到深入的了解。

第三章对中国香港地区的化学物质管理法规进行了介绍。中国香港地区对化学物质的管理相对而言更加直接。对于香港地区来说，其化学物质更多的是通过进出口贸易方式暂时存储的，其境内并没有大规模的生产、加工工厂，因此香港对化学物质的管理主要集中在对危险化学物质的管理上。《有毒化学品管制条例》对于持久性有机污染物和一些事先知情的危险化学物质，以及消耗臭氧层物质进行相应的管控。此外，为了减少并防止可能引起的光化学污染①，香港地区对于具有挥发性的有机化学物质也有相应的管理。

第四章介绍了中国台湾地区的化学物质管理法规。中国台湾地区由于存在大量的化学品生产和贸易企业，也拥有完备的制造业体系，其涉及化学物质接触的情形相对更加复杂，随着岛内陆续出现化学物质的使用或者误用导致工人受到伤害的事件频发，因此台湾地区对化学物质的管理也逐渐重视。《劳工安全卫生法》和《毒性化学物质管理法》分别于二十世纪七八十年代颁布，以确保工人的安全及健康，并对一些具有特定危害性的化学物质进行管理。随着 21 世纪发生的一系列的职业安全事故，台湾化学物质主管机构意识到，对台湾地区的化学物质管理，尤其是新化学物质的管理仍然存在漏洞，因此，台湾地区的劳动部于 2013 年对《劳工安全卫生法》进行修订，更名为《职业安全卫生法》，并于 2014 年出台《新化学物质登记管理办法》；同样，

---

① 挥发性有机化学物质被认为可以促进臭氧与烟雾的形成。在阳光（紫外线）的作用下，挥发性有机化学物质与氮氧化物产生光化学作用，会在大气低层形成臭氧与烟雾。洛杉矶于 1943 年、1952 年 12 月、1955 年 9 月分别发生过三次严重的光化学烟雾污染事件，造成上千人的死亡。洛杉矶的光化学烟雾污染事件催生了美国的《清洁空气法案》。

2013 年，台湾地区的环境保护署也更新了《毒性化学物质管理法》，并于 2014 年出台《新化学物质及既有化学物质资料登录办法》。这两个新法规的实施，预示着台湾地区对化学物质的管理进入了一个新的模式，强化了对于化学物质的全面管理。也成为海峡两岸和香港在化学物质管理模式上最接近欧盟 REACH 的一种方式，因此，在本书中将其归为类 REACH 法案。

海峡两岸和香港对于化学物质的管理模式具有明显的差异。这种差异既有历史的管理模式的传承上的原因，例如中国大陆的一些法规始于历史上的特殊时期，并通过相应的修订以适应时代的需要，从而存续下来；或者由于海峡两岸和香港各自面临的化学物质生产或者贸易上的不同情形，例如香港地区由于其化学物质的贸易方式的特殊性，主要是作为过境货物，因此其相应的法律法规相对简单、直接。

此外，随着社会经济生活的发展，世界上任何一个国家、地区和经济体都不再孤立于全球贸易之外，而是相互之间存在着紧密的联系。所以每个国家、地区和经济体在制定自己的法律、法规或者政策时，会对照其他国家、地区和经济体的相应法律法规。正因为这个原因，本书的第三篇将会继续介绍世界其他国家、地区和经济体对于化学物质管里的模式，“他山之石，可以攻玉”。

随着社会经济的继续发展，相信现有的法律法规体系也不是一成不变的。相关的法律法规可能会随着时间的推移被有关管理部门重审、修订；也有可能会有新的法律法规出台，来适应社会经济发展的变化。本书的编者们期望在今后的再版中，可以融入这些新的法律法规，或者法律法规的新的变化或者趋势，以飨读者。

第二章 中国大陆

第一节 新化学物质管理

中国对新化学物质的管理可追溯到1994年3月16日由原国家环境保护总局[①]牵头，同海关总署和原对外经济贸易部[②]联合颁布，1994年5月1日正式实施的《化学品首次进口及有毒化学品进出口管理规定（环管（1994）140号）》。该法规要求出口商或其代理人向中国出口其未曾在中国登记的任何化学品（农药除外[③]），需向原国家环境保护总局申请该化学品首次进口[④]环境管理登记，取得《化学品进（出）口环境管理登记证》；未取得《化学品进（出）口环境管理登记证》或《临时登记证》[⑤] 的化学品不得进口。同时规定，因实验需要，首次进口且年进口量不足50千克的化学品可免于登记。

20世纪90年代以来，中国化学工业迅速发展[⑥]，尤其是国内化学工业生产企业的蓬勃发展、跨国化学工业公司在华投资建设生产工厂以及大量化学品进出口贸易企业的设立，原有的对化学物质实施首次进口登记的制度显然已经不能满足化学物质管理的需要。为建立完善的化学品环境管理法规体系，原国家环境保护总局于2002年11月1日废止了《化学品首次进口及有毒化

① 根据第十一届全国人民代表大会第一次会议批准的国务院机构改革方案和2008年发布的《国务院关于机构设置的通知》（国发200811号），原环境保护总局升格为中华人民共和国环境保护部，简称环保部。

② 原对外经济贸易部于1993年更名为对外贸易经济合作部。根据2003年举行的第十届全国人民代表大会第一次会议决定，原对外经济贸易合作部和原国家经济贸易委员会内负责贸易的部门合并成为“商务部”。

③ 出口商首次向中国销售农药的登记管理仍按《农药登记规定》执行，农业部和国家环境保护局定期交换登记信息。

④ 化学品首次进口是指外商或其代理人向中国出口其未在中国登记过的化学品，即使同种化学品已有其他外商或其代理人在中国进行了登记，对该外商或代理人来说仍被视为化学品首次进口。

⑤ 对经审查认为需经进一步试验和较长时间观察方能确定其危险性的首次进口化学品，国家环境保护局会给予临时登记并颁发《临时登记证》。

⑥ 从1993年到2000年，化学工业总产值从3 600多亿元增加到5 100多亿元。化学工业进出口贸易总额从不到200亿美元增加到接近500亿美元。到2008年，化学工业总产值增加到36 700多亿元，化学工业进出口贸易总额达2 400多亿美元之巨。

学品进出口管理规定》中有关化学品首次进口登记的规定，并于2003年9月12日发布《新化学物质环境管理办法》（总局17号令）（以下简称《办法》），同年10月15日实施，其目标是实施对化学品的预防预警与源头控制。《办法》规定，新化学物质生产或进口前需进行申报登记，取得新化学物质环境管理登记证。这里，新化学物质是指未列入《中国现有化学物质名录（IECSC)》的化学物质。

在《办法》实施6年后，国际上对于化学物质的管理也在不断更新，尤其是在对化学物质的管理思路上，从之前的危害管理转变为根据化学物质可能产生的风险进行管理。因应国际上对于化学物质管理的变化，环境保护部及其化学品登记中心[①]对《办法》进行了修订，修订版于2010年1月19日由环境保护部7号令发布，同年10月15日正式实施。2010版《办法》主要体现了三个方面的完善，一是引入了风险评估的概念，在新化学物质的固有危害特性评价的基础上增加了风险评估；二是增加了后期监管，从偏重前期申报登记改变为登记和后期监管平行并重；三是实施分类式管理，将新化学物质划分为一般类、危险类和重点环境管理危险类进行跟踪和监督管理。同时，为方便企业进行新化学物质的申报，环境保护部及其化学品登记中心编制了《新化学物质申报登记指南》（以下简称《指南》），并通过设立网站上的疑难解答，来及时回应企业在申报过程中遇到的困难或者不明确的问题。

随着7号令的宣传推广和执行，化学工业企业和化学品贸易企业普遍提高了对化学物质管理的意识，并从实践中增加了对化学物质进行风险管理的经验。相应地，企业界与环境保护部及固管中心建立了良好的沟通渠道，并就实践过程中遇到的问题进行了充分的讨论。从2014年2月开始，环境保护部及固管中心启动了对于《指南》的修订，以期解决在实践过程中发现的一些程序性或者专业性问题。该修订文本于2015年6月基本完成，并于2015年6月25日在固管中心网站上向全社会公开征求意见。随后经过整理，于2016年2月25日向世界贸易组织（WTO）进行通报。截至2016年10月份，新《指南》又收到了国际上的行业协会的若干意见，现在仍在进一步修订中。

一、中国现有化学物质名录及《名录》查新

进行新化学物质的申报，其中关键的一个问题是如何确认和区分现有化

---

① 环境保护部化学品登记中心于2013年6月与环境保护部固体废物管理中心合并，组成环境保护部固体废物与化学品管理技术中心（下文称：固管中心）。固管中心是环境保护部直属的正局级事业单位。

学物质与新化学物质。根据国际上的经验，设立一个现有化学物质名录是通行的方法。

经原国家环境保护总局授权，原国家环保总局化学品登记中心从 1994 年起开始编制《中国现有化学物质名录》（简称《名录》），1995 年发布《1995 版核心名录》，其后 10 年间先后进行过多次公开增补申报[①]。现行的中国现有化学物质名录为环境保护部于 2013 年 1 月 14 日发布的《中国现有化学物质名录》（2013 版），其收录范围包括自 1992 年 1 月 1 日至 2003 年 10 月 15 日，为了商业目的已在中国境内生产、加工、销售、使用或从国外进口的化学物质。共收录 45 612 种物质，其中标识保密物质 3 270 种，非标识保密物质 42 342 种；有 CAS[②] 号物质 37 126 种，无 CAS 号代之以流水号的物质 8 486 种；有结构信息的物质 31 088 种，暂无结构式物质 14 524 种。该名录是动态名录，将根据新化学物质环境管理工作进展，通过一定的程序进行维护和动态更新。

7 号令指出，凡未列入《名录》的化学物质为新化学物质，新化学物质生产或者进口前应按 7 号令办理新化学物质的申报登记。因此，在中国境内研究、生产、进口和加工使用的化学物质，有必要确认是否已列入中国现有化学物质名录，即名录查新。

名录查新包含两种方式：自行查新和委托查新。

自行查新：《名录》（2013 版）有单机版查询软件《中国现有化学物质名录检索系统》和 PDF 版名录。申报人可购买或下载名录，根据化学物质的 CAS 号、化学名称、分子式和结构式分别进行检索。在《名录》中的化学物质即为现有化学物质。因有 3 270 种化学物质标识保密，不在名录上的化学物质可能为新化学物质，也可能为列入名录的保密物质。此时，申报人可委托固管中心进行查新进一步确认化学物质是否是新化学物质。

---

① 包括：1996—1997 年第一次增补申报（正式版《名录》）；1999—2000 年第二次增补申报（2000 年版《名录》）；2001—2002 年第三次增补申报（2002 年版《名录》）；2003 年第四次增补申报（2003 年版《名录》）；2003—2004 年第五次增补申报（2004 年版《名录》）；2004—2005 年由总局个案处理的补充收录（2005 年版《名录》）；2006—2007 年 8 月底按总局 12 号文补充收录的全部物质信息（IECSC 2007 版）；2007—2008 年 12 月底按总局 12 号文补充收录的全部物质信息及所有具有化学文摘号的物质结构式图片（IECSC 2008 版）；2008—2009 年 10 月底按总局 12 号文补充收录的全部物质信息及所有具有化学文摘号的物质结构式图片（IECSC 2009 版）；2009—2010 年 10 月底按总局 12 号文补充收录的全部物质信息及所有具有化学文摘号的物质结构式图片（IECSC 2010 版）；2010—2013 年 12 月底，按总局 12 号文补充收录的全部物质信息及所有具有化学文摘号的物质结构式图片（IECSC 2013 版）。

② CAS 是美国化学会的下设组织化学文摘社（Chemical Abstracts Service，CAS）。该社负责为每一种化学物质分配一个 CAS 编号。相比其他多种名称，化学物质 CAS 编号更便于数据库检索。

委托查新[①]：申报人委托固管中心进行查新。申报人需下载新化学物质委托查新软件，填写委托书中的各项内容，然后通过查新软件提交查新文档，并打印查新委托书纸张件，签字盖章，最后扫描签字盖章件，并通过查新软件上传。固管中心收到签字盖章扫描件之后，提取申报人网上提交的查新数据，5个工作日内完成查新确认，将结果通过邮件方式告知查新委托书中的联系人。

需要注意的是，当某一化学物质成功申报后，从其第一次生产或者进口的时间算起，满5年，且在这5年中未发生重大的影响环境和人体健康的情况，申报人可以申请将该物质加入《名录》中[②]。该条款在17号令时就已有表述，因此环境保护部与固管中心在2016年，统计了申请列入名录的情形，将31个成功申报且首次进口满5年的化学物质补充列入《名录》中。这些化学物质在《名录》(2013版)不能检索到，但是可以通过委托查新渠道查询获知，或者需要向供应商询问确认。

二、新物质申报适用范围

1. 化学物质的适用范围

用于生产医药、农药、兽药、化妆品、食品、食品添加剂、饲料添加剂等产品的原料或者中间体，属于新化学物质的；表面活性剂、增塑剂、防腐剂、分散剂、阻燃剂等具有特定功能的中间产品或者制品中所含的新化学物质；可变组分物质、复杂反应产物等无唯一、不能确定分子结构的化学物质，以及聚合物，属于新化学物质的，适用7号令。

此外，属于以下情形，在常规使用时有意释放出新化学物质的物品，也适用7号令。其中：

(1) 所含新化学物质从物品中释放出来是实现该物品功能所必需的，即属于人为设计有意释放，物品的外形仅相当于新化学物质的容器，如笔、墨盒、灭火剂等。

(2) 在使用过程中，将产生并释放出所含的新化学物质，即这一过程是实现该物品功能所必需的，属于人为设计、有意释放，如含有香味的橡皮等。

---

① 委托查新是固管中心提供的有偿服务，目前的价格为人民币5 000元/物质。

② 对于一般类新化学物质，由固管中心整理物质信息，报请环境保护部公告列入《名录》。对于危险类新化学物质，由登记证持有人需要在5年期满的6个月前，向固管中心提交首次活动以来的实际活动情况报告，说明此期间新化学物质的生产、转移情况，风险控制措施实施、落实情况，对环境和人体健康造成的实际影响等相关信息，经过专家委员会评审，环境保护部根据评审的意见将新化学物质公告列入《名录》。

2. 地域及活动的适用范围

中华人民共和国关境内从事研究[①]、生产[②]、加工使用[③]或者向中华人民共和国关境内出口[④]新化学物质（或者进口新化学物质）适用《办法》，包括保税区或者出口加工区内从事研究、生产和加工使用或者向保税区、出口加工区出口新化学物质（或者进口新化学物质）。

3. 申报人的适用范围

申报人是办理新化学物质申报的主体。申报人分为境内申报人和境外申报人。

对于生产活动，申报人是拟从事新化学物质生产的中华人民共和国关境内工商注册机构（以下简称“境内工商注册机构”）。

对于进口活动，境内申报人是拟从事新化学物质进口的境内工商注册机构；境外申报人是拟向中国关境内直接出口新化学物质的境外厂商（包括香港特别行政区、澳门特别行政区和台湾地区）。

拟改变已列入《名录》重点环境管理危险类新化学物质登记用途的关境内工商注册机构，也可作为申报人进行申报。

另外，在 7 号令中明确指出，非首次进行新化学物质申报的申报人，近三年内不得有因违反新化学物质环境管理规定而被行政处罚的不良记录。

申报人是境内申报人时，可直接办理新化学物质申报。登记后，即为新化学物质环境管理登记证（以下简称“登记证”）持有人。申报人是境外申报人时，应委托具有代理人资格的机构作为代理人[⑤]办理新化学物质申报。取得登记后，代理人即为登记证持有人，同时登记证上列出境外申报人名称[⑥]。

代理人是指受境外申报人委托进行新化学物质申报的机构，至少应满足以下要求：

（1）在中华人民共和国关境内工商注册的法人机构，并如期通过工商年检；

---

① 研究是指认识和应用新化学物质的探知性活动，涉及科学研究和工艺、产品开发研究。科学研究是指对新知识、新理论、新原理的探知过程，可分为基础研究和应用研究；工艺和产品开发研究是指基于科学研究基础上，把科学研究成果应用于市场开拓和生产实践的研究。研究产生的新化学物质可以通过市场行为进行销售，但销售后只能继续用于研究，不得用于研究以外的活动，除非该新化学物质已经取得登记。

② 生产是指以原料、配料等为基础，通过单独或者组合的化学反应过程，产出新化学物质的活动。

③ 加工使用是以新化学物质作为原料或者配料，通过单独或者组合过程进行分装、配制或者制造的生产活动。加工使用者接收使用新化学物质时，应要求新化学物质供应商提供新化学物质的登记证明。加工使用者不得加工使用没有登记的新化学物质。

④ 与之对应的活动即进口，进口是指从关境外输入新化学物质以满足关境内需求的贸易活动。

⑤ 代理人应承担登记证持有人的所有责任和义务。境外申报人应为代理人履行登记证持有人的责任提供所有必要的信息和支持。代理人应为境外申报人保守商业秘密和技术秘密。

⑥ 境外申报人为同一种新化学物质办理同一种类型的申报只能委托一个代理人。

（2）有固定的办公场所；

（3）注册资金在 300 万元以上

（4）有熟悉新化学物质申报的工作人员；

（5）有能力履行《办法》规定的登记证持有人的责任和义务；

（6）接受环境保护部的监督检查；

（7）三年内无违反《办法》受到处罚的记录；

（8）员工不能有环境保护部门工作人员、专家评审委员会成员等相关人员。

4. 豁免类别

相应的，《指南》中规定了豁免的情形。

（1）已有其他法律法规管理的制成品，比如医药、农药、兽药、化妆品、食品、食品添加剂、饲料及饲料添加剂、放射性物质、军工产品、火工产品和烟草等。

（2）未经加工或者仅经过手工、机械、重力、水中溶解、水中浮选、加热脱水等物理方式加工或者处理的；以各种方式从空气中提取的；天然聚合物，但经过化学加工处理的除外；生命物质，如核糖核酸、脱氧核糖核酸、蛋白质等生物大分子。

（3）非商业目的或者非有意生产的类别，比如：杂质①、化学产物②、反应过程中的废水、废气、固体废弃物和副产物等；作为商品直接投放市场或者有意产生的除外。

（4）材料类③、合金类④、非分离中间体⑤、物品⑥等。

---

① 杂质：是指对产品功能没有贡献，可能来自原材料或者生产过程中的副反应或者不完全反应，不希望但存在于最终产品中，单一含量不超过 10%，总量不超出 20%（质量分数）的化学物质。

② 化学产物，特指：

（a）化学物质与其他物质偶然接触，或者与环境因子（如空气、水汽、微生物或者阳光等）接触而发生反应，生成的化学产物；

（b）化学物质、混合物或者物品在储存时发生偶然反应的化学产物；

（c）化学物质、混合物或者物品在最终使用时非设计反应产生的化学产物。

③ 玻璃类、玻璃料类、陶瓷原料及陶瓷器皿、钢及其制品、高铝水泥、卜特兰水泥等。

④ 指两种或者两种以上的金属或者一种金属与其他非金属混合而成均质和异质的固体或者液体。金属间化合物、有准确定义的金属互化物除外。

⑤ 中间体是指在整个化学反应过程中上一步化学反应出的化学物质，在下一步化学反应过程中消耗，用于生产其他的化学物质或者产品。中间体不应出现在生产的化学物质或者产品中，除非作为杂质。非分离中间体是指不离开反应容器或者反应装置的中间体，也包括反应后放入容器暂存并用于同一厂区内下一步化学反应的情形。非分离中间体之外的中间体适用 7 号令。

⑥ 应同时符合以下三条要求：a）制造时形成特定的形状或者式样；b）具有最终使用的功能和目的，这些功能和目的全部或者部分地依赖于其所具有的形状或者式样；c）最终使用时没有发生化学变化，或者仅发生物品商业价值之外的化学变化。例如纤维、薄膜、皮革、纱线等均属于物品。

(5) 添加剂和表面处理剂在实现其特定功能而发生化学反应的产物，但产生危害的除外。

三、新化学物质申报类型

新化学物质申报分为常规申报、简易申报和备案申报三种类型。

1. 常规申报

适用于年生产量或者进口量 1 吨以上（含 1 吨）的新化学物质，遵循“申报数量级别越高、测试数据要求越高”的原则。依据新化学物质申报数量，常规申报从低到高分为下列四个级别：一级为年生产量或者进口量 1 吨以上不满 10 吨的；二级为年生产量或者进口量 10 吨以上不满 100 吨的；三级为年生产量或者进口量 100 吨以上不满 1 000 吨的；四级为年生产量或者进口量 1 000 吨以上的。

常规申报有以下几种特殊形式：

(1) 系列申报

同一申报人对分子结构相似、用途相同或者相近、测试数据相近的多个新化学物质作为一个系列，办理常规申报。符合要求的，申报人将获得该系列申报中每种新化学物质的登记证。取得登记后，该份系列申报中未包括的其他新化学物质不得增列，应按 7 号令规定另行申报。

(2) 联合申报

多个申报人同时申报同一新化学物质，共同提交申报材料，办理常规申报。符合要求的，联合申报的申报人将分别获得登记证。取得登记后，该份联合申报中未包括的其他申报人不得增列，应按 7 号令规定另行申报。联合申报的境外申报人可以共同委托同一代理人或者分别委托各自的代理人办理常规申报。

(3) 联合系列申报

指多个申报人同时共同提交属于系列申报类新化学物质的申报材料，办理常规申报。符合要求的，联合系列申报的每个申报人将分别获得对应系列申报中每种新化学物质的登记证。取得登记后，该份联合系列申报中未包括的其他申报人以及未包括的其他新化学物质均不得增列，应按 7 号令规定另行申报。

(4) 重复申报

多个申报人先后申报同一种或者同一系列新化学物质，前申报人书面授权同意，后申报人使用其申报材料中的申报数据，后申报人办理常规申报。符合要求的，后申报人获得该新化学物质或者该系列申报物质的登记证。而数据的费用分担方法，由申报人自行商定。

后申报人的申报数量级别按前申报人的申报量或者登记量与后申报人申报量之和确定。前申报人取得生产新化学物质的登记证，登记新化学物质生产后出口关境外，经加工配制后拟再进口关境内，后申报人可按不累加的申报数量级别办理进口新化学物质的申报手续，但同时应提供来源于国内生产新化学物质登记证持有人出具的证明材料。

（5）重新申报

指登记证持有人增加登记量，且超过原登记量级时，或变更重点环境管理危险类新化学物质登记用途时，需重新办理常规申报。符合增加登记量级要求的，环境保护部将收回原登记证，颁发新的登记证。重点环境管理危险类新化学物质列入《名录》前获准变更登记用途的，环境保护部颁发新的登记证，收回原登记证。重点环境管理危险类新化学物质列入《名录》后获准变更登记用途的，环境保护部将颁发批准文件。

2. 简易申报

有基本情形和特殊情形两种。基本情形适用于年生产量或者进口量不满1吨的新化学物质；特殊情形适用于：

（1）用作中间体或者仅供出口，年生产量或者进口量不满1吨的新化学物质；

（2）以科学研究为目的，年生产量或者进口量0.1吨以上不满1吨的新化学物质；

（3）新化学物质单体含量低于2%的聚合物或者属于低关注度聚合物的；

（4）以工艺和产品研究开发为目的，年生产量或者进口量不满10吨，且不超过两年的新化学物质。

3. 备案申报

适用于以科学研究为目的，年生产量或者进口量不满0.1吨的新化学物质，或者为在中国境内用中国的供试生物进行新化学物质生态毒理学特性测试而进口的新化学物质，或含有新化学物质的测试样品。

四、申报数据要求

1. 数据质量原则

新化学物质申报数据的质量应遵循以下原则。

（1）可靠性：申报数据应来自规范的方法和良好管理的测试机构。

（2）科学性：申报数据应源自科学合理的试验设计，充分表现或逼近所表征的化学物质特性。

（3）相关性：申报数据应适合于确定申报物质的某种危险特性或者特征。

2. 测试机构资质

新化学物质境内测试机构应接受并通过环境保护部的检查并满足以下

要求。

（1）理化特性（包括光谱数据和色谱数据等鉴别数据，不包括聚合物的凝胶渗透色谱图）方面，环境保护部公布名单之前，应为拥有下列资质之一的测试机构：中国合格评定国家认可委员会实验室认可、国家级计量认证、农业部农药良好实验室（GLP）考核，但只能提供其资质允许测试项目或指标的数据。

（2）生态毒理学方面，应为环境保护部公布的境内测试机构。

（3）毒理学方面，环境保护部公布名单之前，应为拥有下列资质之一的测试机构：国家食品药品监督管理局药物非临床研究质量管理规范（GLP）认证管理、卫生部化学品毒性鉴定机构化学品毒性鉴定实验室条件及工作准则、中国国家认证认可监督管理委员会批准的良好实验室规范（GLP）评价。只能提供其资质允许测试项目或指标的数据。

境外测试机构需通过其所在国家主管机构的检查或者符合合格实验室规范。

3. 测试方法

境内测试机构应当按照化学品测试导则（HJ/T 153）的要求，具体方法可采用《化学品测试方法（第二版）》（中国环境出版社，2013 年 9 月）或者化学品测试相关国家标准[①]，开展新化学物质申报测试。

境外测试机构，应按照方法一致性的原则，采用 OECD 化学品测试导则或者其他国际普遍承认的方法为新化学物质申报开展测试[②]。

4. 中国的供试生物

中国的供试生物是指在中国境内培育繁殖、符合技术要求、用于特定试验的生物。包括稀有鮈鲫、剑尾鱼和斑马鱼、活性污泥等。

5. 估算与引用数据

在无法进行实际测试的特殊情况下，允许采用国际通用的估算方法，如结构活性定量估算（Quantitative Structure-Activity Relationships，QSAR）、交叉参照（Read-Across）以及查阅引用权威性文献等方法获得数据，同时应充分说明理由、方法或数据来源、依据等。其中应优先提交源自测试报告的数据。

无论是以何种方式生成的资料，均应作为申报材料附件一并提交。若源

---

① 化学品测试相关国家标准是指等同转化经济合作与发展组织（OECD）《化学品测试导则》（Guidelines for The Testing of Chemicals）的系列国家标准。

② 对于无上述方法的项目，可采用相应的国家标准或者国际通用的规范方法进行测试；对于尚无规范性方法的特殊项目，允许采用探索性的研究方法进行测试，同时应附有详尽的方法选择说明和完整的实验报告。

自测试报告，应同时附上测试机构的资质证明材料；若源自 QSAR 估算，应同时提交所采用的估算模型及参数、模型推荐或者研发单位、版本以及结果的有效性说明等信息；若源自公开发表的文献，应提供数据的原始文献全文，不能仅为文摘或引文；若源自数据库，应同时提交数据库名称、发布机构、版本等相关信息；若源自专家声明，应提供专家简介信息，如职称/职务、工作单位、研究领域、主要研究成果等。专家评审委员会评审时将根据科学性，进行证据权重分析，用于申报物质的评估。

常规申报数据、简易申报详细数据要求请参考附录一。

五、新化学物质申报登记程序

作为生产或者进口化学物质的企业，在引进新化学物质进入中国市场时，需要完成新化学物质申报。为了有效地开展申报工作，《指南》详细介绍了申报登记的程序①。

1. 申报准备

（1）判别是否需要申报。同时满足下列条件的化学物质，应办理新化学物质申报。

① 拟申报物质未列入《名录》；

② 拟申报物质及活动的地域属于 7 号令规定的范围，或者拟变更重点环境管理危险类新化学物质登记用途；

③ 申报人和/或代理人符合 7 号令及本指南的要求。

（2）选择申报类型

① 确定新化学物质的获得方式，是通过生产产生和/或进口获得；

② 确定申报的新化学物质的预期生产和/或进口的量或者量级；

③ 初步考察新化学物质的性状与物理化学特性，确定是否属于相应的申报特殊情形；

④ 充分了解市场上合作伙伴或者竞争对手的情况，确定是否需要进行联合申报。

2. 申报资料准备

按相应申报类型的资料要求，安排物理化学性质、毒理学、生态毒理学特性的测试，编写风险评估报告，准备申报报告或申报材料，并将所掌握的有关危害特性和环境风险的全部已知信息②体现在申报报告或申报材料中。需

---

① 同时，根据多年的实践经验，有一定修改。

② 全部已知信息是指申报人当前掌握的关于申报物质危害特性的测试数据、估算结果、文献、论文资料和环境风险评估数据等所有信息，并符合如实性、可靠性、科学性、相关性的原则。若已知申报物质的类似物为高毒、致突变、致癌等对人体健康或生态环境明显有害的化学物质，应一并提交类似物信息。

要特别注意的是，需在中国境内进行测试的新化学物质，在进口测试样品前应办理科学研究备案申报。

3. 申报资料递交

提交申报资料，通过固管中心发布的申报软件进行填写、打印，并提交电子数据。打印的纸质申报表经申报人盖章、法人代表（或负责人）签章后，彩色扫描首页并制作成 PDF 文件。将纸质申报表邮寄到固管中心，PDF 文件通过申报软件上传。

4. 常规申报登记程序

（1）形式审查

固管中心收到新化学物质申报报告后，在 5 个工作日内对申报报告进行形式审查，并通知申报人形式审查结果。

形式审查内容包括：申报人和代理人是否符合 7 号令及指南规定；申报物质及活动地域属于 7 号令规定的范围；申报物质是否未列入《名录》；申报表、风险评估报告、测试报告等材料以及附件资料是否齐全，相同内容的描述是否前后一致，形式是否符合要求；若为系列申报、联合申报、重复申报时，申报材料是否包含了相应申报形式要求的材料；申报数据是否满足本《指南》规定的最低数据要求；申报数据来源是否满足《指南》的规定等。

形式审查结果有以下情况：

① 不属于 7 号令管理范围的，或者申报人不符合 7 号令要求的，中心书面通知申报人不予受理，并说明理由，登记中心不保存该申报材料，该申报材料予以销毁。

② 形式审查合格的，中心予以受理，书面通知申报人受理号和受理时间等情况；并在 5 个工作日内，将常规申报报告提交评审委员会。

③ 形式审查不合格的，中心应一次性书面通知申报人补正要求，列明所有需要补正的项目和要求。待申报人提交补正资料后再做出是否予以受理的决定。申报人应按补正通知的要求一次性补正资料。中心在收到补正资料之日重新启动形式审查程序。登记中心等待申报人补正资料的时间不计入形式审查期限。

（2）技术评审

评审委员会在收到受理的常规申报报告后 60 日内，对申报报告进行技术评审，提出新化学物质常规申报登记技术评审意见，包括新化学物质的管理类别划分意见、人体健康和环境风险的评审意见、风险控制措施适当性的评审结论，以及是否准予登记的建议。

评审过程中若认为现有申报材料不足以对新化学物质管理类别、暴露程度、风险控制措施等做出全面评价结论的，固管中心通知申报人补正要求。补正资料包括说明性文字、图片等描述性资料和测试数据。

申报人应按补正通知的要求一次性补正资料。固管中心等待申报人补正资料的时间不计入审查期限。

（3）登记公示

根据专家评审委员会的新化学物质登记技术评审意见，固管中心将建议登记和建议不予登记的新化学物质在中心网站上进行公示。

公示的内容包括新化学物质名称（名称保密的新化学物质公布其类名）、申报人、申报种类、登记新化学物质的管理类别和重点环境管理危险类新化学物质的申报用途与危害类别等信息。

（4）登记及公告

对有适当风险控制措施的，环境保护部给予登记，颁发登记证；对存在高风险且无适当风险控制措施的，不予登记，书面通知申报人并说明理由。每6个月对已登记的新化学物质在环境保护部网站上进行公告。

公告的内容包括予以登记的新化学物质名称（名称保密的新化学物质公布其类名）、申报人、申报种类、登记新化学物质的管理类别和重点环境管理危险类新化学物质的申报用途与危害类别等信息。

5. 简易申报登记程序

（1）形式审查

固管中心收到新化学物质简易申报材料后，在5个工作日内对简易申报材料进行形式审查，通知申报人形式审查结果。

简易申报的形式审查内容除了对申报人范围、地域范围和物质范围的形式审查按照常规申报的形式审查进行外，还包括以下内容：申报情形是否符合简易申报的要求；申报表填写是否符合填报的要求；申报表、申报理由等材料或者证明文件，以及附件资料是否齐全，相同内容的描述是否前后一致，形式是否符合要求。简易申报的基本情形还需审查其是否提供了在中国境内用中国的供试生物进行的生态毒理学试验报告。

简易申报的形式审查结果有以下情况：

① 不属于7号令适用范围的，或者申报人不符合7号令要求的，固管中心通知申报人不予受理，并说明理由。固管中心不保存该申报材料，该申报材料予以销毁。

② 形式审查合格的，中心予以受理，并通知申报人受理号和受理时间等情况。对于简易申报的基本情形，固管中心在5个工作日内将简易申报材料提交专家评审委员会；对于简易申报的特殊情形，固管中心在5个工作日内提出书面处理意见，并汇总报送环境保护部。

③ 对于不符合形式审查内容要求需要补正的，固管中心应一次性通知申报人补正要求，列明所有需要补正的项目和要求，待申报人提交补正资料后

再做出是否予以受理的决定。申报人应按补正通知的要求一次性补正资料。固管中心在收到补正资料之日重新启动形式审查程序。固管中心等待申报人补正资料时间不计入形式审查期限。

（2）技术评审

简易申报基本情形申报材料需经专家评审委员会评审。专家评审委员会在收到受理的基本情形简易申报材料后 30 日内，对申报材料进行技术评审，对新化学物质的环境危害性进行识别，提出新化学物质简易申报技术评审意见。简易申报技术评审意见包括生态毒理学特性测试的基本情况和初步结论，以及是否准予登记的建议。

简易申报特殊情形申报材料不需专家评审委员会评审。

（3）登记及公告

环境保护部收到简易申报的基本情形技术评审意见或者特殊情形书面处理意见后，对符合要求的物质给予登记，颁发登记证；对不符合要求的，不予登记，书面通知申报人并说明理由。

简易申报登记后的公告同常规申报登记后的公告。

6. 备案申报程序

备案申报人在提交新化学物质备案申报材料后，即可按 7 号令的规定开展所备案新化学物质的相关活动，并接受环境保护部门的监督检查。

备案申报人提交新化学物质备案申报材料后，备案信息每半年在固管中心网站进行公布。公布内容包括备案的申报人、备案时间以及备案序列号等信息。

7. 撤销申报

（1）撤销申报申请

提交申报材料后，取得登记前，申报人可向固管中心书面提交撤销新化学物质申报的申请，说明撤销申报的理由。

固管中心收到撤销申报申请后，撤销即告生效，固管中心立即终止该申报的审查进程，销毁该申报材料。

（2）撤销申报申请人

联合申报的任意一个申报人都可以自主办理撤销申报的申请，但该申请不影响联合申报的其他申报人。

对于系列申报，申报人可提出撤销系列申报中的一种或者多种化学物质的申请，但如果被撤销的化学物质为该系列申报提供了所需的数据，则不能撤销该化学物质，或者补充相应的数据后才可撤销。该撤销申请不影响系列申报中的其他申报物质。

对于联合系列申报，所有申报人同意后方可撤销系列中的一种或者多种化学物质或者整份系列申报的申请。如果被撤销的化学物质为该份申报提供了所需的数据，则不能撤销该化学物质或者补充相应的数据后才可撤销。任意一个申报人仅可以提出撤销其联合系列申报申请。

六、新化学物质申报登记后的监督管理

1. 登记证的有效期

登记证持有人应按照登记证规定的范围和要求开展生产或者进口新化学物质活动，不得将登记证转让或者授权他人。

常规申报登记证的有效期自签发之日起至新化学物质列入《名录》之日止。简易申报登记证的有效期自签发之日起至登记证持有人主动申请注销或因其他原因被依法撤销该登记证之日止[①]。

申报人取得高申报条件的登记证后，已取得的低申报条件的登记证自动失效，应交回固管中心。

2. 信息传递

常规申报登记证持有人应将登记后认定的新化学物质危害特性列入化学品安全技术说明书中，并在向加工使用者转移登记新化学物质的同时，以书面方式，向加工使用者传递化学品安全技术说明书及其他信息，并保证加工使用者获得该信息。

登记证持有人有责任向加工使用者提供产品中不含有未申报登记新化学物质，或者所含化学物质符合 7 号令的声明。向加工使用者转让登记新化学物质前，常规申报登记证持有人应评估加工使用者对该新化学物质的风险控制能力，不得向没有能力采取风险控制措施的加工使用者转让该新化学物质。

当新化学物质以制品或者物品形式转让时，应评估加工使用者对制品和物品的风险控制能力，不得向没有能力采取风险控制措施的加工使用者转让含有该新化学物质的制品或者物品。

3. 首次情况报告、每次情况报告和年度报告

（1）首次情况报告

常规申报登记证持有人应向固管中心报告首次活动情况。

对于生产活动，常规申报的登记证持有人，在首次生产活动发生后 30 日内，向固管中心报送新化学物质首次活动情况报告表。首次生产活动日期为首次生产出新化学物质的日期。

对于进口活动，常规申报的登记证持有人，在首次进口活动发生后 30 日内，向固管中心报送新化学物质首次活动情况报告表。首次进口活动日期为

① 工艺和产品研究开发简易申报的登记证自签发之日起两年有效，有效期满后同一申报人不得以工艺和产品研究开发为目的再次进行简易申报。

首次进口新化学物质的报关日期。

对于进口并有向首家加工使用者转移的活动，常规申报登记证持有人应在进口并已向首家加工使用者转移30日内，向固管中心报送新化学物质首次活动情况报告表。转移日期为进口后向首家加工使用者首次转移的发货日期。有此款情形的，可不按前款规定进行进口活动的首次报告。

(2) 每次情况报告

重点环境管理危险类新化学物质的登记证持有人应在生产或者进口后，每次向不同加工使用者发生转移之日起30日内，向固管中心报送新化学物质每次活动情况报告表。

(3) 年度报告和年度计划

简易申报和危险类新化学物质（含重点环境管理危险类新化学物质）的登记证持有人应于每年2月1日前向固管中心提交上一年（1月1日至12月31日）的年度报告。

简易申报年度报告应至少包括：登记新化学物质上一年度实际生产天数和生产总量，或者实际进口总量、进口次数及进口口岸；登记新化学物质上一年度生产或者进口后的转移次数、转移总量及主要转移的接收单位信息等；登记新化学物质在上一年度活动中，对申报提交信息有调整或者补充的情况说明等。

危险类新化学物质（含重点环境管理危险类新化学物质）的年度报告还应包括风险控制措施落实情况、环境中暴露和释放情况、对环境和人体健康造成的实际影响，以及其他与环境风险相关的信息等。

重点环境管理危险类新化学物质的年度报告还应包括本年度该新化学物质的生产或者进口计划以及风险控制措施实施的准备情况。

4. 现场检查

新化学物质研究、生产、进口或加工使用单位应落实新化学物质登记证上的风险控制措施和行政管理要求，接受并配合地方环境保护部门开展的新化学物质监督管理检查，及时、准确地提供新化学物质活动的有关资料，完整、清楚地回答新化学物质的有关问题，积极落实监督检查后双方认可的检查结果和要求。

5. 登记证信息变更

登记证持有人是境外申报人时，登记证信息变更需要由登记证持有人和代理人共同提出，变更材料中应明确约定登记证信息变更后的双方责任和义务。

(1) 登记用途变更

已取得常规申报登记证的危险类（不含重点环境管理危险类）新化学物

质，变更登记用途的，登记证持有人应重新编写并提交风险评估报告，向固管中心提出变更申请。固管中心收到变更申请材料后，提交专家评审委员会进行技术审查，报环境保护部核准后，对于风险可接受的，发放变更回执，注明变更事项。登记证持有人取得回执后，可用回执配合原登记证进行活动，不再换领登记证。对于风险不可接受的，不予变更。

已取得常规申报登记证的一般类新化学物质，变更登记用途的，无须办理变更。已取得简易申报登记证的新化学物质变更用途的，无须办理变更，但应在年度报告中注明变更的用途。

（2）活动类型变更

登记新化学物质的活动类型变更时，登记证持有人应向固管中心提交书面变更申请，详细说明变更理由，提供活动类型变更后需要增加的风险控制措施等材料。

固管中心核实后，根据情况交评审委员会审查，提出是否给予变更的处理建议，上报环境保护部，由环境保护部做出是否准予变更的决定。对于准予变更的，要求交回原登记证，换发新的登记证，新的登记证应注明新的登记证编号和登记时间，备注变更情况。

（3）登记新化学物质标识变更

已取得登记证的新化学物质的中英文名称或者 CAS 号等标识信息变更时，登记证持有人应详细说明变更的科学理由和证据，提供变更后的标识信息。

固管中心核实后，提出是否给予变更的处理建议，上报环境保护部，由环境保护部做出是否准予变更的决定。对于准予变更的，要求交回原登记证，换发新的登记证，新的登记证应注明新的登记证编号和登记时间，备注变更情况。

（4）登记证持有人名称变更

登记证持有人名称变更的，登记证持有人应向固管中心提交书面变更申请，说明公司更名、公司合并或者资产收购、并购等具体变更情况，并提交证明材料。

固管中心核实后，提出是否给予变更的处理建议，上报环境保护部，由环境保护部做出是否准予变更的决定。对于准予变更的，要求交回原登记证，换发新的登记证，注销原登记证持有人名称，并在新化学物质管理档案中变更相应信息。新的登记证应注明新的登记证编号和登记时间，备注变更情况。

登记证持有人名称变更后，新的登记证持有人应承担原登记证持有人的责任。

（5）登记量级内数量变更

在登记量级内拟变更登记量的，登记证持有人应向固管中心提交书面变更申请，阐述登记量变更的理由。

固管中心核实后，提出是否给予变更的处理建议，上报环境保护部，由环境保护部做出是否准予变更的决定。对于准予变更的，要求交回原登记证，换发新的登记证，新的登记证注明新的登记证编号和登记时间，备注变更情况。

6. 新信息的报告

登记证持有人发现登记新化学物质新的危害特性时，应当立即向固管中心提交该化学物质危害特性的新信息，同时做好资料保存和管理工作。

危害特性新信息包括新化学物质实际活动中发现与原申报信息情况不符，或者新发现的危害特性。

固管中心将收到的危害特性新信息提交专家评审委员会进行技术评审，并将技术评审意见报送环境保护部。

技术评审意见包括，危害特性新信息对登记新化学物质管理类别划分的影响；对原有风险评估的影响；对登记时技术评审意见的影响；对现有风险控制措施适当性的影响。

7. 登记证的注销和撤销

（1）登记证的注销

常规申报登记新化学物质列入《名录》前，和简易申报登记新化学物质，拟注销登记证的，分以下两种情形：登记证持有人未进行生产、进口活动的，向固管中心递交注销申请，说明注销理由和情况，并交回登记证；登记证持有人停止生产、进口活动的，向固管中心递交注销申请，说明注销理由和环境影响情况，并交回登记证。

固管中心对没有生产、进口活动的申请进行核实和确认，提出处理建议并上报环境保护部；对停止生产、进口活动的进行调查，了解环境危害影响情况，提出处理建议并上报环境保护部。环境保护部确认对没有生产、进口活动发生或者没有环境危害影响的，给予注销，并公告注销新化学物质登记的信息。

（2）登记证的撤销

当发现登记证持有人在申报过程中存在隐瞒有关情况或者提供虚假材料的，环境保护部撤销该新化学物质登记证。对登记新化学物质新的危害特性无适当措施控制其风险的，环境保护部将撤回该新化学物质的登记证，并予以公告。

（3）注销或者撤销后的管理要求

登记证自注销或者撤销之日起失效，登记证持有人不再承担 7 号令规定的责任，但注销或者撤销生效不能免除其在注销或者撤销生效前的责任。

对于联合申报，每个登记证持有人可以自主办理注销，其办理的注销不影响联合申报中其他登记证持有人的权利和责任。

对于系列申报，登记证持有人可以注销系列物质中一种或者多种化学物质对应的登记证，注销的登记证不影响该系列申报中其他登记新化学物质的生产或者进口。

对于重复申报，登记证持有人的注销行为不影响其他登记证持有人的权利和责任。

注销后的原登记证持有人五年内不得对同一新化学物质进行再次申报。

第二节 危险化学品管理

一、法规介绍

2002 年 1 月 26 日国务院令第 344 号发布《危险化学品安全管理条例》，根据 2011 年 3 月 2 日国务院令第 591 号修订，2013 年 12 月 7 日国务院第 645 号修订，修订后的《危险化学品安全管理条例》是目前中国危险化学品管理的最高和最重要的行政法规，中国 GHS 实施的最高法，明确了安全监督管理部门的职责，建立安全登记许可使用制度，应急救援制度，确立了危险化学品的目录确定和调整机制，完善了危险化学品登记制度，落实了企业实体责任，明确各项违规的处罚措施。

各部门根据《危险化学品安全管理条例》制定了各类管理办法：国家安全生产监督管理总局 2011 年 8 月 5 日第 41 号令《危险化学品生产企业安全生产许可证实施办法》规定了，危险化学品生产企业安全生产许可证的申请条件、申请流程，许可证颁发和管理工作以及法律责任；2012 年发布的《危险化学品登记管理办法》规定了危险化学品的登记范围、时间、流程、管理等；2012 年发布的《危险化学品经营许可证管理办法》规定了危险化学品经营企业申请经营许可证的条件、申请流程，许可证颁发和管理工作以及法律责任；2013 年发布的《危险化学品安全使用许可证管理办法》规定了在《危险化学品安全使用许可适用行业目录》中的企业，使用危险化学品从事生产，并且使用量达到《危险化学品使用量的数量标准》时，应按办法规定取得安全使用许可证。此外，还有环境保护部 2013 年发布的《危险化学品环境管理登记办法》（试行）[①] 等。

为了在化学品管理领域更好地执行新版《危险化学品安全管理条例》，并

① 因应国务院简政放权的要求，《危险化学品环境管理登记办法》于 2016 年 7 月 13 号废止。

对其提供强有力的技术支撑，也为了推动联合国《全球化学品统一分类和标签制度》（GHS）在我国有效实施国家修订发布了一系列的国标：如2009年6月21日公布，2010年5月1日正式实施的GB 13690—2009《化学品分类和危险公示-通则》；2009年6月21日公布，2010年5月1日正式实施的GB 15258—2009《化学品安全标签编写规定》；2008年6月19日公布，2009年2月1日实施的GB 190—2009《危险货物包装标志》；2013年10月10日发布，2014年11月1日实施的GB3000.2—GB3000.29化学品分类和标签规范系列标准替代GB20576—20599、20601、20602《化学品分类、警示标签和警示性说明安全规范》系列标准，以及即将发布的GB 30000.1《化学品分类和标签规范》第1部分：通则和GB 30000.30《化学品分类和标签规范》第30部分：化学品作业场所警示性标志。

国家安全监管总局会同国务院工业和信息化、公安、环境保护、卫生、质量监督检验检疫、交通运输、铁路、民用航空、农业主管机构制定的，2015年2月发布，2015年5月1日起实施的《危险化学品目录》（2015版）是落实新版《危险化学品安全管理条例》（以下简称《条例》）的重要基础性文件，是企业落实危险化学品安全管理主体责任，以及相关部门实施监督管理的重要依据。

二、危险化学品管理

危险化学品是指具有毒害、腐蚀、爆炸、燃烧、助燃等性质，对人体、设施、环境具有危害的剧毒化学品和其他化学品。危险化学品目录是由国务院安全生产监督管理部门会同国务院工业和信息化、公安、环境保护、卫生、质量监督检验检疫、交通运输、铁路、民用航空、农业主管机构，根据化学品危险特性的鉴别和分类标准确定、公布，并适时调整的。

（一）危险化学品分类

依据GB 13690—2009《化学品分类和危险性公示通则》，按物理、健康和环境危险的性质共分3大类，以下简要介绍了每种类别，具体分类标准及原则请参考GB 30000.02—2013～GB 30000.26—2013和GB 30000.28—2013《化学品分类和标签规范》。

1. 理化危险

（1）爆炸物

爆炸物（或混合物）是一种固态或液态物质（或物质的混合物），其本身能够通过化学反应产生气体，而产生气体的温度、压力和速度能对周围环境造成破坏。其中也包括发火物质，即便它们不放出气体。发火物质（或发火混合物）是一种物质或物质的混合物，旨在通过非爆炸自主放热化学反应产生的热、光、声、气体、烟或所有这些的组合来产生效应。

爆炸性物品是含有一种或多种爆炸性物质或混合物的物品。烟火物品是包含一种或多种发火物质或混合物的物品。爆炸物种类包括：

① 爆炸性物质和混合物；

② 爆炸性物品，但不包括下述装置，其中所含爆炸性物质或混合物由于其数量或特性，在意外或偶然点燃或引爆后，不会由于迸射、发火、冒烟或巨响而在装置之处产生任何效应。

③ 在①和②中未提及的为产生实际爆炸或烟火效应而制造的物质、混合物和物品。

（2）易燃气体

易燃气体是在20℃和101.3 kPa标准压力下，与空气有易燃范围的气体。

（3）易燃气溶胶

气溶胶是指气溶胶喷雾罐，即任何不可重新灌装的容器，该容器由金属、玻璃或塑料制成，内装强制压缩、液化或溶解的气体，包含或不包含液体、膏剂或粉末，配有释放装置，可使所装物质喷射出来，形成在气体中悬浮的固态或液态微粒或形成泡沫、膏剂或粉末或处于液态或气态。

（4）氧化性气体

氧化性气体一般是通过提供氧气，比空气更能导致或促使其他物质燃烧的任何气体。

（5）压力下气体

压力下气体是指高压气体在压力等于或大于200 kPa（表压）下装入储存器的气体，或是液化气体或冷冻液化气体。压力下气体包括压缩气体、液化气体、溶解液体、冷冻液化气体。

（6）易燃液体

易燃液体是指闪点不高于93℃的液体。

（7）易燃固体

易燃固体是指容易燃烧或通过摩擦可能引燃或助燃的固体。易于燃烧的固体为粉状、颗粒状或糊状物质，它们在与燃烧着的火柴等火源短暂接触后，即可点燃和火焰迅速蔓延，非常危险。

（8）自反应物质或混合物

自反应物质或混合物是即便没有氧（空气）也容易发生激烈放热分解的热不稳定液态或固态物质或者混合物。本定义不包括根据统一分类制度分类为爆炸物质、有机过氧化物或氧化物质的物质和混合物。自反应物质或混合物如果在实验室试验中，其组分容易起爆、迅速爆燃或在封闭条件下加热时显示剧烈效应，应视为具有爆炸性质。

（9） 自燃液体

自燃液体是即使数量小也能在与空气接触后 5 min 之内引燃的液体。

（10） 自燃固体

自燃固体是指即使数量小也能在与空气接触后 5 min 之内引燃的固体。

（11） 自热物质和混合物

自热物质是指发火液体或固体以外，与空气反应不需要能源供应就能够自己发热的固体或液体物质或混合物；这类物质或混合物与发火液体或固体不同，因为这类物质只有数量很大（千克级）并经过长时间（几小时或几天）才会燃烧①。

（12） 遇水放出易燃气体的物质或混合物

遇水放出易燃气体的物质或混合物是指通过与水作用，容易具有自燃性或放出危险数量的易燃气体的固态或液态物质或混合物。

（13） 氧化性液体

气体性液体是指本身未必燃烧，但通常因放出氧气可能引起或促使其他物质燃烧的液体。

（14） 氧化性固体

氧化性固体是指本身未必燃烧，但通常因放出氧气可能引起或促使其他物质燃烧的固体。

（15） 有机过氧化物

有机过氧化物是指含有二价—O—O—结构的液态或固态有机物质，可以看作是一个或两个氢原子被有机基替代的过氧化氢衍生物。该术语也包括有机过氧化物配方（混合物）。有机过氧化物是热不稳定物质或混合物，容易放热，自加速分解。另外，它们可能具有下列一种或几种性质：①易于爆炸分解；②迅速燃烧；③对撞击或摩擦敏感；④与其他物质发生危险反应。

如果有机过氧化物在实验室试验中，在封闭条件下加热时组分容易爆炸、迅速爆燃或表现出剧烈效应，则可认为它具有爆炸性质。

（16） 金属腐蚀剂

腐蚀金属的物质或混合物是指通过化学作用显著损坏或毁坏金属的物质或混合物。

---

① 物质或混合物的自热导致自发燃烧是由于物质或混合物与氧气（空气中的氧气）发生反应，并且所产生的热没有迅速地传导到外界而引起的。当热产生的速度超过热损耗的速度而达到自燃温度时，便会发生自燃。

2. 健康危害

（1）急性毒性

急性毒性是指单剂量，或在 24 h 内多剂量口服，或皮肤接触一种物质，或吸入接触 4 h 之后出现的有害效应。

（2）皮肤腐蚀/刺激

皮肤腐蚀是指对皮肤造成不可逆损伤；即施用试验物质达 4 h 后，可观察到表皮和真皮坏死。腐蚀反应的特征是溃疡、出血、有血的结痂，而且在观察期 14 天结束时，皮肤、完全脱发区域和结痂处由于漂白而褪色。应考虑通过组织病理学来评估可疑的病变。

皮肤刺激是施用试验物质达 4 h 后对皮肤造成可逆损伤。

（3）严重眼损伤/眼刺激

严重眼损伤是在眼前部表面施加试验物质之后，对眼部造成在施用 21 天内并不完全可逆的组织损伤，或严重的视觉物质衰退。

眼刺激是在眼前部表面施加试验物质之后，在眼部产生在施用 21 天内完全可逆的变化。

（4）呼吸或皮肤过敏

呼吸过敏物是指吸入后会导致气管超过敏反应的物质。皮肤过敏物是皮肤接触后会导致过敏反应的物质。过敏包括两个阶段：第一个阶段是某人因接触某种变应原而引起特定免疫记忆；第二阶段是引发，即某一致敏个人因接触某种变应原而产生细胞介导或抗体介导的过敏反应。就呼吸过敏而言，随后为引发阶段的诱发，其形态与皮肤过敏相同。对于皮肤过敏，需有一个让免疫系统能学会作出反应的诱发阶段；此后，可能出现临床症状，这里的接触就足以引发可见的皮肤反应（引发阶段）。因此，预测性的试验通常取这种形态，其中有一个诱发阶段，对该阶段的反应则通过标准的引发阶段加以计量，典型做法是使用斑贴试验。直接计量诱发反应的局部淋巴结试验则是例外做法。人体皮肤过敏的证据通常通过诊断性斑贴试验加以评估。就皮肤过敏和呼吸过敏而言，对于诱发所需的数值一般低于引发所需数值。

（5）生殖细胞致突变性

生殖细胞致突变性主要是指可能导致人体发生可遗传的突变的物质。在本危险类别内对物质和混合物进行分类时，由于人体数据以及人体生殖细胞可遗传的突变数据的稀缺，因此在分类的实践中需要充分分析考量；体外致突变性/遗传毒性试验数据和哺乳动物体内体细胞的致突变性/遗传毒性试验数据。

（6）致癌性

致癌物是指可能导致癌症或增加癌症发生率的化学物质或化学物质混合物。在实施良好的动物实验性研究中诱发良性和恶性肿瘤的物质也被认为是假定的或可疑的人类致癌物，除非有确凿证据显示该肿瘤的形成机制与人类无关。

（7）生殖毒性

生殖毒性包括对性功能和生育能力的有害影响和对后代发育的有害影响。

（8）特异性靶器官系统毒性——一次接触

特异性靶器官系统毒性——一次接触主要是指由于单次接触化学物质而产生特异性、非致命靶器官/毒性。分类取决于是否拥有可靠的数据表明对该物质的单次接触会对人类或试验动物产生显著的毒性效应，影响组织/器官的机能，产生形态学上的毒理学显著变化，或者使生物体的生物学或血液学指标发生严重的与人类健康有关的变化。

（9）特异性靶器官系统毒性——反复接触

特异性靶器官系统毒性——反复接触主要是指由于反复接触化学物质而产生特定靶器官/毒性，包括所有可能引起机能损害的、可逆的和不可逆的、即时的和/或延迟的显著的健康效应。

（10）呛吸危害

呛吸危害是指可能对人体造成呛吸毒性危险的物质或混合物的分类。“呛吸”是指液态或固态化学品通过口腔或鼻腔直接进入，或者因呕吐间接进入气管和下呼吸系统。呛吸危害导致的毒性效应包括化学性肺炎、不同程度的肺损伤或吸入后死亡等严重急性效应①。

3. 环境危害

危害水生环境：急性水生毒性是指物质对短期接触它的生物体造成伤害的固有性质。慢性水生毒性是指物质在与生物体生命周期相关的接触期间内，对水生生物产生有害效应的潜在性质或实际性质。

（二）危险化学品目录

我国对危险化学品的管理实行目录管理制度。2003 年 3 月，原国家安全生产监督管理局根据《危险化学品安全管理条例》（国务院令第 344 号）发布《危险化学品名录》（2002 版），包括危险化学品 3 823 个。2003 年 6 月，国家安全生产监督管理总局、公安部、国家环境保护总局、卫生部、国家质量监督检验检疫总局、铁道部、交通部和中国民用航空总局联合发布公告《剧毒化学品目录》（2002 版），包括剧毒化学品 335 个。

《危险化学品名录》（2002 版）主要采用爆炸品、易燃液体等 8 类危险化学品的分类体系，这一体系与现行 GHS 体系下化学品危险性分类 28 类的分类体系有巨大差异。同时，2011 年修订的《危险化学品安全管理条例》（国务

① 本危害特性我国还未转化成为相应的国家标准。

院令第591号）对危险化学品的定义也进行了重新修订，危险化学品是指具有毒害、腐蚀、爆炸、燃烧、助燃等性质，对人体、设施、环境具有危害的剧毒化学品和其他化学品。有鉴于此，十部门共同研究修订了危险化学品名录，于2015年2月发布，2015年5月1日起实施。

修订版《危险化学品名录》（2015版）合并了《剧毒化学品目录》，确保了剧毒化学品与危险化学品之间管理的协调性。危险化学品的品种是从GHS体系下化学品危险性分类28类95个危险类别中，选取了其中危险性较大的81个类别作为危险化学品的确定原则，见表2-1。

表2-1　危险化学品的确定原则类别

危险和危害种类		类别						
物理危险	爆炸物	不稳定爆炸物	1.1	1.2	1.3	1.4	1.5	1.6
	易燃气体	1	2	A（化学不稳定性气体）	B（化学不稳定性气体）			
	气溶胶	1	2	3				
	氧化性气体	1						
	加压气体	压缩气体	液化气体	冷冻液化气体	溶解气体			
	易燃液体	1	2	3	4			
	易燃固体	1	2					
	自反应物质和混合物	A	B	C	D	E	F	G
	自热物质和混合物	1	2					
	自燃液体	1						
	自燃固体	1						
	遇水放出易燃气体的物质和混合物	1	2	3				
	金属腐蚀物	1						
	氧化性液体	1	2	3				
	氧化性固体	1	2	3				
	有机过氧化物	A	B	C	D	E	F	G

续表

危险和危害种类		类别						
健康危害	急性毒性	1	2	3	4	5		
	皮肤腐蚀/刺激	1A	1B	1C	2	3		
	严重眼损伤/眼刺激	1	2A	2B				
	呼吸道或皮肤致敏	呼吸道致敏物1A	呼吸道致敏物1B	皮肤致敏物1A	皮肤致敏物1B			
	生殖细胞致突变性	1A	1B	2				
	致癌性	1A	1B	2				
	生殖毒性	1A	1B	2	附加类别（哺乳效应）			
	特异性靶器官毒性——一次接触	1	2	3				
	特异性靶器官毒性——反复接触	1	2					
	吸入危害	1	2					
环境危害	危害水生环境	急性 1	急性 2	急性 3	长期 1	长期 2	长期 3	长期 4
	危害臭氧层	1						

说明：深色背景的是指作为危险化学品的确定原则类别

《危险化学品目录》（2015 版）与《危险化学品名录》（2002 版）相比，增加了：

（1）已列入《鹿特丹公约》和《斯德哥尔摩公约》中的化学品 40 个，例如短链氯化石蜡（C10－13）、多氯三联苯等；

（2）已列入《中国严格限制进出口的有毒化学品目录》和《危险化学品使用量的数量标准（2013 版）》中的化学品 26 个，例如硫化汞、三光气等；

（3）参照《联合国危险货物运输的建议书规章范本》和欧盟化学品等危险性分类目录，根据化学品的危险性及国内生产情况，增加了化学品 123 个，例如二硫化钛、二氧化氮等；

（4）根据近年来多发的刑事案件情况，为满足公共安全管理需要，经有关部门提出，10 部门同意增加氯化琥珀胆碱。

同时，也合并调整或删除了以下内容：

(1) 将《危险化学品名录》(2002版) 中10个类属条目合并为1个类属条目，即将“含一级易燃溶剂的合成树脂 (−18℃≤闪点<23℃)”“含二级易燃溶剂的合成树脂”“含一级易燃溶剂的油漆、辅助材料及涂料”“含二级易燃溶剂的油漆、辅助材料及涂料”“含苯或甲苯的制品”“含丙酮的制品”“含乙醇或乙醚的制品”“含一级易燃溶剂的胶粘剂 (−18℃≤闪点<23℃)”“含一级易燃溶剂的其他制品”“含二级易燃溶剂的其他制品”及其所含288个具体化学品条目合并为序号“2828”条目，即“含易燃溶剂的合成树脂、油漆、辅助材料、涂料等制品 (闭杯闪点≤60℃)”，只要符合条件的均属于该类危险化学品；

(2) 将部分相同CAS号的条目合并1个条目；

(3) 删除了《危险化学品名录》(2002版) 中的军事毒剂、放射性物品、物品等17个。例如，二 (2-氯乙基) 硫醚、硝酸铀酰 (固态)、铝导线焊接药包；

(4) 其他删除的化学品条目情况，包括不符合危险化学品确定原则的，成分不明的，以及国内未登记的农药等380多个化学品条目，例如火补胶、保米磷等。

随着新化学品的不断出现，以及人们对化学品危险性认识的提高，按照《危险化学品安全管理条例》第三条的有关规定，十部门适时对《目录》进行调整，不断补充和完善。未列入《目录》(2015版) 的化学品并不表明其不符合危险化学品确定原则，未列入《目录》(2015版) 但经鉴定分类属于危险化学品的，也应按照国家有关规定进行管理。通过目录管理与鉴别分类等管理方式的结合，形成对危险化学品安全管理的全覆盖。

国家安监总局办公厅颁布的《危险化学品目录 (2015版) 实施指南 (试行)》指出以下几点。

(1) 对生产、经营柴油的企业 (每批次柴油的闭杯闪点均大于60℃的除外) 按危险化学品企业进行管理。

(2) 主要成分均为列入《目录》的危险化学品，并且主要成分质量比或体积比之和不小于70%的混合物 (经鉴定不属于危险化学品确定原则的除外)，可视其为危险化学品并按危险化学品进行管理，安全监管部门在办理相关安全行政许可时，应注明混合物的商品名称及其主要成分含量。

(3) 对于主要成分均为列入《目录》的危险化学品，并且主要成分质量比或体积比之和小于70%的混合物或危险特性尚未确定的化学品，生产或进口企业应根据《化学品物理危险性鉴定与分类管理办法》(国家安全监管总局令第60号) 及其他相关规定进行鉴定分类，经过鉴定分类属于危险化学品确定原则的，应根据《危险化学品登记管理办法》(国家安全监管总局令第53号) 进行危险化学品登记，但不需要办理相关安全行政许可手续。

(4) 化学品只要满足《目录》中序号第2828条目闪点判定标准即属于第2828项危险化学品。为方便查阅，危险化学品分类信息表中列举部分品名。其列举的涂料、油漆产品以成膜物为基础确定。例如，条目“酚醛树脂漆(涂料)”，是指以酚醛树脂、改性酚醛树脂等为成膜物的各种油漆涂料。各油漆涂料对应的成膜物详见GB/T 2705—2003《涂料产品分类和命名》。胶黏剂以黏料为基础确定。例如，条目“酚醛树脂类胶黏剂”，是指以酚醛树脂、间苯二酚甲醛树脂等为黏料的各种胶黏剂。各胶黏剂对应的黏料详见GB/T 13553—1996《胶黏剂分类》。

（三） 危险化学品登记

根据2013年修订版《危险化学品安全管理条例》和国家安全生产监督管理总局2012年《危险化学品登记管理办法》，危险化学品生产企业、进口企业在生产或者进口《危险化学品目录》所列危险化学品前需要办理危险化学品登记。对于混合物和未列入《目录》的危险化学品，企业应该根据《化学品物理危险性鉴定与分类管理办法》（国家安全监管总局60号令）及其他相关规定进行危险性鉴定，经鉴定属于危险化学品的，也需要进行危险化学品登记。危险化学品登记实行企业申请、两级审核、统一发证、分级管理的原则。国家安全生产监督管理总局化学品登记中心（NRCC）承办全国的登记和管理工作；省、自治区、直辖市人民政府安全生产监督管理部门的登记办公室承办本行政区域内的工作。登记内容包含分类标签信息、理化性质、用途(建议用途、禁止或限制用途)、危险特性（物理、环境和毒理)、储存和使用及运输的安全要求、出现危险情况的应急处置措施等。

登记企业办理危险化学品登记时，应当提交的材料包括危险化学品登记表、生产企业的工商营业执照、进口企业的对外贸易经营者备案登记表、中华人民共和国进出口企业资质证书、中华人民共和国外商投资企业批准或台港澳侨投资企业批准证书、SDS和标签、应急咨询服务电话号码或者应急咨询服务委托书①，办理登记的危险化学品产品标准（采用国家标准或者行业标准的，提供标准号)。危险化学品登记证有效期为3年。登记证有效期满后，登记企业继续从事危险化学品生产或者进口的，应当在登记证有效期届满前3个月提出复核换证申请。当企业名称、注册地址、登记品种、应急咨询服务电话、新的危险特性发生变化时，应在15个工作日内提出变更申请。

---

① 危险化学品生产企业应当设立由专职人员24小时值守的国内固定服务电话，向用户提供危险化学品事故应急咨询服务，为危险化学品事故应急救援提供技术指导和必要的协助，也可委托登记机构代理应急咨询服务；危化品进口企业应当自行或者委托进口代理商、登记机构设立符合规定的应急咨询电话。

危险化学品登记流程及审批见图 2-1 和图 2-2。

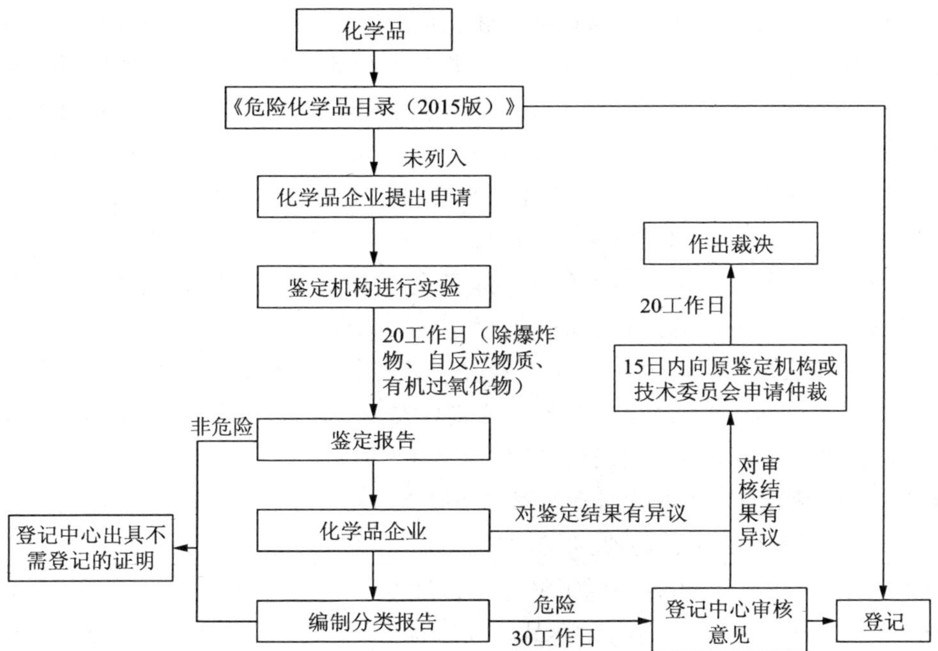

图 2-1 危险化学品登记流程

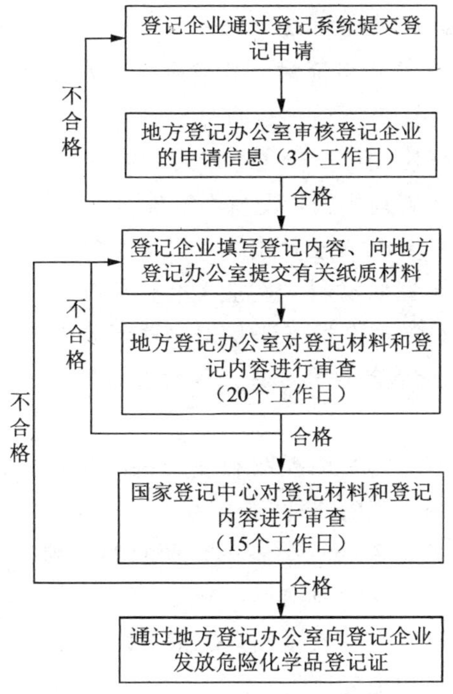

图 2-2 危险化学品登记审批流程

另外，危险化学品生产经营企业应当具备以下基本条件：经营和储存场所、设施、建筑物需符合国家标准《建筑设计防火规范》《爆炸危险场所安全规定》和《仓库防火安全管理规则》等规定；建筑物应当经公安消防机构验收合格；经营条件、储存条件符合《危险化学品经营企业开业条件和技术要求》和《常用危险化学品储存通则》的要求；单位主要负责人和主管人员、安全生产管理人员和业务人员经过专业培训、并经考核、取得上岗资格；有健全的安全管理制度和岗位安全操作规程，有事故应急救援预案等。

危险化学品生产企业应当依照《危险化学品生产企业安全生产许可证实施办法》的规定取得危险化学品安全生产许可证。未取得安全生产许可证的企业，不得从事危险化学品的生产活动。安全生产许可证的颁发管理工作实行企业申请、两级发证、属地监管的原则。安全生产许可证有效期为 3 年，企业安全生产许可证有效期届满后继续生产危险化学品的，应当在安全生产许可证有效期届满前 3 个月提出延期申请，并提交延期申请书和相关申请资料。

经营危险化学品的企业应当依照《危险化学品经营许可证管理办法》取得危险化学品经营许可证（以下简称经营许可证）。若未取得经营许可证，任何单位和个人不得经营危险化学品。经营许可证的有效期为 3 年，有效期满后，企业需要继续从事危险化学品经营活动的，应当在经营许可证有效期满 3 个月前提出延期申请，并提交延期申请书及相关申请资料。

安全生产许可证的办理

1. 企业申请安全生产许可证时，应当提交下列文件。

（1）安全生产许可证申请书（延期）。

（2）安全生产责任制文件，安全生产规章制度、岗位操作安全规程清单。

（3）设置安全生产管理机构，配备专职安全生产管理人员的文件复制件。

（4）主要负责人、分管安全负责人、技术负责人的学历证书、安全资格证书复制件及从业经历证明材料；企业配备注册安全工程师的文件或证明材料；安全生产管理人员的安全资格证及相关学历证明复印件；危险化工工艺、重点监管危险化学品、危险化学品重大危险源等特种作业人员的操作证书复印件。

（5）与安全生产有关的费用提取和使用情况报告，新建企业提交有关安全生产费用提取和使用规定的文件。

（6）为从业人员缴纳工伤保险费的证明材料；同时，提交缴纳风险抵押金或安全生产责任险（国家大力推行安全责任险）的证明材料。

（7）危险化学品事故应急救援预案的备案证明文件。

（8）危险化学品登记证复印件。

（9）工商营业执照副本或者工商核准文件复印件。

(10) 新建企业或新增项目应提供当地政府规划化工园区的证明材料和安全设施“三同时”审查审批意见书复印件。

(11) 应急救援组织或者应急救援人员，以及应急救援器材、设备设施的清单。

(12) 具备资质的中介机构出具的安全评价报告。

(13) 当地安全生产监督管理部门签署的《意见表》。

(14) 有危险化学品重大危险源和重点监管危险化学品的企业，除提交本条第一款规定的文件、资料外，还应当提供重大危险源及其应急预案的备案证明文件、资料和重点监管危险化学品安全措施及应急处置原则的文件、资料。

(15) 有危险化工工艺的企业，除提交规定的文件、资料外，还应当提供其安全控制自动化系统运行情况的报告。

企业申请安全生产许可证文件、资料应当按照除第 12、13 项外的序列号装订成册。新建企业安全生产许可证的申请，应当在危险化学品生产建设项目安全设施竣工验收通过后 10 个工作日内依照规定提出，并提交规定的申请文件、资料。

企业安全生产许可证有效期届满后继续生产危险化学品的，应当在安全生产许可证有效期届满前 3 个月，依照规定提出延期申请，并提交除第 10 项规定以外的申请文件、资料。

2. 变更申请

企业在安全生产许可证有效期内，当原生产装置新增产品或者改变工艺技术对企业的安全生产产生重大影响时，应当对该生产装置或者工艺技术进行专项安全评价，并对安全评价报告中提出的问题进行整改；在整改完成后，依照第一条规定提出变更申请，并提交安全评价报告。

企业在安全生产许可证有效期内，有危险化学品新增项目的，应当在新增项目安全设施竣工验收合格之日起 10 个工作日内，依照第一条规定提出变更申请，并提交建设项目安全设施“三同时”审查审批意见书等相关文件、资料。

企业在安全生产许可证有效期内变更主要负责人、企业名称或者注册地址的，应当自工商营业执照或者隶属关系变更之日起 10 个工作日内，依照第一条规定提出变更申请，并提交下列文件、资料。

(1) 变更后的工商营业执照副本复印件。

(2) 变更主要负责人的，还应当提供主要负责人经安全生产监督管理部门考核合格后颁发的安全资格证复印件。

(3) 变更注册地址的，还应当提供相关证明材料。

企业在安全生产许可证有效期内变更隶属关系的，仅需提交隶属关系变更证明材料报实施机关备案。

3. 办理流程

（1）申请。申请人向行政许可受理中心提出申请。

（2）受理。行政许可受理中心对申请人提交的申请材料进行初步审查，告知申请人是否受理。

（3）审查。评审处对申请人提交的申请材料进行形式审查，必要时对申请单位进行现场审查，是否符合规定的许可条件。

（4）决定。实施机关做出准予许可决定的，应当自决定之日起 10 个工作日内颁发安全生产许可证。实施机关做出不予许可的决定的，应当在 10 个工作日内书面告知企业并说明理由。

（5）办结。行政许可受理中心送达、发证、公告。

危险化学品经营单位申请办理《危险化学品经营许可证》按照《危险化学品经营许可证管理办法》的规定，到所在区县安监局化学品登记办公室递交申请材料。

经营许可证的办理

1. 申请单位应提交以下材料。

（1）安全评价报告，由有资质的中介机构对申请单位的安全情况进行安全评价，出具评价报告。

（2）单位主要负责人和主管人员、安全生产管理人员和业务人员专业培训合格证书的复印件；申请单位主要负责人及其他安全管理人员参加相关培训机构组织的安全培训取得安全资格证书。

（3）工商营业执照副本或预先核名通知书复印件。

（4）经营和储存场所、设施产权或租赁证明文件复印件。

（5）安全管理制度和岗位安全操作规程。

（6）事故应急救援预案。

（7）《危险化学品经营许可证申请表》（一式三份）；申请单位按照填表要求通过“中国安全生产科学研究院信息网”（网址：www. chinasafety. ac. cn）“危险化学品政务管理信息系统”进行在线填报，不具备填报条件的，由安全评价机构无偿协助填报。

（8）原危险化学品经营许可证正、副本（初次申请不需要提交）。

（9）经营和储存场所建筑物消防安全验收文件的复印件（无仓储单位不需要提交）。

2. 受理：申请单位提交上述材料，材料齐全方可受理申请（有仓储的经营单位除外）。

3. 审查：对于批发无仓储和零售无备货库的单位受理后10个工作日内，按照规定完成申请材料及经营条件的审查和现场审查（需要的）。对审查合格的在《申请表》“发证机关审查受理栏”签署意见并按照“危险化学品政务管理信息系统”进行受理、申报，并填写《〈危险化学品经营许可证〉（乙种）审查单》，连同《申请表》上报市安全生产监督管理局，其余申报材料存档。

对于批发有仓储的经营单位10个工作日内进行初审，填写初审联络单上报市安全生产监督管理局。

对于申请《危险化学品经营许可证》（甲种）的经营单位，五个工作日内审查所提交的材料，审查合格填写审批联络单上报市安全生产监督管理局。

4. 审批、发证。市安全生产监督管理局按照审核程序对申请情况进行审核，审核合格后上报局许可办批准。对准予发放《危险化学品经营许可证》的，由市行政审批服务中心安全生产监督管理局审批窗口完成许可证打印和发放。

（四） 危险化学品运输

从事危险化学品道路运输、水路运输的，应当分别依照有关道路运输、水路运输的法律、行政法规的规定，取得危险货物道路运输许可、危险货物水路运输许可，并向工商行政管理部门办理登记手续。国家对危险化学品的运输实行资质认定，托运人只能委托有危险化学品运输资质的运输企业承运，并且依照有关法律法规的要求，按照危险化学品的危险特性，采取必要的安全防护措施。运输必须配备押运人员，不得超装、超载，不得进入禁止通行的区域。途中需要停车住宿或遇到无法正常运输的情况时，应向当地公安部门报告。运输车辆要专车专用，并有明显标志。车厢、底板必须平坦完好，周围栏板必须牢固。排气管必须装配有效的隔热和灭火装置，电路系统应有切断总电源和隔离火花的装置。车辆左前方必须悬挂黄底黑字“危险品”字样的信号旗。车辆要配备相应的消防器材和捆扎、防水、防散失等用具。装运集装箱、大型气瓶、可移动罐（槽）等的车辆，必须设置有效的紧固装置。各种装卸机械、工具要有足够的安全系数，装卸易燃、易爆危险货物的机械和工具，必须有消除产生火花的措施。易燃易爆品不能装在铁帮、铁底车、船内运输。易燃品闪点在28℃以下，气温高于28℃时应在夜间运输，必须避开高温期间。运输危险化学品的车辆、船只应有防火安全措施。禁止无关人员搭乘运输危险化学品的车、船和其他运输工具。运输爆炸品和需凭证运输的危险化学品，应有运往地县、市公安部门的《爆炸品准运证》或《危险化学物品准运证》。

公安部门负责危险化学品运输车辆的道路交通安全管理。

为更好地适应危险化学品水路运输需求与内河运输安全管理要求，交通运输部会同环境保护部、工业和信息化部、安全监管总局依据《危险化学品安全管理条例》（国务院令第591号），在《危险化学品目录（2015版）》基础上制定了《内河禁运危险化学品目录（2015版）》（试行），自当年7月起实施。四部（局）并建立目录动态调整与审核机制，2017年征求意见稿中除了对目录危险化学品有微调外，同时包括了危险化学品纳入该目录的审核原则。交通运输部运输服务司还组织开展了交通运输行业标准《危险货物道路运输规则》（计划编号为JT 2015—57，原计划名称为：汽车运输危险货物规则）的修订工作，已完成第1至第9部分，于2016年11月发布征求意见，和危险化学品运输、装卸等安全管理有一定关系。

（五）危险化学品储存

危险化学品应当储存在专用仓库[①]内，并由专人负责管理，剧毒化学品以及储存数量构成重大危险源的其他危险化学品，应当在专用仓库内单独存放，并实行双人收发、双人保管制度。储存危险化学品的单位应当建立危险化学品出入库核查、登记制度。对剧毒化学品以及储存数量构成重大危险源的其他危险化学品，储存单位应当将其储存数量、储存地点以及管理人员的情况，报所在地县级人民政府安全生产监督管理部门（在港区内储存的，报港口行政管理部门）和公安机关备案。

危险化学品专用仓库应当符合国家标准、行业标准的要求，并设置明显的标志。储存剧毒化学品、易制爆危险化学品的专用仓库，应当按照国家有关规定设置相应的技术防范设施。储存危险化学品的单位应当对其危险化学品专用仓库的安全设施、设备定期进行检测、检验。仓库不得建在地下，耐火等级、层数、占地面积、防火间距需符合《建筑设计规范》。

（六）危险化学品进出口

进出口危险化学品工作流程如图2-3所示。

进口危险化学品，其收货人或者其代理人应向报关地所属辖区检验检疫机构逐批报检；申报时货物品名应按照《危险化学品目录》中的名称申报，报检时还应提供下列书面材料：

（1）进口危险化学品经营企业符合性声明；

（2）对需要添加抑制剂或稳定剂的产品，应提供实际添加抑制剂或稳定剂的名称、数量等情况说明；

---

① 这里的专用仓库也包括专用场地或者专用储存室。

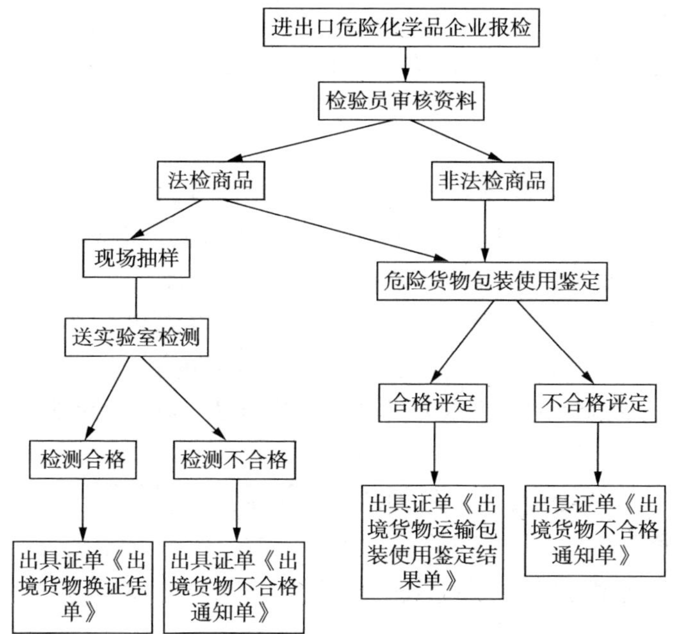

图 2-3　进出口危险化学品工作流程图

（3）中文安全数据单、危险公示标签的样本；

（4）其他需要提供的材料。

对进口危险化学品所用包装还应符合以下要求：

（1）货物的包装形式、包装类别、包装规格、单件质量、包装标记等符合相关规定，并与报检货物的性质和用途相适应；

（2）检验货物的包装方式、包装使用状况符合相关规定；

（3）货物包装上应加贴危险公示标签，并随附中文安全技术说明书。

出口危险化学品的发货人或者其代理人应按照《出入境检验检疫报检规定》向产地检验检疫机构报检，按照《危险化学品目录》中的名称申报，报检时还应提供下列材料：

（1）出口危险化学品生产企业符合性声明；

（2）《出境危险货物包装容器性能检验结果单》；

（3）危险特性分类鉴别报告；

（4）安全数据单、危险公示标签样本（如是外文样本，应提供对应的中文翻译件）；

（5）对需要添加抑制剂或稳定剂的产品，应提供实际添加抑制剂或稳定剂的名称、数量等情况说明；

（6）其他需要提供的材料。

对出口危险化学品的包装，如属于危险货物的，还需按照危险货物相关规定提供《出境危险货物包装使用鉴定结果单》，符合危险货物包装的要求。货物包装上还应加贴危险公示标签，并随附中文安全数据单。

三、危险化学品和危险货物

在实践中，我们发现很多企业在危险化学品管理过程中会将危险化学品与危险货物混为一谈，实际上这两者的定义、范围及分类都是不同的。

危险化学品是依据 GHS① 体系化学品危险性分类（28 类）筛选的，列入《危险化学品目录》2015 版的危险化学品共包含 2 828 种化学品；而危险货物的依据是 GB6944—2005《危险货物分类和品名编号》（9 类），列入 GB 12268—2005《危险货物品名表》的危险货物包括 3 468 种化学品。

第三节 易制爆危险化学品管理

一、 中国易制爆危险化学品的管理

2011 年 12 月 1 日起实施的国务院《危险化学品安全管理条例》（591 号令）首次提出了易制爆危险化学品的概念，易制爆危险化学品是指由国务院公安部门规定的可用于制造爆炸物品的危险化学品。这里需要注意的是，易制爆危险化学品本身不是爆炸品②，但可作为原材料或辅料制造爆炸品。

2011 年 11 月 25 日，根据 591 号令 23 条规定，为了对有关易制爆化学品进行安全管理，防止其被用于私制爆炸物品，公安部按照危险化学品的燃爆危险性分类编制并公布了《易制爆危险化学品名录》（2011 年版）。该名录包括六大类共 72 种：高氯酸、高氯酸盐及氯酸盐（7 种），硝酸及硝酸盐类（12 种），硝基类化合物（17 种），过氧化物与超氧化物（16 种），燃料还原剂类

---

① GHS 即《全球化学品统一分类和标签制度》（Global Harmonized System of Classification and Labelling of Chemicals），是由联合国出版的作为指导各国控制化学品危害和保护人类及环境的同一分类制度文件。其封面为紫色，故又称为紫皮书。各个国家可以采用“积木式”方法，选择性实施符合本国实际情况的 GHS 危险种类（class）和类别（category）。GHS 主要内容为全球化学品统一分类标准，安全标签及安全技术说明书（MSDS/SDS）。具体的 GHS 相关内容请参阅本系列丛书的第一册。

② 2012 年 12 月 1 日实施的 GB 6944《危险货物分类和品名编号》对爆炸品的定义是：在外界作用下（如受热、撞击等），能发生剧烈的化学反应，瞬时产生大量的气体和热量，使周围压力急骤上升，发生爆炸，对周围环境造成破坏的物品，也包括无整体爆炸危险，但具有燃烧、抛射及较小爆炸危险，或仅产生热、光、音响或烟雾等一种或几种作用的烟火物品。包括三类：

（1）爆炸性物质，是指固体或液体物质（或物质混合物），自身能够通过化学反应产生气体，其温度、压力和速度高到能对周围造成破坏。烟火物质即使不放出气体，也包括在内。

（2）爆炸性物品，是指含有一种或几种爆炸性物质的物品。

（3）为制造爆炸或烟火实际效果而制造的，（1）和（2）中为提及的物质和物品。

(17种)，其他(3种)。该名录于2017年5月11日更新。

2013年12月7日，根据国务院令第645号，修订《危险化学品安全管理条例》。新版《危险化学品安全管理条例》对易制爆危险化学品的管理做出了详细规定，从而对其生产、销售、运输、购买、使用、存储及销毁等环节进行全过程管控。

1. 生产、储存易制爆危险化学品

新版《危险化学品安全管理条例》要求，生产、储存公安部门规定的易制爆危险化学品的企业应当如实记录其生产、储存的易制爆危险化学品的数量、流向，并采取必要的安全防范措施，防止易制爆危险化学品丢失或者被盗；发现易制爆危险化学品丢失或者被盗的，应当立即向当地公安机关报告。另外，还应当设置治安保卫机构，配备专职治安保卫人员。

易制爆危险化学品储存方式和养护应符合GB 15603《常用化学危险品储存通则》，GB 17914《易燃易爆性商品储藏养护技术条件》等国家有关标准要求，如：

① 化学性质相抵触或防护、灭火方法不同的易制爆危险化学品不得储存在同一专用仓库内；

② 易制爆危险化学品入库后应进行适当的养护，并在储存期内定期检查，如发现品质变化、包装、破损、渗漏、稳定剂短缺等，应及时进行处理；

③ 专用仓库温度、湿度应严格控制，并经常检查，发现变化要及时进行调整；

④ 储存易制爆危险化学品的专用仓库，应当按照国家有关规定设置相应的技术防范设施，要求仓库必须做到五双，即“双人保管、双人出库复核、双人使用、双把锁、双本账”。

2. 经营易制爆危险化学品

从事易制爆危险化学品经营的企业，应当向所在地区的市级人民政府安全生产监督管理部门提出申请，提交其符合规定条件的证明材料，以取得危险化学品经营许可证。

危险化学品生产企业、经营企业销售易制爆危险化学品，应当如实记录购买单位的名称、地址、经办人的姓名、身份证号码以及所购买的易制爆危险化学品的品种、数量、用途。销售记录以及经办人的身份证明复印件、相关许可证件复印件或者证明文件的保存期限不得少于1年。

易制爆危险化学品的销售企业、购买单位应当在销售、购买后5日内，将所销售、购买的易制爆危险化学品的品种、数量以及流向信息报所在地县级人民政府公安机关备案，并输入计算机系统。

3. 购买易制爆危险化学品

购买易制爆危险化学品的企业应按规定办理《易制爆危险化学品购买凭

证》，持本单位出具的合法用途说明。个人不得购买易制爆危险化学品。使用易制爆危险化学品的单位不得出借、转让其购买的易制爆危险化学品；因转产、停产、搬迁、关闭等确需转让的，应当向具有相关许可证件或者证明文件的单位转让，并在转让后将有关情况及时向所在地县级人民政府公安机关报告。

4. 运输易制爆危险化学品

所有需要通过道路运输易制爆危险化学品的企业，应委托具有道路危险货物运输资质的单位运输易制爆危险化学品，并告知其运输易制爆危险化学品的种类、数量、危险特性及应急处置措施等。

企业运输易制爆危险化学品时，应当向驾驶员和押运人员说明所运输易制爆危险化学品的种类、数量、危险特性及应急处置措施等；氧化剂与还原剂等性质相忌的危险物品不得同车运输；应按照公安机关指定的时间、路线行驶，中途停车要有专人看守，不得在繁华街区、人口稠密地区或其他重要场所附近停留；如企业在通过道路运输易制爆危险化学品途中出现丢失、被盗、被抢或者流散、泄漏等情况时，驾驶人员、押运人员应当立即采取相应的警示措施和安全措施，并向当地公安机关报告，同时向企业保卫部门和安全部门报告，以便在应急处置时提供指导。企业在通过道路运输易制爆危险化学品途中，如因住宿或者其他情况，需要较长时间停车时，驾驶人员、押运人员应当采取相应的安全防范措施，并应当向当地公安机关报告。另外，企业通过内河、海洋、铁路、航空运输易制爆危险化学品时，应按照有关水路、海洋、铁路、航空运输的法律法规、规章制度进行运输。

二、国外易制爆危险化学品的管理

与中国一样，国外也有易制爆化学品的相关法律法规，其出发点也是从社会治安考虑，防止某些化学品被非法用于制造爆炸物品，造成巨大的损失。近年来，随着全球恐怖袭击事件的增加，越来越多的国家关注并对有关易制爆危险化学品的管控加强立法。

美国政府致力于从高风险化学品的工厂源头进行管理。在“化学工厂反恐标准”（Chemical Facility Anti-Terrorism Standards）中，要求所有含“指定化学品”（Chemicals of Interest List）（近 300 种）的工厂，在其数量超过规定值时，必须进行安防脆弱性评估。评估结果如被认为风险较高，工厂必须准备安全防范风险计划，该计划必须满足“化学工厂反恐标准”中的全部要求。

加拿大政府 2008 年在爆炸法（Explosives Acts 1985）基础上出台了“限制成分法规”（Restricted Components Regulations 2008），该法规对限制成分

规定了安全防范要求。对于可以制作爆炸品的化学成分，要求出售者登记注册，物理隔离及人员接触限制，严格的存储管理，销售限制，完善的记录，以及提供给政府可疑事件的全部信息。

欧盟也专门出台了一些法规，以防止易制爆化学品可能带来的风险。2008 年，欧盟批准了“加强爆炸品安全防范的行动计划”（EU Action Plan on Enhancing the Security of Explosives），该计划要求成员方：

（1）提高信息分享及研究；

（2）提高政府和公司对易制爆化学品供应链进行恐怖袭击的防范能力；

（3）确保成员方对潜在恐怖袭击进行有效的反应。

除了上述行动计划，欧盟正在计划禁止把某些一定浓度以上的化学品销售给公众。这些高浓度化学品只有持有合法的使用证明才能购买，用户需要提供购买证明。

在新加坡，根据 2003 年的武器及爆炸法案（Arms and Explosives Act 2003），买卖、生产、拥有和/或存储易制爆化学品必须取得许可证。该法案列出了 15 种需要许可的易制爆化学品名单。

澳大利亚政府也正在对易制爆化学品进行立法，该法案将对包括过氧化氢（H_2O_2）、硝酸（HNO_3）、高氯酸钾（$KClO_4$）等 11 种化学品进行管控。

第四节 易制毒化学品管理条例

目前，国际上对易制毒化学品并没有明确的定义。大多数国家、地区和经济体采取 1988 年《联合国禁止非法贩运麻醉药品和精神药品公约》（United Nations Convention Against Illicit Traffic in Narcotic Drugs and Psychotropic Substances，1988）（简称“八八公约”）中，对易制毒化学品的表述：即经常用于非法制造麻醉药品和精神药物的物质，现在逐步简称为前体化学品（Precursor chemicals）。我国于 2005 年 11 月 1 日起实施的《易制毒化学品管理条例》也未给出易制毒化学品的正式定义。但是在实践中，根据易制毒化学品的理化性质及其在制毒中的作用，可将易制毒化学品基本定义为：国家规定管制的可用于制造麻醉药品和精神药物的化学原料和配剂。

《八八公约》是联合国目前的三大药物管制国际公约之一，该条约禁止非法贩运麻醉药品和精神药物，为执行 1961 年通过的《麻醉品单一公约》和 1971 年《精神药物公约》提供了补充法律机制。该条约于 1988 年 12 月 19 日通过，1990 年 11 月 11 日生效。截至 2011 年 11 月，共有 189 个缔约方。我国于 1989 年 10 月 25 日正式交存批准书，成为《八八公约》的缔约方。《八八公约》管制的化学品清单见表 2-2。

表 2-2 《八八公约》中管制的化学品*

一	二
醋酸酐	
N-乙酰邻氨基苯酸	
麻黄碱	
麦角新碱	
麦角胺	丙酮
异黄樟脑	邻氨基苯甲酸
麦角酸	乙基醚
3，4-亚甲基二氧苯基-2-丙酮	盐酸③
去甲麻黄碱	甲基乙基酮
苯乙酸①	哌啶
α-苯乙酰乙腈②	硫酸④
1-苯基-2 丙酮	甲苯
胡椒醛	
高锰酸钾	
伪麻黄素	
黄樟脑	

* 包括本表所列物质可能存在的盐类。

一、中国易制毒化学品的管理

（一）法规介绍

中国对于易制毒化学品的管理法规主要有《易制毒化学品管理条例》和《中华人民共和国禁毒法》。

国务院第 445 号令《易制毒化学品管理条例》于 2005 年 11 月 1 日生效，该条例阐明了我国对易制毒化学品的生产、经营、购买、运输及进口、出口实行分类管理和许可制度。易制毒化学品可分为三类：第一类是可用于制毒的主要原料，第二类、第三类是可用于制毒的化学配剂，易制毒化学品的分类和品种目录见表 2-3。

① 从 2011 年 1 月 17 日起，从二移至一。

② 从 2014 年 10 月 9 日起，从二移至一。

③ 特别规定盐酸盐不属于二范围。

④ 特别规定硫酸盐不属于二范围。

表 2-3 中国易制毒化学品的分类和品种目录

第一类	第二类	第三类
① 1-苯基-2-丙酮 ② 3，4-亚甲基二氧苯基-2-丙酮 ③ 胡椒醛 ④ 黄樟素 ⑤ 黄樟油 ⑥ 异黄樟素 ⑦ *N*-乙酰邻氨基苯酸 ⑧ 邻氨基苯甲酸 ⑨ 麦角酸* ⑩ 麦角胺* ⑪ 麦角新碱* ⑫ 麻黄素、伪麻黄素、消旋麻黄素、去甲麻黄素、甲基麻黄素、麻黄浸膏、麻黄浸膏粉等麻黄素类物质*	① 苯乙酸 ② 醋酸酐 ③ 三氯甲烷 ④ 乙醚 ⑤ 哌啶	① 甲苯 ② 丙酮 ③ 甲基乙基酮 ④ 高锰酸钾 ⑤ 硫酸 ⑥ 盐酸

说明：

(1) 第一类、第二类所列物质可能存在的盐类，也纳入管制。

(2) 带有 * 标记的品种为第一类中的药品类易制毒化学品，第一类中的药品类易制毒化学品包括原料药及其单方制剂。

我国采用多部门多层级协同管理易制毒化学品的管理模式，涉及了国务院公安部门、食品药品监督管理部门、安全生产监督管理部门、商务主管机构、卫生主管机构、海关总署、价格主管机构、铁路主管机构、交通主管机构、工商行政管理部门、环境保护主管机构。此外，县级以上地方各级人民政府有关行政主管机构在各自的职责范围内，负责本行政区域内的易制毒化学品有关管理工作，并协调解决易制毒化学品管理工作中的问题。

《易制毒化学品管理条例》生效后，我国的多个部委随即发布了各自的管理办法和规定。公安部发布的《易制毒化学品供销和运输管理办法》自 2006 年 10 月 1 日起执行。国家安全生产监督管理总局发布的《非药品类易制毒化学品生产、经营许可办法》自 2006 年 4 月 15 日起施行。商务部发布的《易制毒化学品进出口管理规定》于 2006 年 9 月 20 日公布，自公布之日起 30 日后施行。商务部和公安部联合发布的《易制毒化学品进出口国际核查管理规定》于 2006 年 9 月 7 日公布，自公布之日起 30 日后施行。商务部、公安部、海关总署、国家安全生产监督管理总局、国家食品药品监督管理局联合发布的《向特定国家（地区）出口易制毒化学品暂行管理规定》自 2005 年 9 月 1 日起施行，其中涉及 58 个化学品和两个特定国家：缅甸和老挝。商务部、公安部、海关总署、国家食品药品监督管理局联合发布的《麻黄素类易制毒化学品出口企业核定暂行办法》2006年10月10日公布，自公布之日起30日后施行。

《药品类易制毒化学品管理办法》由卫生部通过，自2010年5月1日起施行。该办法明确了药品类易制毒化学品的生产、经营、购买以及监督管理要求，由国家食品药品监督管理局主管全国药品类易制毒化学品生产、经营、购买等方面的监督管理工作。药品类易制毒化学品有专门的目录，如表2-4所示。

表2-4 药品类易制毒化学品品种目录

药品类易制毒化学品品种目录	
① 麦角酸 ② 麦角胺 ③ 麦角新碱	④ 麻黄素、伪麻黄素、消旋麻黄素、去甲麻黄素、甲基麻黄素、麻黄浸膏、麻黄浸膏粉等麻黄素类物质

说明：(1) 所列物质包括可能存在的盐类。

(2) 药品类易制毒化学品包括原料药及其单方制剂。

另外，由人民代表大会常务委员会通过，并于2008年6月1日实施的《中华人民共和国禁毒法（主席令79号）》也提到了国家对麻醉药品和精神药品实行管制，对麻醉药品和精神药品的实验研究、生产、经营、使用、储存、运输实行许可和查验制度。国家对麻醉药品、精神药品和易制毒化学品的生产、经营、购买、运输以及进出口实行许可制度，禁止非法生产、买卖、运输、储存、提供、持有、使用麻醉药品、精神药品和易制毒化学品，禁止走私麻醉药品、精神药品和易制毒化学品。

（二）我国易制毒化学品的管理和执行

易制毒化学品具有合法性、可制毒性和管制性。合法性是指易制毒化学品首先是化工产品，具有对人们生产生活的有益性。易制毒化学品的另一特征是其理化性质具备制造毒品的特性，这也是易制毒化学品不同于普通化工产品的根本之处。易制毒化学品具有明文规定的管制性。

我国对易制毒化学品的管理主要在以下几个环节：生产、经营管理，购买管理，销售管理，运输管理以及进出口管理。各部门依照国务院第445号令《易制毒化学品管理条例》和各自部门管理办法和规定对易制毒化学品进行管理：

(1) 公安部门负责易制毒化学品购买、运输环节的管理，核发易制毒化学品购买、运输许可证或者备案证明，另外也包括易制毒化学品进口和出口的国际核查以及非法买卖、走私易制毒化学品犯罪案件的侦查。

(2) 食品药品监督管理部门负责药品类易制毒化学品生产、经营、购买环节的管理，核发药品类易制毒化学品生产、经营和购买许可证。

(3) 安全生产监督管理部门负责非药品类易制毒化学品生产、经营环节的管理，核发非药品类易制毒化学品生产、经营许可证或者备案证明。

(4) 商务主管机构负责易制毒化学品进口和出口环节的管理，核发易制毒化学品进口和出口许可证；与公安部门共同负责易制毒化学品的进出口国际核查，包括麻黄素类产品出口企业资格的核定。

(5) 海关凭商务主管机构核发的进口和出口许可证管理通关手续以及保税区、出口加工区等海关特殊监管区域、保税场所内易制毒化学品的监管。

(6) 工商行政管理部门负责办理易制毒化学品生产、经营企业的工商登记。

(7) 环境保护主管机构监督队负责依法收缴、查获的易制毒化学品的销毁。

(8) 卫生主管机构负责规定、公布医用单张处方的最大剂量。

(9) 铁路、交通主管机构负责根据托运人的运输许可证或者备案证明承运易制毒化学品。

我国在易制毒化学品的管理中也有一些便民的措施，比如：个人购买部分易制毒化学品可使用现金或者实物进行交易；个人自用，购买少量高锰酸钾无须备案等等。

商务部公布的《易制毒化学品进出口管理规定》中指出，对含有易制毒化学品的混合物原则上予以管制，其中有些特殊情况予以豁免。

一种情况是，产品成品中含有的易制毒化学品不易提取。黏合剂、添加剂、涂料、油漆等产品中含有少量丙酮、甲苯、硫酸、丁酮等易制毒化学品，属于含易制毒化学品的混合物。从这些混合物产品中提取易制毒化学品成分程序复杂，成本高，通过这种方式获得易制毒化学品不适合大规模生产。符合上述情况的企业可以自行到所在地公安局咨询管制是否可以豁免，公安局会根据公司经营情况和产品的实际特征给予确认。

还有一种情况是，根据商务部 2007 年颁布的《关于对含易制毒化学品的混合物的进出口管理做出具体规定》中的规定：含甲苯、丙酮、丁酮、硫酸 4 种易制毒化学品之一，且比例低于 40％（不含）的货物以及含盐酸比例低于 10％（不含）的货物进（出）口，无须办理两用物项和技术进（出）口许可证件。比例高于 40％的混合物进（出）口，经营者应折算易制毒化学品数量后，按照有关规定申请两用物项和技术进（出）口许可证件，进（出）口企业在办理通关手续时应如实申报易制毒化学品含量，海关根据实际状态负责监管工作。

企业必须遵守我国和国际发布的与易制毒化学品相关的所有管制规定，也必须制定企业易制毒化学品内部管理制度，并严格执行。

二、我国及国际禁毒工作现状

国际麻醉品管制局作为执行 1961 年《麻醉品单一公约》而成立的一个独

立的准司法专家监督机构，其任务后来扩大到执行监督1971年《精神药物公约》和《八八公约》。国际麻醉品管制局的任务是，努力将麻醉品的种植、生产、制造和药物使用的数量限制在足够用于医疗和科研方面，并确保它们能得到药物；同时防止非法种植、生产和制造，及非法贩运和使用麻醉品。

国际麻醉品管制局每年都会发布根据《八八公约》第十二条执行情况的报告，即《经常用于非法制造麻醉药品和精神药物的前体和化学品》。在2014年年报中，国际麻醉品管制局主席Lochan Naidoo提到了，2013年12月20日是《八八公约》缔结二十五周年纪念日。公约自缔结以来取得了巨大进展和诸多成功。然而，新的挑战已然出现，部分因为《八八公约》在国家层面以及各区域之间和区域内部的执行不一致，还有一部分因为当前的经济和技术环境等外部因素与25年前商定《八八公约》时已大不相同。国际麻醉品管制局在每年的《经常用于非法制造麻醉药品和精神药物的前体和化学品》报告中都主张，必须找到在国际层面解决前体化学物质转用问题的解决方案。近几年，国际麻醉品管制局在年度报告及其前体化学物质问题年度报告中提出了诸多行动建议。为了履行共同责任，各国政府可以，且应当予以采纳。首先，不管一个国家是否拥有制造工业，都必须承认销售链的各个环节均可能且确实发生了前体化学物质转用现象。也就是说，必须承认国内分销与国际贸易一样具有风险。其次，各国政府都必须认真应对这一挑战，在这个互联互通的世界中承担起责任和职责。《经常用于非法制造麻醉药品和精神药物的前体和化学品》2015年的年报于2016年3月发布，同以往的报告一样，2015年报告重点突出了化学品转移管制在地域层面和化学品本身方面的动态。另外，报告再次强调，只要各国政府协力合作、共享信息和采取联合行动，取得成功指日可待。

我国自1989年10月25日正式加入《八八公约》以来，不断加强与相关国家和地区的易制毒化学品管理合作，加强对易制毒化学品的管理以及从源头上堵截毒品制造，减少毒品的供应量，进一步履行国际公约义务，树立负责任的大国形象。同时，我国易制毒化学品管制形势不容乐观，易制毒走私出境问题依然突出，大量易制毒化学品流入国内地下毒品加工厂被用于制毒，大量非管制易制毒化学品被用于制毒，新型合成毒品不断出现。

2015年6月24日，我国首次发布《毒品形势报告》，其中涉及毒品滥用、毒品来源、毒品贩运和毒品形势走向等内容。2016年2月又发布了《2015年中国毒品形势报告》。《毒品形势报告》提到，从毒品滥用情况看，国内登记在册的吸毒人员数量持续增长，毒品滥用结构发生了深刻的变化。在境外来源方面，“金三角”地区罂粟种植和冰毒生产仍保持较大规模，是我国境内海洛因和冰毒片剂的最大来源地。在境内来源方面，广东、四川是境内冰毒晶体和氯胺酮的主要源头，一些不法分子趁我国对绝大多数新精神活性物质尚未列入管制之机，在国内生产此类物质。在毒品滥用方面，我国将继续面临对巩固海洛因治理成果和应对合成毒品滥用快速蔓延的双重压力。新精神活性物质问题将随工作力度的加强进一步显露，存在国内快速形成滥用局面的可能。随着国际毒潮日益泛滥，易制毒化学品管理形势更加严峻，禁毒工作任重而道远。

第五节 高毒物品管理

一、高毒物品法律概念的来源

高毒物品的法源旨在对职业病危害因素的识别、预防和控制。2001 年第九届全国人民代表大会常务委员会通过的《中华人民共和国职业病防治法》第十八条提出“国家对从事放射、高毒等作业实行特殊管理，具体管理办法由国务院制定”。这个要求在 2011 年法律修订中重述。2002 年国务院根据该法制定了《使用有毒物品作业劳动保护条例》，其中第三条要求按照有毒物品产生的职业中毒危害程度，有毒物品分为一般有毒物品和高毒物品。国家对作业场所使用高毒物品实行特殊管理。

为执行上述法律、法规的要求，卫生部于 2003 年制定了《高毒物品目录》，计 54 种。在《高毒物品目录》编制说明中，规范制订者把选择的方法归纳为“综合毒性判定原则”，指出化学物品是否应列入本目录应该从急性毒性、慢性毒性、人群发病情况、致癌性和可能对环境、健康的长远影响等方面来综合分析，同时应考虑实施特殊管理的难度和我国职业病发病情况。根据以上原则，征求意见时共遴选出高毒物品 53 种，其中 GBZ2—2002《工作场所有害因素职业接触限值》作业环境暴露最高允许浓度 MAC$<1\ mg/m^3$或时间加权平均浓度 TWA$<1\ mg/m^3$的有毒物品 29 种，被国际癌症研究所 IARC 认定的人类致癌物有 8 种，MAC$>1\ mg/m^3$或者 TWA$>1\ mg/m^3$但属于引起 1990—2001 年职业病统计年报急性重度和慢性中毒前 10 名的有毒物品 16 种，后增补 1 种，以上三项 54 种合并形成本目录。

可以看出，化学物质是否纳入《高毒物品目录》并不完全基于其危害性，而是参考了国标《作业场所有害因素职业接触限值》中的职业暴露限值。职业暴露限值较低的化学物质是高毒物品目录的主要来源，而职业暴露限值的获得主要基于风险评估的结果，因此，《高毒物品目录》的制定充分考虑了产生职业病危害的风险的严重程度。

二、相似法律概念辨析

由于高毒的定义并不十分清晰，因此有必要对高毒及其相关的类似概念进行梳理和辨析。

1986 年国家颁布的 GB 6944《危险货物分类和品名编号》中出现“毒害品”的概念，为危险货物第 6 类第 1 项；1993 年 GB 13690《常用危险化学品的分类和标志》包含了第 6 类“有毒品”概念，两个概念的划分标准完全相同，即指进入机体后，累积达一定的量，能与体液和器官组织发生生物化学作用或生物物理学作用，扰乱或破坏肌体的正常生理功能，引起某些器官和系统暂时性或持久性的病理改变，甚至危及生命的物品，包括经口服摄入半数致死量（LD_{50}）：固体 LD_{50}≤500 mg/kg，液体 LD_{50}≤2 000 mg/kg；经皮肤接触 24 h，半数致死量 LD_{50}≤1 000 mg/kg；粉尘、烟雾及蒸气吸入半数致死量 LC_{50}≤10 mg/L 的固体或液体。

2005 年版和 2012 年版 GB 6944《危险货物分类和品名编号》将“毒害品”改为“毒性物质”。化学品分类则随着 GHS 的推行有了结构性的重大变化，2006 年颁布的《化学品分类、警示标签和警示性说明安全规范》系列标准根据联合国 GHS 第 2 版分为理化危害 16 类、健康危害 9 类和环境危害 1 类，其中，健康危害中的“急性毒性”沿用了原有化学品分类中“有毒品”的划分标准，致癌性、生殖细胞突变性、生殖毒性（统称 CMR）则属于中国化学品分类中新增的健康危害种类。急性毒性和 CMR 类别的化学品与卫生部的“高毒物品”定义紧密相关，其类别划分方式在 GB 13690—2011《化学品分类和危险性公示通则》以及 2013 年发布的取代 2006 年的 GB 30000[①] 系列 28 项《化学品分类和标签规范》中得以延续。

不过，危险货物的分类是基于货物自身的危险性，适用于货物运输、储存、经销及相关活动。化学品分类也基于化学品自身的危险性，适用于具有特定危害化学品的分类、标签和其他危险性公示、沟通。高毒物品与 GHS 相比，所包含的物品涉及急性毒性、致癌性、生殖细胞突变性、生殖毒性等多个领域，它属于职业卫生领域对危害因素的职业病风险较大的物品综合判定后，优先需要控制的物品清单，是特定领域经过适当风险评估后的结果，与危险货物、危险化学品的分类方式大不相同。

1993 年公安行业发布的 GA57—1993《剧毒物品分级、分类与品名编号》、GA 58—1993《剧毒物品品名表》中剧毒物品指口服半数致死量 LD_{50}≤50 mg/kg 的固体、液体，经皮肤接触半数致死量 LC_{50}≤2 mg/L 的固体或液

---

① GB 30000.02—2013～GB 30000.26—2013 和 GB 30000.28—2013。

体，以及吸入的半数致死浓度符合下述标准液体或气体：$V \geqslant LC_{50}$ 和 $LC_{50} \leqslant$ 300 mL/m³，V 指 20℃时标准大气压下的饱和蒸气浓度，单位为 mL/m³，适用于公安部门治安管理。

与“剧毒物品”相似但不同的“剧毒化学品”概念来源于 2002 年《危险化学品安全管理条例》及 2002 年安监、公安、环保、卫生、质检、交通等八部委联合颁发的《剧毒化学品目录》及修正表，包含 335 种剧毒化学品，这个概念在 2011 年修订的《危险化学品安全管理条例》中继续沿用，其中，对剧毒品的生产、储存、经营、购买、运输等均有特别规定，涉及公安、安全生产监管、交通部门。2015 年，国家安监总局、国家卫生和计划生育委员会等十部门联合颁发的《危险化学品名录》纳入剧毒化学品分类，共计 148 种，2002 版《剧毒化学品目录》作废。剧毒化学品指具有剧烈急性毒性危害的化学品，包括人工合成的化学品及其混合物和天然毒素，还包括具有急性毒性易造成公共安全危害的化学品。剧烈急性毒性判定界限：急性毒性类别 1，即满足下列条件之一：经口 $LD_{50} \leqslant 5$ mg/kg，经皮 $LD_{50} \leqslant 50$ mg/kg，吸入（4h）$LC_{50} \leqslant 100$ mL/m³（气体）或 0.5 mg/L（蒸气）或 0.05 mg/L（尘、雾）；同时包括“具有急性毒性易造成公共安全危害的化学品”，即不满足剧烈急性毒性判定界限，但公安部门提出易造成公共安全危害，也具有较高急性毒性（符合急性毒性，类别 2）的化学品，经过十部门同意后纳入剧毒化学品管理。可见，除了少量“具有急性毒性易造成公共安全危害的化学品”，剧毒化学品是急性毒性化学品中毒性最强的一类，其性质属于化学品危害的分类。

“剧毒物品”和“剧毒化学品”与职业病危害因素优先性管理中的“高毒物品”均无渊源联系。

值得注意的是，2015 年《危险化学品目录》与 2003 年《高毒物品目录》及 GBZ 2.1—2007《工作场所有害因素职业接触限值》化学有害因素中个别化学品名称、CAS 号不一致，其中部分见表 2-5。

表 2-5 化学物质辨识信息在不同目录中的差异

品名	2003 年《高毒物品目录》	GBZ 2.1—2007《工作场所有害因素职业接触限值》化学有害因素	2015 年《危险化学品目录》
二硝基甲苯	25231-14-6	25231-14-6	121-14-2，606-20-2（区分不同异构体）
五氧化二钒	7440-62-6	7440-62-6	1314-62-1
氰化氢	460-19-5	74-90-8	74-90-8
氰化物	143-33-9	460-19-5	—

1994 年，原国家环境保护局、海关总署和对外贸易经济合作部发布《化学品首次进口及有毒化学品进出口环境管理规定》，“有毒化学品”是为执行《关于化学品国际贸易资料交流的伦敦准则》而对具有一定环境行为和归趋、对环境和人类有危害的化学品而提出的概念，不同于化学品分类中的“有毒品”或“急性毒性”，其是指进入环境后通过环境蓄积、生物累积、生物转化或化学反应等方式损害健康和环境，或者通过接触对人体具有严重危害和具有潜在危险的化学品。随着国际法领域化学品管理规范的发展，在环境管理领域，“有毒化学品”包括《斯德哥尔摩公约》和《鹿特丹公约》控制的化学物质，即 POPs 和 PIC 物质，对应进出口管制中“中国禁止的化学品”和“严格限制的化学品”，前者现纳入中国禁止进口的货物目录，后者现由环保部和海关总署每年修订发布《中国严格限制进出口的有毒化学品目录》。

2010 年环保部发布的《新化学物质申报登记指南》中提出，“若已知申报物质的类似物为高毒、致突变、致癌等对人体健康或生态环境明显有害的化学物质，应一并提交类似物信息。”2004 年环保部公布的《新化学物质危害评估导则》将急性毒性测试结果分为剧毒、高毒、中毒、低毒、实际无毒，其中剧毒的分级标准为经口 $LD_{50}\leqslant 5mg/kg$，经皮 $LD_{50}\leqslant 50mg/kg$，吸入 $LC_{50}\leqslant 100\ mL/m^3$（气体）或 0.5 mg/L（蒸气）或 0.05 mg/L（尘、雾），与《剧毒化学品目录》一致，高毒标准次之，为经口 $5\ mg/kg<LD_{50}\leqslant 50\ mg/kg$；经皮 $50\ mg/kg<LD_{50}\leqslant 200\ mg/kg$；吸入 $100\ mL/m^3<LC_{50}\leqslant 500\ mL/m^3$（气体）或 $0.5\ mg/L<LD_{50}\leqslant 2.0\ mg/L$（蒸气）或 $0.05\ mg/L<LD_{50}\leqslant 0.5\ mg/L$（尘、雾）；将短期反复染毒毒性分为剧毒、高毒、中等毒性、低毒，分级标准基于主要器官的病理组织学变化。

2005 年，卫生部根据《危险化学品安全管理条例》颁布《化学品毒性鉴定技术规范》，2008 年 GB/T 21603《化学品：急性经口毒性试验方法》、GB/T 21605《化学品急性吸入毒性试验方法》和 GB/T 21606《化学品急性经皮毒性试验方法》颁布，其资料性附录部分给出了几个不同的毒性分级标准作为参考，但不具有规范性。其中世界卫生组织推荐的急性毒性分为剧毒、高毒、中等毒、低毒、微毒，高毒标准为经口 $1\ mg/kg<LD_{50}\leqslant 50\ mg/kg$；经皮 $5\ mg/kg<LD_{50}\leqslant 44\ mg/kg$；6 只大鼠吸入 4 h 死亡 2～4 只 $10\times 10^{-6}<$致死浓度$\leqslant 100\times 10^{-6}$；对人体来说，0.05 g/kg<可能致死量≤0.5 g/kg，或 3 g/kg<总量≤30 g/kg。

上述 2008 年国家标准中关于剧毒、高毒化学品的划分标准与环保部《新化学物质危害评估导则》中的定义并不一致。两者与职业卫生管理中的“高毒物品”亦无渊源关系。

1999 年《中华人民共和国刑法》提出“有毒物质”的概念，其中第三百三十八条规定，违规排放、倾倒、处置有放射性的废物、含传染病病原体的废物、有毒物质或者其他有害物质，严重污染环境的，均构成污染环境罪。“有毒物质”概念的设立是为了保护环境。2013年《最高人民法院、最高人民检察院关于办理环境污染刑事案件适用法律若干问题的解释》第十条专门对“有毒物质”的范围和认定标准作出了明确界定，包括危险废物，剧毒化学品，列入重点环境管理危险化学品名录的化学品以及含有上述化学品的物质，含有铅、汞、镉、铬等重金属的物质，《关于持久性有机污染物的斯德哥尔摩公约》附件所列物质等。2016年12月，《最高人民法院、最高人民检察院关于办理环境污染刑事案件适用法律若干问题的解释》更新，对部分术语的解释作了规范和调整，刑法第三百三十八条“有毒物质”的范围包括危险废物、《关于持久性有机污染物的斯德哥尔摩公约》附件所列物质、含重金属的污染物和其他具有毒性、可能污染环境的物质。

在农药管理领域，剧毒、高毒的概念长期使用。GB15670—1995《农药登记毒理学试验方法》将农药的急性毒性依次分为剧毒、高毒、中毒、低毒。《农药管理条例》等法规和农业管理政府文件中存在大量针对剧毒、高毒农药的管理要求，与本处讨论的“高毒物品”没有关系。

1985年制定、2010年修订发布的GBZ 230《职业性接触毒物危害程度分级》(原标准号GB5044)，以毒物的急性毒性、扩散性、蓄积性、致癌性、生殖毒性、致敏性、刺激与腐蚀性、实际危害后果与预后等9项指标为基础的定级标准。分级原则是依据急性毒性、影响毒性作用的因素、毒性效应、实际危害后果等4大类9项分级指标进行综合分析、计算毒物危害指数确定，1996年颁布的HG 24001《化工行业职业性接触毒物危害程度分级》基于1985年的标准，进一步对104种职业性接触毒物危害程度进行了法定分级。该国家标准是职业性接触毒物危害程度分级的技术依据，也是工作场所职业病危害分级有毒作业分级和建设项目职业病危害分类管理的重要技术依据。其危害程度分级与高毒物品遴选的风险评估过程类似，立法功能同样是为职业卫生管理对化学毒物基于风险大小进行优先性选择，但全文未使用“高毒”概念，而是基于计算得到的危害程度分为轻度、中度、高度、极度危害。

综上所述，相关法规、标准的制定，为厘清法律体系、消除混淆、便于理解和执行提供了依据，但还需不断完善从两个方面进行法律整理：一为厘清统一新化学物质登记，危险化学品分类及标志，职业卫生中化学毒物优先性管理，公安部门治安管理中“有毒”“高毒”“剧毒”法律概念的定义和可能存在的递进关系；二是基于共同的立法功能、风险评估和优先性遴选方式，在职业卫生立法和管理中统一《高毒物品目录》和《职业性接触危害毒物危害程度分级》。

三、中国高毒物品有关法规概要

自《中华人民共和国职业病防治法》《使用有毒物质作业场所劳动保护条例》《高毒物品目录》颁布以来，卫生部及安监总局等部门制定、颁布了执行性规范文件和标准，加强高毒物品的职业卫生管理。对于从事职业卫生、产品安全和法规事务的工作者而言，在原材料、中间产品、成品中识别出高毒物品，有助于在职业卫生和职业健康管理中根据高毒物品管理法规，及时有效实施法规性要求，保障合规、保障作业人员身体健康。

根据《中华人民共和国职业病防治法》的授权，国务院在《使用有毒物质作业场所劳动保护条例》中规定，除遵守一般有毒物质作业场所劳动保护的要求外，高毒作业场所与其他作业场所隔离，设置红色区域警示线、警示标识和中文警示说明，并设置通信报警设备。在申报使用高毒物品作业项目时，应当提交职业中毒危害控制效果评价报告、职业卫生管理制度和操作规程等材料、职业中毒事故应急救援预案。变更高毒物品品种的，应当重新申报。存在高毒作业的建设项目的职业中毒危害防护设施设计，经卫生审查符合国家职业卫生标准和卫生要求的，方可施工。高毒作业场所需设置应急撤离通道和必要的泄险区，配备应急救援人员和必要的应急救援器材、设备，制订事故应急救援预案，并设置淋浴间和更衣室，工作服清洗、存放应分开，同时配备职业卫生医师和护士，或与职业卫生技术服务机构签订服务合同。存在高毒物品的生产设备、容器、狭窄作业场所等，维护、检修、操作等作业均需考虑高毒物品的特殊个人防护要求。应当至少每月对高毒作业场所进行一次职业中毒危害因素检测；至少每半年进行一次职业中毒危害控制效果评价。单位应当对从事使用高毒物品作业的劳动者进行岗位轮换，并为从事高毒物品作业劳动者提供岗位津贴。

2007 年，卫生部发布 GBZ/T203－2007《高毒物品作业岗位职业病危害告知规范》和 GBZ/T204－2007《高毒物品作业岗位职业病危害信息指南》，规定了高毒物品作业岗位接触高毒物品的名称、理化特性、职业接触、健康危害、接触限值、防护措施、警示标识以及在出现紧急情况时进行急救和治疗等信息，以及接触高毒物品的应急处理告知内容与警示标识。GBZ/T203－2007 提出了“立即威胁生命或健康的浓度（Immediately Dangerous to Life or Health Concentrations，IDLHs）”的概念，指在此条件下对生命立即或延迟产生威胁，或能导致永久性健康损害，或影响准入者在无助情况下从密闭空间逃生。某些物质一旦对人产生一过性的霎时影响，受害者未经医疗救治而感觉正常，但在接触这些物质后 12～72 小时内可能突然产生致命后果。GBZ/T203－2007 给出了 20 种高毒物品的法定 IDLHs 值。GBZ/T204－2007

中则提供了54种高毒物品的理化性质、进入途径、健康影响、具体的防护措施和个人防护、工作场所警示标示、体检项目和周期、职业禁忌、可能引起的职业病、具体的急救和治疗措施等。

国家安监总局、卫生部、人力资源社会保障部、全国总工会2009年联合发布《关于开展粉尘与高毒物品危害治理专项行动的通知》，是对既有法规的工作部署。2011年国家安监总局发布的《关于印发危险化学品从业单位安全生产标准化评审标准的通知》中重述了《使用有毒物质作业场所劳动保护条例》的部分要求。还有多个职业卫生相关标准针对高毒物品提出了具体的管理要求，包括GBZ158—2003《工作场所职业病危害警示标识》，GBZ/T181—2006《建设项目职业病危害放射防护评价报告编制规范》，GB/T24536—2009《防护服装化学防护服的选择、使用和维护》，GBZ/T223—2009《工作场所有毒气体检测报警装置设置规范》，GBZ/T 225—2010《用人单位职业病防治指南》等。2014年，国家安监总局颁布《用人单位职业病危害告知与警示标识管理规范》，对高毒作业场所提出了红色警示线、紧急出口等具体要求。

2013年，国家安监总局发布《高危粉尘作业与高毒作业职业卫生管理条例》征求意见稿，以期取代现行的《使用有毒物品作业场所劳动保护条例》和《尘肺病防治条例》。该征求意见稿指出，国务院安全生产监督管理部门将会同国务院卫生计生行政部门制定、调整并公布高毒作业目录，要求高毒作业用人单位每半年委托服务机构进行一次工作场所高毒作业检测，每年进行防护效果检测，取消了新建项目管理、劳动合同中等其他法规已有规定的类似要求，规定了培训、现场管理、维护检修、应急处置等要求。

四、国外高毒物品类似法规辨析

国外职业卫生管理法规中未见“高毒物品”优先性管理要求，部分涉及内容供读者拓展阅读，有助于解答可能出现的一些疑问。

IDLHs的概念发源于美国，国家职业安全和卫生研究所（NIOSH）将其定义为暴露于空气传播的污染物，达到此浓度后立即威胁生命或健康，有可能造成死亡或直接的或延时的永久不利健康影响，或妨碍逃出这种环境。美国职业安全健康署OSHA CFR 1910.134（b）则定义IDLHs为“一种气体环境，直接威胁到生命，会造成不可逆的不利健康影响，或会损害个人摆脱危险的能力”。IDLHs值可用于指导工作人员或消防队员在特定情况下的呼吸防护设备选择。NIOSH定义不包括氧气不足，而OSHA定义广泛，包括贫氧情况，以及许多其他化学、热学、或气载的危害生命或健康因素。在我国，“IDLHs”只是职业卫生管理中某些“高毒物品”的性质、并具有法定行动要求的浓度值，两个概念间没有包含或交叉关系。

台湾地区自1986年起长期实施“毒性化学物质管理制度”。其中第一类毒性化学物质定义接近于“持久性有机污染物POPs”；第二类则包括CMR和其他特定的可能导致慢性疾病的化学物质；第三类指急性毒性强、能瞬间导致人身危险的化学物质；第四类指有污染环境或危害人体健康危害的物质。毒性化学物质由台湾环保署主管，监管要求包括运作人的许可、运作记录、释放量记录、该毒性化学物质的毒理特性相关资料的申报等，目前并不涉及职业卫生监管。

欧盟于2007年开始实施的“化学品注册、评估、许可和限制法规”（REACH）在中国化学品法规领域广为人知，该法规对进入其市场的所有化学品进行预防性管理。出于对人类健康和环境保护的需要，在REACH框架下，截至2015年6月欧盟化学品管理署（ECHA）发布了13批、163种具有致畸、致癌、致生殖毒性及持久累积且有毒物质等高风险、高危害的物质，称为高关注度物质（SVHC）。一旦产品中的高关注度物质含量超过一定浓度阈值，REACH规定了进入欧盟市场的企业对所含高关注度物质的通报义务，同时SVHC物质将候选为需经授权方可投入市场的物质，并进一步可能被选择为在特定产品中限制使用的物质。SVHC和目前中国职业卫生法规领域的“高毒物品”没有法律上的可比较性。但是，虑及职业卫生中暴露数据和流行病学长期积累的资料，以及REACH法规实施以来在风险评估数据和方法论上的快速发展，职业卫生与化学品管理法规适当融合、利用化学品法规成果对职业暴露化学毒物进行优先性管理的可能性已经显现。

第六节　消耗臭氧层物质管理

一、臭氧层的破坏

消耗臭氧层物质是指对臭氧层有破坏作用的物质，简称ODS。人类活动释放的含氯或溴的卤代烃类物质上升到平流层时，受到短波紫外线（UVC）照射分解出Cl和Br自由基，并不断催化臭氧反应生成氧气。目前认为，ODS包括全氯氟烃（CFCs）、全溴氟烃（哈龙，halons）、四氯化碳（Carbon Tetrachloride，CTC）、甲基氯仿（methyl chloroform）、氯氟烃（HCFCs）、溴氟烃（HBFCs）、溴氯甲烷和甲基溴等。

人类活动对臭氧层的影响源于制冷剂的使用。20世纪初，冰箱和空调的出现和发展引发了工业制冷剂的革命。传统制冷剂（氨、二氧化硫、丙烷等）普遍具有易燃、有毒、强腐蚀或不稳定的性质，经常泄漏引发事故。20世纪

30 年代，美国 Thomas Midgley，Jr. [①] 成功合成了一种不可燃、低毒性且高能效的新型制冷剂，即二氟二氯甲烷（CFC-12）。此后，一系列 CFCs 和 HCFCs 陆续开始生产，并广泛应用于冰箱、空调等领域，也就是人们熟知的氟利昂（Freon）[②]。

1974 年 6 月，美国加利福尼亚大学的 Molina 博士和 Rowland 教授发现，大气中不断增多的 CFCs 可持续存在 40～150 年，并不断扩散进入臭氧层，通过氯原子催化臭氧反应生成氧气，这一研究成果在 Nature 杂志上发表。同年 9 月，美国化学学会年会公开讨论了 CFCs 对臭氧层及人类健康的危害，引起了立法部门的重视和调查。美国从 1978 年开始禁止生产添加任何碳氟化合物的喷雾产品。

1976 年，世界气象组织（World Meteorological Organization，WMO）启动全球臭氧研究监测项目（Global Ozone Research and Monitoring Project），急切呼吁各方加强对臭氧层的保护。1977 年 3 月，联合国环境规划署（United Nations Environment Program，UNEP）在美国华盛顿召开第一次臭氧层国际研讨会，共有来自 33 个国家及欧盟委员会的代表出席。会议起草了"世界臭氧层行动计划"（World Plan of Action on the Ozone Layer），号召各方在联合国的协调下加强科研合作，共同探求控制措施成本与收益的评估方法。UNEP 为监督该计划的实施，于同年 5 月成立了臭氧层问题协调委员会（Coordinating Committee on the Ozone Layer，CCOL）。1978—1980 年，美国、加拿大、欧洲、日本响应号召，陆续开始控制或禁止 CFCs 的生产或使用。

二、保护臭氧层国际公约

1985 年 3 月，UNEP 在奥地利召开会议，通过了《保护臭氧层维也纳公约》（Vienna Convention for the Protection of the Ozone Layer，VC）（简称"维也纳公约"），并于 1988 年 9 月 22 日生效。"维也纳公约"要求各缔约方在其能力范围内采取适当的立法和行政措施，协调适当的政策，控制、限制、削减或禁止对臭氧层产生不利改变的人类活动，以保护人类健康和环境免受臭氧层变化可能造成的不利影响。"维也纳公约"附件一列出了可能改变臭氧层物理和化学特性的化学物质，包括碳物质、氮物质、氯物质、溴物质和氢物质。"维也纳公约"虽然没有提出任何实质性的控制协议，但在合作应对全球环境问题上迈出了重要一步，为后续采取国际性措施控制 CFCs 奠定了

---

① Thomas Midgley，Jr.（1889.05.18—1944.11.02），美国工程师、化学家，发明了含铅汽油和最早的全氯氟烃。

② 氟利昂：美国杜邦公司为一系列卤代烃类制冷剂注册的商品名，后泛指同类产品。

基础。

1987 年 9 月 16 日，UNEP 在加拿大召开会议，24 个国家签署了《关于消耗臭氧层物质的蒙特利尔议定书》（The Montreal Protocol on Substances that Deplete the Ozone Layer，MP）（简称“蒙特利尔议定书”），并于 1989 年 1 月 1 日生效。2009 年 9 月 16 日，随着东帝汶民主共和国的正式加入，“维也纳公约”和“蒙特利尔议定书”成为联合国历史上首份所有主权国家均签署的协定。1995 年 1 月 23 日联合国大会决定，每年的 9 月 16 日为国际保护臭氧层日，缔约方按照《关于消耗臭氧层物质的蒙特利尔议定书》及其修正案的目标，采取具体行动纪念这个日子。

与“维也纳公约”相比，“蒙特利尔议定书”详细规定了受控物质①、控制措施（包括数量控制、淘汰时间、贸易控制）、数据汇报、财务机制和其他实施细节。生效至今，“蒙特利尔议定书”共经历了 6 次调整和 4 次修正。

“蒙特利尔议定书”要求不满足第 5 条规定的，“发展中国家特殊情形”的缔约方须以各类受控物质指定年度的生产和消费量为起始消减水平，按设定的时间表削减直至淘汰受控物质；考虑到实际情况，满足第 5 条“发展中国家特殊情形”的缔约方，其起始消减水平对应的年度一般比前者晚 10 或 20 年（HBFCs、溴氯甲烷和甲基溴除外），且为满足其国内基本需要，有权暂缓十年执行规定的控制措施。受控物质共 8 类，96 种，其淘汰时间见表 2-6。“蒙特利尔议定书”要求缔约方对所有受控物质建立进出口许可证制度，禁止从非缔约方进口或出口特定的受控物质和含有特定受控物质的产品。同时，缔约方须在规定时间内向秘书处提供特定受控物质的生产、进出口及削减的统计或估计数据。值得一提的是，“蒙特利尔议定书”还提出设立多边基金，用以支持缔约方执行相应的控制措施。

表 2-6 “蒙特利尔议定书”受控物质及淘汰时间

附件	分组	受控物质	淘汰时间		“蒙特利尔议定书”对应条款
			发达国家	发展中国家	
A	第一类	CFC；5 种	1996.01.01	2010.01.01	2A
A	第二类	哈龙；3 种	1994.01.01	2010.01.01	2B
B	第一类	CFC；10 种	1996.01.01	2010.01.01	2C
B	第二类	四氯化碳；1 种	1996.01.01	2010.01.01	2D

① 受控物质：“蒙特利尔议定书”附件 A、附件 B、附件 C 和附件 E 所列的纯物质及其混合物；除非特别指明，包括这类物质的异构体，不包括制成品所含的受控物质或其混合物，但包括运输或储存受控物质的容器中的该物质或其混合物。

续表

附件	分组	受控物质	淘汰时间		“蒙特利尔议定书”对应条款
			发达国家	发展中国家	
B	第三类	甲基氯仿；1 种	1996.01.01	2015.01.01	2E
C	第一类	HCFC；40 种	2030.01.01	2040.01.01	2F
C	第二类	HBFC；34 种	1996.01.01	1996.01.01	2G
C	第三类	溴氯甲烷；1 种	2002.01.01	2002.01.01	2I
E	—	甲基溴；1 种	2005.01.01	2015.01.01	2H

多边基金：多边基金是根据《关于消耗臭氧层物质的蒙特利尔议定书》伦敦修正案创立的，为帮助发展中国家履约而设立的额外基金，用于支持淘汰受控物质的项目。多边基金由执行委员会（来自发达国家和发展中国家的平等成员组成）负责管理，1991 年正式开始运行，迄今为止从 45 个国家共募集 32.1 亿美元捐款，累计为支持 144 个国家方案，139 个 HCFC 淘汰项目，145 个发展中国家涉及臭氧办公室的运营支出达 30 亿美元。

全球各国现正处于 HCFC 的淘汰进程中。在 2007 年 9 月第 19 次“蒙特利尔议定书”缔约方大会上，各缔约方同意加速淘汰 HCFCs 的生产和消费。发展中国家的 HCFCs 消费量和生产量按如下阶段进行削减并逐步淘汰，见表 2-7。

表 2-7　发展中国家 HCFC 淘汰时间

阶段	截止时间	HCFCs 消费量和生产量
1	2009—2010	未做要求，此间平均值为后续基准限值
2	2013	生产量和消费量冻结在基准线上
3	2015	基准限值基础上，削减 10%
4	2020	基准限值基础上，削减 35%
5	2025	基准限值基础上，削减 67.5%
6	2030	提前完成生产量与消费量的逐步淘汰
7	2030—2040	允许有平均每年 2.5%的数量供维修用

三、中国对于消耗臭氧层物质的管理

中国于 1989 年 9 月正式签署“维也纳公约”，1991 年 6 月正式签署“蒙特利尔议定书”。1992 年，国家环境保护总局[①]编制了《中国逐步淘汰消耗臭

① 2008 年 3 月 27 日正式更名为中华人民共和国环境保护部，简称环保部。

氧层物质国家方案》（以下简称《国家方案》），1999 年经国务院批准颁布《中国逐步淘汰消耗臭氧层物质国家方案（修订稿）》，在充分评估中国 ODS 生产和消费现状的前提下，制订了分阶段分行业的淘汰战略和替代品生产计划，同时针对生产、消费、进出口等环节建立了法规框架和监管体系。

1999 年，国家环保总局、对外贸易经济合作部[①]、海关总署联合颁布了《消耗臭氧层物质进出口管理办法》。根据办法第三条，2000 年 1 月 19 日，国家环保总局发布了《中国进出口受控消耗臭氧层物质名录（第一批）》，要求从事目录所列物质进出口业务的企业必须于 2000 年 1 月 31 日前将本企业已签订的有关《名录》中所列物质（以下简称《目录》受控物质）的进出口业务合同报送消耗臭氧层物质进出口管理办公室备案，并于 2000 年 3 月 31 日前将其合同履行完毕，从 2000 年 4 月 1 日起，除四氯化碳禁止进口外，对《目录》受控物质实行进出口配额许可证管理制度。此后，《中国进出口受控消耗臭氧层物质名录》不断更新，迄今为止，共发布 6 批，76 种物质。

为落实对消耗臭氧层物质的进出口管理，2000 年 4 月 13 日，国家环保总局、对外贸易经济合作部、海关总署联合颁布了《关于加强对消耗臭氧层物质进出口管理的规定》，明确了进出口配额许可证管理及其实施细节，包括联合在国家环境保护总局下面设立国家消耗臭氧层物质进出口管理办公室[②]（以下简称“管理办公室”）。管理办公室根据《中国逐步淘汰消耗臭氧层物质国家方案》及国家行业淘汰计划，设定并调整《名录》所列物质的年度进出口配额，同时受理企业下一年度进出口配额申请。对符合审批要求的申请企业，管理办公室签发进出口审批单（一单一批，有效期三个月）。企业持审批单向省级外经贸主管机构申领进出口许可证，中央管理的企业向对外贸易经济合作部配额许可证事务局（现商务主管机构）申领进出口许可证。进出口许可证实行一证一批制，每份只能报关使用一次，海关凭进出口许可证监管验放。2014 年，环境保护部、商务部和海关总署联合颁布并实施《消耗臭氧层物质进出口管理办法》，替代了 1999 年发布的《消耗臭氧层物质进出口管理办法》和 2000 年发布的《关于加强对消耗臭氧层物质进出口管理的规定》，并进一步明确了对列入《中国进出口受控消耗臭氧层物质名录》的物质实行进出口配额许可证管理的细节。如：国务院商务主管机构确定国家消耗臭氧层物质年度进出口配额总量，并在每年 12 月 20 日前公布下一年度进出口配额总量；进出口企业应当在每年 10 月 31 日前向国家消耗臭氧层物质进出口管理机构申请下一年度进出口配额等。

2010 年，国务院颁布并实施《消耗臭氧层物质管理条例》（国务院令第

① 现商务部。

② 国家消耗臭氧层物质进出口管理办公室网站：http：//www.enviroie.org.cn/。

573号，以下简称《条例》)。《条例》所称消耗臭氧层物质，是指对臭氧层有破坏作用并列入《中国受控消耗臭氧层物质清单》（同年9月发布）的化学品。《条例》要求境内从事消耗臭氧层物质生产或使用的单位应当于每年10月31日前向国务院环境保护主管机构书面申请下一年度的生产配额或者使用配额。消耗臭氧层物质销售单位，应当按照国务院环境保护主管机构的规定办理备案。环境保护主管机构根据国家消耗臭氧层物质的年度生产、使用配额总量和申请单位生产、使用相应消耗臭氧层物质的业绩情况，核定申请单位下一年度的生产配额或者使用配额并于每年12月20日前完成审查，符合条件的，核发下一年度的生产或者使用配额许可证，并予以公告（详见2016年1月7日环境保护部《关于核发2016年度消耗臭氧层物质生产和使用配额的通知》)。《条例》授权环境保护主管机构统一负责全国消耗臭氧层物质的监督管理工作，会同国务院有关部门制定并公布《中国受控消耗臭氧层物质清单》《国家方案》和《中国消耗臭氧层物质替代品推荐名录》等工作。《条例》鼓励、支持消耗臭氧层物质替代品和替代技术的科学研究、技术开发和推广应用，以逐步削减并最终淘汰作为制冷剂、发泡剂、灭火剂、溶剂、清洗剂、加工助剂、杀虫剂、气雾剂、膨胀剂等用途的消耗臭氧层物质。

2000年颁布并实施的《中华人民共和国大气污染防治法》明确国家鼓励、支持消耗臭氧层物质替代品的生产和使用，逐步减少至停止消耗臭氧层物质的生产和使用；在国家规定的期限内，消耗臭氧层物质的生产、进口必须按照核定配额进行。

2004年，环境保护总局发布了《消耗臭氧层物质（ODS）替代品推荐目录（第一批)》，并于2007年对目录进行了修订。2016年8月23日，为推动HCFC的淘汰，环境保护部发布关于征求《含氢氯氟烃重点替代品推荐目录（第一批）（征求意见稿)》意见的函。根据消耗臭氧层物质淘汰工作进展及替代技术发展状况，不同用途类型和应用领域的此类物质，推荐不同的物质替代消耗臭氧层物质，而推荐目录中的部分替代品，随着技术的发展，在之后的修订过程中也将逐步成为被替代的对象，如作为发泡剂使用的HCFC-141b，原为CFC-11和CFC-141b的替代品，现已逐渐被环戊烷、正戊烷和异戊烷取代。

履约20多年来，环保部及相关主管机构发布了上百条政策法规，主要集中在新改扩建项目管理、生产和消费配额管理、进出口管理、禁令、替代品管理、监督管理等六个方面。不符合政策要求的新改扩建项目，各级环保部门不得批准其建设项目环境影响报告书（表)，各级政府计划、经贸和行业主管机构不得批准其建设或投产；各级财政、金融部门不得在资金和政策上给予支持。在各级政府主管机构和行业的通力协作下，截至目前，我国各阶段的履约目标正逐步实现。

四、中国消耗臭氧层物质的应用领域和淘汰进展

中国自加入《保护臭氧层维也纳公约》和《蒙特利尔议定书》以来，认真负责地履行义务，不断加强国际合作，积极争取多边基金赠款开展淘汰活动。1989—2010 年是我国消耗臭氧物质淘汰行动的第一阶段，到 2008 年底，我国共实施了 400 多个多边基金资助项目，17 个行业计划，涵盖了 5 大类 12 种消耗臭氧层物质，受益企业 3 000 多家，获得增款 8 亿多元，圆满完成了第一阶段的履约目标。2007—2040 年是我国消耗臭氧物质淘汰行动的第二阶段，2009—2014 年，我国新增多边基金增款 3 亿多元，用于实施对消耗臭氧物质的管理，加速 HCFCs 的淘汰。

HCFCs 涉及化工生产及销售、空调和制冷设备制造及维修、泡沫生产、建筑和溶剂使用等多个行业。

1. 制冷行业

ODS 在制冷行业主要用作工商制冷设备[①]和家用制冷设备的制冷剂（CFC-11 和 CFC-12）。

我国于 1995 年开始工商制冷行业的 CFCs 淘汰活动，截至 2005 年底，单个项目和行业整体淘汰项目共获得多边基金资助约 4 957 万美元，间接淘汰 CFCs 消费近 5 000 ODP[②] 吨。根据国家环境保护总局公告，自 2005 年 5 月 1 日和 7 月 1 日起，分别禁止企业生产和销售以 CFCs 作为制冷剂的工商制冷用压缩机及其相关产品，自 2007 年 7 月 1 日起禁止生产，2007 年 9 月 1 起禁止销售、进出口以 CFCs 为制冷剂、发泡剂的家用电器产品。替代 CFC-12 的制冷剂主要包括：HFC-134a、氨（R-717）、HCFC-22、异丁烷、混合工质等。HCFCs 只是过渡性替代品，最终亦将在 2040 年淘汰，因此，国家鼓励企业选择有效性更长的替代技术。

2. 消防行业

ODS 在消防领域的主要应用是哈龙高效灭火器。哈龙灭火剂在高温火焰中分解产生活性游离溴（Br），可终止燃烧反应从而达到灭火效果，具有灭火快、毒性小、无污染、不损害物品等优点。我国分别于 20 世纪 60 年代和 70 年代初成功试制哈龙- 1211 年和哈龙- 1301，并逐步推广应用；哈龙-2402 在

① 指广泛应用于工业和商业领域的制冷设备，如容量在 500L 以上的食品冷冻、冷藏设备，制冷量在 25 kW 以上的中央空调系统或冷水机组，制冷量在 7kW 以上的单元式空调。

② 消耗臭氧潜能值：Donald J. Wuebbles 于 1983 年首次提出“消耗臭氧潜能值”（ODP）的概念，用以表征特定物质相比于同质量参照物质对臭氧的破坏能力。ODP 的计算以一氟三氯甲烷（CFC-11）作为参照物质（ODP 值为 1）。其他常见的 CFCs 和 HCFCs 的 ODP 在 0.01～1；哈龙的 ODP 可达 10。

我国一直没有生产，应用也很少。上述 3 种哈龙的 ODP 分别为 3、10 和 6，被“蒙特利尔议定书”列为附件 A 第二组受控物质。

我国从 1991 年加入“蒙特利尔议定书”后就开始了消防行业淘汰哈龙的研究。1993—1997 年陆续向多边基金申报哈龙淘汰（单个项目）资金共 465.7 万美元，用于支持哈龙器材厂关闭、转产，替代品生产线建设、哈龙回收、消防标准研究等项目。为进一步搭建政策框架，促进哈龙在行业和国家水平的淘汰，1995 年，我国制定了《中国消防行业哈龙整体淘汰计划》（Sector plan for Halon Phase Out in China），并于 1997 年 11 月获得多边基金执委会批准，获赠款 6 200 万美元，拟在生产基线分别为 9 950 吨和 618 吨的水平上，分三阶段淘汰哈龙-1211 和哈龙-1301 的生产和消费。经过多年的努力，我国消防行业如期于 2006 年淘汰了哈龙-1211，2010 年淘汰了哈龙-1301，取而代之的是 ABC 干粉、CO_2、水成膜泡沫（AFFF）、HFC、惰性气体等灭火剂。

3. 泡沫行业

泡沫行业分为聚氨酯软泡（各类海绵）、聚氨酯硬泡（保温管道、保温板材、喷涂保温层等）、自结皮泡沫（扶手、汽车方向盘等）和聚烯烃（PS/PE）泡沫（水果网套、泡沫餐盒、建筑保温板材等）4 个子行业，在泡沫行业淘汰 ODS 之前，泡沫产品的生产普遍使用 CFCs－11 和 CFC－12 作为发泡剂。1999 年，继哈龙的生产和消费迅速下降后，泡沫成为最大的 ODS 消费行业，消费企业超 1 000 家，消费量占全国的 44％ 。

我国加入“蒙特利尔议定书”后即开始泡沫行业的 ODS 淘汰计划。1992—1999 年，141 个淘汰项目获得多边基金 8 200 多万美元支持，ODS 淘汰量达 15 139 吨。2001 年，《中国聚氨酯行业 CFC－11 整体淘汰计划》获多边基金赠款 5 384.6 万美元，拟淘汰 CFC－11 共 10 651 吨（按 ODP 计），PS/PE 子行业 5 个伞形项目[①]共获赠款 1 936.2 万美元，拟淘汰 CFC－12 共 3 931.7 吨（按 ODP 计）。按照《国家方案》和《中国氯氟烃、四氯化碳、哈龙加速淘汰计划》，泡沫行业将于 2007 年底实现 CFC 的淘汰。2007 年，环保部发布公告，自当年 7 月 1 日起禁止生产 CFCs，自次年 1 月 1 日起禁止产品生产和施工中使用 CFCs 作为发泡剂，标志着中国泡沫行业 CFCs 淘汰项目的完成。目前，国内应用较多的替代发泡剂有 HCFC－141b、戊烷、二氯甲烷、液态 CO_2、液化石油气、丁烷、HCFC－22、水发泡和变压发泡等，其中 HCFCs 是过渡性替代品，中国聚氨酯泡沫行业到 2015 年将全部完成冰箱冰柜、冷藏集装箱和小家电三行业 HCFC－141b 的淘汰，而用环戊烷来代替。

① 将生产同一类型产品的企业的 ODS 改造活动打捆后统一向多边基金申请，统一实施的项目执行方式。

4. 汽车空调行业

中国汽车空调曾普遍使用 CFC－12 作为制冷剂。1994—1995 年，汽车空调行业制定了《中国汽车空调行业 CFC－12 战略研究》，并于 2001 年底完成了 CFC－12 的替代技术改造工作。从 2002 年 1 月 1 日起，新生产的汽车停止装配 CFC－12 汽车空调器，中国汽车空调行业实现 ODS 整体淘汰目标。截至目前，世界各国汽车空调行业普遍采用 HFC－134a 作为替代 CFC－12 的技术路线。

5. 清洗行业

清洗行业使用 ODS 作为清洗剂的企业包括电子邮电、航空航天、轻工纺织、机械、汽车及精密仪器等领域，ODS 溶剂主要有 CTC、三氟三氯乙烷（CFC－113）和 TCA。我国 CFC－113 溶剂和 CTC 清洗剂以国内生产为主，而 TCA 则大多依靠进口。

2000 年，中国与多边基金执委会签署了《中国清洗行业逐步淘汰 ODS 协议》，承诺利用多边基金资金支持，按照规定的时间表分别在 2003 年底、2005 年底和 2009 年底全部停止 CTC、CFC－113 和 TCA 作为清洗剂的使用。目前，国内外开发出的溶剂型 ODS 清洗剂替代品主要有：HCFC－141b、HFC－365mfc、正溴丙烷及碳氢化合物。

6. 气雾剂行业

CFC－11、CFC－12 和 CFC－114 被广泛用作气雾罐中的喷射剂或溶剂，一经释放，立即进入大气，是向大气排放有害物质最多的产品。气雾剂分为普通气雾剂和药用气雾剂，普通气雾剂行业在 1997 年底完成了 CFCs 的淘汰，药用气雾剂行业自 2007 年停止使用 CFCs 作为外用气雾剂药物辅料，2010 年起停止使用 CFCs 作为吸入式气雾剂药用辅料。

替代技术方面，非吸入气雾剂可采用其他剂型，或用氟代烷烃、二甲醚、烃类化合物或压缩气体代替 CFCs；目前国际采用的吸入气雾剂 CFCs 替代物为 HFA－134a 和 HFA－227。

7. 烟草行业

我国是世界上最大的烟草消费国，1987 年开始使用 CFC－11 作为烟草膨胀剂，到 1997 年，我国 58 家卷烟加工企业共有 73 套烟丝膨胀装置，年消耗 1 090 吨 CFC－11。中国烟草行业从 2001 年 1 月 1 日起分阶段在烟草行业逐步淘汰所有 CFC－11 的使用，至 2006 年底全部淘汰 CFC－11 消费，选择使用的替代技术为 CO_2 膨胀法。

8. 甲基溴应用行业

甲基溴是剧毒物品，能够高效杀灭真菌、细菌、病毒、昆虫等各种生物，且熏蒸之后无残留，故被广泛用作土壤熏蒸剂或其他消毒剂。用甲基溴熏蒸处理的地块，农作物普遍增产30%，且果实品质更好；用甲基溴熏蒸过粮食和干果，可大大减少虫害。

目前还没有发现某种物质可以完全取代甲基溴的广泛用途。已知可行的替代技术，可以替代目前90%以上的甲基溴用量。“蒙特利尔议定书”目前规定，甲基溴在检疫和装运前的熏蒸应用是豁免的。中国将按照《甲基溴生产行业淘汰计划》，在2015年之前淘汰776 ODP吨的甲基溴生产；按照《甲基溴消费行业淘汰计划（消费一期）》和《甲基溴消费行业淘汰计划（消费二期）》，在2015年以前淘汰1078 ODP吨的甲基溴消费。

整体来看，“十二五”期间（2011—2015年），我国共淘汰5.9万吨含氢氯氟烃的生产量和4.5万吨的消费量，分别占基线水平（2009—2010年平均值）的16%和18%；削减含氢氯氟烃产能8.8万吨，占应削减的总产能的16%，超额完成第一阶段含氢氯氟烃淘汰10%的履约目标。

第七节　监控化学品管理

一、禁止化学武器公约与监控化学品

（一）禁止化学武器公约

毒性化学物质被用作战争武器由来已久，特别是近代随着科技进步，尤其是化学工业的发展，多种多样的毒性化学物质被发现、合成、制造出来，在战争中的杀伤力、破坏性也越来越大。尤其是在第一次世界大战期间，化学武器在战场上的大显身手，促使许多国家在战后大力开展这方面的研究和开发工作。到第二次世界大战时，化学武器发展到了一个新的阶段，已经真正成了名副其实的大规模杀伤性武器。另一方面，因化学武器造成的大量人员伤亡，使得国际社会意识到其严重性并开始禁止化学武器的尝试。最早的如1675年德、法签署的《斯特拉斯堡条约》，1920年第一次世界大战结束后签署的主要针对战败国德国的《凡尔赛合约》以及1925年由38个国家签订，现共有133个国家签署并批准和加入的《日内瓦议定书》等。

但是即便是最有效力的《日内瓦议定书》，还有很多局限和不足。主要在于禁止的范围不够全面，如只禁止在战争中使用毒气，而没有禁止生产和储存。另外，定义也不够明确、严格，不能适应科学技术和化学武器发展的新形势。而且很多国家在批准或加入议定书时做了很多保留。因此，虽然很多国家签订了《日内瓦公约》和其他合约，但在其后的战争中，尤其是第二次世界大战中，使用化学武器依然泛滥，给人类和环境造成了无法估量的伤害。所有这些使国际社会认识到，必须有一个更加有效、全面和强制作用的国际

法规的出台，才能全面禁止化学武器的发展和使用。

禁止化学武器公约即《关于禁止发展、生产、储存和使用化学武器以及销毁此种武器的公约》（简称《公约》）的达成经历了一个漫长而艰苦的谈判协商历程。自1968年正式列入裁军谈判的议程到1992年草案达成协议，前后历时24年之久。争议的主要内容涉及禁止范围、化学武器的定义、销毁期限、核查机制以及化学武器和化学工业间的紧密联系等。该条约于1997年4月29日正式生效。

《公约》作为一项国际条约，不仅禁止化学武器的发展、生产、储存、转让和使用，而且还规定要销毁这些武器，并有销毁时限。为了彻底达到这个目的，《公约》给化学武器进行了明确的定义，并把凡是和化学武器相关的化学品，包括原料和前体进行了分类，根据化学品的性质和分类的不同实行严格的管理和控制，并授予禁止化学武器组织监督和核查的权力，将几乎所有化学品的研制、生产和贸易、转让等都置于《公约》的管控之下。《公约》认识到，化学领域的成就可造福于人类，很多列于《公约》目录中的化学品有民用上的需求，将其归类为“不加禁止的目的”的化学品。《公约》主张在和平利用化学领域的成果进行国际合作。

化学武器是合指或单指：

（1）有毒化学品及其前体，但预定用于本公约不加禁止的目的者除外，只要种类和数量符合此种目的；

（2）经专门设计通过使用后而释放出的（1）项所指有毒化学品的毒性造成死亡或其他伤害的弹药和装置；

（3）经专门设计其用途与本款（2）项所指弹药和装置的使用直接有关的任何设备。

和以往的条约相比，《公约》补充了按1925年《日内瓦议定书》承担的义务，使得国际社会通过执行本公约的各项规定而彻底排除使用化学武器的可能性。《公约》的目的包括：全面禁止化学武器；彻底销毁现有的化学武器和装置。它是迄今为止第一个“全面禁止、彻底销毁”一整类大规模杀伤性武器——化学武器的多边条约，更是当今唯一拥有严格核查机制的国际军控条约。截至2015年，已有192个缔约方，中国是原始缔约方之一。

（二）监控化学品

化学品能够作为化学武器，不仅仅包括化学品本身，还包括与其使用、发送等有关的设备和装置。而化学品，不仅包括已直接或可直接用作化学武器的有毒化学品，也包括可用于制作有毒化学品的前体和原料。但是，由于化学品的双重性质，列入《公约》附表的有毒化学品，很多是化学工业中的重要原材料和中间体，因此，就如何促进化学品的自由贸易以及为《公约》“不加禁止的目的”进行的化学活动方面的国际合作及科学和技术资料交换，以求增进所有缔约方的经济和技术发展，是《公约》的一个很重要的目的和内容。因此，《公约》对“不加禁止的目的”的活动进行了专门的定义。

《公约》不加禁止的目的是指：

(1) 工业、农业、研究、医疗、药物或其他和平目的；

(2) 防护性目的，即与有毒化学品防护和化学武器防护直接有关的目的；

(3) 与化学武器的使用无关，而且不依赖化学品毒性的使用作为一种作战方法的军事目的；

(4) 执法目的，包括国内控暴。

随着《公约》已达成及执行日期的延长，全球化学武器销毁历程早已过半，国际禁止化学武器组织（简称“禁化武”）的工作重点已由化学武器销毁向化学工业监控（包括现场核查）转移。

监控化学品是《公约》为“不加禁止的目的”进行的，包括列于化学品附件中附表一、二、三的有毒化学品及其前体，还包括第四类含磷、硫、氟的特定有机化学品。

监控化学品是指用于《公约》“不加禁止的目的”的可用于化学武器的化学品或其前体，包括以下四类。

第一类：可作为化学武器的化学品；

第二类：可作为生产化学武器前体的化学品；

第三类：可作为生产化学武器主要原料的化学品；

第四类：除炸药和纯碳氢化合物外的特定有机化学品。

监控化学品是指其纯品和含有不同含量的工业品。* 监控化学品的第一、二、三类及对应《公约》中的附表一、二、三的化学品①。

为了对现存化学武器、制造武器的前体及原料进行不同程度的管控，《公约》缔造者根据军事和化学专家意见和调查情况，按照其是否已经或可能作为化学武器，即前体，以及其对“不加禁止的目的”的用途的大小，依据理论和文献，将其进行了分类，这样就形成了《公约》的三个附表（对应于我国《条例》的“各类监控化学品名录”的三个附表）。有了这三个附表，每个执行《公约》的部门和个人就有了判断和执行的准则。

---

① 关于涉及的监控化学品的含量或者浓度的问题，在第五届缔约方大会上，为解决出口活动中涉及的低浓度问题，对于附表二 A 或附表二 A* 化学品含量小于或等于 1%，附表二 B 化学品含量小于或等于 10%，可以给予相应豁免，但是具体的操作权在各个缔约方。中国的禁化武办公室会针对每个实际的情况（包括附表三化学品）进行审阅并决定是否可以免除监控。

附表一中的化学品一般作为化学武器而发展、生产、储存或使用，致死致残危害极大，对《公约》“不加禁止的目的”用处很小或毫无用处。

附表二的准则是剧毒可作为化学武器，或是附表一或附表二A部分化学品的直接前体，或在其生产过程中起重要作用，并且为《公约》“不加禁止的目的”进行大批量商业生产。

附表三的准则，则是其已作为化学武器而生产、储存或使用；或者，由于它具有可使其用作化学武器的致死或致残毒性，以及其他特性而对本公约的宗旨和目标构成危险；或者，由于它在附表一所列或附表二B部分所列一种或一种以上化学品的生产过程中起重要作用，而对本公约的宗旨和目标构成危险；并且为《公约》“不加禁止的目的”进行大批量商业生产。为了防止《公约》附表指定某个化合物过于明确而造成疏漏，最终导致可用作化学武器的化学品没有得到监控，对《公约》化学品附表内容的制定，除部分明确提供确定的名称、分子量和化学文摘号以外，相当一部分是按照种类进行规定的。比如对于附表中的第一类监控化学品，虽只涵盖12种有机化学品，根据“禁化武”2009年发布的化学品手册清单，涵盖附表一的化学品（有明确CAS号）就有921个；而附表二的14种有机化学品数量共有374个。附表三中的化学品没有定义任何需要管控的族类。2014年，“禁化武”公布了化学品手册，包括全世界已经申报了的1 800个监控化学品。

事实上，《公约》管控的化学品远远不止1 800个。因为在理论上，几乎所有有机化合物都可以通过一系列反应转换成另一种有机化合物，所以《公约》规定对除“附表化学品”外的其他“特定有机化学品”也要进行管控，这样《公约》监控化学品的名单已超过了32 000个。

特定有机化学品（Desecrate Discrete Organic Chemicals，DOC）：《公约》指出“特定有机化学品”是指可由其化学名称、结构式（如果已知的话）和化学文摘社登记号（如果已给定此号码）辨明的，属于除碳的氧化物、硫化物和金属碳酸盐以外的所有碳化合物所组成的化合物族类的任何化学品。在中国，根据《条例》的定义：第四类监控化学品是指除纯羰基化合物和炸药以外的“特定有机化学品”。

（三）监控化学品的管控

对监控化学品的管控，“禁化武”根据其生产、使用、储存的量设置了严格的宣布/核查机制。各缔约方需按照《公约》要求成立专门的组织、制定相应的法规，并对监控化学品的生产、转让、宣布、核查等实行管控。其义务包括以下几点。

（1）宣布。这是缔约方最重要也是首先需要履行的义务。宣布的内容大致分成两个部分：《公约》禁止的活动及《公约》不加禁止的活动。宣布的方式包括初始宣布、年度宣布和补充宣布。

（2）销毁化学武器和化学武器生产设施。

（3）接受核查。核查是保证《公约》的宗旨和目标得以真正实现的关键机制。核查有两种类型，例行核查和质疑性核查，例行核查包括初始视察和系统视察。核查的目的主要有：

① 验证宣布的内容；

② 确保生产附表一的化学品的设施，未生产除宣布化学品外的任何附表一化学品；附表一化学品未被转用或用于其他目的；

③ 确保附表二化学品未被转用于《公约》禁止的活动等。

对于生产监控化学品的现场是否需要核查，以及核查的频率在各个国家的禁化武法规中都有明确的规定。如果一个工厂生产的附表一、附表二、附表三中的化学品或者特定有机化学品的数量超过规定阈值，就需要接受例行核查。

一般而言，为保证核查的有效性，“禁化武”会提前很短时间通知视察。对于附表二生产设施的系统视察，应在视察组预计抵达入境点的时间至少 48 小时前通知被视察缔约方；而对于附表三和特定有机化学品的视察，至少提前 120 小时通知。被视察缔约方主管机构应立即通知被视察的公司。

被视察的公司的主要职责有：指定专人负责视察；视察地点的管理；介绍公司；提供视察所需数据和文件；允许视察人员进入必要的场所和设施；后勤支持等。

对于一般生产、经营用于“不加禁止的目的”的监控化学品的企业而言，必须做到：

（1）识别其生产、使用、经营的化学品是否属于监控化学品；

（2）合规生产、使用、经营、处置等（按照国家相应法规要求，申请许可、登记、备案等）；

（3）配合“禁化武”组织的核查工作。

二、中国对监控化学品的管理

中国是原始《公约》缔约方之一。《公约》要求每一个缔约方必须成立国家主管机构对本国的履约负责，并且执行《公约》进行立法，以便对缔约方领土内所有涉及有关化学品研发、生产、贸易转让的活动和主体进行监控。

在履约组织方面，中国设立了国家履行《禁止化学武器公约》办公室（简称“禁化武办”），负责全国的日常履约事务。国家“禁化武办”最初挂靠在化工部，历经几次调整，现在隶属于工业与信息化部。另外，中国还设立了省市级履约机构，形成覆盖全国、管理有效的履约体系。

法规方面，1995 年至 1997 年，中国政府先后颁布了《中华人民共和国监控化学品管理条例》(简称《条例》)、《各类监控化学品名录》《〈中华人民共和国监控化学品管理条例〉实施细则》（简称《实施细则》）等规章制度，明确了负责监控化学品管理工作的部门和职责，对监控化学品按照《公约》有关化学品的三个附表进行了详细的分类，并对敏感化学品的生产、经营、使用活动及进出口进行严格的监控。按照规定，监控化学品的进出口需由被指定单位经营，任何其他单位和个人均不得从事此类进出口业务。2001 年 12 月通过的《中华人民共和国刑法》修正案将非法生产、买卖、运输、储存或投放毒害性物质的行为定为犯罪，并予以刑事处罚。

2002 年 10 月，中国政府又颁布了《有关化学品及相关设备和技术出口管制办法》(简称管制办法）及管制清单。该办法是对《监控化学品管理条例》的有效补充，不仅在所附清单中增列了 10 种化学品，还特别增加了对相关设备和技术的出口管制。《管制办法》对管制清单所列物项和技术的出口实行许可证制度，要求进口方保证不将中国提供的有关化学品及相关设备和技术用于储存、加工、生产、处理化学武器或用于生产化学武器前体化学品；未经中国政府允许，不得将有关物项和技术用于申明的最终用途以外的用途，或向申明的最终用户以外的第三方转让。《管制办法》对出口经营者实行登记管理制度，并制定了相应的出口审批制度和处罚措施。

中国对监控化学品方面的管理包括四个方面内容。

1. 实施监控化学品的生产管制

中国对第一类监控化学品的生产实施严格的控制措施。《条例》规定，为科研、医疗、制造药物或者防护目的需要生产第一类监控化学品的，应当报国务院化学工业主管机构批准，并在国务院化学工业主管机构指定的小型设施中生产。

虽然《公约》没有明确缔约方必须对附表二、附表三中的化学品的生产也采取“国家标准”，但我国颁布的《条例》和《实施细则》明确规定：凡生产第二类、第三类和第四类监控化学品的企业和单位都必须受“生产特别许可”制度的管辖和约束。这意味着，企业或单位在新建、改建、扩建此类生产设施之前必须向政府有关部门申请并得到批准，而且在企业开工后必须得到政府部门考核并获得生产特别许可后才可以正式生产。否则视为违法，会受到处罚。

2. 实施监控化学品的进出口管制

根据《实施细则》中的监控化学品进出口业务管理办法，中国对第一、二、三类监控化学品（包括《列入第三类监控化学品的新增品种清单》）及其生产技术、专业设备的进出口业务实施进出口许可证制度。

为了便于监控管理，《条例》及《实施细则》还规定，只有被指定单位才可以从事第一、二、三类监控化学品及其生产技术、专用设备业务。目前，中国化工进出口总公司（现为中国中化集团公司）和中国昊华化工（集团）总公司为被指定公司。另外还有几家指定公司可以代理个别品种的三类或新增10种化学品的进出口业务①。

另外，因为监控化学品的军用和民用两重性质，商务部和海关总署将其和与其相关的技术归为两用物项的管理目录，并实时更新《两用物项和技术进出口许可证管理目录》。

3. 监控化学品的储存、运输、经营、使用和处理

根据《条例》和《实施细则》的规定，监控化学品的储存遵照《危险化学品安全管理条例》及相关法规规定的各项要求。运输则遵照有关危险货物运输规则执行。第二类监控化学品的经营由国务院下属主管机构指定的经销单位才可以进行。

为科研、医疗、制造药物或者防护目的需要使用第一类监控化学品的，应当向国务院化学工业主管机构提出申请，经国务院化学工业主管机构审查批准后，凭批准文件同国务院化学工业主管机构指定的生产单位签订合同，并将合同副本报送国务院化学工业主管机构备案。

需要使用第二类监控化学品的，应当向所在地省、自治区、直辖市人民政府化学工业主管机构提出申请，经省、自治区、直辖市人民政府化学工业主管机构审查批准后，凭批准文件同国务院化学工业主管机构指定的经销单位签订合同，并将合同副本报送所在地省、自治区、直辖市人民政府化学工业主管机构备案。

对变质或者过期失效的监控化学品，应当及时处理。处理方案报所在地省、自治区、直辖市人民政府化学工业主管机构批准后实施。

4. 宣布、视察，与禁止化学武器组织的合作

中国根据《公约》规定，按时提交了各类“宣布”文件，顺利接待了“禁化武”334次视察（截至2016年9月底）。中国还积极参加“禁化武”组织的各项活动，与技秘处联合在华举办了各类培训班和地区国家履约机构会议。

国务院工业和信息化部、各地经济和信息化委员会等机构承担《条例》

---

① 原国家石油和化学工业局公布《列入第三类监控化学品的新增品种清单》，该清单包括氰化钠（钾）、五硫化二磷在内共10种化学品，均属澳大利亚集团控制清单中的化学品。对这10种化学品，国家相关主管机构仅实行进出口管理，不履行《公约》规定的宣布、接受核查等义务。）这部分化学品在《两用物项和技术进出口许可证管理目录》归为监控化学品。

中规定的化学工业主管部门职责。中国监控化学品协会发挥行业协调功能，该协会于 1996 年 4 月经当时的化工部、民政部批准成立，会员单位至今有 200 多家，协会为贯彻执行国家有关监控化学品的政策法规，协助政府和会员履行《禁止化学武器公约》有关事务，在政府和企事业单位之间起桥梁纽带作用，促进化工行业的发展。

三、《公约》化学品附表

表 2-8 监控化学品——附表一

A 有毒化学品	B 前体
（1）烷基（甲基、乙基、正丙基或异丙基）氟膦酸烷（小于或等于 10 个碳原子的碳链，包括环烷）酯 例如：沙林：甲基氟膦酸异丙酯（107-44-8） 梭曼：甲氟磷酸频哪酯（96-64-0） （2）二烷（甲、乙、正丙或异丙）氨基氰膦酸烷（小于或等于 10 个碳原子的碳链，包括环烷）酯 例如：塔崩：二甲氨基氰膦酸乙酯（77-81-6） （3）烷基（甲基、乙基、正丙基或异丙基）硫代膦酸烷基（氢或小于或等于 10 个碳原子的碳链，包括环烷基）-S-2-二烷（甲、乙、正丙或异丙）氨基乙酯及相应烷基化盐或质子化盐 例如：VX：甲基硫代膦酸乙基-S-2-二异丙氨基乙酯（50782-69-9） （4）硫芥气： 2-氯乙基氯甲基硫醚（2625-76-5） 芥子气：二（2-氯乙基）硫醚（505-60-2） 二（2-氯乙硫基）甲烷（63869-13-6） 倍半芥气：1，2-二（2-氯乙硫基）乙烷（3563-36-8） 1，3-二（2-氯乙硫基）正丙烷（63905-10-2） 1，4-二（2-氯乙硫基）正丁烷（142868-93-7） 1，5-二（2-氯乙硫基）正戊烷（142868-94-8） 二（2-氯乙硫基甲基）醚（63918-90-1） 氧芥气：二（2-氯乙硫基乙基）醚（63918-89-8）	（9）烷基（甲基、乙基、正丙基或异丙基）膦酰二氟 例如：DF：甲基膦酰二氟（676-99-3） （10）烷基（甲基、乙基、正丙基或异丙基）亚膦酸烷基（氢或少于或等于 10 个碳原子的碳链，包括环烷基）-2-二烷（甲、乙、正丙或异丙）氨基乙酯及相应烷基化盐或质子化盐 例如：QL：甲基亚膦酸乙基-2-二异丙氨基乙酯（57856-11-8） （11）氯沙林：甲基氯膦酸异丙酯（1445-76-7） （12）氯索曼：甲基氯膦酸频哪酯（7040-57-5）

续表

A 有毒化学品	B 前体
（5）路易氏剂： 路易氏剂 1：2-氯乙烯基二氯胂（541-25-3） 路易氏剂 2：二（2-氯乙烯基）氯胂（40334-69-8） 路易氏剂 3：三（2-氯乙烯基）胂（40334-70-1） （6）氮芥气： HN1：N，N-二（2-氯乙基）乙胺（538-07-8） HN2：N，N-二（2-氯乙基）甲胺（51-75-2） HN3：三（2-氯乙基）胺（555-77-1） （7）石房蛤毒素（35523-89-8） （8）蓖麻毒素（9009-86-3）	

表 2－9　监控化学品——附表二

A 有毒化学品	B 前体
（1）胺吸磷：硫代磷酸二乙基-S-2-二乙氨基乙酯（78-53-5）及相应烷基化盐或质子化盐 （2）PFIB：1，1，3，3，3－五氟-2-三氟甲基-1-丙烯（382-21-8） （3）BZ：二苯乙醇酸-3-奎宁环酯（*）（6581-06-2）	（4）含有一个磷原子并有一个甲基、乙基或（正或异）丙基原子团与该磷原子结合的化学品，不包括含更多碳原子的情形，但附表一所列者除外 例如：甲基膦酰二氯（676-97-1） 甲基膦酸二甲酯（756-79-6） 例如：地虫磷：二硫代乙基膦酸-S-苯基乙酯（944-22-9） （5）二烷（甲、乙、正丙或异丙）氨基膦酰二卤 （6）二烷（甲、乙、正丙或异丙）氨基膦酸二烷（甲、乙、正丙或异丙）酯 （7）三氯化砷（7784-34-1） （8）2，2-二苯基-2-羟基乙酸（76-93-7） （9）奎宁环-3-醇（1619-34-7） （10）二烷（甲、乙、正丙或异丙）氨基乙基-2-氯及相应质子化盐 （11）二烷（甲、乙、正丙或异丙）氨基乙-2-醇及相应质子化盐 例如：二甲氨基乙醇（108-01-0）及相应质子化盐 二乙氨基乙醇（100-37-8）及相应质子化盐

续表

A 有毒化学品	B 前体
	(12) 烷基(甲、乙、正丙或异丙)氨基乙-2-硫醇及相应质子化盐 (13) 硫二甘醇:二(2-羟乙基)硫醚(111-48-8) (14) 频哪基醇:3,3-二甲基丁-2-醇(464-07-3)

表 2-10 监控化学品——附表三

A 有毒化学品	B 前体
(1) 光气:碳酰二氯(75-44-5) (2) 氯化氰(506-77-4) (3) 氰化氢(74-90-8) (4) 氯化苦:三氯硝基甲烷(76-06-2)	(5) 磷酰氯(10025-87-3) (6) 三氯化磷(7719-12-2) (7) 五氯化磷(10026-13-8) (8) 亚磷酸三甲酯(121-45-9) (9) 亚磷酸三乙酯(122-52-1) (10) 亚磷酸二甲酯(868-85-9) (11) 亚磷酸二乙酯(762-04-9) (12) 一氯化硫(10025-67-9) (13) 二氯化硫(10545-99-0) (14) 亚硫酰氯(7719-09-7) (15) 乙基二乙醇胺(139-87-7) (16) 甲基二乙醇胺(105-59-9) (17) 三乙醇胺(102-71-6)

第八节 中国民用爆炸物品管理

民用爆炸品的概念起源于新中国成立后不久。民用爆炸物品是指非军用的下列爆炸物品:包括①爆破器材,包括各类炸药、雷管、导火索、导爆索、非电导爆系统、起爆药和爆破剂;②黑火药、烟火剂、民用信号弹和烟花爆竹;③公安部认为需要管理的其他爆炸物品。鉴于新中国成立初期的国内形势,为加强对爆炸物品的管理,防止爆炸事故的发生,以保卫国家经济建设、维护人民生命财产的安全,1957 年 11 月 29 日经国务院批准,同年 12 月 9 日公安部发布了《爆炸物品管理规则》。该规则明确了九大类爆炸物品清单,并对爆炸物品的生产、销售、购买、使用、持有、储存、运输作了详细规定。1984 年 1 月 6 日,国务院发布了《中华人民共和国民用爆炸物品管理条例》[①],

① 《爆炸物品管理规则》同时废止。

首次提出了“民用爆炸品”的概念，并要求对民用爆炸物品的生产、储存、销售、购买、运输及使用实行许可管理制度。

2006年5月10日，为适应民用爆炸物品安全管理工作的实际需要，加强对民用爆炸物品的安全管理，国务院发布了第466号令《民用爆炸物品安全管理条例》，自2006年9月1日起施行[①]。该条例规范了民用爆炸物品生产、销售和购买、运输、爆破作业的许可制度，明确了民用爆炸物品从业单位的安全管理责任。2014年7月29日，修订《民用爆炸物品安全管理条例》的部分条款，以国务院令第653号发布。修订版《民用爆炸物品安全管理条例》修订了民用爆炸物品的概念，是指用于非军事目的、列入民用爆炸物品品名表的各类火药、炸药及其制品和雷管、导火索等点火、起爆器材。

一、中国民用爆炸物品的管理

民用爆炸物品实施目录管理。2006年11月9号，公安部与原国防科学技术工业委员会联合发布了《民用爆炸物品品名表》，包括工业炸药、工业雷管、工业索类火工品、其他民用爆炸物品和原材料五大类共59项民用爆炸物品。

国家对民用爆炸物品的生产、销售、购买、运输和爆破作业实行许可制度。未经许可，任何单位或者个人不得生产、销售、购买、运输民用爆炸物品，不得从事爆破作业，严禁转让、出借、转借、抵押、赠送、私藏或者非法持有民用爆炸物品。

1. 生产民用爆炸物品

2015年5月6日，工业和信息化部[②]发布了《民用爆炸物品安全生产许可实施办法》，自2015年6月30日起施行。该办法详细规定了申请民用爆炸物品安全生产许可的要求、审批流程、后续监督管理等，并对生产企业的安全条件及法律责任进行了明确要求。从事民用爆炸物品生产的企业，应当按法规要求向民用爆炸物品行业主管机构提交申请书，取得《民用爆炸物品生产许可证》及《民用爆炸物品安全生产许可证》后才可以生产民用爆炸物品。

2. 销售民用爆炸物品

2015年4月29日，工业和信息化部公布《民用爆炸物品销售许可实施办法》，详细规定了销售企业销售民用爆炸物品和生产企业销售本企业生产的民用爆炸物品的要求、审批流程，并对销售企业的安全条件及法律责任作了明确的要求。从事民用爆炸物品销售企业须持《民用爆炸物品销售许可证》到工商行政管理部门办理工商登记后，才可以销售民用爆炸物品。

---

① 《中华人民共和国民用爆炸物品管理条例》同时废止。

② 由于机构调整等原因，原国防科工委退出民用爆炸品的管理。

3. 使用民用爆炸物品

使用单位应当向所在地县级人民政府公安机关申请，取得《民用爆炸物品购买许可证》后方可购买。

4. 运输民用爆炸物品

运输民用爆炸物品的企业应当凭公安机关核发的《民用爆炸物品运输许可证》按照许可的品种、数量、规定路线运输，严格遵守安全要求。

5. 从事爆破作业

从事爆破作业的单位，必须持公安机关核发的《爆破作业单位许可证》，爆破作业单位应当对本单位的爆破作业人员、安全管理人员、仓库管理人员进行专业技术培训。爆破作业人员应当经设区的市级人民政府公安机关考核合格，取得《爆破作业人员许可证》后，方可从事爆破作业。（详见2012年5月2日公安部发布的GA990—2012《爆破作业单位资质条件和管理要求》）。

6. 储存民用爆炸物品

2014年7月1日，GB 17914—2013正式生效，对包括民用爆炸品在内的易燃易爆性商品的储存养护技术条件作了明确要求。储存民用爆炸物品应当严格遵守安全规定，包括专用仓库、专人管理、出入台账清晰、严禁与其他物品混放、一旦丢失立刻报告当地公安机关等。

2015年10月22日，为进一步加强民用爆炸物品安全管理，严格落实企业主体责任，强化公安机关监管责任，切实堵塞管理漏洞，公安部制定了《从严管控民用爆炸物品十条规定》，全面强化民用爆炸物品管控措施，严防民用爆炸物品非法流失，强化涉爆单位人员管理，严格落实各级人员的安全责任，切实履行安全监管职责。该规定对民用爆炸品的运输、存储、流向及末端管理作了非常严格的要求。

综上所述，考虑到民用爆炸品的特殊性及其一旦被不法使用后可能造成的巨大的破坏性及社会成本，我国自新中国成立后一直对其进行严格的管控。原国防科学技术工业委员会和工业和信息产业部更多地从专业技术层面对民用爆炸品进行立法，而公安机关则从流通、使用方面进行监督，确保其被合法、安全地应用，避免对社会治安造成任何负面影响。

二、相似法律概念辨析

《GB 6944 危险货物分类和品名编号》危险货物第1类为“爆炸品”，2012年12月1日实施的最新版本对爆炸品的定义包括三类：

（1）爆炸性物质，是指固体或液体物质（或物质混合物），自身能够通过化学反应产生气体，其温度、压力和速度高到能对周围环境造成破坏。烟火物质即使不放出气体，也包括在内。

（2）爆炸性物品，是指含有一种或几种爆炸性物质的物品。

（3）为产生爆炸或烟火实际效果而制造的，（1）和（2）中未提及的物质和物品。

《GB 13690 常用危险化学品的分类和标志》提到了“爆炸物”概念，系指本身能够通过化学反应产生气体，而产生气体的温度、压力和速度能对周围环境造成破坏的固态或液态物质（或物质的混合物）。其中也包括发火物质①，即使不放出气体。

两个国家标准中分别出现的“爆炸品”和“爆炸物”，尽管名称上有些微的区别，但概念几乎完全一致，不过，危险货物的分类是基于货物自身的危险性，适用于货物运输、储存、经销及相关活动。而化学品的分类则是基于化学品自身的危险性，主要用于具有特定危害化学品的分类、标签和其他危险性公示及沟通。

第九节　地方化学品管理 ——上海市危险化学品禁限控目录

一、禁限控目录的发展过程

2012 年，上海市安监局制定了《上海市禁止、限制和控制危险化学品目录（第一批）（试行）》（以下简称《目录》），由上海市人民政府办公厅转发施行。该目录规定了 139 种全面禁止、170 种中心城区禁止的危险化学品，并对 159 种危险化学品在经营、使用、运输环节提出了区域化管控要求，以此推进品种、区域、交易、物流、信息的全面管控，加强危险化学品精细化管理。

2014 年 6 月，上海市人民政府办公厅再次转发了上海市安监局制定的《上海市禁止、限制和控制危险化学品目录（第二批）》，按照该目录，部分危险化学品禁止在上海全市范围内的生产、储存、经营、运输和使用，称为“全市禁止部分”；部分危险化学品在外环线以内（国家和市级批准的工业园区、地块和产业基地除外）禁止生产、储存、经营（不带有储存设施经营除外）、运输和使用，称为“中心城禁止部分”；部分危险化学品在外环线以内禁止零售（汽油、液化石油气、液化天然气和压缩天然气除外），称为“限制和控制部分”。《目录》列举的危险化学品在生产、储存、经营、运输和使用时还应当遵守国际公约、国家法律法规和上海市关于危险化学品的其他规定。该名录不涉及化学品在产品中的应用要求。

---

① 发火物质（或发火混合物）是这样一种物质或物质的混合物，旨在通过非爆炸自持放热化学反应产生的热、光、声、气体、烟或所有这些的组合来产生效应。

上海市建立的危险化学品禁限控目录制度加强了危险化学品的综合管控，推进了集中经营平台的建设，在危险化学品集聚区域探索启动安全生产联动联控机制。区域内安全生产的日常检查、专项检查和综合督检联动，查与罚之间加强衔接；推进危险物品运输“分时限控”等一体化城市管理机制；在联动发展区域内，安全生产专家、预案和应急救援队伍做到“三共享”，还推进了危化品集中经营平台的建设。

上海市安全监管局根据2015年安监总局等十部委颁布实施的《危险化学品目录》进一步明确了危险化学品的定义和确定原则，在前两批《目录》的基础上优化、修订，对危险化学品实施精细、有效的管理，呼应上海产业转型升级，2016年制定了《上海市禁止、限制和控制危险化学品目录（第三批第一版）》，于该年度7月1日起实施，第三版《目录》设立了正面清单管控模式、化学品登录报备等制度，全市逐步实现危险化学品目录化清单式管控方式。

二、目录内容

《目录》第二批中“全市禁止部分”包括第1类爆炸品69种，第2类压缩气体和液化气体13种，第4类易燃固体、自燃物品和遇湿易燃物品6种，共88种。“中心城禁止部分”包括第1类爆炸品6种，第2类压缩气体和液化气体47种，第3类易燃液体46种，第4类易燃固体、自燃物品和遇湿易燃物品7种，第5类氧化剂和有机过氧化物18种，第6类毒害品和感染性物品26种，第8类腐蚀品20种，共170种。“限量和控制部分”包括第1类爆炸品4种，第2类压缩气体和液化气体44种，第3类易燃液体55种，第4类易燃固体、自燃物品和遇湿易燃物品19种，第5类氧化剂和有机过氧化物28种，第6类毒害品和感染性物品14种，第8类腐蚀品14种，共178种。《目录》第二批沿用危险货物的分类方式，与GHS分类物理危害框架类似，着眼于控制化学品在运营中的急性危害，不涉及健康危害和环境危害化学品危险性分类。

《目录》第三批对应2015年《危险化学品名录》，“全市禁止部分”列105种危险化学品，其中剧毒化学品一种；“工业区禁止部分”列243种危险化学品，其中剧毒化学品94种；“中心城限制和控制部分”列276种危险化学品，其中剧毒化学品33种。《目录》第二批随之失效。

为有效区分，需注意关键词类似的“中国禁止或严格限制的有毒化学品名录”是为履行《关于在国际贸易中对某些危险化学品和农药采用事先知情同意程序的鹿特丹公约》和《关于持久性有机污染物的斯德哥尔摩公约》，将两公约管制的有毒化学品纳入国家监管范围，根据我国作为缔约方所承担的义务，制定有效的控制持久性有机污染物及其他难以生物降解、具有慢性毒性的化学品的国家环境法规，监管目标是消除、控制特定化学品的环境风险。《中国禁止或严格限制的有毒化学品名录》2005年由国家环保总局和海关总署公布两批，后环境保护部、海关总署联合发布《中国严格限制进出口的有毒化学品目录》更新至2014年版，凡进口或出口上述目录中有毒化学品的，应向环境保护部申请办理有毒化学品进口环境管理登记证和有毒化学品进（出）口环境管理放行通知单。

三、规范要求

目录第三批总则中规定了上海市危险化学品管理的责任体系、信用体系、规划要求、危险化学品管线、特定区域危险化学品试剂和危险化学品废物管理、隐患排查、本质安全、集中交易、危险化学品仓库定置管理、使用环节、运输环节、责任保险、电子标签、安全生产标准化等总体要求。

列入“全市禁止部分”的危险化学品，在上海全市范围内禁止生产、储存、经营、运输和使用。有关单位确需使用的，应当向上级政府主管机构提出申请，无主管机构的单位应当向所在乡镇政府、街道办事处申请；经认可后，到具有相应资质的危险化学品单位采购，并委托具有相应资质的危险化学品运输单位按公安部门指定的区域、路段和时段配送。

列入“工业区禁止部分”的危险化学品，国家和市级批准的工业园区、地块和产业基地内，禁止《目录》所列物质工业化的生产、储存（含带储存设施的经营、仓储经营）、运输和使用。在国家和市级批准的工业园区、地块和产业基地已建生产企业、仓储经营企业和使用危险化学品从事生产的化工企业，应当按照本市有关产业结构调整的政策逐步调整。确需保留的，应当出具所在地区县政府予以保留的书面意见。《目录》“工业区禁止部分”所列危险化学品，可以以试剂的形式在全市范围内流通，如涉及国家在特定的行业可豁免使用的，按照国家规定执行。以化工企业为主的各工业园区、地块和产业基地的管理机构共同推进园区封闭式管理，开展危险化学品安全监管、道路运输、应急监管等联动联控。

在中心城区，即外环线以内（位于外环线内的国家和市级批准的工业园区、地块和产业基地除外），实行危险化学品正面清单制度，也就是只允许《目录》“中心城限制和控制部分”所列危险化学品的工业化生产过程中的使用、运输和储存；未列入《目录》“中心城限制和控制部分”的其他危险化学品，只可以试剂的形式进行流通。《目录》“中心城限制和控制部分”所列危险化学品，亦可以试剂的形式进行流通，并由具有资质的单位实施配送，使用和储存方式应当符合国家和本市有关危险化学品安全管理的规定。

危险化学品正面清单包含两层管控措施，一是只有列入清单的危险化学品才可以进行工业化使用、运输和储存；二是未在清单中的其他危险化学品和化学品，则按照谁主张、谁举证、社会听证、行业属地报备的原则在受控状态下使用并纳入监管。这样首先落实了使用单位的主体责任，如果要使用化学品，则要举证，说明化学品的危险性；其次，上海市危险化学品登记办公室承担了组织社会听证的职责，为使用单位及相关检验检测机构对化学品的危险性辨识进行核对；再次，按照管行业必须管安全和安全生产属地化的原则，进一步落实行业和属地的监管责任。

参考文献：

[1] 环境保护部．关于发布《新化学物质申报登记指南》等六项《新化学物质环境管理办法》配套文件的通知《新化学物质申报登记指南》．环保部网站．环办［2010］124 号，2010-09-16. http：//www. zhb. gov. cn/gkml/hbb/bgt/201009/t20100921 _ 194878. htm.

[2] 中华人民共和国国务院．中华人民共和国道路运输条例．国务院令 第 666 号，2016-02-06. http：//www. gov. cn/zhengce/content/2016-03/01/content _ 5047740. htm.

[3] 中华人民共和国交通运输部．道路危险货物运输管理规定．交通运输部令 2016 年第 36 号，2016-04-11. http：//www. mot. gov. cn/jiaotongyaowen/201604/t20160427 _ 2019248. html.

[4] 中国国家标准化委员会．GB20300-2006 道路运输爆炸品和剧毒化学品车辆安全技术条件．2006-7-19. http：//www. mot. gov. cn/st2010/shanghai/sh _ jiaotongxw/jtxw _ wenzibd/201506/t20150624 _ 1839204. html.

[5] Chemical Facility Anti-Terrorism Standards（CFATS）. US Department of Homeland Security. https：//www. dhs. gov/chemical-facility-anti-terrorism-standards.

[6] Council General Secretariat of the European Union（2008），'EU Action Plan on Enhancing the Security of Explosives'，Brussels. 2008-04-04. http：//register. consilium. europa. eu/pdf/en/08/st08/st08109. en08. pdf.

[7] European Commission（2010），"Regulation of the European Parliament and the Council on the marketing and use of explosive precursors"，Brussels. 2010-09-20. http：//eur-lex. europa. eu/LexUriServ/LexUriServ. do? uri＝COM：2010：0473：FIN：EN：PDF.

[8] Attorney-General's Department，"Precursors to homemade explosives"，Chemical Security，Decision Regulation Impact Statement. 2012. http：//www. pdfdrive. net/chemical-security-precursors-to-homemade-explosives-e2082620. html.

[9] 公安部禁毒局，商务部机电和科技产业局，海关总署缉私局，等．易制毒化学品管理与执法指南．北京：中国人民公安大学出版社，2007：1－4，208.

[10] 国际麻醉品管制局．经常用于非法制造麻醉药品和精神药物的前体和化学品 2014 年. 国际麻醉品管制局，2015-03-03. https：//www. incb. org/documents/Publications/AnnualReports/AR2014/Chinese/AR _ 2014 _ C. pdf.

[11] 国际麻醉品管制局．经常用于非法制造麻醉药品和精神药物的前体和化学品 2015 年.

国际麻醉品管制局，2016-03-02. http：//www. incb. org/documents/Publications/AnnualReports/AR2015/Chinese/AR _ 2015 _ C. pdf.

[12] 国务院．毒品形势报告［EB/OL］．新华网，2016-02-18.

[13] 卫生部办公厅．关于征求高毒物品目录（修改稿）意见的函．卫办法监发［2003］71 号，2016-12-20.

[14] 张忠彬．我国职业卫生法规标准体系现状分析．中国安全生产科学技术，2007，3（4）.

[15] 隋海东、李亮、王晓芳．浅谈实施高毒作业特殊管理制度．职业卫生与应急救援，2002，20（4）.

[16] 李涛、杨维中．高毒物品作业职业病危害防护实用指南．北京：化学工业出版社，2004.

[17] 姚红．GB/T18664—2002《呼吸防护用品的选择、使用与维护》系列讲座．现代职业安全，2002，(10).

[18] Chris D. Money. European Chemical Regulation and Occupational Hygiene. Ann. occup. hyg.，2002，46（3）：275-277.

[19] Geraint R. Cefic Examines Interaction of REACH and Workplace Law.

[20] Molina M J，Rowland F S. Stratospheric sink for chlorofluoromethanes：Chlorine atom-catalysed destruction of ozone. Nature，1974，249（5460）：810－812.

[21] 张力军．中国保护臭氧层政策法规．北京：法律出版社，2010.

[22] Donald J W. Chlorocarbon emission scenarios：Potential impact on stratospheric ozone. Journal of Geophysical Research：Oceans，1983，(88)：1433-1443.

[23] 宋秀杰．臭氧层保护与温室气体减排．北京：化学工业出版社，2013.

[24] 环境保护部环境保护对外合作中心．中国履行关于消耗臭氧层物质的蒙特利尔议定书 20 年回顾征文文集．北京：中国环境科学出版社，2012.

[25] 国家履行《禁止化学武器公约》工作领导小组办公室．禁止化学武器公约与中国．北京：原子能出版社，2005.

[26] Organization for the Prohibition of Chemical Weapons，Articles of the Chemical Weapons Convention《禁止化学武器公约》．https：//www. opcw. org/chemical-weapons-convention/articles/.

[27] 孙汝宏．解读《禁化武公约》和我国对有关化学品控制的规定．中国监控化学品协会网站履约培训专栏，2013-11.

[28] 伊国军．监控化学品进出口管理与防扩散．中国监控化学品协会网站履约培训专栏.

[29] 中华人民共和国国务院．中华人民共和国监控化学品管理条例．中华人民共和国国务院令第 190 号，1995-12-27. http：//www. gov. cn/gongbao/content/2011/content _ 1860782. htm.

[30] 中华人民共和国化学工业部．各类监控化学品名录．中华人民共和国化学工业部令（第 11 号)，1996-05-15. http：//www. miit. gov. cn/n1146295/n1146557/n1146624/c3554504/content. html.

[31] 中华人民共和国化学工业部．《中华人民共和国监控化学品管理条例》实施细则．中华人民共和国化学工业部令第 12 号，1997-03-10. http：//www. miit. gov. cn/

n1146295/n1146557/n1146624/c3554507/content. html.

[32] 商务部/海关总署．两用物项和技术进出口许可证管理办法（2005 年）．商务部 海关总署 2005 年第 29 号令，2005-12-31. http：//www. mofcom. gov. cn/article/b/e/200512/20051201263308. shtml.

[33] 刘蓉蓉．你的产品属于监控化学品吗？．中国监控化学品协会网站 防扩散专栏. http：//www. zjhx. org/view. asp? id=2319.

[34] 工业和信息化部．中国实施 GHS 手册，2013-05-31. http：//www. miit. gov. cn/n973401/n974339/n974341/c3567667/content. html.

[35] 刘旭．亚洲各国广泛实施 GHS 制度．国际商报，2015-11-18．

[36] 上海市政府办公厅．上海市禁止、限制和控制危险化学品目录（第三批第一版）有关修订情况的解读说明．2016-07-01.

[37] 上海市政府办公厅．上海市人民政府办公厅关于转发市安全监管局制订的上海市禁止、限制和控制危险化学品目录（第三批第一版）的通知．2016-07-01. http：//www. shanghai. gov. cn/nw2/nw2314/nw2319/nw10800/nw11408/nw39426/u26aw47903. html.

[38] 郭莉，危丽琼．危化品管控，上海从“负”到“正”．中国化工报．2016-06-17. http：//www. ccin. com. cn/ccin/news/2016/06/17/337557. shtml.

第三章 香 港

《香港特别行政区基本法》赋予了香港独立的立法权，不适用中国大陆的化学品管理法规，而是延续相关原有的立法。香港目前没有新化学物质的管理要求，化学品管理法规主要履行国际公约义务，并针对人体及环境有害的有毒化学品进行许可管理。

本章主要介绍香港特别行政区对有毒化学品、臭氧层消耗物质和挥发性有机化合物的管理。

一、有毒化学品的管理

2008 年 4 月 1 日颁布实施的《有毒化学品管制条例》(Hazardous Chemical Control Ordinance，HCCO)，旨在通过许可证制度，管控对人类健康或环境有潜在危害或不良影响的非除害剂有毒化学品的进口、出口、生产和使用。

HCCO 管控的化学品包括《关于持久性有机污染物的斯德哥尔摩公约》及《关于在国际贸易中对某些危险化学品和农药采用事先知情同意程序的鹿特丹公约》管制的非除害剂化学品，共两类 13 种，其中第 1 类化学品 6 种，第 2 类化学品 7 种，详见表 3-1。

表 3-1 HCCO 管控化学品（2014 年修订）

第 1 类	第 2 类
1. 六溴联苯 2. 六溴二苯醚和七溴二苯醚 (a) 2，2′，4，4′，5，5′-六溴二苯醚 (BDE-153) (b) 2，2′，4，4′，5，6′-六溴二苯醚 (BDE-154) (c) 2，2′，3，3′，4，5′，6-七溴二苯醚 (BDE-175) (d) 2，2′，3，4，4′，5′，6-七溴二苯醚 (BDE-183) (e) 商用八溴二苯醚中存在的其他六溴二苯醚和七溴二苯醚	1. 石棉 (a) 阳起石 (b) 直闪石 (c) 铁石棉 (d) 青石棉 (e) 透闪石 2. 全氟辛烷磺酸、其盐类和全氟辛基磺酰氟 (a) 全氟辛烷磺酸 (b) 全氟辛烷磺酸的盐类 (c) 全氟辛基磺酰氟

续表

第 1 类	第 2 类
3. 六氯苯	3. 多溴联苯
4. 五氯苯	(a) 八溴联苯
5. 多氯联苯	(b) 十溴联苯
6. 四溴二苯醚和五溴二苯醚	4. 多氯三联苯
(a) 2，2′，4，4′-四溴二苯醚 (BDE-47)	5. 四乙基铅
(b) 2，2′，4，4′，5-五溴二苯醚 (BDE-99)	6. 四甲基铅
(c) 商用五溴二苯醚中存在的其他四溴二苯醚和五溴二苯醚	7. 三 (2，3-二溴丙磷酸酯) 磷酸盐

2008 年 4 月 1 日开始，HCCO 分阶段实施，主管机构环境保护署 (Environmental Protection Department，EPD) 通过发放 HCCO 许可证对管控化学品“相关活动”进行审批和监管。除许可证规定的活动外，任何人不得生产、出口、进口和使用管控化学品。

一份 HCCO 许可证适用一项或多项管控化学品，有效期通常为 12 个月。个人或公司均可申请，只需下载[①]并填写相应的申请表格，连同个人身份证或公司营业执照副本一并提交给 EPD，每份许可证费用为 210～1 280 港币。考虑到审批过程和时间，EPD 建议至少在实际活动开始前 15 天提交申请资料。

下列两种特殊情形无须申请 HCCO 许可证：

(1) 作为制成品[②]构成元素的第 1 类化学品 (多氯联苯除外[③]) 的出口、进口和使用；

(2) 作为为过境物品[④] (一部分) 的第 2 类化学品的进口和出口；

除了“相关活动”HCCO 许可证，《有毒化学品管制条例》管控的化学品每次进出香港，还需要按照《进出口条例》(Import and Export Ordinance，IEO) 申请“相关托运货品”IEO 许可证，后者由工业贸易署 (Industry and Trade Department，ITD) 授权 EPD 核发。IEO 许可证申请表格可于 ITD 表格出售与购买处购买，填妥后寄回 EPD 办理。申请 IEO 许可证的前提是持有有效的 HCCO 进口、出口或转运及过境许可证，和相应进/出口国家或地区

① 下载地址：http：//www.epd.gov.hk/epd/english/application _ for _ licences/applic _ froms/forms.html.

② 制成品：在制造过程中形成某种形状或符合某种设计，而最终使用功能是完全或局部取决于其形状或设计的产品。

③ 多氯联苯作为“某制成品的构成元素，且浓度不超过 0.005%而容积不超过 0.05 L”时，其出口、进口和使用无须许可证。

④ 过境物品：纯粹为带离香港而被带进香港的物品，且一直留在将其带进香港的船只或飞机之内或之上的物品。

的明确同意证明（explicit consent document）。办理明确同意证明一般需要 90 个工作日，建议提前办理。

两种许可证适用情况见表 3-2（√表示需要申请；×表示无须申请）。（申请 HCCO 和 IEO 许可证的具体流程参看官方指南①）

表 3－2　HCCO 许可证和 IEO 许可证的适用情况

	第 1 类受管制化学品		第 2 类受管制化学品	
	HCCO 许可证	IEO 许可证	HCCO 许可证	IEO 许可证
进口	√	√	√	√
出口	√	√	√	√
转运（海运/陆运货物）	√	√	√	√
转运（航空转运货物）#	√	×*	√	×*
过境	√	×*	×	×

航空转运货物是指在进口及托运出口时均以飞机运载的转运货物，而其自进口至出口期间一直留在机场货物转运区。

* 过境物品（仅第 1 类化学品）或航空转运货物（第 1 类化学品和第 2 类化学品）无须申请 IEO 许可证，无须事先提交明确同意证明，但需：

(a) 持有有效的相关活动 HCCO 进口许可证、出口许可证，或转运和过境许可证；

(b) 取得出口和进口国家或地区的明确同意（EPD 豁免的除外）；

(c) 在物品或货物到港/离港 7 天内通知 EPD（EPD HCC7 表格），并提供物品或货物详细信息和相关材料（包括同意证明、提货单或其他货运单据）。

二、消耗臭氧层物质的管控

1989 年 7 月 1 日，香港颁布实施《保护臭氧层条例》，禁止消耗臭氧层物质的生产，管控消耗臭氧物质的进出口，以履行 1985 年保护臭氧层“维也纳公约”和 1987 年关于消耗臭氧层物质的“蒙特利尔议定书”的国际义务。1997 年 6 月 30 日，《保护臭氧层条例》发布中文和英文版本（同样的法律效力），香港特别行政区按照条例要求，继续履行上述义务。

《保护臭氧层条例》于 2009 年进行了修订，同年 10 月 1 日生效，修订内容如下：

（1）进一步明确受管控的消耗臭氧层物质包括其同分异构体，另有说明的除外；

① HCCO 许可证官方指南：http：//www. epd. gov. hk/epd/sites/default/files/epd/english/application _ for _ licences/applic _ froms/files/hcc123e. pdf.

IEO 许可证官方指南：http：//www. epd. gov. hk/epd/sites/default/files/epd/english/application _ for _ licences/applic _ froms/files/ieoe. pdf.

（2）增列新的受控物质，即溴氯甲烷（Bromochloromethane，BCM）；

（3）更新了部分受管制物质的中文名称，保持与联合国名称一致。

《保护臭氧层条例》通过注册和许可条款对受管制的消耗臭氧物质进出口进行管控。消耗臭氧物质出口商或进口商，需申请成为注册人，并申请进出口相关许可证，才能从事相关活动。

在《保护臭氧层条例》生效前，消耗臭氧物质出口商或进口商或打算在获发许可证后进口或出口受管制物质的任何人，需缴纳 2 430 港币，用于向工业贸易署（受环境保护署委托）申请注册证明书，成为注册人。注册人违反有关注册条件的，即属犯罪，可处罚款 25 000 港币。

进口或出口受管制的消耗臭氧物质，需持有工业贸易署签发的许可证。许可证自签发之日起有效期为 60 天（另有说明的除外）。申请进口许可证或出口许可证的费用为 815 港币，进出口许可证的费用为 1 210 港币。许可证持有人如违反许可证条件，即属犯罪，可处罚款 100 万港币及 2 年监禁。

而属于航空转运货物的消耗臭氧物质，无须申请许可证进口或出口。但若该物质从其被带入直到运出香港期间被移离机场货物转运区，则被认定为进口（参见条例第 4A 条）。

表 3－3　香港消耗臭氧层物质的淘汰进程

受管制物质	名称	淘汰进程
第 1 部	氟氯化碳（CFCs）	1996 年 1 月 1 日起，禁止用于当地消费的进口
第 2 部	哈龙	1994 年 1 月 1 日起，禁止用于当地消费的进口
第 3 部	其他全卤代氟氯化碳	
第 4 部	甲基氯仿	1996 年 1 月 1 日起，禁止用于当地消费的进口
第 5 部	四氯化碳	
第 6 部	甲基溴	1995 年 1 月 1 日起，严格限制用于当地检疫和装船前使用的进口
第 7 部	氟溴烃（HBFCs）	1996 年 1 月 1 日起，禁止用于当地消费的进口
第 8 部	氟氯烃（HCFCs）	1996 年 1 月 1 日起，冻结消费量在基准水平 2004 年 1 月 1 日前，削减 35%用于当地消费的进口 2010 年 1 月 1 日前，削减 75%用于当地消费的进口 2015 年 1 月 1 日前，削减 90%用于当地消费的进口 2020 年 1 月 1 日前，削减 100%用于当地消费的进口①
第 9 部	溴氯甲烷（BCM）	2009 年 1 月 10 日起，禁止用于当地消费的进口

① 2020—2030 年，可以保留 0.5%用于满足维修需求。

1993 年，香港在《保护臭氧层条例》框架下发布《保护臭氧层（含受管制物质产品）（禁止进口）规例》，禁止进口含有 CFCs 或哈龙的受管制产品。2009 年 12 月 2 日法规条例更新，从 2010 年 1 月 1 日起，将禁止进口的消耗臭氧物质扩展到含 HCFCs。

“受管制产品”指以下任何含有《保护臭氧层条例》附表第 1、2、3、8 或 9 部所列的受管制的消耗臭氧物质的物品，但含有 HCFC-123 的物品除外。特殊情况参考规例第 3（2）条。

（1）任何经设计用于降低汽车司机间或乘客间温度的空调机或热泵（不论是否装设在车内）；

（2）任何冷冻设备、空调设备或热泵设备（家用或商用）；

（3）喷雾剂产品；

（4）隔热嵌板、隔热板或隔热喉套；

（5）预聚合物。

更新后的法规条例详细规定了禁止 HCFCs 进口的如下时间表：

（1）2010 年 1 月 1 日，禁止所有含 HCFC-22 的产品[①]；

（2）2015 年 1 月 1 日，禁止所有含 HCFCs（HCFC-123 除外）的产品；

（3）2020 年 1 月 1 日，禁止所有含 HCFCs 的产品。

同时，法规条例还规定，从 2010 年 1 月 1 日起，禁止进口含有 CFC 的定量雾化吸入器和 HCFCs 和 BCM 的灭火器。

三、挥发性有机化合物[②]

很多日常用品都含有挥发性有机化合物，例如溶剂漆料/涂料、黏合剂、密封剂、印墨、多种消费品、有机溶剂及石油产品等。使用含挥发性有机化合物的产品会释出挥发性有机化合物，造成空气污染及烟雾问题。根据与广东省政府共同制定的珠江三角洲地区空气质量管理计划，香港设定了挥发性有机化合物的减排目标，在 2010 年或以前，排放量较 1997 年的水平减少 55%。

为改善空气质量及达到这个目标，香港地区政府实施了多项管制措施，其中一项是在 2007 年 4 月 1 日起实施的《空气污染管制（挥发性有机化合物）规例》（以下简称《规例》）。《规例》就建筑漆料/涂料、汽车修补漆料/

---

① 对于部分含有 HCFC-22（《能源效益（产品标识）条例》所界定的额定制冷功率不超过 7.5 千瓦）的室内空调，禁止时间略有不同，具体如下：

(a) 2010 年 7 月 1 日：禁止所有分析师室内空调；

(b) 2012 年 7 月 1 日：禁止所有单一包装（窗）式室内空调。

② 本部分参考香港环境保护署网站的介绍，详见 http://www.epd.gov.hk/epd/sc_chi/environmentinhk/air/prob_solutions/voc_reg.html.

涂料、船只漆料/涂料、游乐船只漆料/涂料、黏合剂、密封剂、印墨和指定消费品的挥发性有机化合物含量规定限值，以减少这些产品排放到大气的挥发性有机化合物总量，同时，《规例》禁止向香港进口及在香港生产挥发性有机化合物含量超过《规例》所规定的限值的受管控产品。

《规例》自实施之日起分期管制受管控产品。第一阶段管制的受管控产品包括 51 类建筑漆料/涂料、7 类印墨及 6 大种类消费品（即空气清新剂、喷发胶、多用途润滑剂、地蜡清除剂、除虫剂和驱虫剂）（自 2007 年 4 月 1 日至 2010 年 1 月 1 日分期生效）。第二阶段《规例》于 2009 年 10 月修订后扩大了管制的含高挥发性有机化合物的产品类别，包括 14 类汽车修补漆料/涂料、36 类船只及游乐船只漆料/涂料和 47 类黏合剂及密封剂（自 2010 年 1 月 1 日至 2012 年 4 月 1 日分期生效）①。

对于受管控产品，《规例》要求如下：

（1）对受管控产品所含挥发性有机化合物实施最高限值，包括 51 类建筑漆料/涂料、7 类印墨、6 大种类消费品、14 类汽车修补漆料/涂料、36 类船只和游乐船只漆料/涂料，以及 47 类黏合剂和密封剂。任何人不得进口或在香港生产挥发性有机化合物含量超过规定限值的受管控产品以供在香港出售或使用。

（2）进口商或生产商需在每年的 3 月 31 日以前提交上一年受管控产品的年度活动报告。

（3）规定自 2007 年 4 月 1 日起，受管控建筑漆料需要贴上指定标签及在产品出售或使用前向环保署提交通知书。

（4）规定需在受管控产品的安全技术说明书、商品目录、包装或容器上显示产品资料（受管控印墨和受管控消费品除外）。

（5）规定自 2009 年 1 月 1 日起，必须为所有平版热固卷筒印刷机安装控制排放物器件，以限制废气中的挥发性有机化合物含量，在未经稀释及在 0℃ 及压力 101.325 kPa 参考状态下，不得超过 100 mgC/m^3。

《规例》还规定了一些豁免情形，如：①挥发性有机物是指含碳的任何挥发性化合物，但不包括甲烷、一氧化碳、二氧化碳、碳酸、金属碳化物、金属碳酸脂、碳酸铵及其他豁免化合物②，在确定产品的挥发性有机化合物含量时无须计算在内；②过境、转运、生产只供出口或进口再出口的受管控产品不适用《规例》；③环保署如认为该产品符合公众利益，或某种不符合挥发性

① 《空气污染管制（挥发性有机化合物）规例指南》附件 1、附件 2、附件 3、附件 4、附件 5 和附件 6 分别介绍了受规管产品（即筑建漆料、印墨、消费品、汽车修补漆料、船只漆料及游乐船只漆料和黏合剂及密封剂）的定义、挥发性有机化合物含量限值及生效日期。

② 见《空气污染管制（挥发性有机化合物）规例》每类受规管产品附表的“豁免化合物”清单。

有机化合物含量限值的产品在发挥某项关键性公众卫生或保安功能方面，具有不可取代的地位；或该产品是作为贸易样本输入，而非拟供在香港地区出售的，企业可以根据实际情况以书面形式向环保署提出豁免申请；④对于每种受管控产品具体的其他豁免情形等，在本节中不作详细阐述。

因此，如果企业打算进口或在香港地区生产受管控的建筑漆料、汽车修补漆料、船只漆料、游乐船只漆料、印墨、消费品、黏合剂或密封剂以供在香港地区出售或使用，首先确认其是否满足豁免条件；如果不可以，必须确保产品符合有关的挥发性有机化合物含量限值及在化学品安全技术说明书、商品目录、包装或容器上显示产品资料（受规管印墨和受规管消费品除外）。如属于受管控的建筑漆料，除了必须符合挥发性有机化合物的含量限值和显示产品资料外，还要在香港出售或使用前，事先向环保署提交通知书，及/或在挥发性有机化合物含量可能超过日后的含量限值的建筑漆料上贴上指定的标签。

第四章
台　湾

1950年台湾地区开始进入工业化时代，同时也相继地对环境和人体健康带来了一定程度的危害。1972年，由于不当使用三氯乙烯与四氯乙烯的混合溶剂清洗零件，某电子厂多名年轻女工发生中毒死亡事件，引起台湾地区主管机构和社会对化学品的强烈关注，也因此促成了《劳工安全卫生法》的立法。《劳工安全卫生法》于1974年4月16日台湾当局发布实施，其目的是为了防止职业灾害，保障工人安全及健康，主管机构是台湾行政主管机构原劳工委员会（简称“劳委会”）[①]。1986年11月26日，为对毒性化学物质的生产、进口、出口、销售、运输、使用、储存或处置等活动进行管理，发布实施《毒性化学物质管理法》，主管机构为行政主管机构环境保护署（简称“环保署”）。

台湾地区的新化学物质及既有化学物质管理始于21世纪。在2003年及2007年，岛内分别发生两起科技产业因氢氧化四甲铵（TMAH溶液）喷溅造成的重大职业安全事故，导致3名工人死亡。TMAH是半导体企业生产中经常使用的化学物质，然而使用TMAH的工人却大都不知道其危害性。同时，调查发现TMAH没有主管机构对其进行管理，使得台湾地区主管机构意识到化学物质管理方面存在的漏洞。有鉴于此，“劳委会”以及其他化学物质相关的主管机构共同研拟了《化学物质登录管理与信息应用机制》推动方案（2009—2011年度）（简称“推动方案”），以建立化学物质登记制度，形成信息共享平台，各部门共享化学物质物理危害、健康危害及环境危害等信息，强化化学物质源头管理，以达成化学物质安全使用及保护公众健康并与国际发展趋势接轨的目的。2009年7月30日，推动方案由行政主管机构正式通过。推动方案第一阶段执行重点为透过跨部门会议决议，由原“劳委会”及环保署等合作修订化学物质登记管理法源，以原“劳委会”为窗口建立化学物质提报信息系统，受理企业或机构自愿性提报作业，建立既有化学物质清

---

① 行政主管机构劳工委员会自2014年2月17日正式更名为劳动主管机构，并同时成立职业安全卫生署（Occupational Safety and Health Administration，OSHA）制（修）定职业安全卫生法60种附属法规，以使职业安全卫生法能顺利施行。

单（Taiwan Chemical Substance Inventory，TCSI）。

根据推动方案，为构建新化学物质登记及风险评估等机制，原“劳委会”于2006年开始对《劳工安全卫生法》进行修订。2013年7月3日，《劳工安全卫生法》修订完成，更名为《职业安全卫生法》（简称“职安法”），其中，与化学物质管理相关的化学品分级管理（第11条）、新化学物质管理（第13条）和指定管制性化学品（第15条）于2015年1月1日起实施。关于新化学物质管理，劳动主管机构于2014年12月31日还发布了配套文件《新化学物质登记管理办法》，同样于2015年1月1日起实施。《毒性化学物质管理法》自1986年实施以来，至今进行了六次修订，2013年第六次修订中增加了对新化学物质和既有化学物质的管理。2014年12月5日，环保署发布了《新化学物质及既有化学物质资料登录[①]办法》，该办法于2014年12月11日正式实施。

随后劳动主管机构和环保署还发布了一系列指导文件和登录工具，进一步细化化学物质登录的管理办法和数据要求，开启了台湾地区化学物质管理制度的新局面。劳动主管机构和环保署都有对新化学物质管理的要求，且要求不完全一致，因此在企业将新化学物质带入台湾地区时，需要综合考虑两个部门的不同要求。

一、既有化学物质清单

原“劳委会”于2009年11月2日发布《既有化学物质提报作业要点》，正式启动化学物质自愿性质提报作业，以建立既有化学物质清单。规定2009年11月2日至2010年12月31日，在台湾市场上进口、生产、销售、加工使用的化学物质可以进行提报，并委托财团法人安全卫生技术中心（Safety and Health Technology Center，SAHTECH）[②]成立“化学物质登录管理项目办公室”，负责既有化学物质提报事务。截至2010年12月31日，台湾地区内外超过5 000家企业共提报超过33万条化学物质信息，经汇总整理共约64 200个不重复化学物质，具有GHS危害分类者约19 000个；年平均生产和/或进口总量达1 000吨/年以上者约有2 100个，其中，约1 300个具有GHS危害性，远超过原预期规模。

鉴于商业用化学物质种类繁多，部分企业反应尚未能全面完成提报，考虑清单的完整性、企业权益及未来新化学物质的管理，原“劳委会”于2012年4月18日发布了《既有化学物质增补提报作业要点》，规定1993年1月1

① 环保署的“登录”与劳动主管机构的“登记”意思一样，只是表述方法不同。在本节中，会尽量保持与原法规一致，但在没有特指的情况下，会统一用“登录”一词。

② SAHTECH于2007年1月获得主管单位原“劳委会”审核认可，于2007年3月1日正式成立。

日至 2011 年 12 月 31 日在台湾市场上进口、生产、销售、加工使用的化学物质可以进行增补提报，此次增补提报作业于 2012 年 6 月 1 日开始，至同年 8 月 31 日截止。结合首次提报，累积收到台湾地区内外 5 500 余家企业提报，总提报化学物质数目超过 37 万个，汇整不重复化学物质 79 000 个。该清单已收录物质类型包含一般化学物质、聚合物、UVCB 物质[①]及其他等，其中一般化学物质约占 70%，年平均运作总量达 1 吨/年以上的化学物质约为 40%，同时，约 19 000 个既有化学物质具有 GHS 危害性。另外，该清单收录了申请数据保护的物质，总数仅占清单物质总数的 1%以下。2014 年 5 月 25 日，劳动主管机构发布了《第二次增补提报作业要点》，再次展开清单增补的提报作业，自 2014 年 6 月 1 日起至 2014 年 7 月 31 日截止，条件为 1993 年 1 月 1 日起至 2011 年 12 月 31 日进口或在台湾地区境内生产、处置、使用、销售的既有化学物质，此清单汇整达 93 000 个化学物质。

《新化学物质及既有化学物质资料登录办法》正式实施之前，对于曾在台湾市场上生产或者进口且未列入既有化学物质清单的化学物质，该办法允许登录人在 2015 年 3 月 31 日前提交相关证明文件，经审核通过后列入既有化学物质清单。审核完成后，统计最终既有化学物质清单汇整 101 089 个化学物质。

2014 年 12 月 31 日，劳动主管机构发布了既有化学物质清单及清单查询平台（劳职授字第 10302023691 号）[②]。由于发布的清单只含有 CAS 号或流水编号，而且文档为 PDF 图片格式，不能搜索或编辑，难以进行检索，比较有效的方式还是通过清单查询平台进行查询。清单查询平台网址：http://csnn.osha.gov.tw/content/home/Substance_Query_Q.aspx。

为持续维护清单完整性与正确性，2016 年 9 月劳动主管机构开展了既有化学物质清单更新调查，鼓励企业对清单内收录的物质名称、CAS 号、流水号等进行更新。不过此次更新调查只开放了两个月，现已关闭，如果企业在使用清单时发现有物质信息需要调整或更新，可联系劳动部或等待下次清单更新调查。

二、《毒性化学物质管理法》（简称《毒管法》）

1986 年 11 月 26 日，台湾当局发布实施《毒性化学物质管理法》，以对毒性化学物质的生产、进口、出口、销售、运输、使用、储存或处置等活动进行管理。《毒管法》自实施以来进行了六次修订，2013 年第六次修订旨在建立台湾地区化学物质源头登录制度，同时也加强对第四类毒性化学物质的管理。

① UVCB 物质是指自然或复杂的反应产物，其成分可变性与比例组成难以明确界定的物质。

② 行政院公报．第 021 卷，第 002 期，20150106．劳动卫生篇。

（一）毒性化学物质定义

毒性化学物质是指人为有意生产或生产过程中无意衍生的化学物质，经台湾地区主管机构认定其毒性符合下列分类并公告的化学物质。目前，环保署已公告毒性化学物质 310 种。

（1）第一类毒性化学物质：在环境中不易分解或因生物蓄积、生物浓缩、生物转化等作用导致污染环境或危害人体健康的化学物质。

（2）第二类毒性化学物质：具有致癌、致畸、致突变性或其他慢性毒性特性的化学物质。

（3）第三类毒性化学物质：经暴露将立即危害人体健康或生物生命的化学物质。

（4）第四类毒性化学物质：可能会污染环境或危害人体健康的化学物质。

毒性化学物质的筛选认定程序包括依次建立化学物质搜集清单、化学物质观察清单、毒性化学物质候选清单，评估公告列管方案及建议列管毒性化学物质清单。

1. 建立化学物质搜集清单主要参考以下几点。

（1）其他国家管制的化学物质清单，如：

① 美国毒性物质管理法（Toxic Substances Control Act，TSCA）管制的化学物质。

② 欧盟 REACH 高度关注物质及附录 17 清单上的物质。

③ 日本《化学物质审查与生产控制法》（简称《化审法》）管制的化学物质。

④ 日本《有毒有害物质控制法案》管制的化学物质。

⑤ 加拿大全国污染物释放目录（National Pollutant Release Inventory，NPRI）管制的化学物质。

⑥ 美国空气清净法（Clean Air Act，CAA）管制的有害空气污染物。

⑦ 美国毒性物质释放目录（Toxic Substances Release Inventory，TRI）管制的化学物质。

⑧ 美国资源保护和回收法（Resource Conservation and Recovery Act，RCRA）建议应优先减废的有毒物质。

⑨ 其他国家管制的化学物质。

（2）国际公约管制的有毒物质，如：斯德哥尔摩公约、奥斯陆-巴黎公约及鹿特丹公约（简称 PIC 公约）等管制的有毒物质。

（3）经文献资料报道足以成为危害生态环境或人体健康的民生公共议题的化学物质，或台湾地区相关部门已建立的化学物质清单中有危害人体健康的物质。

2. 环保署会评估搜集清单中化学物质的毒理数据，将其中具有污染环境或危害人体健康的物质纳入化学物质观察清单。

3. 环保署依据观察清单中化学物质的毒理及环境特性数据，召开毒性化学物质学者专家咨询会议，评估化学物质管制的可行性与其毒性分类，并将建议管制的物质纳入毒性化学物质候选清单。

4. 环保署依据毒性化学物质候选清单在台湾地区内外进行实际活动现状调查，征询各相关主管机构及行业协会的意见，召开毒性化学物质公告列管审查会议，评估毒性化学物质公告列管方案，提出建议列管毒性化学物质清单。

（二）毒性化学物质管理

毒性化学物质管理有禁用、限用、许可、登记、核可等方式，管制的活动类型包括生产、进口、出口、销售、使用、储存、运输、处置。具体管理框架见表 4-1。

表 4-1 毒性化学物质分类管理框架

类别	第一类	第二类	第三类	第四类
	难分（降）解物质	慢性毒性物质	急性毒性物质	疑似毒性物质
许可、登记与核可	许可证：生产、进口或销售量达大量运作基准[①]时需要申请 核可文件：生产、进口、销售、使用、储存、处置等活动量低于大量运作基准时需要申请 登记文件：使用、储存、处置时需要申请			核可文件
标签、SDS	要求	要求	要求	要求
专责人员	生产、使用、储存场所活动量达大量运作基准以上者或单次运输气体达 50 千克、液体达 100 千克或固体达 200 千克以上者，应设置专责人员			—
活动报告要求	每月 10 日前报告上一个月的活动纪录			
释放量报告	生产、使用、储存年运作总量达 300 吨以上或任一日达 10 吨以上者，每年 1 月 10 日前报告释放量			
申报毒理相关资料要求	物质安全数据表及防灾基本数据表	物质安全数据表及防灾基本数据表	物质安全数据表及防灾基本数据表	物质安全数据表及防灾基本数据表

① 每种毒化物的大量运作基准不同，具体参考环保署公告的《毒性化学物质及其管制浓度》附表。

续表

<table>
<tr><th rowspan="2">类别</th><th>第一类</th><th>第二类</th><th>第三类</th><th>第四类</th></tr>
<tr><th>难分（降）解物质</th><th>慢性毒性物质</th><th>急性毒性物质</th><th>疑似毒性物质</th></tr>
<tr><td>维持防止排放、泄漏设施正常操作</td><td colspan="3">运作量达大量运作基准以上者要求</td><td>—</td></tr>
<tr><td>应急器材配备</td><td colspan="3">生产、使用、储存、运输中，任一场所单一毒化物运作总量达大量运作基准以上者，应依 SDS 配备应急工具及设备
生产、使用、储存光气，应设置安全阻绝防护系统（二次阻绝系统）及两道以上反应除毒或吸收设施
生产、使用、储存氯，活动总量达 100 千克，应另备有水雾喷洒设施；活动总量达 2 吨以上者，应另设置安全阻绝防护系统（二次阻绝系统）</td><td>—</td></tr>
<tr><td>危害预防及应变计划</td><td colspan="3">除出口、处置外，其活动总量达大量运作基准者，应在申请许可证或登记文件前将危害预防及应急预案报请当地主管机构备查
对于第三类毒性化学物质，当地主管机构应在备查后 15 日内，将危害预防及应急预案摘要公开</td><td>—</td></tr>
<tr><td>强制投保第三人责任保险</td><td colspan="3">生产、使用、储存、运输总量满足下列条件者，应于活动前投保责任保险
气体：活动总量在大量运作基准 100 倍以上者。但运输氯、甲醛总量未达 20 吨者，不在此限
液体：年活动总量达 3 000 吨以上，或任一时刻达 100 吨以上
固体：年活动总量达 12 000 吨以上，或任一时刻达 400 吨以上</td><td>—</td></tr>
<tr><td>泄漏、运输污染事故通报时限要求</td><td>1 小时内</td><td>1 小时内</td><td>1 小时内</td><td>1 小时内</td></tr>
<tr><td>运输事故派专业应急人员到场时限要求</td><td>2 小时内</td><td>2 小时内</td><td>2 小时内</td><td>2 小时内</td></tr>
<tr><td>是否要接受查核</td><td>是</td><td>是</td><td>是</td><td>是</td></tr>
<tr><td>运输联单申报要求</td><td>要求</td><td>要求</td><td>要求</td><td>—</td></tr>
</table>

（二）新化学物质及既有化学物质管理

新化学物质是指未列入既有化学物质清单的化学物质，既有化学物质是指已列入既有化学物质清单的化学物质。根据《新化学物质及既有化学物质资料登录办法》，所有生产或者进口新化学物质的企业或者个人需在进口或者生产前 90 日内向主管机构申请登录。生产或者进口既有化学物质的企业或者个人需按要求在规定时间内完成既有化学物质登录。

化学物质登录的主管机构为环保署化学物质登录中心（简称“登录中心”），登录均需在化学物质登录平台操作（https：//tcscachemreg. epa. gov. tw/Epareg/content/masterpage/index. aspx）。

1. 新化学物质与既有化学物质的豁免条件

有以下特殊情形的新化学物质和既有化学物质可以豁免登录。

（1）天然物质。

（2）伴随试车用机械或设备的化学物质。

（3）在反应槽或制程中发生化学反应不可分离中间产物。

（4）涉及国防需求的化学物质。

（5）海关监管化学物质。

（6）废弃物。

（7）无商业用途的副产物或杂质。

（8）混合物，但混合物中的化学物质应依办法办理登录。

（9）成品。

（10）已列于既有化学物质清单的适用 2%规则的或新化学物质符合 2%规则的聚合物。

（11）已有其他法律法规管理的化学品：

①《农药管理法》所规定的农药；

②《饲料管理法》所规定的饲料及饲料添加物；

③《肥料管理法》所规定的肥料；

④《动物用药品管理法》所规定的动物用药品；

⑤《药事法》所规定的药物；

⑥《管制药品管理条例》所规定的管制药品；

⑦《化妆品卫生管理条例》所规定的化妆品；

⑧《食品安全卫生管理法》所规定的食品及食品添加物；

⑨《烟害防治法》所规定的烟品；

⑩《烟酒管理法》所规定的烟及酒；

⑪《原子能法及游离辐射防护法》所规定的放射性物质；

⑫《空气污染防治法》所规定的《蒙特娄议定书》列管的化学物质；

⑬《环境用药管理法》所规定的环境用药。

2. 新化学物质登录

(1) 登录类型

新化学物质登录制度参考了其他国家地区经济体的做法，包括中国大陆、欧盟、美国、日本及韩国，不同登录级别的测试数据要求与欧盟 REACH 及中国大陆 7 号令相似。

登陆类型有三种，包括标准登录、简易登录和少量登录，如图 4-1 所示。标准登录、简易登录和少量登录的测试数据要求和其他资料要求请参考本书附录二。

<table>
<tr><th>新化学物质</th><th><0.1 吨/年</th><th>0.1～1 吨/年</th><th>1～10 吨/年</th><th>10～100 吨/年</th><th>100～1 000 吨/年</th><th>≥1 000 吨/年</th></tr>
<tr><td>致癌致畸致突变（CMR）</td><td colspan="2">标准登录（第一级）</td><td>标准登录＋危害评估/暴露评估（第二级）</td><td>标准登录＋危害评估/暴露评估（第三级）</td><td colspan="2">标准登录＋危害评估/暴露评估（第四级）</td></tr>
<tr><td>新化学物质</td><td>少量登录</td><td>简易登录</td><td>标准登录（第一级）</td><td>标准登录（第二级）</td><td>标准登录（第三级）</td><td>标准登录＋危害评估/暴露评估（第四级）</td></tr>
<tr><td>限定场址中间产物</td><td colspan="2">少量登录</td><td>简易登录</td><td colspan="3">标准登录（第一级）</td></tr>
<tr><td>聚合物</td><td colspan="2">少量登录</td><td>简易登录</td><td colspan="3">标准登录（第一级）</td></tr>
<tr><td>产品与制程研发</td><td colspan="2">少量登录</td><td>简易登录</td><td colspan="3">标准登录（第一级）</td></tr>
<tr><td>科学研发</td><td colspan="2">（事前认定）</td><td>简易登录</td><td colspan="3">标准登录（第一级）</td></tr>
<tr><td>低关注聚合物</td><td colspan="2">（事前审定）</td><td colspan="4">少量登录</td></tr>
</table>

图 4－1 新化学物质登录类型

图 4-1 中科学研发和低关注聚合物年生产或进口量小于 1 吨时虽可豁免登录，但是还需要向登录中心进行事前确认。

科学研发是指除学术机构外，对于企业、检测机构及委托运输的贸易进口商，如生产或进口量小于 1 吨用于科学研发用途，需参照《新化学物质科学及产品与制程研发登录工具说明》填写科学研发认定申请表，并于化学物质登录平台提出科学研发用途认定在线申请。科学研发用途认定有效期为 1 年，期满需重新申请。

低关注聚合物：低关注聚合物的生产商或进口商应于生产或进口前向登录中心提出事前审定。经登录中心审定为低关注聚合物的，且年生产或进口量小于 1 吨的，可免于进行新化学物质登录；而如果年生产或进口量大于或等于 1 吨，企业需提交少量登录，取得新化学物质登录码。

（2）新化学物质审查时限

低关注聚合物事前审定及新化学物质少量登录，审查时限为 7 个工作日；简易登录为 14 个工作日；标准登录及工商机密保密为 45 个工作日。登录中心经审查资料合格者，给予颁发登录文件。登录中心经审查认为文件仍有欠缺、错误或内容含糊不清者，登录人应于接到通知起 30 个工作日内提出补正或更正资料，补正或更正资料以两次为限。因此，在进行登录或补正前，与登录中心的沟通，及必要时对某些问题达成一致显得尤为重要。

（3）登录文件有效期

标准登录文件有效期为五年，简易登录和少量登录均为两年，低关注聚合物少量登录文件有效期为五年。

如需更新登录文件的，登录人应于有效期截止前三个月提出申请，并向登录中心提交新化学物质的生产或进口量。如登录人申请更新的登录类别与原登录文件不符，应重新登录。

（4）列入既有化学物质清单

标准登录或低关注聚合物少量登录经批准满五年后，主管机构应将该新化学物质列入既有化学物质清单。出于商业考虑，登录人也可主动提前向登录中心提出申请列入既有化学物质清单，公开化学物质登录数据。

（5）登录资料公开与保密

经批准的新化学物质，以下登录资料会在网上进行公开：①登录人信息；②化学物质名称；③化学物质生产或进口信息；④化学物质危害分类及标签信息；⑤化学物质安全使用信息；⑥化学物质物理与化学特性信息；⑦化学物质毒理与生态毒理信息；⑧化学物质危害评估信息图；⑨化学物质暴露评估信息。

如上述内容涉及工商机密，登录人可对如下信息申请保密：①登录人信息；②化学物质辨识信息；③化学物质生产或进口信息；④化学物质用途信息。标准登录可保密五年，简易登录或少量登录可保密两年；登录人可视需要申请延长保密期限，需要延长保密期限的，登录人需于保密期限截止日期前三个月申请，标准登录可申请延长五年，简易登录或少量登录可申请延长两年，化学物质登录信息保密期限最长为十五年。

（6）新化学物质登录费用

新化学物质登录费用如表 4-2 所示。

表 4-2　新化学物质登录费用

	标准登录（新台币/元）	简易登录（新台币/元）	少量登录（新台币/元）
申请登录	50 000	20 000	2 000
登录文件展延	不适用	2 000	1 000
登录文件变更	1 500	1 000	500
保密申请	每项 12 500 元，最高不超过 50 000 元		

费用说明：

(1) 关于登录文件变更，如果仅变更登录人基本信息，免收审查费。

(2) 登录人属学术机构或中小企业发展条例所定义的中小型企业，申请标准登录、简易登录或少量登录收取该项目审查费用的 75%。

(3) 登录人同时申请新化学物质登录文件展延及变更时，依其中收费标准高者收取。

3. 既有化学物质登录

既有化学物质为分阶段进行管理，第一阶段登录和第二阶段登录。

(1) 第一阶段登录

为掌握台湾地区生产商、进口商与化学物质的现状，为后续主管机构公告执行指定化学物质登录（第二阶段登录）筛选作为依据，法规要求：

① 既有化学物质申请登录前连续三年的年平均活动量为 100 kg 以上者，或于申请登录前连续三年内任一年最高量达 100 kg 以上者，应于 2015 年 9 月 1 日至 2016 年 3 月 31 日完成既有化学物质第一阶段登录（也称为“预登录”）；

② 2016 年 4 月 1 日起，登录人首次生产或进口既有化学物质年累计数量达 100 kg 以上者，应于 90 日内完成既有化学物质第一阶段登录（也称为“晚预登录”）。

第一阶段登录要求提交的信息包括登录人信息、既有化学物质信息、前三年生产及进口量、用途等信息，没有测试数据的要求。

(2) 第二阶段登录

依照既有化学物质第一阶段登录数据，台湾地区主管机构统计及分析各既有化学物质的基本数据，通过风险分析等方式，分期公告指定既有化学物质登录清单，以实施第二阶段登录。第二阶段登录主要为标准登录，包括理化性质、毒理学性质、生态毒理学性质、暴露以及风险评估的要求，数据要求见本书附录二。第一批指定的既有化学物质清单预计于 2017 年底公布。

(3) 既有化学物质登录费用

第一阶段登录费用为新台币 100 元；第二阶段标准登录费用为新台币 5 万元。

既有化学物质第二阶段登录数据保密规定及费用与新化学物质部分相同。

4. 化学物质登录制度进口管理——货物通关前事前声明确认

为了能够延续化学物质登录制度并且有效地推广化学物质进口管理的认知，同时考虑行政资源，台湾地区采取循序渐进的方式执行进口管理。以货物通关事前声明确认的方式作为开端，初期以企业自愿性提交登录制度符合性声明确认，配合宣传说明，协助企业熟悉进口管理操作流程，作为后续货物抽检核查的基础。化学物质登录制度进口管理操作流程如图 4-2 所示。

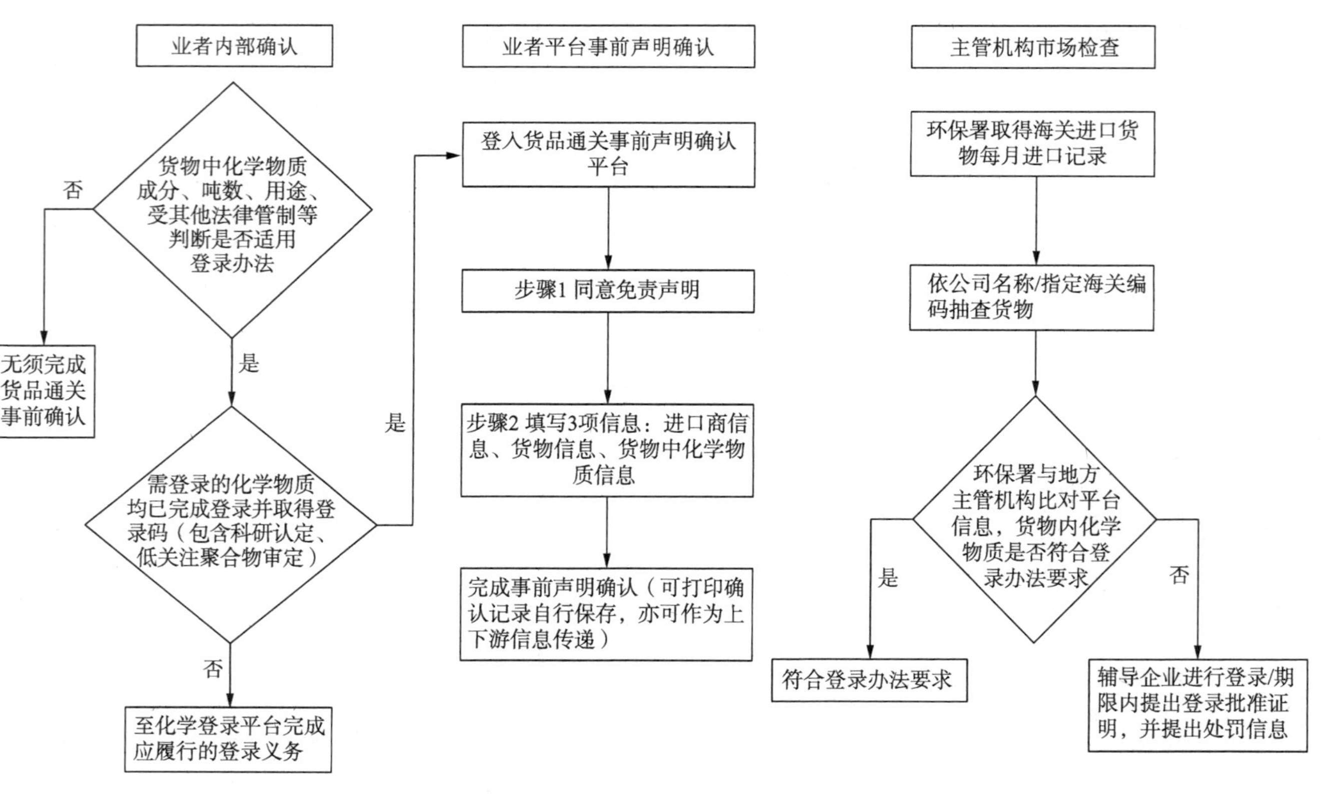

图 4-2　化学物质登录制度进口管理操作流程

企业应先确认进口的货物中所含的化学物质是否符合《新化学物质及既有化学物质资料登录办法》的适用范畴，如果确认应符合该登录办法规定，则企业需要在进口前进行货品通关事前声明确认，即透过货品通关事前声明确认平台填写台湾地区境内进口商（登录人）的信息、货物信息以及货物中化学物质登录信息，并自主性声明符合登录办法的规定。

环保署及地方主管机构后续将开展核查。核查初期将确认货物是否于进口前进行事前声明确认、平台填写信息是否无误等，并通过辅导与建议逐步推广事前声明，确认平台以及后续核查的规定，协助企业了解并符合进口管理的规定，核查后期将配合环保署逐步加强核查强度。预计将优先核查C. C. C. 码第28、29条列出的货物（分别为无机化学品和有机化学品），登录中心会从海关获取进口记录核查货物是否已经于进口前完成货物通关前事前声明确认。登录相关文件（例如SDS、既有化学物质清单查询凭证、物质用途、科学研发认定、低关注聚合物审定、登录码等）需保存，以备核查。

三、职业安全卫生法（简称“职安法”）

2013年7月3日，修订《劳工安全卫生法》，并更名为《职业安全卫生法》，由台湾当局发布职安法分两阶段实施，第一阶段以原法规条文修正为主，包括41种附属法规，于2014年7月3日正式实施；第二阶段则针对新增规定部分，包括19种附属法规，以及新化学物质登记及化学品分级管理制度，于2015年1月1日实施，如表4-3所示。

表4-3 《职业安全卫生法》条目内容

序号	法规名称	修正日期
第一阶段41种附属法规		
1	职业安全卫生法实施细则	
2	职业安全卫生管理办法	2014.06.26
3	职业安全卫生教育训练规则	2014.06.27
4	职业安全卫生设施规则	2014.07.01
5	危害性化学品标示及通识规则	2014.06.27
6	劳工作业环境监测实施办法	2014.07.02
7	劳工作业场所容许暴露标准	2014.06.27
8	办理劳工体格与健康检查医疗机构认可及管理办法	2014.06.30
9	劳工健康保护规则	2014.06.30
10	妊娠与分娩后女性及未满十八岁劳工禁止从事危险性或有害性工作认定标准	2014.06.25
11	特定化学物质危害预防标准	2014.06.25
12	有机溶剂中毒预防规则	2014.06.25

续表

序号	法规名称	修正日期
13	四烷基铅中毒预防规则	2014.06.30
14	铅中毒预防规则	2014.06.30
15	粉尘危害预防标准	2014.06.25
16	异常气压危害预防标准	2014.06.25
17	矿场职业卫生设施标准	2014.06.25
18	高温作业劳工作息时间标准	2014.07.01
19	重体力劳动作业劳工保护措施标准	2014.06.30
20	精密作业劳工视机能保护设施标准	2014.06.30
21	缺氧症预防规则	2014.06.26
22	高架作业劳工保护措施标准	2014.06.25
23	危险性机械及设备安全检查规则	2014.06.27
24	起重升降机具安全规则	2014.06.25
25	机械设备器具安全标准	2014.06.26
26	营造安全卫生设施标准	2014.06.26
27	高压气体劳工安全规则	2014.06.27
28	码头装卸安全卫生设施标准	
29	既有危险性机械及设备安全检查规则	2014.07.03
30	危险性机械或设备代行检查机构管理规则	2014.06.27
31	危险性机械及设备检查费收费标准	2014.06.27
32	锅炉及压力容器安全规则	2014.07.01
33	林场安全卫生设施规则	2014.07.01
34	固定式起重机安全检查构造标准	2014.06.27
35	移动式起重机安全检查构造标准	2014.06.27
36	升降机安全检查构造标准	2014.06.27
37	吊笼安全检查构造标准	2014.06.27
38	压力容器安全检查构造标准	2014.06.27
39	工业用机器人危害预防标准	2014.06.30
40	工业安全卫生标示设置准则	2014.07.02
41	船舶清舱解体劳工安全规则	2014.07.02
第二阶段 19 种附属法规		
1	机械设备器具安全标准	
2	宣告安全产品资讯申报登录实施办法	
3	特殊构造规格产品安全评估申报及处理办法	
4	机械类产品免验证实施办法	
5	机械类产品先行放行实施办法	

续表

序号	法规名称	修正日期
6	机械类产品安全表示及验证标章使用管理办法	
7	型式验证规范收费标准	
8	制程安全定期评估实施及管理办法（危险性工作场所审查即检查办法）	
9	型式验证合格产品监督查验及处理办法	
10	型式验证实施及监督管理办法	
11	新化学物质安全评估及登录管理实施办法	
12	新化学物质登记审查收费标准	
13	管制性化学品运作许可管理办法	
14	优先管理化学品运作报请备查办法	
15	劳工作业环境监测及化学品分级管理办法	
16	女性劳工母性健康保护实施办法	
17	职业安全卫生顾问服务机构认可及管理办法	
18	促进职业安全卫生文化奖励及辅助办法	
19	主管机构推动职业安全卫生业务绩效评核及奖励办法	

（一）新化学物质登记

劳动主管机构要求新化学物质及含有新化学物质的化学品在生产或进口前进行登记，未经登记不得生产或进口。新化学物质是指未列入既有化学物质清单的化学物质，该定义与环保署所规定的相同。

由于环保署与劳动主管机构都有新化学物质登记的要求，两部门协调统一后决定，以环保署登录中心为窗口面向企业接收新化学物质登录申请资料，劳动主管机构与环保署登录中心一起参与审查，也就是说，企业只需要将新化学物质申请交由环保署登录中心即可。但是由于环保署的《新化学物质及现有化学物质资料登录办法》与劳动主管机构的《新化学物质登记管理》并非完全一致，比如豁免条件、测试数据要求、风险评估的要求等都有所差异，企业在准备新物质登录资料时需同时满足两个办法的要求。

1. 新化学物质的豁免条件

有下列特殊情形的新化学物质可以豁免登录。

（1）天然物质。

（2）伴随试车用机械或设备的化学物质。

（3）不可分离的中间产物。

（4）涉及地区安全需求使用化学物质。

（5）无商业用途的杂质或副产物。

（6）海关监管化学物质。

（7）废弃物。

（8）2%规则的聚合物。

（9）混合物，但混合物中的化学物质应依办法登记。

（10）成品。

（11）其他经主管机构指定不适用的化学物质：包括玻璃、陶瓷材料和器皿、钢制品、铝酸水泥和波兰特水泥等。

（12）已于其他主管机构登记评估并管理的化学品：

①《农药管理法》所规定的农药；

②《饲料管理法》所规定的饲料及饲料添加物；

③《肥料管理法》所规定的肥料；

④《动物用药品管理法》所规定的动物用药品；

⑤《药事法》所规定的药物；

⑥《管制药品管理条例》所规定的管制药品；

⑦《化妆品卫生管理条例》所规定的化妆品；

⑧《食品安全卫生管理法》所规定的食品及食品添加物；

⑨《烟害防治法》所规定的烟品；

⑩《原子能法及游离辐射防护法》所规定的放射性物质；

⑪《环境用药管理法》所规定的环境用药；

⑫《研究管理法》所规定的烟酒；

⑬《毒性化学物质管理法》所规定的毒性化学物质。

2. 新化学物质登记类型及数据要求

新化学物质登记类型与环保署的登录类型一致。只是登录类型名称稍有差别，劳动主管机构用“登记”，而环保署用“登录”，但是所表达的意思相同。

相比环保署的登录资料要求，劳动主管机构的登记资料要求少了生态毒理部分，但是危害评估和暴露评估的要求比环保署略高。关于标准登记、简易登记和少量登记的测试数据要求和其他资料要求见本书附录三，更多详细资料可参考劳动主管机构发布的《新化学物质登记技术指引（第一版）》。

3. 登录资料公开与保密

经批准的新化学物质，以下登记资料会公开。

（1）新化学物质编码；

（2）危害分类及标示；

（3）物理及化学特性信息；

（4）毒理信息；

（5）安全使用信息；

（6）因紧急措施或维护人类健康安全有必要揭露给特定人员的信息，包括：新化学物质名称及标识信息、生产或进口量、用途和暴露信息以及含有新化学物质的产品成分信息。

新化学物质信息多涉及商业机密。对于完成标准登记的新化学物质，申请人可在公告列入清单前三个月至六个月申请信息保密，批准后可保密五年。申请人可视需要申请延长保密期限一次。

4. 其他

新化学物质登记审查时限、登录文件有效期、列入既有化学物质清单、登记费用均与环保署的要求一致，在这不再重复说明。

（二）优先管理化学品

《职安法》第十四条要求生产商、进口商、供应商或使用企业，对于指定的优先管理化学品提交相关活动资料上报台湾地区主管机构备查。

优先化学品包括以下几种。

(1) 指定化学品：对未满十八岁及妊娠或分娩后未满一年的女性工人有危害性的化学品。包括：黄磷、氯气、氰化氢、苯胺、铅及其无机化合物、汞及其无机化合物、二硫化碳、三氯乙烯、环氧乙烷、丙烯酰胺、次乙亚胺、六价铬化合物、砷及其无机化合物、含有上述化学品浓度超过1%的混合物、其他指定的化学品。

(2) 依标准 CNS15030 属致癌性分类第一级、生殖细胞致突变性分类第一级或生殖毒性分类第一级的，并经台湾地区主管机构指定公告的化学品。

(3) 依标准 CNS15030 具有物理危害或健康危害的，且其最大运作总量达表 4-4 规定的临界量，并经台湾地区主管机构指定公告的化学品。

(4) 其他经台湾地区主管机构指定公告的化学品。

表 4-4 优先管理化学品危害分类及临界量规定

化学品危害分类		临界量/吨
健康危害	急性物质：第 1 级（吞食、皮肤接触、吸入）	5
	急性物质： 第 2 级（吞食、皮肤接触、吸入） 第 3 级（吞食、皮肤接触、吸入）	50
	致癌物质：第 2 级	50
	生殖细胞致突变性物质：第 2 级	50
	生殖毒性物质：第 2 级	50
	呼吸道过敏物质：第 1 级	50
	严重损伤/刺激眼睛物质：第 1 级	50
	特定目标器官系统毒性物质——单一暴露：第 1 级	50
	特定目标器官系统毒性物质——重复暴露：第 1 级	50

续表

化学品危害分类		临界量/吨
物理性危害	爆炸物： 不稳定爆炸物 1.1 组、1.2 组、1.3 组、1.5 组、1.6 组	10
	爆炸物：1.4 组	50
	易燃气体：第 1 级或第 2 级	10
	易燃气胶：第 1 级或第 2 级（含易燃气体第 1、2 级或易燃液体第 1 级）	150
	易燃气胶：第 1 级或第 2 级（不含易燃气体第 1、2 级或易燃液体第 1 级）	5 000
	氧化性气体：第 1 级	50
	易燃液体： 第 1 级 第 2 级或第 3 级，储存温度超过其沸点者	10
	易燃液体：第 2 级或第 3 级，储存温度低于其沸点，在特定制程条件下（如高温或高压），可能发生重大危害事故者	50
	易燃液体：第 2 级或第 3 级，非属上述两种特殊状况者	5 000
	自反应物质及有机过氧化物： 自反应物质 A 型或 B 型 有机过氧化物 A 型或 B 型	10
	自反应物质及有机过氧化物： 自反应物质 C 型、D 型、E 型或 F 型 有机过氧化物 C 型、D 型、E 型或 F 型	50
	发火性液体及固体： 发火性液体第 1 级 发火性固体第 1 级	50
	氧化性液体及固体： 氧化性液体第 1、第 2 或第 3 级 氧化性固体第 1、第 2 或第 3 级	50
	禁水性物质：第 1 级	100

备注：

(1) 表中临界量为工作场所中，于任一时间存在的最大数量（含纯物质或混合物），包括生产、进口、供应、处置或使用等活动。

(2) 使用者使用两种以上属于第二条第二款第二目的优先管理化学品，其个别的最大活动总量未达本表临界量者，应计算总和。

(3) 工作场所中，若优先管理化学品的最大活动总量不大于该临界量的 2%时，可免纳入总和计算。

(4) 当化学品包含两个以上危害分类时，应以其危害分类中临界量最低者计算总和。

有以下特殊情形可以豁免备案：①烟草或烟草制品；②食品、饮料、药物、化妆品；③制成品；④非工业用途的一般民生消费商品；⑤灭火器；⑥在反应槽或制程中进行化学反应的中间产物；⑦其他经主管机构指定者等。

优先管理化学品备案资料要求包括：生产商、进口商、供应商信息，生产使用场所信息，暴露职工人数，女性和未满十八岁职工人数及优先管理化学品CAS号，化学品名称，危害分类，物理状态，用途，年平均活动量（吨）及最大活动量（吨）。

台湾地区主管机构会对优先管理化学品进行进一步风险评估及筛选，并分阶段指定公告为管制性化学品。指定公告为管制性化学品者，企业应按照《管制性化学品的指定及运作许可管理办法》的规定办理。

（三） 管制性化学品

劳动主管机构于2014年12月31日发布了《管制性化学品的指定及运作许可管理办法》，于2015年1月1日起实施。该办法旨在禁止或限制具有致癌性、生殖细胞致突变和生殖毒性等高度关注的，且具有高暴露风险的化学品。管制性化学品是指在管制性化学品清单上的化学品，目前共有20种化学品。法规要求生产、进口、供应、使用或处置管制性化学品之前需要向主管机构申请许可，未经许可，不得进行相关活动。

第三篇
其他国家

第五章
欧　　洲

欧盟《关于化学品注册、评估、授权与限制的法规》（Regulation concerning the Registration，Evaluation，Authorization and Restriction of Chemicals，REACH 法规）于 2007 年 6 月 1 日起实施，是一项以物质危害鉴别和风险评估技术体系为支撑的化学品管理制度。该法规取代了欧盟原有的 40 多部有关化学品管理的条例和指令，其内容涵盖化学品生产、贸易及使用安全的方方面面，对所有在欧盟生产或进口到欧盟的化学品实行全生命周期的安全管理。在全球经济一体化的进程中，该法规的实施直接影响到世界各国对欧盟的经济贸易和投资。

据统计，欧盟现有物质数量达 100 000 种，其中销量达 1 吨以上的物质约 30 000 种，新物质①约 4 000 种。欧盟 REACH 法规实施之前的化学物质法规框架，要求企业在新化学物质上市前向主管机构进行申报，提供包含一系列的理化、毒理和生态毒理的测试数据，并对人体健康和环境进行风险评价；而对于占据欧盟市场化学品总量 99%以上的现有物质没有这些要求，除此之外，还存在着一系列的问题。

首先，对于数量达十万种之多的现有物质不要求企业进行申报和风险评估。没有充分了解物质的危害信息及其对人类健康和环境造成的影响，更无法谈及对物质可能带来的风险进行管理和控制。

其次，为对现有化学物质进行管理，欧洲共同体理事会建立了优先物质列表，由各成员方分别进行风险评估。风险评估要求全面，如包含物质所有可能的用途，而不是基于实际用途。有限的政府资源，全面评估实施的困难使得现有化学物质的风险评估进展非常缓慢。从 1993 年至 21 世纪初，欧洲仅对 140 种产量超过 1 000 吨的优先化学物质完成了风险评估，而仅对 70 种发布了最终风险评估报告。另外，由于风险评估的责任在政府身上，一旦发生化学物质安全事故，在确认生产商承担的化学物质安全责任方面也造成了

① 欧盟 793/93 号关于《评估和控制现有物质风险》的指令对“新物质”和“现有物质”做了定义。以 1981 年为分界，所有在 1971 年 1 月 1 日到 1981 年 9 月 18 日在欧盟市场上市的化学品为“现有物质”；1981 年 9 月以后上市的化学物质为“新”化学物质。

困难。

再次，新物质的测试要求是从年生产量/进口量 10 千克以上开始的，而有类似法规要求的其他国家新物质测试规定的起始量一般都在 100 千克/年或 1 吨/年。欧盟企业对此怨声很大，也打击了欧盟化工业对新物质的研究和发明的积极性。

因此，欧盟认为，原有的化学物质管理法规体系职责分配不合理，不能充分了解欧盟市场上的化学品对人类健康和环境带来的风险，也不了解应对这些风险应该采取的管理措施，同时，该体系也阻碍了欧盟化工业的创新和发展。欧盟 REACH 法规的建立和实施的思考和讨论也因此而起。

欧盟推动 REACH 有三个主要目的：

（1）促进化学物质危害信息与风险评估透明化，保护人类健康和环境；

（2）提高欧盟化工业的国际竞争力与研发创新；

（3）发展替代性测试方法以降低或避免动物实验。

欧盟希望通过 REACH 法规体系，在欧盟范围内建立一个统一的化学物质管理体系，使企业能够遵循同一原则生产化学物质及其制品，能够更为系统地确定现有化学物质和新化学物质的危险性和风险，有利于行业采取适当的风险管理措施并增强欧盟化工业竞争力。当然，也有许多人认为 REACH 法规的目的在于提高化学品进入欧盟市场的门槛，是一种技术壁垒，这也有一定的道理。

一、REACH 法规要求

REACH 法规的文本和官方指南文件，可以从欧洲化学品管理局 (ECHA)① 官方网站下载（http：//echa. europa. eu/home _ en. asp）。

（一） REACH 法规的实施对象和范围

REACH 法规的实施对象为：①欧盟境内的进口商和生产商；②为履行欧盟进口商 REACH 义务而由欧盟境外生产商指定的欧盟境内的唯一代表 (Only Represetative，OR)。

OR 的概念是 REACH 法规的创新。REACH 法规为基于法律责任可追溯性考虑，规定只有欧盟境内的企业才能履行 REACH 义务。欧盟外的生产商/出口商若要把化学品投入欧盟市场，为了使进口商能履行 REACH 义务，则必须向其进口商提供物质相关信息。考虑到部分欧盟进口商希望由非欧盟企业承担 REACH 法规的义务，或者非欧盟企业基于信息保密需求，不愿向进

---

① ECHA：该机构为欧盟负责管理登记、评估、许可和限制化学品系统（REACH）的机构。设于芬兰赫尔辛基，2007 年 6 月 1 日开始运作。

口商提供物质相关信息的情况，REACH 法规允许非欧盟企业通过协议的方式，指定欧盟境内的自然人或法人作为其代表来承担进口商的 REACH 义务。一个企业只能为其出口的同一个化学物质指定一个 OR。OR 并非一种法律概念上的资质或资格，而是一种商业身份。当 OR 被指定后，OR 将承担进口商的所有义务，如注册、供应链沟通、申请授权等。

REACH 法规的管理对象包括：①所有进入欧盟市场的物质[①]；②所有进入欧盟市场的配制品[②]中的物质；③所有进入欧盟市场的物品[③]在正常或可预见的使用条件下有意释放的物质。

在 REACH 法规下，物质被分为非阶段性物质（Non phase-in Substances），即在 REACH 生效前没有在欧盟生产或销售的物质；阶段性物质（phase-in Substances），即列于欧洲现有化学物质目录（European Inventory of Existing commercial Chemical Substances，EINECS）或过去 15 年内已在欧盟生产但未投放欧盟市场的物质或不再是聚合物[④]的物质。

REACH 法规的管理对象范围非常广泛，几乎覆盖了所有的物质，包括在欧盟生产的、进口到欧盟的，或作为中间体在欧盟使用的物质本身，或配制品或含有有意释放物质的物品。同时，REACH 也规定了豁免情形：①放射性物质；②海关监管下临时存放在保税区或保税仓库用于再出口或过境目的的物质；③非分离中间体；④废物；⑤由欧盟成员方决定用于国防目的的物质；⑥通过铁路、公路、内河航运、海运或空运等运输过程中的物质。这几类物质不适用于 REACH 法规，主要是从国防或物质的特殊性考虑。比如，废物不适用于 REACH 法规，其目的在于确保废物的可利用性以及促进废物的循环使用和回收；非分离中间体，是基于非分离中间体在使用过程中没有暴露因此没有风险，无须 REACH 管理。

（二）注册

REACH 法规要求对年产量或进口量超过 1 吨的化学物质进行注册，年产量或进口量 10 吨以上的化学物质还应提交化学安全报告（Chemical Safety

---

① 物质：指自然存在的或人工制造的化学元素和它的化合物。包括加工过程中为保持其稳定性而使用的添加剂和生产过程中产生的杂质，但不包括在不影响其稳定性或改变其成分的情况下就可被分离的溶剂。金属也属化学物质。

② 配制品：指所有两种或两种以上的化学物质的溶液或混合物。合金被归类为配制品。

③ 物品：指由一种或多种物质和（或）配制品组成的物体，在生产过程中被赋予了特定的形状、外观或设计，这些因素比化学组分在更大程度上决定了物品的功能。

④ 不再是聚合物（No Longer Polymer）：1992 年 4 月理事会指令（Council Directive）92/32/EEC 修改了聚合物定义，一部分原被认定为聚合物的物质在新定义下不再被认为是聚合物，并因此制定了不再是聚合物（NLP）清单，其中包括 1981 年 9 月 18 日至 1993 年 10 月 31 日在欧盟市场上的这类物质。

Report，CSR）。

对于某些物质类型，REACH 鉴于物质特性，豁免其注册要求，主要包括五种类型：①某些已有其他法规监管的物质，避免重复管理，如用于医药、食品、饲料、医疗产品中的物质。②一般情况下风险低到不需要或不适用注册的物质，比如自然界长期存在并未经化学改性的物质，水、氧气、天然存在的矿石等。③聚合物本身，但聚合物对应的单体或反应体仍需进行注册。REACH 法规认为，聚合物由于其特殊的大分子结构使得其安全性高，聚合物的毒理特性主要来自聚合物中残留的单体、低聚物及添加剂。因此，REACH 法规不要求对聚合物本身注册，但对聚合物中质量分数大于 2%的单体、反应体及添加剂要求注册。④以产品和过程为导向的以研究和开发为目的物质只需要通报，无须注册。基于两方面的考量：一方面研发涉及的物质量和可能的暴露都相对有限，风险较低；另一方面，免除研发物质的注册要求有利于激励研发和创新的行为。⑤已注册的回收、循环或再进口的物质。有关 REACH 注册豁免物质的细则，可参见 REACH 注册指导文件相关章节。

对于阶段性物质，REACH 采取分阶段执行的方式，吨位越高或者毒性越高的物质（CMR、PBT①、vPvB②、R50/53③）越早被要求完成注册。REACH 注册时间表如图 5-1 所示。

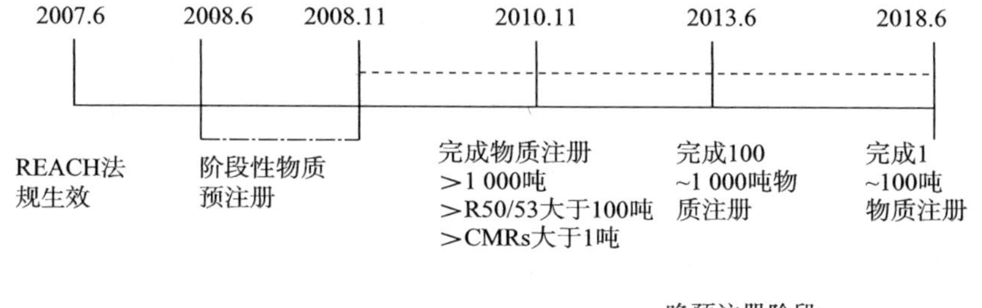

图 5-1　REACH 注册时间表

1. 阶段性物质预注册和晚预注册

预注册（Pre-registration）和晚预注册（Late Pre-registration）仅适用于阶段性物质。阶段性物质若要在 2008 年 12 月 1 日后继续在欧盟生产、进口和使用直到对应的注册期限到期，必须先完成预注册。预注册日期为 2008 年 6 月 1 日至 2008 年 11 月 30 日。在 2008 年 12 月 1 日后首次生产或进口阶段

---

① PBT：持久性、生物蓄积性和毒性。

② vPvB：高持久性、高生物蓄积性。

③ R50/53：水生生物毒性物质。

性物质的企业，仍可以通过对物质进行晚预注册获得继续在欧盟生产、进口和使用的权利直至注册期限到期。一个企业也可以决定不做预注册/晚预注册，在这种情况下，该公司在 2008 年 6 月 1 日到正式提交注册文件前，将不被允许在欧盟生产或进口该物质。

预注册/晚预注册需要提交的内容主要包括物质信息、预注册者信息、预期的注册期限及吨位。这些信息通过 ECHA 网站的相应端口和系统（REACH-IT①/IUCLID②）进行录入和上传。ECHA 在此基础上，对每种预注册的物质都建立了一个物质信息交换论坛（Substance Information Exchange Forums，SIEF)，REACH 法规规定，所有预注册同种物质的预注册者必须参加该论坛，作为信息分享和未来注册合作的一个重要平台。

预注册/晚预注册的机制是 REACH 注册法规的亮点之一。首先，预注册的数据要求简单，易于完成。企业一旦在规定的时间内完成阶段性物质的预注册/晚预注册，就可以继续在欧盟生产、使用直至相应的注册期限到期，这使得企业对于开展预注册/晚预注册很有积极性。其次，该机制在一定程度上缓和了 REACH 对欧盟供应链的影响，同时也给了企业更多的缓冲时间来准备 REACH 注册所需要的信息。再次，该机制使得欧盟 REACH 法规管理部门可以便捷地获取阶段性物质在欧盟进口、生产、使用的实际情况，为后续物质管理政策包括 REACH 数据共享机制的制定奠定了很好的数据基础。

2. 非阶段性物质和未预注册的阶段性物质的注册询问

注册询问适用于非阶段性物质和未预注册的阶段性物质。潜在的注册者必须在注册前向 ECHA 询问是否有人提交了相同物质的注册，或者是否有其他询问该物质的潜在注册者。ECHA 会进行物质身份特性确认，确定以前的注册者或潜在的注册者，并尽量促成注册者和潜在注册者之间的数据共享，包括可能需要进行的测试的数据共享。注册者在注册之前设置的注册询问机制可以最大限度地确保数据在相关方共享，避免不必要的测试，从而节约社会和企业资源。

3. 注册要求和数据的获取、共享和递交

REACH 法规以物质的注册吨位和危害特性为基本判断量，来确定注册的先后级顺序和数据要求高低，这是因为物质危害特性和吨位共同确定了物质发生暴露时，对人类或环境潜在的风险大小。吨位和物质危害特性高的物

① REACH-IT：REACH 注册者向 ECHA 提交卷宗最主要的工具，其提供了一个在线提交数据及形成卷宗（如预注册、注册、分类及标识通报等）的平台。http：//echa. europa. eu/web/guest/support/dossier-submission-tools/reach-it。

② IUCLID：国际通用化学信息数据库（International Uniform Chemical-Information Database）最新版本缩写，是 REACH 法规中数据提交的核心软件工具，可用来存储物质相关信息和准备评估卷宗。http：//iuclid. eu/。

质，会归于优先管理级别，要求更早地完成注册，也会要求提交更多的理化和毒理数据支持。对于所有需要注册的物质，REACH 都要求提交注册卷宗，同时对于生产或进口量大于或等于 10 吨/年的物质，还要求进行风险评估并提交 CSR。

注册宗卷包含的内容有物质性质、使用、分类、暴露和安全使用指南。在 REACH 法规附件 VI-XI 中对物质性质的信息要求有具体的规定，吨位越高，对物质性质的信息要求越多。REACH 规定为降低物质注册的成本并避免不必要的测试，节约业界和欧盟管理部门的资源和成本，特别是脊椎动物测试，同一物质的注册者应进行联合递交，REACH 法规建立了相应的数据共享机制和物质信息交换论坛 SIEF。REACH 也允许对 REACH 附件 IX 和 X 的数据提交测试建议，以降低注册成本和尽快拿到注册号。

CSR 是对物质进行风险识别，包括危害评估、危害分类以及 PBT 和 vPvB 评估。如果物质被分类为危险物质、PBT 物质或 vPvB 物质，CSR 还包括对该物质进行的暴露评估和风险评估。暴露评估是基于物质的全生命周期中所涉及的每种已知用途的暴露场景进行的，而风险描述则是要进行到确定适宜的风险管控措施和操作条件以证明风险能被完全控制为止。同时，REACH 法规规定，最终的暴露场景以及风险评估后确定的风险管理措施和操作条件信息应总结后作为 SDS 附件在供应链内进行沟通。

SIEF 的宗旨是便于潜在注册者之间交换信息，从而避免重复测试或研究，以及就潜在注册者之间对有分歧的物质分类和标识等达成一致。REACH 法规规定，所有预注册同种物质的预注册者必须参加该物质的 SIEF 论坛，作为信息共享和未来注册合作的一个重要平台。此外，REACH 法规规定，在开展脊椎动物测试前，潜在的注册者必须通过 SIEF 或通过注册问询来获得该数据。脊椎动物测试数据必须共享，但允许收取一定费用。非脊椎动物测试数据在同一物质注册者有要求时也必须共享，但允许收取一定费用。若没有相应的脊椎动物测试数据，REACH 数据共享机制要求同种物质的潜在注册者协商谁来开展动物测试，以确保只进行一次测试。

SIEF 成员主要包括潜在注册者和数据拥有方，其在 SIEF 的责任和义务有以下几点。

（1）所有的 SIEF 成员应：①对其他成员的信息要求做出反应；②在被要求时向其他成员有偿或免费提供现有信息。

（2）潜在的注册者应：①向其他成员要求提供注册缺失的信息；②共同识别进一步数据需求；③安排确定需开展的研究或测试；④对分类和标识存在分歧时，在潜在注册者间达成一致。

（3）数据拥有者应：对于其他注册者的问询必须做出回应。

当一个物质有多个注册者时，REACH 法规要求进行联合注册，共同提交某些数据，以节约资源。联合注册的注册者必须通过 SIEF 进行信息共享并共同分担费用。联合注册共同提交的数据信息包括：①物质的危害和风险特性；②物质的分类和标识；③测试建议（需要时）；④CSR 和安全使用指南（如果注册者协商同意）。联合注册要求带头注册者（Lead Registrant）代表其他注册者提交共享数据，其他联合注册者各自分别提交其他信息。

REACH 要求上述信息必须进行“联合注册”，只有在以下情况，并在注册卷宗中递交相应的解释说明后，才允许个体注册者进行单独注册：①联合注册成本远高于注册者单独注册；②联合注册将导致商业机密泄漏；③对带头注册者在注册卷宗中的内容有异议。

对于非阶段性物质或是未进行预注册的阶段性物质，数据共享的第一步沟通机制是注册问询。有关注册问询的内容，可见本章相关内容。

4. 注册卷宗的更新

向 ECHA 递交的注册卷宗中的信息必须保持更新，这是注册者的职责。REACH 法规要求，若注册者有信息更新，需以注册卷宗升级版形式及时向 ECHA 通报，新信息的递交不能无限期拖延。此外，当 ECHA 收到物质的新信息或评估阶段做出更改信息决定时，也会通知注册者，注册者亦要求进行注册卷宗更新。

5. 注册号的授予

注册卷宗提交后，REACH-IT 系统会自动地给注册者一个提交号和提交日期。提交号会一直使用到注册结束，然后被正式的注册号取代。ECHA 作为注册的管理部门，在注册阶段，ECHA 只会对注册卷宗完整性进行简单的电子检查。ECHA 对卷宗完整性的检查包括两部分内容。

（1）技术完整性检查：类似于形式检查，主要是确保按吨位需要提交的注册要素没有遗漏，所有要填的区域都已填写。ECHA 如果发现要素内容有遗漏，ECHA 会验证完整性检查的结果，以确保检查结果的准确性。REACH-IT 系统同时也允许注册者自己在注册递交给 ECHA 前进行一个完整性检查。

（2）财务完整性检查：只针对需要缴费的卷宗类型。ECHA 会监管费用的支付，如果没能按期支付，ECHA 会在此设置一个日期，若注册者在该日期前仍不能完成支付，其注册卷宗则会被拒绝。

根据 REACH 确定的流程，ECHA 会在提交的 3 周内进行完整性检查，一旦注册完成，REACH-IT 系统将自动给注册者该物质的注册号及注册日期。此后注册者将用该注册号沟通注册相关适宜。但是，注册号的获取并不意味着 ECHA 对该物质评估或使用的任何形式的批准。

（三）评估

评估是ECHA和欧盟各成员方REACH实施和监督部门对企业递交的注册进行的评估。评估可分为两大类。即注册卷宗评估和物质评估。

1. 注册卷宗评估。即对注册卷宗进行质量检查，注册卷宗评估是由生产商或进口商所在的成员方的主管机构执行，注册卷宗评估包含两类。

（1）注册卷宗评估：对注册卷宗的评估是为了检查注册卷宗和注册要求的符合性。评估时，考虑到资源的有限性，并不会逐一检查所有的注册卷宗，但至少会抽查5%的卷宗。有问题时，ECHA会在检查开始后12个月内向注册者提出并规定补交的时限。若符合以下情况，会被优先进行抽查：①独立提交信息的；②吨位在1吨以上，不满足REACH附件Ⅶ要求的；③被列于欧盟滚动条行动计划（Community Rolling Action Plan，CoRAP）清单中上的物质。

（2）测试建议评估：对测试建议评估的目的是为了防止不必要的动物实验，尤其是那些费用昂贵和需要大量脊椎动物的实验。REACH法规要求在这些测试进行前须检查所有的测试建议，从而避免可能的、已有测试的重复和质量差的测试。对于非阶段性物质，ECHA会在接到注册申请后的180天做出初步决定。对于阶段性物质，ECHA会分别在2012年12月1日（针对2010年12月1日前收到的建议）、2016年6月1日（针对2013年6月1日前收到的建议）和2022年6月1日（针对2018年6月1日前收到的建议）给出初步决定。其中优先检查的测试建议有：①具有PBT、vPvB、致敏、致癌、至畸变、发育毒性的物质；②其使用方式可能导致广泛及扩散性暴露，每年使用量在100吨以上，符合67/548/EEC规定的危险物质。

2. 物质评估。物质评估的目的是为了评估优先列入CoRAP清单中的物质是否对人体健康和环境存在危害，从而促进对物质的安全管理。CoRAP清单物质筛选标准基于三方面综合考虑，即危害信息、暴露信息和吨位，相关标准及清单内容已在ECHA网站发布[①]。CoRAP清单会动态更新，而CoRAP物质的筛选标准也会更新。当某一物质的评估启动时，相应的评估成员方将有12个月的时间来完成评估，并明确下一批关注的物质。在评估过程中，评估成员方可能制作决议草案，要求物质的注册者在规定的时间内进一步提供信息，这些信息要求可以在REACH法规要求的信息范围之外，如欧盟范围内的职业暴露限值或国家措施等。

如果某物质经过评估确认其用途确实存在危害，那么评估成员方可以采

---

① http：//echa. europa. eu/web/guest/regulations/reach/evaluation/substance-evaluation/community-rolling-action-plan.

取进一步的行动，包括：①就物质的致癌性、致突变性、生殖毒性、呼吸致敏性或其他危害特性制作并提交统一分类和标签提案；②就物质进入高度关注物质（Substance of Very High Concern，SVHC）候选清单制作并提交相关提案；③提交物质的限制提案。需要强调的是，物质存在于 CoRAP 清单本身对物质的生产、进口或使用没有法律效应，只是预示成员方将重点关注物质的某些方面，后续将通过评估明确其风险，并依据评估结果确定管理措施。

（四）授权

授权的目的是确保高度关注物质（SVHC）的风险得到合理的控制，并且在经济和技术可行时，这些物质逐步地被合适的替代物或技术取代。REACH 规定，SVHC 在欧盟的使用和投放欧盟市场需要经过授权，目前还不会被禁用。需要授权的物质清单由 ECHA 公布，并列于附件ⅩⅣ中。这样的物质应属于：①CMR 分类为类别 1、2 的物质；②PBT、vPvB 物质；③通过科学证据逐个识别可能对人类或环境产生严重后果，与上述物质相当的物质，如内分泌干扰剂等。

授权包含两方面的内容。一方面，ECHA 在其网站上发布并更新将纳入附件ⅩⅣ的候选物质清单并通过相关原则决定候选清单上的哪种物质将被纳入授权系统，以及纳入的物质的哪种用途将免于授权要求，以及获得授权的最后期限。这个步骤的作用是通过筛选确定优先管理顺序，更为有效地使用有限的资源。另一方面，附件ⅩⅣ中物质的生产商、进口商或下游使用者需要在最后期限到来之前为物质的每种使用申请授权，并提交可能替代物的分析。替代性分析应考虑物质的风险和替代的技术经济可行性。适宜时，包括申请者开展的替代物研究和开发活动。如果分析表明替代物存在，则还需提交替代计划以及申请者建议的行动时间表。欧盟委员负责对授权的申请做出是否给予授权的决定。如果物质的使用对人类或环境的风险可以得到充分控制，则可以获得授权。如果不能，但若能够证明使用该物质的社会效益比对人类和环境可能造成的风险占优势，而且没有替代物质或技术时，也可能获得授权。对于 PBT、vPvB 以及不能确定安全阈值的 CMR 物质，不能基于风险完全控制而获得授权。拿到物质授权批准的申请者，以及在配制品中使用该授权物质的下游使用者，应将该物质或配制品投放市场前，将授权号标注在产品标签上。使用授权物质的下游使用者应在首次供应后 3 个月内通报 ECHA。

REACH 规定申请授权要缴纳申请费。该授权申请费用在 REACH 法规 340/2008 号法规[①]中有明确规定。申请费用不低，但这也是欧盟对高风险物

① http：//eur-lex.europa.eu/legal-content/EN/TXT/PDF/?uri=CELEX：32008R0340&from=EN.

质使用的导向性策略，从行政手段不鼓励企业使用需授权的物质。

（五） 限制

REACH 法规限制是对某些危险物质、配制品和物品制造、投放市场和使用的限制。任何物质，不管是其本身或含在配制品、物品中，只要该物质的使用被评估和证明对人类健康和环境具有不可接受的风险，欧盟成员方或 ECHA 即可启动限制程序，并在 ECHA 官方网站上公布此类信息[①]。REACH 限制涉及大量物质和用途，企业应根据 REACH 法规附件 XVII 条款对自身产品进行评估和限制筛选，以确保产品符合限制要求。

（六） 供应链信息传递要求

REACH 法规强调化学品安全信息在供应链上下游的双向传递，并明确规定了供应链上各相关方的责任和义务以及安全数据表（Safety Date Sheet，SDS）的要求等。

1. 供应链信息向下传递

（1）提供危险物质或配制品的供应商应向接收方提供 SDS，SDS 要采用附件 II 规定的格式和内容，并且 SDS 中的信息必须和递交的 CSR 的内容保持一致。对于有暴露场景（Exposure Senarioes，ES）的物质或配制品，还需要将暴露场景信息作为 SDS 的一部分进行传递（简称 eSDS）。对于没有危害分类的物质或配制品，SDS 或 eSDS 并非必须，但此类物质或配制品 REACH 合规状态信息以及所需的风险管理措施（如有）亦被要求向下游提供。SDS/eSDS 要求及时更新，尤其在以下几种情况下，不得延误：①物质或配制品有新的危害发现，或新的信息可能影响风险管理措施；②REACH 法规授权或限制状态发生变化。

（2）产品中若含有 SVHC，且该物质在产品中质量浓度大于 0.1%时，产品供应商必须向其下游客户提供有关该产品安全使用的详细信息，或在接到消费者的要求后 45 天内提供该信息，此类信息至少应包含物质名称。

2. 供应链信息向上传递

REACH 规定，物质或配制品供应链内的任一方都应向其上游的直接供应商或经销商提供：①物质使用方式；②物质新发现的风险信息；③对已确认的风险管理措施适当性的质疑。

二、REACH 法规基本原则和特点

REACH 法规是迄今为止关于化学品管理最为复杂的法规，其程序繁杂，

---

① http：//echa. europa. eu/addressing-chemicals-of-concern/restrictions/list-of-restrictions.

涉及面广，在全球范围内备受关注。下面从两个层面来归纳和分享 REACH 法规体系的一些基本原则和特点。

（一）REACH 法规制度和机制层面

(1) 实现了欧盟化学品管理制度的统一化和透明化。REACH 法规在欧盟构建了统一的注册、评估和授权程序。实现了化学品技术标准、检测标准的统一化。同时，欧盟成立了欧洲化学品管理局（ECHA），负责管理 REACH 法规的技术和行政事务，确保各成员方执行 REACH 法规的一致性。REACH 法规同时建立了高效安全的数据管理、信息交换和沟通系统和机制，确保工业界和公众能及时获取化学品的特性和风险相关信息。

(2) 强调预防原则和化学品的风险评估和风险管理。REACH 非常重视化学品的风险评估，认为化学品的风险评估是风险管理的基本前提。基于化学品风险预防性原则，要求对化学品进行综合的整个生命周期的评估，评估内容应包括化学品的固有危害、使用接触、对人类健康和环境的潜在影响等。然后以风险评估结果作为是否纳入技术或行政管理甚至限制或禁止范围的重要依据。

(3) 创建强有力的信息化技术支撑平台确保数据管理和共享的有效性。包括用于提交 REACH 注册卷宗的 REACH-IT 系统，用于存储物质相关信息和准备评估宗卷的国际通用化学信息数据库（IUCLID）、SIEF 等。

(4) 首次将物质的危害鉴别风险评估的责任从政府转给了企业。REACH 法规设计的其中一个重要理念为：企业对自己的产品以及使用暴露情况最为了解，而非政府，所以物质的危害鉴别和风险评估的主体应是企业。在 REACH 法规体系下，要求企业了解物质的性质，并管理潜在的风险。而政府监管部门的作用则侧重于确保企业完成 REACH 要求的义务以及对高风险或高度关注物质的管理和限制等相关政策和措施的建立。

(5) 通过法规建立激励措施影响企业行为，鼓励更安全的化学替代品的研发和使用。REACH 法规规定，应向公众揭示毒性信息，一旦物质被认定为 SVHC，其面临的潜在的市场风险以及 SVHC 授权过程所产生的行政和技术负担，都会激励企业考虑通过技术创新促进安全性更高的化学品的研制和开发。

（二）法规技术内容层面

(1) 对现有物质和新物质建立了一个统一的管理体系。无论非阶段性物质还是阶段性物质，都需完成 REACH 所规定的注册、评估、授权以及限制的责任和义务。

（2）以注册吨位和物质危害特性为基础确定 REACH 法规注册、评估、授权和限制的先后级顺序及数据要求。更有效地分配政府和工业界有限的资源，以对环境和人类健康有高风险的化学品优先进行管理。

（3）下游使用者被引入整个管理体系，以及透明的风险相关信息的沟通和分享。REACH 之前的法规只要求欧盟生产商和进口商提交物质相关信息，但对下游使用者并没有这样的要求。因此，在 REACH 法规实施之前，有关物质的真实全面的使用信息很难获取，也很难掌握下游用户物质使用时暴露的情况。在不了解物质的实际使用情况和暴露信息基础上进行的风险评估，其评估的科学性和有效性是无法充分保证的。而 REACH 法规要求收集物质在供应链上下实际活动中使用和暴露的情况，结合物质毒理特性和实际使用暴露情况两方面进行风险评估，并在此基础上建立相应的风险管控措施，并要求上述信息在上下供应链内传递沟通，风险评估的结果更具实际指导意义也更具科学性。

当然，REACH 法规作为目前为止最为复杂，影响也最为广泛的法规，其特点远不止上述几点。但上述的几点基本原则/特点最为重要，是 REACH 法规的理念和框架的基础，也是 REACH 法规体系相比较于其他法规体系的科学性创新点所在。REACH 法规的这些基本原则和特点，随着 REACH 法规的实施和渐入轨道，在全球范围产生蝴蝶效应，促进各国化学品法规制度的改革和提升。比如美国 TSCA 法规的改革呼声、韩国 REACH 法规的实施、中国台湾地区 TCSCA 法规的更新等，均吸收和借鉴了很多欧洲 REACH 法规的原则和理念。

参考文献：

[1] Commission of the European Communities. White Paper Strategy for a future Chemicals Policy. http：//eur-lex. europa. eu/legal-content/EN/TXT/PDF/？ uri＝CELEX：52001DC0088&from＝EN.

[2] 陈俊水．欧盟 REACH 法规实务解析——欧盟〈关于化学品注册、评估、许可与限制的法规〉应对指南．北京：中国计量出版社，2008，3.

[3] ECHA. Guidance on Registration. Version 2，2012：27-40.

[4] ECHA Website. http：//echa. europa. eu/

[5] Access to European Union law. http：//eur-lex. europa. eu/homepage. html？ locale＝en

第六章
美 国

美国有毒物质控制法（Toxic Substances Control Act，TSCA）于1976年10月11日颁布，1977年1月1日实施，其宗旨为综合考虑环境、经济和社会方面的影响，预防化学品对人体健康和环境的不可控风险。该法涵盖工业化学品及其在生产和流通过程中的管理，建立了商用化学品报告、记录、跟踪、测试和使用限制等要求在内的一整套化学品管理制度。TSCA的主管机构是美国环境保护署（EPA）。TSCA法规历经三十多年，不仅对美国的环境保护做出了突出贡献，也影响了全球其他国家的环境保护策略和化学品管理方法。但是随着时代变迁以及其他地区，特别是欧盟地区化学品法规的影响，公众要求TSCA改革的呼声也不断高涨，于2006年启动的TSCA改革终于在2016年尘埃落定。2016年6月22日，美国前总统奥巴马正式签署了首部TSCA全面更新法案（Lautenberg Act），旨在以更严格而全面的方式管理新化学物质和现有化学物质风险并根据风险评估结果相应地采用标签、通报、限制、禁止等方式管控化学品风险。

TSCA法规将美国境内的化学物质分为现有化学物质（已列入TSCA名录的物质）和新化学物质（未列入TSCA名录的物质）分别进行管理。本章重点介绍TSCA改革前（即TSCA全面更新法案生效前）及TSCA全面更新法案生效后对现有化学物质的管理。

另外，食品、药品、烟草等物质受美国其他法规管理，不在TSCA管理范围内。

一、 TSCA现有化学物质名录及TSCA改革前现有物质管理

（一） TSCA现有化学物质名录

现有化学物质名录是实施现有化学物质管理的基础。1979年，EPA公布的首份TSCA现有化学物质名录共收入了62 000种化学物质，其收录范围为1975年1月1日至1977年12月31日在美国生产或进口的化学物质以及1979年7月起完成新化学物质预生产申报（Premanufacture Notification，PMN）且有实际活动报告的物质。截至2016年，最新TSCA现有物质名录已多达

85 000 种。现有化学物质数量增长非常快，其主要原因在于改革之前的TSCA法规框架下，新化学物质申报以及新物质加入名录转换为现有物质的门槛均不算高。企业大都不需要专门为新化学物质申报开展测试，只需要提供现有的信息。新物质获得批准[①]后，一旦发生实际活动，企业只要在90天内提交实际活动报告至EPA，EPA就会将该物质加入TSCA现有名录，作为现有化学物质管理。

自2010年起，EPA免费公开发布TSCA名录的非保密现有化学物质信息。保密的现有物质需向EPA递交申请进行查询确认。TSCA名录看似为化学物质名录清单，该名录实质上是一个集化学物质标识信息、受关注化学物质的生产信息、暴露信息以及监管信息为一体的综合数据库。

（二）TSCA改革前现有物质管理

对于现有化学物质管理的要求包括产品进口前的TSCA声明、现有物质化学品数据报告（Chemical Data Report，CDR）以及现有物质显著新用途报告，并且对高关注物质有限制要求。如果企业违规生产或进口，将被处以罚款。

1. TSCA声明

美国海关与边境保护局（U.S. Customs and Border Protection，CBP）要求属于TSCA监管或豁免范围的产品，在入关时必须提供TSCA声明。企业需将打印的声明附在进口产品的书面材料中，海关咨询EPA后，确定该产品已遵守或豁免TSCA后才会批准入关。

如果产品属于烟草或烟草产品，则不需要提供TSCA声明；如果产品属于农药（不包括农药中间产品）、核材料、食品、食品添加剂、药品、化妆品或医药器材等被TSCA法规豁免的物质，则需要提供TSCA豁免声明；如果产品是TSCA管制的化学物质、混合物或含有意释放物质的物品，则需要提供TSCA声明。

2. 重要新用途规则（Significant New Use Rules，SNUR）

当EPA发现现有物质潜在的新用途可能会导致物质的暴露或者释放增加，并可能对健康或环境造成不可控的风险时，EPA会对该物质公布SNUR并对物质的用途做出限制。若化学物质受SNUR管制且计划生产、加工或使用的物质是一个重大新用途时，进口或生产该物质的企业需按SNUR要求，在生产和进口90天前必须递交显著新用途申报（SNUN Notification）。在TSCA改革前法规下，SNUN申报和PMN类似，一旦获得批准或超过90天

---

① 如果超过90天未得到EPA回复，则新化学物质申报也会自动被认为已获批准。

没有得到 EPA 回复，则自动认为已获批准。在 TSCA 全面更新法案下，则要求 EPA 必须在 90 天内给出批准或不批准的回复。这一体制使得 EPA 有机会去评估现有化学物质的新用途，并且在必要情况下可以采取行动禁止或限制该用途。

受 SNUR 管制的现有物质在名录上以“S”标识。法规同时规定生产者或者进口者有义务通知其下游客户所购买化学物质的 SNUR 状态。

3. 化学品数据报告（Chemical Data Report，CDR）规则

EPA 自 1986 年起发布了名录更新报告（Inventory Update Report，IUR）规则，该规则现更名为 CDR。CDR 规则要求美国境内生产商和进口商向 EPA 提交 CDR 报告，报告内容包括企业信息、地址信息、物质标识信息、生产和加工信息以及用途和暴露信息，必要时可能还要进行有害性试验和评估。CDR 报告要求每四年进行一次，2016 年为 CDR 报告年。可豁免 CDR 报告的物质有聚合物、天然存在的物质、微生物以及年生产量或进口量低于 25 000 磅的物质[①]。

EPA 允许企业对 CDR 报告中的部分数据申请信息保密，对于报告中的非保密部分，EPA 会在网站上公布。CDR 报告使得 EPA 和公众可以获得在美国商业流通的化学物质的生产和使用情况。EPA 据此对商用现有物质进行风险筛选、评估，在必要的情况下对部分物质进行风险控制措施。

4. TSCA 改革前现有化学物质风险评估和工作计划

改革前的 TSCA 法规，不要求现有化学品生产商去收集用来评估潜在风险的毒性和暴露数据，所以这些被广泛使用的现有化学品在数据上缺口很大。

同时，TSCA 法规规定，论证化学物质安全的责任在执法方。只有当 EPA 基于可靠理由发现并证明化学物质对健康和环境有不可控风险，并能提供必需的证据和相关记录时，EPA 才可以运用管理要求来管制这些物质。法规同时要求，EPA 需要考虑以最合理、最减轻企业负担的方式实施管理。

因此，EPA 要填补现有化学品安全和风险数据上的缺口，其面临的困难、限制和顾虑非常多，短期内很难有效完成。EPA 在有毒物质管理法颁布至今，虽然也推出了如 TSCA 物质工作计划等项目，提出对现有化学物质的管理策略和程序，但至今为止，EPA 仅对几百种化学品开展了测试，并且在禁止和限制某些化学品或其用途时则遇到了很大的阻碍。EPA 在要求对化学品展开测试和风险评估，以及收集足够的化学品测试数据以支持决策过程方面缺乏有力的手段。实践证明，美国 TSCA 改革前的这种化学品管理模式很难禁止或限制有毒有害化学品的流通。

---

① 对于部分指定物质为年产量或进口量低于 2 500 磅。1 磅＝0.454 千克。

（三）TSCA全面更新法案

进入21世纪，随着社会的进步，公众对化学品安全的意识不断增强，在世界各国化学品法规改革兴起，尤其是欧洲REACH法规实施的大环境下，公众对于TSCA法规在管理有毒有害化学物质上也提出了更高的要求。在参议员弗兰克·劳滕伯格等的提议和影响下，同时在化工界的积极推动下，美国立法机构启动对TSCA的修订。经过3年的努力，2016年6月22日签署通过了TSCA全面更新法案（Lautenberg Act）。和旧的法规相比，该法规包含了以下重要的管理策略改变：

（1）要求EPA对新化学物质和现有化学物质展开风险评估，并加强对敏感人群的保护；

（2）授予EPA更大的权限获取必要的化学品信息以进行安全评估，建立基于风险的安全标准；

（3）制定强制性措施的期限以确保对优先关注现有化学品评估及风险控制措施按时完成；

（4）引入商业信息保密新规定，增加化学品信息对公众、医护人员、政府健康和环境官员的透明度；

（5）建立新的资金源和收费机制，为EPA承担新的职责提供资金保障。

TSCA全面更新法案和现有物质管理相关的改革主要内容包括：

1. TSCA现有化学物质名录重设

法案要求对TSCA现有化学物质名录进行重设，并提出“活跃物质（Active Chemicals）”的概念。从TSCA全面更新法案生效之日起10年内，将有商业活动的物质定义为活跃物质，优先进行筛选，并要求对高优先物质首先进行风险评估。对于非活跃物质，TSCA全面更新法案要求生产和进口前需进行申报。

2. 风险筛选和优先度确认

风险筛选的对象是TSCA活跃物质清单上的所有化学物质，TSCA全面更新法案要求EPA必须建立在风险评估的基础上来确定物质的优先评估顺序。EPA会对TSCA活跃物质清单上的所有化学物质进行风险筛选。物质会被分为高优先度化学物质和低优先度化学物质。高优先度化学物质指的是可能会对环境和健康带来不合理风险的化学物质（包括对敏感类人群），TSCA工作计划中列入的PBT物质和已知有毒物质（如致癌物）将建立优先通道，被优先关注并开展危害评估和确定相关风险管理措施。而低优先度化学物质，则不会受到进一步管理。

3. 对现有化学品（优先级）展开全面的安全评估

对于确定的高风险物质，TSCA全面更新法案要求EPA在指定的日期内完成风险评估，辨识其安全性。对于低关注物质，无须进行安全评估，除非出现新信息使该物质从低关注转为高关注物质。TSCA全面更新法案也提出了明确的安全评估时间表：在全面更新法案实施开始的180天内，完成10个物质的风险评估；在未来的三年半内，完成20个物质的风险评估。

在进行安全评估时，要求使用新的风险为基础的安全标准来确定化学物质是否会产生不可控风险。同时明确说明，风险评估不考虑费用或其他非风险相关的因素，但必须考虑物质对敏感群体可能造成的风险。

4. TSCA全面更新法案下的风险管控

TSCA全面更新法案下对风险管控措施的实施也给出了新的管理思路和明确的时间期限，删除了TSCA改革前法规中的“企业最少负担”的要求，当不可控风险被确定时，EPA必须在两年内（必要时可延长至四年）确定相应的风险管理措施。尽管在风险评估时不考虑风险以外的其他因素，但在确定风险管控措施时，要求考虑费用和是否有替代物质等因素。管理决定包括标签标识、用途限制、禁用和取缔，必须尽快落实且在法规成文5年内完成。

TSCA全面更新法案建立了由企业发起的物质评估流程。根据该流程，生产者可以要求EPA对某物质进行评估，并承担部分或所有费用。如果该物质在TSCA的工作计划中，生产者支付50%的费用；如果该物质不在TSCA的工作计划中，生产者支付100%的费用。

此类评估为正在进行中的风险评估总量的25%～50%。发起人可能会因此占据市场优势。

化学物质风险评估结束后，如果确定该物质对人类健康或环境有不可控的风险，则需要1年之内在联邦纪事上发布该物质的建议规则，2年之内在联邦纪事上发布该物质的最终规则。

5. 对现有化学品（优先级）展开测试

为确保EPA能获得足够的物质安全数据从而进行有效的物质安全审核、物质优先筛选和风险评估，TSCA全面更新法案给予了EPA更多的授权。可通过行政令、许可协议和规则的形式要求开展测试（可无须考虑测试费用）以获得物质筛选和风险评估所需的测试信息，同时鼓励使用非动物测试方法，如QSAR、交叉参照等。表6-1列出了TSCA全面更新法案有关现有化学物质的项目及时间表。

表6-1 TSCA新法规有关现有化学物质的项目及时间表

项目	生效日期	备注
TSCA全面更新法案实施	2016.6	
对TSCA工作计划清单中的10个高优先度物质开展风险评估	2016.12	实施180天内，必须从“2014年TSCA化学物质评价工作计划”中选择10种化学物质进行风险评估

续表

项目	生效日期	备注
（1）发布基于风险的筛选流程的规则 （2）发布实施风险评估流程的规则 （3）发布实施名录重设流程的规则	2017.6	提出特定化学物质优先级别高低的标准，建立一个风险审查过程。该过程必须： （1）要求利益相关方在90天内提交特定化学物质优先级别审核的信息 （2）审核时间在9～15个月 （3）要求公开并留给利益相关方90天的评议期
（1）开发推动替代测试方法的战略性计划 （2）开发必要的政策、策略和指南以实施	2018.6	
（1）启动风险评估的高优先物质至少达到20个，制定20个二级优先物质 （2）审核政策、策略和指南的充分性	2020	实施3.5年内，需针对20种高优先物质和20种二级优先物质进行评价；这些物质50%来自2014年TSCA工作计划。一年内必须建立化学物质风险评价过程，该过程必须：（1）要求风险评估时间不得超过3.5年（从开始评估算起）；（2）允许生产商要求对化学物质进行风险评价。由生产商提出的风险评价物质比例不得低于25%，不得超过50%。在发布最终的风险评估报告之前，必须给出至少30天的公众评议期

三、小结

在TSCA旧法规实施的40年间，EPA对现有化学物质，在“企业最少负担”的管理思路下，相应的管理要求很少。21世纪以来，该管理思路和做法受到了公众和机构的诟病。2016年6月通过的TSCA全面更新法案，强调对现有化学物质的管理，并确定了明确的项目及完成时间节点，同时也强调建立以风险为基础的安全评估体系。与旧法规相比，在风险评估和识别的过程中不再要求考虑“企业的最少负担”，同时赋予EPA更多的权力和费用来源来确定EPA能够比较有效地获得足够的物质安全信息，从而进行风险管理。风险识别也兼顾敏感类人群。尽管TSCA改革法规也鼓励企业进行风险评估，但还是将该职责保留在 EPA 中，这是和欧洲 REACH 最大的不同。从这个角度讲，美国 TSCA 改革并非 US-REACH，相对欧洲 REACH 法规而言，更考虑降低工业界的法规负担；在未来的几年，EPA 会在法规的管理策略和原则的基础上，建立各项具体的管理规则、流程和指南，预期工业界会积极地参与这些具体管理细则的制订和研讨过程中，需要继续跟进。

第七章
日　本

日本工业化学物质的管理起始于20世纪70年代。第二次世界大战后日本经济迅速发展，随之带来了严重的环境污染问题。从20世纪50年代后期开始，工业化学物质的污染导致普通大众的健康受到了威胁，“痛痛病[①]、水俣病、第二水俣病（新潟水俣病）[②]、四日市哮喘[③]”四大公害事件尤其是之后发生的多氯联苯（PCBs，Polychlorinated biphenyls）污染事件（米糠油中毒事件）[④] 促使日本政府加强了对工业化学物质的生产和使用的管控。以《工业安全与健康法》《化学物质审查与生产控制法》等为代表的一系列法规陆续发布。并在后续的管理实践中，不断根据国际上对工业化学物质管理的进展进行修订和补充。此外，在20世纪末，《特定化学物质环境排放量登记等管理法》发布，要求进一步收集化学物质转移的信息。至此，日本形成了一整套比较完备的化学物质管理法律体系；同时，企业经过长时间的化学物质法规管理实践，普遍知法守法，对促进日本环境和劳动者保护等方面做出了颇多贡献。

一、《化学物质审查与生产控制法》

1973年开始实施的《化学物质审查与生产控制法》（Chemical Substances

① 痛痛病：是20世纪上半叶在富山县发现的地区性疾病。50年代至60年代最终确定是由于采矿（三井金属矿业）引起的重金属污染。通过食物链最终导致镉积聚在人体内。这是世界上最早报道的镉中毒事件。镉中毒会导致骨骼软化（骨质疏松症）及肾功能衰竭。病名来自患者由于关节和脊骨极度痛楚而发出的叫喊声（日文：“痛い、痛い”）。

② 水俣病：20世纪50年代，日本九州熊本县水俣市附近发生的由于企业（新日本窒素肥料チッソ株式会社）向水俣湾排放汞导致周边居民因有机汞中毒受到严重的健康损害。

第二水俣病（新潟水俣病）：20世纪60年代，日本本州新潟县再次发生企业（昭和电工株式会社）向河流（阿贺野川）中排放汞导致居民发生有机汞中毒。

③ 四日市哮喘：三重县四日市于1960年到1972年因企业排出的硫氧化物（SOx）污染大气而导致的哮喘疾病。

④ 多氯联苯污染事件：1968年在日本福冈县北九州市小仓北区（事件发生时为小仓北区）的一家由Kanemi仓库株式会社经营的食用油工厂，使用多氯联苯作为脱臭时的热载体，因为管理疏忽和操作失误导致多氯联苯污染米糠油，而且当时米糠油的副产品黑油又被用作饲料使用，也导致北九州等地区的数十万只鸡死亡。在接下来的数月纷纷出现民众因误食而发病，症状包括有氯痤疮、指甲发黑、皮肤色素沉着和眼结膜充血等，甚至导致死亡。

Control Law，CSCL）（简称《化审法》），由日本经济产业省（Ministry of Economy，Trade and Industry，METI）、厚生劳动省（Ministry of Health，Labor and Welfare，MLHW）和环境省（Ministry of Environment，MOE）协同执行和监管。《化审法》是世界上第一部提出对（新）化学物质进行评估和授权的法规。日本政府要求生产或进口的新的工业化学物质，其安全性必须在进口或者上市之前得以评估。

《化审法》的施行，其主要目的是防止具有高持久性（high persistency）、高生物蓄积性（high accumulation）且具有长期毒性（long-term toxicity）特性的化学物质对环境的污染。针对具有上述性质的化学物质，其生产、进口或者使用将受到严格管控。随着《化审法》的颁布，日本政府主管机构公布了需要管控的化审法第一类指定化学物质（Class I Specified Chemical Substances）清单，并于随后的立法过程中陆续增补修订。

1986 年，《化审法》进行了修订，增加了对不具有高生物蓄积性、但是具有持久性且具有长期毒性的化学物质的管控，即《化审法》第二类指定化学物质（Class II Specified Chemical Substances），和监视化学物质（Monitoring Chemical Substances[①]）清单，将具有高持久性和高生物蓄积性，但是尚未确定是否具有毒性的物质归入此清单。

2003 年，顺应化学物质管理的国际趋势和经合组织（OECD）的建议，《化审法》进行了第二次修订。法规更专注于化学物质对动植物的影响及其释放到环境的可能性。同时将监视化学物质分为 3 类[②]。

2009 年，《化审法》第三次修订。着重强调了对化学物质的管理从“危害”管理过渡为“风险”管理。提出并建立了优先评估化学物质（Priority Assessment Chemical Substances，PACs）清单。同时将第Ⅰ类监视化学物质更名为监视化学物质，撤销了第Ⅱ类和第Ⅲ类监视化学物质清单。

《化审法》中化学物质的定义：在《化审法》中，化学物质指的是化学元素或化合元素通过化学反应生成的化合物。但是，《化审法》中管控范围并不包括放射性物质，在《有毒有害物质控制法案》中管制的特定毒物，在《兴奋剂药物控制法案》中管制的特定兴奋剂，在《麻醉药品和精神药品控制法案》中管制的药品。

---

① 当时称为 Designated Chemical Substances，2003 年改为监视化学物质（Monitoring Chemical Substances）。

② 第Ⅰ类监视化学物质是指具有持久性、高生物蓄积性但是其对人类或者高等动物是否具有长期毒性尚不清楚的现有化学物质。第Ⅱ类监视化学物质是指对人体健康可能具有长期毒性的化学物质。第Ⅲ类监视化学物质是指对可能影响动植物的生长或存活的化学物质。第 II 类和第 III 类监视化学物质列表在 2009 年的修订中被删除。

（一）《化审法》中对于化学物质的分类管理模式

经过多次修订，在现行的《化审法》中，化学物质被分为如下类别：第一类指定化学物质、第二类指定化学物质、监视化学物质、优先评估化学物质和一般化学物质。各类别及其对应的管理措施如图 7-1 所示。

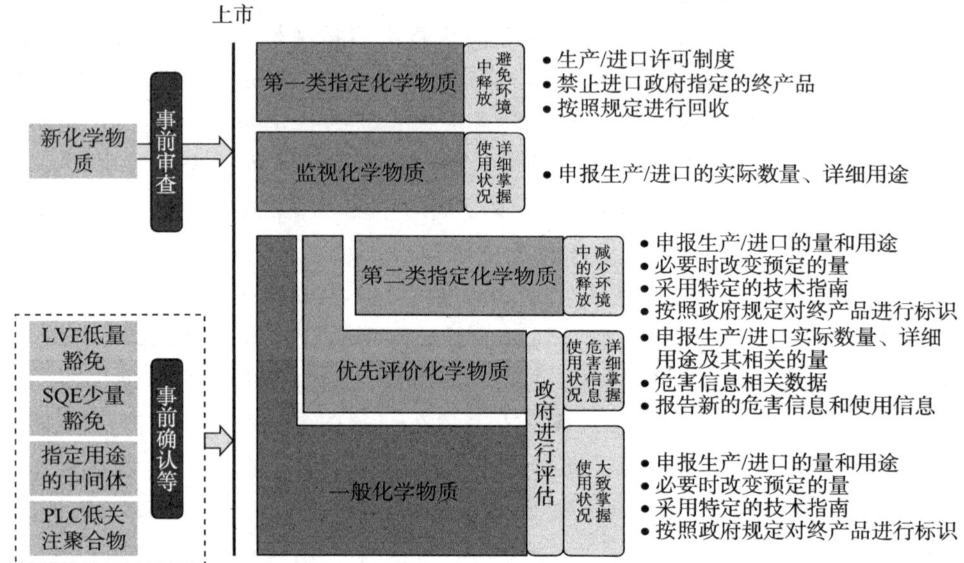

图7-1 《化审法》中对化学物质的管理体系（引自经济产业省化审法说明资料并翻译①）

《化审法》第一类指定化学物质是指具有持久性、高生物蓄积性以及对人类或者高等动物具有长期毒性的化学物质，截至 2016 年 12 月 10 日，共有 31 个化学物质②被确定为《化审法》第一类指定化学物质（表 7-1）。

表 7-1 《化审法》第一类指定化学物质

MITI 编号	化学物质名称
2-121	Hexachlorobuta-1,3-diene
2-1595，2-2810	Perfluoro(octane-1-sulfonic acid)(Synonym：PFOS) or its salts
2-2027，2-2242	Bis(tributyltin) oxide

① http：//www.meti.go.jp/policy/chemical_management/kasinhou/files/information/briefing/2014_ugoki.pdf

② 由于日本采用的是 MITI 号及化学物质名作为索引，又 MITI 号往往表征一类化学物质，因此实际在名单中的化学物质，以 CAS 号计，数目不止 31 个。此处仅以名单中的化学物质名的数目来计数（下同）。

续表

MITI 编号	化学物质名称
2-2803	Perfluoro(octane-1-sulfonyl) fluoride (Synonym: PFOSF)
3-61	Tetrabromo(phenoxybenzene) (Synonym: Tetrabromodiphenyl ether)
3-76	Hexachlorobenzene
3-76	Pentachlorobenzene
3-146, 3-365, 4-332	*N*, *N′*-Ditolyl-p-phenylenediamine, *N*-Tolyl-*N′*-xylyl-p-phenylenediamine, or *N*, *N′*-Dixylyl-p-phenylenediamine
3-540	2,4,6-Tri-tert-butylphenol
3-993,3-985,3-986, 3-1535,3-2599, 3-2850,9-876	Pentachlorophenol, its salts or esters
3-2250, 9-1652	r-1, c-2, t-3, c-4, t-5, t-6-Hexachlorocyclohexane (Synonym: alpha-Hexachlorocyclohexane)
3-2250, 9-1652	r-1, t-2, c-3, t-4, c-5, t-6-Hexachlorocyclohexane (Synonym: beta-Hexachlorocyclohexane)
3-2250, 9-1652	r-1, c-2, t-3, c-4, c-5, t-6-Hexachlorocyclohexane (Synonym: gamma-Hexachlorocyclohexane or Lindane)
3-2254	Hexabromocyclododecane
3-2845	Hexabromo(phenoxybenzene) (Synonym: Hexabromodiphenyl ether)
3-3716	Heptabromo(phenoxybenzene) (Synonym: Heptabromodiphenyl ether)
4-226	2, 2, 2-Trichloro-1, 1-bis (4-chlorophenyl) ethanol (Synonym: Kelthane or Dicofol)
4-299	1,2,3,4,10,10-Hexachloro-6,7-epoxy-1,4,4a,5,6,7,8,8a-octahydro-exo-1,4-end-5,8-dimethanonaphthalene (Synonym: Dieldrin)
4-299	1,2,3,4,10,10-Hexachloro-6,7-epoxy-1,4,4a,5,6,7,8,8a-octahydro-end-1,4-end-5,8-dimethanonaphthalene (Synonym: Endrin)
4-303	1,2,3,4,10,10-Hexachloro-1,4,4a,5,8,8a-hexahydro-exo-1,4-end-5,8-dimethanonaphthalene (Synonym: Aldrin)
4-317	Polychlorinated naphthalenes (only those containing 2 or more chlorine atoms in the molecule)
4-637, 9-1646	1,2,4,5,6,7,8,8-Octachloro-2,3,3a,4,7,7a-hexahydro-4,7-methano-1H-indene, 1,4,5,6,7,8,8-heptachloro-3a,4,7,7a-tetrahydro-4,7-methano-1H-indene and their analogous compounds (Synonym: Chlordane or Heptachlor)

续表

MITI 编号	化学物质名称
4-910	1,1,1-Trichloro-2,2-bis(4-chlorophenyl)ethane (Synonym: DDT)
5-3580, 5-3604	2-(2H-1,2,3-Benzotriazol-2-yl)-4,6-di-tert-butylphenol
-	Polychlorinated biphenyls
-	Polychloro-2,2-dimethyl-3-methylidenebicyclo[2.2.1]heptane (Synonym: Toxaphene)
-	Dodecachloropentacyclo[5.3.0.0(2,6).0(3,9).0(4,8)] decane (Synonym: Mirex)
-	Decachloropentacyclo[5.3.0.0(2,6).0(3,9).0(4,8)] decan-5-one (Synonym: Chlordecone)
-	Hexabromobiphenyl
-	Pentabromo(phenoxybenzene) (Synonym: Pentabromodiphenyl ether)
-	6,7,8,9,10,10-Hexachloro-1,5,5a,6,9,9a-hexahydro-6,9-methano-2,4,3-benzodioxathiepin-3-oxide (synonym: Endosulfan or Benzoepin)

对于《化审法》第一类指定化学物质，生产或进口前必须得到日本政府的许可，使用《化审法》第一类指定化学物质也必须提前向日本政府申报，且该物质仅能用于批准特定的用途；生产用的设备以及使用《化审法》第一类指定化学物质，必须符合日本政府主管机构颁布的技术标准；含有《化审法》第一类指定化学物质的化学品必须按照要求贴上相应的标签。由于处于非常严格的监管措施之下，实际情况中，《化审法》第一类指定化学物质的生产或进口基本上是被禁止的。

《化审法》第二类指定化学物质是指（很可能）具有持久性以及对人类或者高等动植物可能具有长期毒性的化学物质，截至 2016 年 12 月 10 日，共有 23 个化学物质被确定为《化审法》第二类指定化学物质（表 7-2）。

表 7-2 《化审法》第二类指定化学物质

MITI 编号	化学物质名称
2-38	Carbon tetrachloride
2-105	Trichloroethylene
2-114	Tetrachloroethylene
2-2026, 2-2231	Tributyltin fluoride
2-2029	Tributyltin methacrylate

续表

MITI 编号	化学物质名称
2-2030	Bis(tributyltin) fumarate
2-2240	Bis(tributyltin) 2,3-dibromosuccinate
2-2241	Tributyltin sulfamate
2-2245, 2-2264	Tributyltin acetate
2-2256	Bis(tributyltin) maleate
2-3012	Tributyltin chloride
2-3028	Tributyltin laurate
3-2586	Triphenyltin N,N-dimethyldithiocarbamate
3-2587	Triphenyltin fluoride
3-2593	Triphenyltin chloroacetate
3-2596	Bis(tributyltin) phthalate
3-2597	Triphenyltin acetate
3-2598	Triphenyltin chloride
3-3412	Triphenyltin hydroxide
3-3414	Triphenyltin salt of fatty acid (only those containing 9,10 or 11 carbon atoms in the fatty acid)
6-1362	Copolymer of alkyl acrylate, methyl methacrylate and tributyltin methacrylate (only those containing 8 carbon atoms in alkyl group of alkyl acrylate)
9-1765	Mixture of tributyltin cyclopentanecarboxylate and its analogous compounds (Synonym: Tributyltin naphthenate)
9-2555	Mixture of tributyltin 1,2,3,4,4a,5,6,10,10a-decahydro-7-isopropyl-1,4a-dimethyl-1-phenanthrenecarboxylate and its analogous compounds (Synonym: Tributyltin salt of rosin)

对于《化审法》第二类指定化学物质，生产商或者进口商需要向日本政府通报化学物质的年计划生产量或进口量；日本政府主管机构会颁布技术指南；含有《化审法》第二类指定化学物质的化学品必须按照要求贴上相应的标签。

监视化学物质（即 2009 年修订前的第Ⅰ类监视化学物质）是指具有持久性、高生物蓄积性，但是其对人类或者高等动物是否具有长期毒性尚不清楚的现有化学物质。截至 2016 年 12 月 10 日，共有 37 个化学物质被确定为监视化学物质（表 7-3）。

表 7-3 《化审法》监视化学物质

MITI 编号	化学物质名称
1-436	Mercury(II) oxide
2-68	Chlorinated paraffin(C11, Cl=7-12)
2-2366	Perfluoroheptane
2-2366	Perfluorooctane
2-2658, 2-2659	Perfluorododecanoic acid
2-2658, 2-2659	Perfluorotridecanoic acid
2-2658	Perfluorotetradecanoic acid
2-2658	Perfluoropentadecanoic acid
2-2658	Perfluorohexadecanoic acid
3-430	1-tert-butyl-3,5-dimethyl-2,4,6-trinitrobenzene
3-540	4-sec-Butyl-2,6-di-tert-butylphenol
3-2239	Cyclododeca-1,5,9-triene
3-2240	Cyclododecane
3-2341	1,1-Bis(tert-butyldioxy)-3,3,5-trimethylcyclohexane
3-2572	Tetraphenyltin
3-2835	2,4-Di-tert-butyl-6-[(2-nitrophenyl)diazenyl]phenol
3-2855	1,3,5-Tribromo-2-(2,3-dibromo-2-methylpropoxy)benzene
3-3247	Perfluoro(1,2-dimethylcyclohexane)
3-3371	*O*-(2,4-Dichlorophenyl) *O*-ethyl phenylphosphonothioate
3-3427	1,3,5-Tri-tert-butylbenzene
4-16	Diethylbiphenyl
4-16	Triethylbiphenyl
4-18	Polybromobiphenyl(Br:2-5)
4-39	2,2′,6,6′-Tetra-tert-butyl-4,4′-methylenediphenol
4-41	Hydrogenated terphenyl
4-67	Dipentenedimer or its hydrogenated derivatives
4-577	2-isopropylbicyclo[4. 4. 0]decane or 3-isopropylbicyclo[4. 4. 0]decane
4-638	Dibenzyltoluene

续表

MITI 编号	化学物质名称
4-821	2,6-Di-tert-butyl-4-phenylphenol
4-961	Diisopropylnaphthalene
4-961	Triisopropylnaphthalene
4-1263，5-5112	1,4-Bis(isopropylamino)-9,10-anthraquinone
5-71	2,2,3,3,4,4,5-Heptafluoro-5-(perfluorobutyl)oxolane and/or 2,2,3,3,4,5,5-heptafluoro-4-(perfluorobutyl)oxolane
5-256	*N*,*N*-Dicyclohexyl-1,3-benzothiazole-2-sulfenamide
5-3581，5-3605	2,4-Di-tert-butyl-6-(5-chloro-2H-1,2,3-benzotriazol-2-yl)phenol
5-3604	2-(2H-1,2,3-Benzotriazol-2-yl)-6-sec-butyl-4-tert-butylphenol
6-1849	alpha-(Difluoromethyl)-omega-(difluoromethoxy)poly[oxy(difluoromethylene)/oxy(tetrafluoroethylene)] (It is limited that a molecular weight of the polymer is 500 or more and 700 or less.)

对于监视化学物质，生产商或者进口商需要向日本政府通报化学物质的年生产量或进口量和使用等信息；如有必要，日本政府将向生产商或者进口商以及供应链上的相关企业要求提供更多的有关该化学物质的危害信息；同时要求供应链上游公司必须告知下游公司所传递的化学品中含有该监视化学物质。

优先评估化学物质是指（很可能）具有持久性，但是其对人类或者高等动植物是否具有长期毒性尚不清楚的化学物质。因此，这些物质需要优先进行风险评估。截至 2016 年 12 月 10 日，共有 196 个化学物质被确定为优先评估化学物质。网页链接如下：http：//www. nite. go. jp/en/chem/chrip/chrip _ search/intSrhSpcLst? _ e _ trans=&slScNm=RJ _ 01 _ 020。

对于优先评估化学物质，生产商或者进口商需要向日本政府通报化学物质的年生产量或进口量和使用情况等信息；如有必要，日本政府将要求生产商或者进口商以及供应链上的相关企业，提供更多的有关该化学物质的危害信息；同时要求供应链上游公司必须告知下游公司所传递的化学品中，含有该优先评估化学物质。

对于一般化学物质，生产商或者进口商需要向日本政府通报化学物质的年生产量或进口量和使用等信息。日本政府通过获得的上述信息可以对一般化学物质的使用情形有大致的了解。

（二）《化审法》中对于新化学物质的管理

《化审法》首次提出了对于新化学物质的管理采用申报、评估和批准的办法。这一源头管理的思路被世界主要的化学品生产、进口国的主管机构相继接受，并在这些国家的立法中得以体现。

《化审法》要求化学物质的生产商或进口商在新化学物质生产或进口之前，向日本经济产业省、厚生劳动省和环境省申报①。日本政府主管机构对申报的信息，包括化学物质的危害信息、使用时的暴露信息等进行评估，确定化学物质的管理类别。在得到主管机构的批准前，该化学物质不得在日本市场生产或销售。

1. 新化学物质的申报范围与豁免条件

《化审法》新化学物质的定义：《化审法》规定的新化学物质是指未列入日本现有化学物质（Existing Chemical Substance）名录中，且未列入《化审法》第一类指定化学物质、《化审法》第二类指定化学物质、优先评估化学物质，且未被日本经济产业省、厚生劳动省和/或环境省公告的化学物质。

所有生产或者进口新化学物质的企业或者个人需要向日本经济产业省、厚生劳动省和环境省申报。

有以下特殊情形的新化学物质可以豁免申报。

① 已有国外生产商申报并获得日本政府主管机构授权进口的新化学物质；

② 以研究和开发为目的生产或进口的新化学物质；

③ 生产或进口的在实验室使用的新化学物质；

④ 日本政府主管机构确定操作时不会有环境污染隐患，且生产或进口时严格遵循上述操作流程的新化学物质；

⑤ 每财年生产或进口量小于日本政府主管机构特定批准量②的新化学物质；

⑥ 日本政府主管机构确定操作时不会有健康和环境污染隐患，且生产或进口时严格遵循上述操作流程的聚合物。

⑦ 中间体，如果已经采取措施预防原料物质在使用过程中造成环境污染；

⑧ 在封闭系统中使用的新化学物质，使用时不可能或者仅有很少量释放到系统外，且已经采取措施预防整个工艺过程直至废弃物处置阶段可能造成的环境污染；

⑨ 仅供出口的新化学物质，且出口的目的国已经有新化学物质的预评估体系，同时已经采取措施预防该新化学物质在出口前可能造成环境污染，上述目的国包括澳大利亚、加拿大、中国、韩国、新西兰、瑞士、美国和欧盟。

---

① 在同一个窗口进行。

② 每财年生产或进口量小于1吨的新化学物质适用小量豁免（Small Quantity Exemption，SQE）；每财年生产或进口量小于10吨的新化学物质适用低量豁免（Low Volume Exemption，LVE）

小量豁免（SQE）、低量豁免（LVE）需要递交的申报资料有下列内容。

小量豁免每年仅有四次申请机会，分别为1月20日至30日，证书授权的允许进口时间为该年的4月1日至来年的3月31日；6月1日至10日，证书授权的允许进口时间为该年的6月1日至来年的3月31日；9月1日至10日，证书授权的允许进口时间为该年的9月1日至来年的3月31日；12月1日至10日，证书授权的允许进口时间为该年的12月1日至来年的3月31日。申报人需要提供物质的纯度信息、杂质信息、货物来源、物质命名是否适合化审法和安卫法的要求，物质在常温常压下的状态等信息以及可选的一些物理特性信息，如熔点、沸点、相对密度、水溶性、pH值、闪点等。

低量豁免每年则有十次申请机会。低量豁免的资料要求则需要考虑该物质Log Kow值，如果小于3.5，除上述小量豁免需要的信息外，还需要进行快速生物降解（MITI法）测试，以及正辛醇-水分配系数和解离常数的测试和解释其命名缘由的说明。如果大于3.5，除了上述的资料要求外，还需要生物蓄积性测试数据。此外，如果发现该化学物质是部分降解的话，需要对其降解产物也进行快速生物降解测试和生物蓄积性测试。同时，申报人可能还需要提供致突变性测试（Ames和/或体外染色体畸变测试）。

2. 新化学物质申报的审查过程

新化学物质的申报需要向日本政府主管机构提交相应的申报表格，且需要满足相应的数据要求，包括：新化学物质的化学名称及特性①、分子式和分子结构（或其生产工艺②）、组成成分包括杂质、预期用途、近3年的计划年生产或进口量③、相应的危害特性测试数据和安全处置信息④等。

常规申报需要递交的危害特性测试数据有以下内容。

除了在上述小量豁免（SQE）、低量豁免（LVE）中涉及的物理特性信息，如熔点、沸点、相对密度、水溶性、pH值、闪点等以及快速生物降解（MITI法）测试，以及正辛醇-水分配系数和解离常数的测试和生物蓄积性测试数据外，还需要提供水生生物，包括无脊椎动物（优选大型溞）、植物（优选藻类）的急性毒性测试和鱼类的急性或者长期毒性测试，以及健康毒理学方面的体内28天重复暴露毒性测试和致突变性测试（体外和/或体内方法）等。

---

① 注意，在《化审法》下的申报，CAS名和CAS号并非必要的信息。

② 当新化学物质不能简单由分子结构或者分子式时确定其特性，可以通过递交其生产工艺确定该新化学物质的特性。

③ 包括生产地或者产品的出口国。

④ 不需要递交SDS。

在收到日本企业的申报资料后 3 个月内（或国外企业 4 个月内），日本政府主管机构将依据所有已有数据进行初步风险评估，确定新化学物质在《化审法》下是否需要关注，并将结果及是否授权的决定通知申报人。

得到授权的新化学物质在批准 5 年后[①]，将会被列入日本已有化学物质名录（List of Existing Chemical Substances，ECS），同时被赋予一个已有化学物质名（Existing Chemical Substance Name，ECSN）并公布于官方公报。

3. 新化学物质申报的数据要求与测试方法

新化学物质的申报需要提交的数据包括物理化学（危害）特性、生物降解性、生物蓄积性、人体健康危害性和环境危害性数据。这些数据要求在良好实验室规范（Good Laboratory Practice，GLP）的实验室完成并遵循相应的测试导则，如 OECD 测试导则或美国 OPPTS 等。

（三）优先评估化学物质

对于年生产或进口量大于 1 吨的（新）化学物质[②]，其生产或进口商需要向日本政府主管机构申报该物质的危害信息及其测试数据。根据所有的已有数据，日本政府主管机构会对申报的（新）化学物质进行筛选评估，并且根据风险评估的结果确定该（新）化学物质的管理类别，以及该（新）化学物质是否应该进入优先评估化学物质名单。（图 7-2）

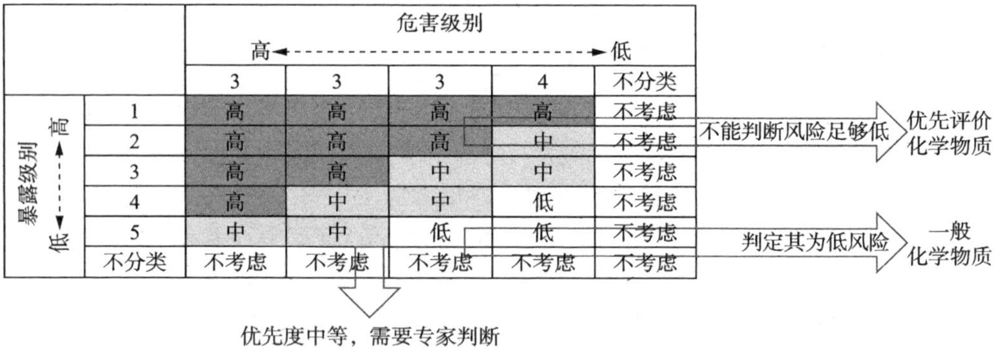

		危害级别 高←-----→低				
		3	3	3	4	不分类
暴露级别 高←-----→低	1	高	高	高	高	不考虑
	2	高	高	高	中	不考虑
	3	高	高	中	中	不考虑
	4	高	中	中	低	不考虑
	5	中	中	低	低	不考虑
	不分类	不考虑	不考虑	不考虑	不考虑	不考虑

不能判断风险足够低 → 优先评价化学物质

判定其为低风险 → 一般化学物质

优先度中等，需要专家判断

图7-2 对化学物质列入优先评估化学物质名单的筛选评估示意[③]

---

① 因此，一般认为在《化审法》下的申报可以有 5 年左右的保密期。

② 对于监视化学物质，年生产或进口量大于 1 千克以上即需要报告。

③ 日本政府主管机构用估算的全国范围该化学物质每年的释放量作为筛选评估时的依据，由高到低为（吨）：大于 10 000、1 000～10 000、100～1 000、10～100、1～10、小于 1。引自经济产业省化审法相关网页并翻译。链接为：（http：//www. meti. go. jp/policy/chemical _ management/kasinhou/information/ra _ index. html）

二、《工业安全与健康法》

1972年颁布的《工业安全与健康法》(Industrial Safety and Health Law, ISHL)(简称《安卫法》或者《劳安法》)中，化学物质的管理也是其中重要的部分。

《安卫法》最初关注的是工作场所的安全和工业卫生执行情况，以保护工人的安全和职业健康。化学物质是影响工人工作场所安全的重要因素之一，例如有机溶剂、固体化学物质形成的粉尘等。因此，根据历史经验，在《安卫法》中，第55条和56条分别规定了禁用的和需要得到授权才能生产的化学物质名单。此外，在《安卫法》的第57条中还规定了必须在标签和/或SDS上标明的化学物质名单，以便该信息向下游传递。

由于陆续发现工人因长期暴露于工作场所环境内的化学物质中，最终导致发生肿瘤，《安卫法》对于化学物质的致癌性格外关注。《安卫法》要求生产和进口新化学物质[①]超过100千克的企业需要进行新化学物质的申报，并提交新化学物质的致生殖细胞突变性数据[②]。通过多年的积累，根据申报的新化学物质的测试数据以及现有化学物质的已有信息，《安卫法》形成了一个强致突变化学物质名单。当化学品含有强致突变化学物质时，需要在SDS上呈现该化学物质的信息[③]，以供下游用户对其员工进行合理的工作安排和职业健康检查。

三、《特定化学物质环境排放量登记等管理法》

1999年，日本政府制定了《特定化学物质环境排放量登记等管理法》(PRTR，简称《化管法》)，确立了对特定污染物的转移排放必须进行申报(PRTR)，化学品生产或进口商必须提供化学物质安全数据说明书(MSDS)。

在《化管法》中，化学物质指的是化学元素或化合物，不包括放射性物质。《化管法》依据化学物质或者其代谢产物对环境中生物体、臭氧层等具有潜在的危害与暴露可能，对化学物质进行分类管理。截至2016年12月10

---

① 即不在《安卫法》的现有化学物质名录上的化学物质。《安卫法》认可在1979年6月29日前获得的MITI号的化学物质被认为也列入《安卫法》现有化学物质名录。因此，根据MITI号的顺序，可以判断该化学物质是否也列入《安卫法》现有化学物质名录；即MITI号小于(1)-1197，(2)-3166，(3)-3535，(4)-1365，(5)-5363，(6)-1553，(7)-2117，(8)-652，(9)-260的化学物质可以被认为同样列入了《安卫法》现有化学物质名录。

② 一般情况下，申报人仅需要提交细菌回复突变实验结果。根据实验结果，申报人可以作出基本判断该新化学物质是否为(强)致突变物。申报人可以自愿递交更高阶的致突变测试，但是其结果不会被用来更改强致突变物的归类。

③ 浓度范围不超过10%。

日，共有 462 个化学物质被确定为第一类指定化学物质，100 个化学物质被确定为第二类指定化学物质[①]。《化管法》要求符合申报条件的企业定期评估并向日本政府主管机构报告排放到环境中或通过废弃物转移到环境中的第一类指定化学物质的量[②]。日本政府主管机构应收集并公布第一类指定化学物质向环境中排放和转移的数据。

《化管法》要求企业向其他单位转移第一类、第二类指定化学物质及含有这些化学物质的物品（产品）时，应提供包括化学物质标识信息、物理化学特性、毒理学及生态毒理学特性、安全处置措施等 16 项信息的 MSDS。

四、《有毒有害物质控制法案》

1950 年颁布的《有毒有害物质控制法案》（Poisonous and Deleterious Substances Control Law，PDSCL），（简称《毒剧法》）旨在从健康卫生方面对有毒有害的化学物质的使用进行控制。该法规由厚生劳动省主管，设定了三类必须登记并获得许可[③]的化学物质，分别为“特定有毒物质（Specified Poisonous Substances)”13 种、“有毒物质（Poisonous Substances)”171 种，以及“有害物质（Deleterious Substances)”511 种。（截至 2016 年 12 月 10 日，详细的这三类化学物质的清单可参见该法案的链接 http：//www. nihs. go. jp/law/dokugeki/edokugeki. html）。要求对这些化学物质的生产、进口、储存、运输、销售和使用进行严格控制。进口商、生产商或者经销商需要获得许可证方能使用或者经营含有有毒有害的化学物质的产品，同时需要在安全数据表（safety data sheet，SDS）和标签上注明所含的有毒有害化学物质及其浓度，保留台账信息以供查询或者审查，防止含有有毒有害化学物质的产品发生丢失、失窃或者泄漏。

五、国立产品评价和技术基础机构（National Institute of Technology and Evaluation，NITE）

NITE 的前身可以追溯到 1928 年 1 月成立的出口丝绸面料检验研究所(Export Silk Fabrics Inspection Institute)。经过一连串的与其他研究所的合并，在 1984 年 10 月成立的国际贸易和工业检验研究所（International Trade

---

① 进口含有列在两个清单上的化学物质的产品时，进口商需要告知下游用户包括该化学物质准确的浓度信息（精确到 2 位有效数字）在内的相关信息等。

② 使用第一类指定化学物质的企业如果其一年的使用量超过 1 吨需要报告。对特定的第一类指定化学物质（共 15 个化学物质），使用的企业如果其一年的使用量超过 0.5 吨就需要报告。

③ 分别有 3 种对进口商、生产商和销售商出具许可证。

and Industry Inspection Institute)，1995 年 10 月，被改组为 NITE。随后，自 2001 年 4 月 1 日起，NITE 以独立行政机构的方式进行运作，尽管其职员仍由政府雇员担当。到 2015 年 4 月，NITE 作为从事行政执法的机构，开展与日本政府密切相关的项目。

NITE 致力于为日本政府和公众以及政策决策上提供技术和信息上的支持。NITE 关注的领域，分别为生物技术、化学物质管理、认证和消费品安全。在化学物质管理领域，NITE 下设的化学物质管理中心，协助相关法律法规的施行。化学物质管理中心负责为化学物质的管理和风险评估收集相关信息；为《化审法》和《化管法》的执行提供技术咨询、化学物质申报的审核、风险评估等技术支持；建立化学物质风险信息平台（CHRIP)，提供化学物质的危害及其他信息等方式，确保化学物质的安全使用。

六、化学物质风险信息平台（Chemical Risk Information Platform，CHRIP）

CHRIP 是由化学物质管理中心开发的免费的化学物质信息平台。查询者只需要输入化学物质的名字或者索引号，例如化学文摘号（CAS number)、日本现有化学物质名录索引号（MITI number)、CHRIP 索引号（CHRIP_ID)、欧洲化学物质索引号（EC number）等即可检索该化学物质的危害特性信息、危害评估信息或者各国的法规管理信息。

CHRIP 整合了全球主要国家和机构提供的化学物质信息平台，提供了比较全面的化学物质信息，基本涵盖了市场上出现过的所有化学物质，因此是化学物质管理工作者常用的工具。

在应用 CHRIP 检索化学物质是否列入日本现有化学物质名录（ECNS）时，CHRIP 作为化学物质信息检索平台，即使该化学物质并未列入日本现有化学物质名录，CHRIP 仍然能够获得检索结果。此时，检索者不应该武断认为该化学物质已经列入日本现有化学物质名录，而是应该确认该化学物质是否在 CHRIP 检索结果中拥有相应的 MITI 号（图 7-3)。

七、J-CHECK（Japan Chemicals Collaborative Knowledge database）

NITE 近年提供了 J-CHECK 作为《化审法》下化学物质管控情况的信息检索平台，提供包括是否列入《化审法》的管控清单、在现有化学物质调查阶段获得的化学物质危害/安全信息、风险评估等相关信息（图 7-4)。

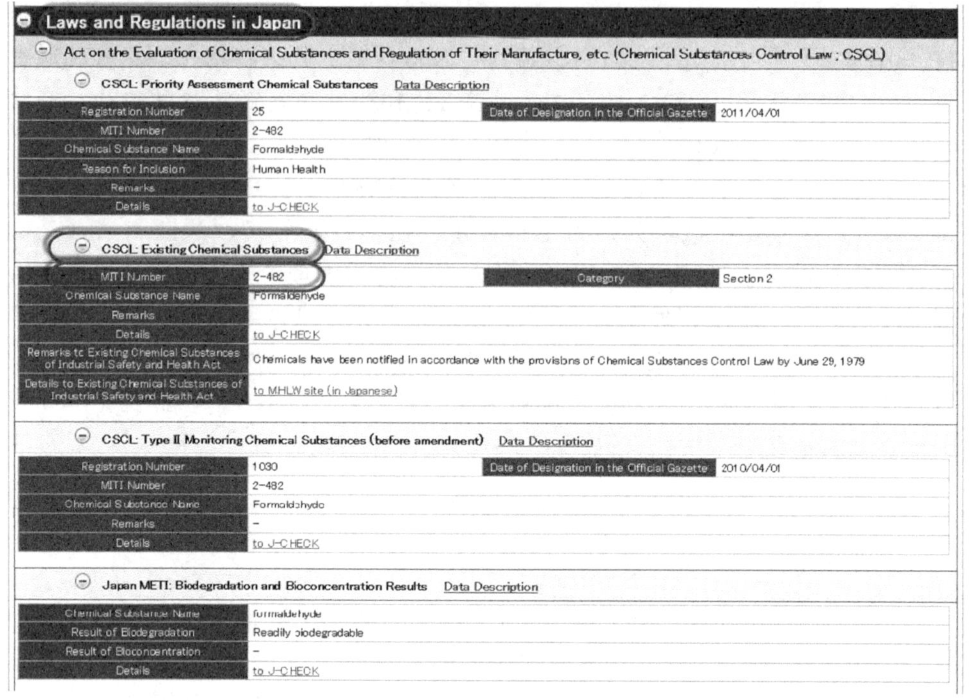

图 7－3　CHRIP 检索结果示意（以甲醛 CAS 50-00-0 为例）

注：检索者需要找到检索结果中现有化学物质名录部分，再检查 **MITI number** 处有没有显示索引号。

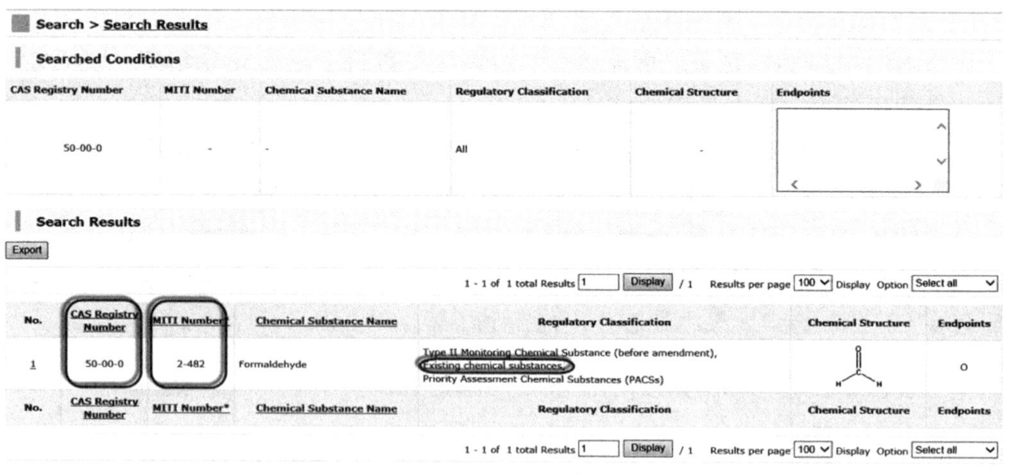

图 7－4　J-CHECK 检索结果示意（以甲醛 CAS 50-00-0 为例）

八、日本对于优先评估化学物质的风险评估的基本思路和原则

为了实现 2002 年在南非约翰内斯堡召开的可持续发展问题世界首脑会议

(World Summit on Sustainable Development, WSSD) 制定的 2020 目标[①],把化学品的使用和生产方式对人类健康和环境产生不利影响降低到最低限度,日本于 2009 年修订《化审法》,并于 2011 年 4 月实施。修订后的《化审法》要求对所有的现有化学物质,包括一般化学物质进行筛选评估,得到优先评估化学物质清单,供日本政府主管机构进行有效的进一步风险评估。

对优先评估化学物质进行风险评估的目标是,评价由于环境中存在该化学物质的污染引起的对动植物或者人体产生损伤的可能性。经济产业省、厚生劳动省、环境省根据风险评估的结果,负责将优先评估化学物质从列表中移出或者将其认定为第二类指定化学物质[②]。

日本主管机构鼓励化学物质的企业收集使用或者操作化学物质时获得的危害信息,期望官方和非官方一起努力促进化学物质管理。

(一) 风险评估的方法

原则上,风险评估的对象即受《化审法》管控的工业化学物质。化学元素单质、天然存在的化学物质、放射性物质、被《有毒有害物质控制法》管控的化学物质免予风险评估;食品、农药、医药等已有其他法规管理的用途在《化审法》下也免予风险评估。

在进行风险评估时,日本主管机构针对化学物质的不同危害特性,进行相应的风险评估。这也意味着风险评估有三种可能,即仅进行人体健康风险评估、仅进行环境风险评估和同时进行人体健康和环境风险评估。此外,根据风险评估过程中获得的信息,如有必要,日本主管机构可以将性状类似的化学物质分组归类,统一进行风险评估。

风险评估应遵循预防为主的原则,同时应基于科学证据,并且风险评估过程应该透明。

预防为主的原则是与风险管理相对应的,它针对的是化学物质使用的风险,而不是仅仅关注化学物质的危害。这里需要特别明确的是,科学证据尚未完整不应成为延迟对化学物质的风险评估的理由;针对这种情况,应该在

---

① 建立的国际化学物质管理战略方针(Strategic Approach to International Chemicals Management, SAICM)指出,到 2020 年,"通过基于科学的风险评估以及考虑费用和收益以及安全的替代物质的可行性及其绩效,对人体健康和生态环境造成不可接受的和难以管理其使用风险的化学物质或者化学物质的某种或某些使用,应该不再生产或者不再应用于该种或这些使用。"(即"2020 目标")。

② 如果经过风险评估,优先评估化学物质被发现具有显著的风险,将被列入第二类指定化学物质。尽管优先评估化学物质被移出优先评估化学物质清单有两种情形,即经过评估后,被列入第一类指定化学物质、第二类指定化学物质或监视化学物质;或者被认为是一般化学物质。为方便阅读,本文所提及的优先评估化学物质的移出优先化学物质清单,特指化学物质被认为是一般化学物质的情形。

进行风险评估的过程中尽量提高对该化学物质的科学认知。安全起见，该化学物质将被授以相对更高的优先级，因此也将被要求提供更多的科学证据，用于进一步的风险评估。此外，在风险评估中，当发现应用相应的风险控制措施仍有不确定性时，需要详细说明存在不确定性的场景。一旦企业或者其他利益相关方获得可靠的新信息，有助于减少该不确定性的，可以积极地采用新信息来重新审查风险评估结果或者再次进行风险评估。

基于科学证据并且过程透明的原则是指按照《化审法》的要求，在进行风险评估结果、第二类指定化学物质的认定结论、优先评估化学物质的毒理学研究结果等的判断时，必须召开三省①的联合审议会，以科学为依据进行审议。同时，为确保透明性，审议会原则上公开进行。其他诸如每个化学物质的风险评估的进展，在认定为第二类指定化学物质、优先评估化学物质的毒理学研究结果出具、移出优先评估化学物质清单等之际，物质信息（公告的化学物质名称、公告上的化学物质编号），风险评估结果概述等，在注意保护个人信息、著作权等的基础上，这些信息将被公开。而日本政府主管机构开展的毒理学研究结果，在注意保护著作权的基础上，将在审议结束后不久公布。

日本政府主管机构也公开了有关风险评估的具体方法及相应的技术指南。其方法基本上依据国际通用的风险评估方法。

1. 风险评估步骤概述

日本政府主管机构要求申报化学物质的生产或进口量、化学物质的毒理学信息以及使用信息等。根据所收集的上述信息，以及图 7-2 所示的方法确定优先顺序，并按照优先顺位从高到低要求该化学物质的利益相关方收集指定的毒理学信息和/或进行风险评估。

进行风险评估时，从毒理学信息的充分程度出发，根据有无长期毒性数据，将风险评估过程分为两个阶段。无长期毒性数据时，进行“风险评估（初级）”；有长期毒性数据时，则进行“风险评估（高级）”。“风险评估（初级）”又分为 3 个阶段：根据申报的生产或进口数量、暴露信息进行的判断优先顺序的“风险评估阶段Ⅰ”、根据 PRTR 历史数据和监测数据以及申报用途的使用信息等进行的“风险评估阶段Ⅱ”以及根据额外的监测数据、实际使用过程中的操作条件或追加的毒理学信息进行的“风险评估阶段Ⅲ”。

日本政府主管机构对化学物质的风险评估是连续性的。根据《化审法》，优先评估化学物质的生产或进口数量需要每年进行申报。对于进行过风险评估的优先评估化学物质，一旦这些信息发生改变，现有的申报系统可以启动

① 三省，即经济产业省、厚生劳动省、环境省。下同。

重新评估的机制对这些优先评估化学物质进行再评估。也就是说，“风险评估阶段Ⅰ”基本上每年都要重新进行。相应的，如有需要，“风险评估阶段Ⅱ”及其后的风险评估步骤也可能要重新进行。同样的，对于经过风险评估已移出了优先评估化学物质清单的化学物质，由于每年会进行再评估，因此仍有可能被重新加入优先评估化学物质清单。

危害评估基本上根据陆续向企业或者其他利益相关方所收集的毒理学数据来开展。根据获得的毒理学数据，用不确定因子推导危害评估值或者PNEC。如果用于筛选评估的毒理学数据未经过专家评定，则需要详细审查该数据的有效性。对于不确定因子的使用，需要根据国际上风险评估的进展经常性地进行重新审查，以保持与国际上的一致性。如果获得新的毒理学数据，经过分析确定数据的可靠性后，将被用于相应的风险评估。

暴露评估主要基于《化审法》下企业申报的信息。此外，根据不同的风险评估阶段，PRTR第一类指定化学物质的申报数据、可能得到的环境监测数据、其他企业提供的信息都可能被用于暴露评估，以获得更精确的评估结果。对于高优先顺位的化学物质，日本政府主管机构将尽可能将其列为国家环境监测的对象，以期得到监测数据。根据以上所获信息，再通过一定的假设，即可推算出环境中的浓度、人体的摄入量、水生生物等的暴露浓度。当需要对第二类指定化学物质确定管理要求时，在进行判断前，应该尽可能多地综合考虑各方面的信息。而对于暴露评估中使用的数学模型，需要注意其适用范围和可靠性，必要时需要听取专家意见。

如果风险评估结果显示“在相当广泛的区域内需要关注该化学物质使用的风险”，该化学物质即可能被判定为第二类指定化学物质[①]。

2. 风险评估具体步骤

(1) 风险评估的准备工作

确定风险评估的对象物质，整理准备用于风险评估的信息，大致可以分为以下四步：整理信息、选择优先评估化学物质、识别评估对象物质、选定化学物质的性状数据。

对于全国范围的生产或进口量10吨以下的优先评估化学物质，继续监视生产或进口量。全国范围的生产或进口量10吨以上的优先评估化学物质，进入风险评估（初级）阶段Ⅰ。

(2) 风险评估（初级）阶段Ⅰ

这一阶段，利用所有的优先评估化学物质依照《化审法》所要求申报的

---

① 风险评估结果显示“在相当广泛的区域内需要关注该化学物质使用的风险”是判定第二类指定化学物质的必要条件。最终是否将该化学物质判定为第二类指定化学物质，还需要综合考虑其他信息。

信息[①]（如生产或进口量、使用信息等）以及筛选评估时所获得的毒理学数据进行风险评估。

在这一阶段的危害评估中，根据筛选评估确定的需要关注的毒理学终点(endpoint)，通过评估系数法来推导出危害评估值。暴露评估则根据经营者申报的生产或出货量、释放场景[②]、释放量[③]、暴露场景，估算其环境相中的浓度和/或人体的摄入量。比较危害评估和暴露评估的结果，即可获得风险评估的结果：对于人体健康的风险，全国范围内需要进一步关注其风险的排放源个数（风险关注点源个数）及对应的需要进一步关注其风险的国土面积（风险关注面积）；对于环境风险，风险关注点源个数将作为相应的指标。

因此，第Ⅰ阶段评估也可以起到为进入第Ⅱ阶段评估的优先评估化学物质进一步确定优先顺序的目的。如果优先评价化学物质具有致突变性或致癌性，其优先顺序依照释放量的大小执行。对于没有毒理学数据的优先评价化学物质，要求企业提供相应的毒理学数据的优先顺序也依照释放量的大小执行。

对于全年预计释放量小于 1 吨的化学物质，基本不会进入第Ⅱ阶段评估。申报人继续监视并申报其生产或进口量。

（3）要求提供进一步的毒理学数据

对于在第Ⅰ阶段评估中被认为高优先顺位的优先评价化学物质，日本政府主管机构根据《化审法》第 10 款第 1 节，如有必要，将要求企业提供进一步的毒理学信息。此外，根据《化审法》要求[④]，企业一旦有新的毒理学信息，有义务向日本政府主管机构报告。

（4）风险评估（初级）阶段Ⅱ

这一阶段，将评估是否需要将在第Ⅰ阶段评估中获得高优先顺位的化学物质纳入第二类指定化质；同时也将评估是否需要将在第Ⅰ阶段评估中获得低优先顺位的化学物质移出优先评估化学物质清单。在这一阶段，除了用于第Ⅰ阶段评估中的信息之外，新收集的危害信息、《化审法》外的暴露信息，如《化管法》(PRTR）来源的数据（针对《化管法》下的监管物质）或者环境监测数据（过去有环境监测的物质）都将用于评估。

在第Ⅱ阶段危害评估中，需要重新检查并细化每个毒理学终点的危害评估值。暴露评估则除用第Ⅰ阶段暴露评估相同的方法获得人体的摄入量和环

① 《化审法》第 9 款第一节

② 需要采用一系列的假设，包括释放源所在的各都道府县的环境信息、化学物质在该场所所处的生命周期和在该释放源的具体使用条件等。

③ 根据具体使用类型，乘以不同的释放因子。

④ 根据《化审法》第 41 款第一节，企业应向日本政府主管机构提供已有的毒理学信息。

境浓度外，尽可能地利用新的 PRTR 数据或环境监测数据对其进行修正。如有必要，也可利用数学模型或者暴露场景工具。

比较细化后的危害评估和暴露评估的结果，即可获得风险评估的结果，并尽可能说明在该释放源的使用相关信息、生命周期阶段以及风险关注区域的分布情况；通过其确定与暴露相关的不确定性的主要因素。

如果不能立刻判断该化学物质是否需要列入第二类指定化学物质，则需要企业提供具体的操作条件并追加该区域的监测（步骤 4）来实施风险评估（初级）阶段Ⅲ。

（5）要求报告具体的操作条件并追加监测

根据《化审法》的要求[①]，如有必要，日本政府主管机构可以要求企业提供具体的操作条件和/或由环境省追加监测。

（6）风险评估（初级）阶段Ⅲ

这一阶段，步骤 4 中监测获得的信息以及企业提交的信息，加上第Ⅱ阶段风险评估中所用的信息、新收集到的毒理学数据等，将被用于风险评估。

第Ⅲ阶段危害评估，与第Ⅱ阶段风险评估中的方法相同。暴露评估则以提交的处置情况和追加的监测数据为基础，重新审查暴露场景和释放因子。

第Ⅲ阶段风险评估除了确定该化学物质是否需要列入第二类指定化学物质或移出优先评估化学物质清单，另一个目的是确定是否需要进行长期毒理学测试。此外，如果已有长期毒理学测试数据，也可以不经过步骤 6 和 7，直接确定是否需要指定为第二类指定化学物质。

（7）长期毒理学测试等

根据第Ⅲ阶段风险评估的结果，依据《化审法》，日本政府主管机构可以要求企业提供长期毒理学测试[②]。同时，日本政府主管机构可能对使用优先评估化学物质的企业就如何安全操作该化学物质提供必要的指导和建议[③]。

这一阶段，可以预见企业会加强对化学物质的管理，因此，该化学物质的环境释放预期可能减少。

如有必要，日本政府主管机构将收集暴露相关的更多信息，如再索取更详细的步骤 4 所要提交的具体的操作条件和追加的监测信息等，以期继续监控该物质的管理。

（8）风险评估（高级）

这一阶段，根据步骤 6 获得的化学物质长期毒理学测试数据，进行风险

---

① 《化审法》第 42 款。

② 《化审法》第 10 款第 2 节。此外，日本政府主管机构将为企业进行长期毒理学测试提供相应的指导。

③ 《化审法》第 39 款。

评估。

风险评估（高级）中的危害评估，利用在步骤 6 收集的长期毒理学测试中获得的危害信息，推导危害评估值。暴露评估则采用与第Ⅲ阶段风险评估基本相同的方法，如果获得新的信息，重新审查暴露场景和释放因子。

风险评估（高级）的目标是确定化学物质是否被纳入第二类指定化学物质，或者被移出优先评估化学物质清单。

3. 风险评估的结果判定

根据化审法的规定和迄今为止的实践，目前风险评估判断标准如下[①]：

风险评估的结果显示，化学物质对人或者生活环境中的动植物有长期毒性，且该化学物质在广泛的区域内有相当程度的残留，或者在可预期的将来会产生相当程度的残留，同时满足上述两个条件的化学物质，根据《化审法》第 2 款第 3 节，将被指定为第二类指定化学物质。

因此，风险评估的结果显示风险关注点源[②]达到一定数量以上或者其相应的区域达到一定面积以上[③]，将被指定为第二类指定化学物质。

此外，对于有化学物质的生产或进口量增加，或者该化学物质的释放因子大的使用比例增加的倾向的情况下，如果 1～2 年内确定或者预期会满足上述的两个标准，将被指定为第二类指定化学物质。

风险评估结果显示，如果该化学物质的暴露不会引起环境中动植物的损害或者人体健康的损害，则该化学物质将被移出优先评估化学物质清单[④]。

如果过去 3 年以上，LVE 化学物质的生产或进口量（全国合计）小于或等于 10 吨/年，或新化学物质申报的环境释放量（全国合计）小于 1 吨/年，该化学物质将被移出优先评估化学物质清单。

此外，如果优先评估化学物质被确定是低关注聚合物、聚合物计划中判定的无须关注的化学物质、无须申报物质，将被移出优先评估化学物质清单。

而对于移出优先评估化学物质清单的化学物质，每年仍需要进行生产或进口量的申报，并进行筛选评估，并仍有可能被选为优先评估化学物质。

---

① 随着风险评估的进步和风险评估过程中获得的科学认知的加深，如有必要，判断标准将及时重新审查。另外，实际的判断过程中，允许在按照判断标准的基础上，对特定的情况，根据专家意见，进行灵活判断。

② 风险关注点源指：人体健康方面，危害商值（hazard quotient，HQ）≥1；环境影响方面，PEC/PNEC≥1。危害商值是指比较该化学物质的暴露浓度（Exposure Concentration，EC）与人体健康危害的参考值（Reference Dose，RfD）得到的用于风险评估判断和风险表征的商值，即 HQ＝EC/RfD。

③ 关于“一定数量”“一定面积”的具体数值，并未能在公开文件中查询到，因此文中暂时空缺。

④ 《化审法》第 11 款。

第八章 韩国

韩国工业对化学物质的管理最早可以追溯到1963年，其管理对象仅仅是针对毒物[①]。进入20世纪90年代，韩国开始进行全面的化学物质管理，韩国政府环境部于1991年发布了《毒性化学物质[②]控制法案》（Toxic Chemicals Control Act，TCCA），对生产或者进口到韩国市场的化学物质，根据其危害特性进行管理。随后在1996年，随着韩国成为OECD成员，对化学物质的管理引入了毒性化学物质排放目录（Toxics Release Inventory，TRI），GLP和风险评估等概念。2006年，TCCA经修订，更加注重对公众健康方面的风险评估，并设置了禁用化学物质列表和限用化学物质列表。在TCCA下，包括有危害的化学物质的化学品的进口、生产、销售、存储和运输等需要进行相应的产品登记、新化学物质申报或者获得对于特定的化学物质的许可。对前述特定的化学物质，分别制定了毒性化学物质、待观察化学物质、限制化学物质和禁止化学物质等化学物质清单。TCCA对于易发生事故的化学物质有相应的规定，要求制定预防事故的应急计划。

自2015年1月1日开始，《毒性化学物质控制法案》由《韩国化学物质注册与评估法案》和《化学物质控制法案》取代。其中，《韩国化学物质注册与评估法案》管理化学物质的注册和评估，《化学物质控制法案》则关注危害化学物质的管理和化学物质事故应急管理。

因应全球化学物质管理法规的进展，《韩国化学物质注册与评估法案》（South Korea Act on the Registration and Evaluation of Chemicals，K-REACH）于2013年4月30日通过国会的批准，从2015年1月1日开始实施。K-REACH要求新化学物质或者已有化学物质的生产商、进口商和经销商需要了解化学物质对于人体健康或者环境的可能危害。对于新化学物质和优先管理的现有化学物质需要进行注册，并且报告进口或者生产的化学物质

① 毒物与毒素法案（Act on Poisons and Toxins）。

② 尽管法案以毒性化学物质（Toxic chemicals）作为称呼，其实其概念接近于具有特定危害性的化学物质（hazardous substances）。

的生产量或者进口量及其使用信息[①]。同时，已注册的化学物质的供应商需要向下游用户或者分销商共享化学物质的相关信息。

与此同时，韩国更新了对于有危害的化学物质的管理，颁布了化学物质控制法案（Chemical Control Act，CCA），替代 TCCA。在 CCA 下，包括有危害的化学物质的化学品的进口、生产、销售、存储和运输等活动，需要进行相应的产品登记、新化学物质申报或者获得对于特定化学物质的许可。并再次强调了针对特定的化学物质，需要提前制定应急预案。取消了待观察化学物质清单；增加了需要获得许可的化学物质清单。CCA 于 2014 年 3 月 18 日通过国会的批准，从 2015 年 1 月 1 日开始实施。

国立环境研究所（National Institute of Environmental Research，NIER）负责新化学物质和现有重点管理化学物质（Priority Existing Chemical Substances，PEC）的申报。环境部下的韩国化学物质管理协会（Korea Chemicals Management Association，KCMA）则负责接受其他管制化学物质的声明和许可证的申请。

此外，韩国的劳动部也对化学物质进行了相应的管理。《职业安全与健康法案》颁布于 1981 年。要求对新化学物质要求进行申报；对一些特殊的化学物质禁止其生产和/或进口、转移、供应和使用；并对另一些化学物质要求得到预先许可方能生产和/或使用。

一、《毒性化学物质控制法案》（Korea Toxic Chemicals Control Act，TCCA ）与《化学物质控制法案》（Chemicals Control Act，CCA）

《毒性化学物质控制法案》已经被新的法案替代，但《化学物质控制法案》很好地延续了《毒性化学物质控制法案》对化学物质管理的要求。

韩国《毒性化学物质控制法案》由环境部（Ministry of Environment）于 1991 年 2 月发布，其目标是通过正确地管理有危害的化学物质来防止化学物质对人体健康造成的危害。

《毒性化学物质控制法案》要求任何化学物质的生产者或者进口者必须确认是否属于新化学物质、毒性化学物质、待观察化学物质、限制化学物质或者禁止化学物质的某一类或几类，并将该信息提交给环境部。这就是通常所说的韩国需要进行的产品登记。作为境外生产者，通常需要给进口者准备相应的确认性证明（letter of confirmation）来协助进口者完成产品登记。

此外，根据化学物质的不同的危害性，《毒性化学物质控制法案》对不同

① 对于年生产或者进口量超过 1 吨的现有化学物质和所有的新化学物质，无论生产或者进口量是多少，需要向韩国政府进行年度报告。

类别的化学物质进行相应的管理。对于具有极严重的危害性的化学物质，环境部将其列入禁止化学物质清单并正式颁布，不能以任何目的对该类化学物质进行生产、进口、销售、存储、运输等行为[①]。对于具有较严重的危害性化学物质，环境部将其列入限制化学质清单并正式颁布，针对特定的应用目的，不得对该类化学物质进行生产、进口、销售、存储、运输等行为[②]。对于限制/禁止[③]化学物质必须在得到许可后方可在进口、储存、使用等；必须得到批准才能出口。

对于具有特定危害性的化学物质，环境部将其列入毒性化学物质清单。任何进口毒性化学物质的公司与个人需要向环境部报告该化学物质的种类、用途等，即毒性化学物质声明[④]。除此之外，毒性化学物质的经营者必须注册其经营行为；并且必须在化学物质及其被鉴定为毒性化学品的配置品的包装上标注特定的标签。同时，经营者每年需要向环保部报告该化学物质的进（出）口的量。

对于怀疑可能对环境和/或人体健康造成危害的化学物质，则被列入待观察化学物质清单。任何进口或者生产该类物质的公司，必须向环境部报告该化学物质的种类、主要用途和年生产/进口量等[⑤]。

对于可能引起化学事故或一旦发生事故可能造成可观的损失的化学物质，主要指由于在物理上或者化学上具有高度危险性的易燃、易爆、高反应活性、可能泄露的；或者具有高急性毒性（经口、经皮、吸入）的；或者由于韩国国内的转运量大而极可能造成泄漏的化学物质等，被指定为需要进行应急准备的化学物质。对于涉及这些化学物质的相关公司，需要提前准备好应急预案，并在发生事故时或者担心将要发生事故时，立即按照应急预案设定的措施，及时处理并立即向当地的政府机构及环境管理机关汇报。

以上这些要求除了待观察化学物质清单在《化学物质控制法案》中被删除外，都基本完整地由《化学物质控制法案》继承下来。

在《化学物质控制法案》中，明确指出该法案的目的旨在防止化学物质对人体健康和环境产生危害，并通过正确地管理化学物质、及时对化学物质引起应急情况进行应对来保护环境以及人们的生命和财产安全。

在原现有化学物质、新化学物质、毒性化学物质、限制化学物质或者禁止化学物质以及需要进行应急准备的化学物质之外，《化学物质控制法案》增

---

① 测试、科学研究、检测等用的试剂除外。

② 测试、科学研究、检测等用的试剂除外。

③ 实际操作中，禁止化学物质基本不会被许可进口。

④ 测试、科学研究、检测等用的试剂除外。

⑤ 测试、科学研究、检测等用的试剂除外。

加了需要获得许可的化学物质清单（substance requiring permission）。这是为了因应《韩国化学物质注册与评估法案》中第七条设定的对于可能具有特定危害特性的、需要得到环境部的许可方能生产、进口或者使用的化学物质。

相应的，在进行产品登记时，登记者需要向环境部递交所进口的化学品是否含有属于现有化学物质、新化学物质、毒性化学物质、需要获得许可的化学物质、限制化学物质或者禁止化学物质或者需要进行应急准备的化学物质的某一类或几类的信息。

在《化学物质控制法案》的执行中，更加强调了从业公司中合格的危险化学物质的管理人员的配备，要求根据公司的规模配备足够数量的危险化学物质管理人员，并且接受足够的安全培训。

在化学事故预防方面，《化学物质控制法案》也有更进一步的要求，从业公司需要准备并提交其应急预案，该应急预案必须每年向工厂或者公司所在地的社区公告，以便让居民了解应急情况下如何合理采取保护措施或者行动。

《毒性化学物质控制法案》和《化学物质控制法案》中列出的豁免化学物质或者产品包括：

(1)《原子能法案》所规定的放射性物质；

(2)《药事法》所规定的药品、非药品、化妆品；

(3)《毒品控制法案》所规定的麻醉药品和精神药品；

(4)《化妆品法》所规定的化妆品；

(5)《农药管理法》所规定的农药活性成分和农用化学物质；

(6)《肥料管理法》所规定的肥料；

(7)《食品卫生法》所规定的食品和食品添加剂；

(8)《饲料管理法》所规定的饲料；

(9)《枪械、刀剑、爆炸物等管制法》所规定的爆炸物类；

(10)《高压气体安全管理法案》所规定的有害气体。

二、《韩国化学物质注册与评估法案》(K-REACH)

《韩国化学物质注册与评估法案》(K-REACH) 继承了《毒性化学物质控制法案》中关于新化学物质管理的部分，并且参考各国的化学物质管理法规，尤其是欧洲的 REACH 法规，加以发展，形成了对新化学物质以及对现有化学物质进行注册、评估、授权和限制等全面的管理体系。

《韩国化学物质注册与评估法案》中规定的豁免的化学物质或者产品包括：

(1)《原子能法案》所规定的放射性物质；

(2)《药事法》所规定的药品、非药品、化妆品；

(3)《毒品控制法案》所规定的麻醉药品和精神药品；

(4)《化妆品法》所规定的化妆品；

(5)《农药管理法》所规定的农药活性成分和农用化学物质；

(6)《肥料管理法》所规定的肥料；

(7)《食品卫生法》所规定的食品和食品添加剂；

(8)《饲料管理法》所规定的饲料；

(9)《枪械、刀剑、爆炸物等管制法》所规定的爆炸物类；

(10)《军需品管理法案》及《国防采办程序法》所规定的军需品（《军需品管理法案》中规定的一般物资除外）；

(11)《健康功能食品法案》所规定的健康功能食品；

(12)《医疗器械法案》所规定的医疗设备。

韩国现有化学物质名录（Korean Existing Chemicals Inventory，KECI）包括在 1991 年 2 月 2 日之前在韩国国内市场上商业化的、并且被环境部与劳工部（Minister of Labor）协商后认定和发布的所有化学物质，以及至 2014 年底前在 TCCA 下完成登记并由环境部颁布的化学物质。迄今为止，韩国现有化学物质名录共收录了 42 000 多种化学物质。

未收录于韩国现有化学物质名录的化学物质即被认为是新化学物质。新化学物质必须在生产和/或进口前完成申报（New Chemical Notification）和评估。

根据生产和/或进口量的不同，进行新化学物质申报的时候需要提交的数据量是不同的。申报的数据要求通常包括：

(1) 申报人的信息，包括申报人名称、地址、法人代表等信息；

(2) 表征化学物质性质的信息，例如化学物质名称、结构式、分子式等；

(3) 化学物质的使用信息，为了表征不同的使用情形，韩国政府颁布了化学物质使用类别表，可供申报人选择申报的化学物质的特定的使用情形，(表 8-1《韩国化学物质注册与评估法案》中的化学物质使用类别)；

(4) 化学物质的分类和标签信息；

(5) 化学物质的理化特性；

(6) 化学物质的危害特性；

(7) 风险评估，包括描述整个工艺流程中如何处理化学物质的暴露场景以及控制和管理暴露的方法（在生产和/或进口量大于或等于 10 吨需要对化学物质进行风险评估）；

(8) 风险管理措施，例如个人防护设备（PPE）、处理爆炸、火灾、泄漏或者应急措施的指南；

(9) 其他环境部规定需要的信息。

需要注意的是，由于化学物质的理化性质和毒理学上的危害特性通常需要通过动物试验观察或者获得，因此这一部分的数据要求相对比较复杂；不同生产和/或进口量的化学物质需要提交的数据量的不同主要体现在这两个部分（表 8-2 不同申报量级下的测试数据要求）

表 8-1 《韩国化学物质注册与评估法案》中的化学物质使用类别

使用类别	描述
1. Absorbents and Adsorbents 吸附剂	吸收或者摄取气体或者液体的化学物质
2. Adhesive，binding agents 黏合剂	在接触面黏合两个物体或者接合两个物体的化学物质
3. Aerosol propellants 气溶胶喷射剂	压缩的气体或者液化气体，可以通过从容器中喷射气体来排出容器中内容物
4. Anti-condensation agents 防凝剂	组织液体凝结在物体表面的化学物质
5. Anti-freezing agents 防冻剂	防止由于冷却导致液体凝固的化学物质
6. Anti-adhesive agents 防黏剂	防止两个物体表面发生黏合的化学物质
7. Anti-static agents 防静电剂	防止或者减少静电积聚的化学物质
8. Bleaching agents 漂白剂	使有色彩的材料，如纤维等通过化学的方法来去除或者降解其颜色而漂白或者脱色的化学物质
9. Cleaning and washing agents 清洗剂	用于去除物体表面的污染物或者杂质的化学物质
10. Colouring agents 染色剂	为材料提供颜色的化学物质
11. Complexing agents 螯合剂	作为配体与其他物质结合并形成配位化合物的化学物质，通常是重金属离子
12. Conductive agents 导电剂	在生产过程中加入的为改善织物或者塑料的导电性的化学物质
13. Construction materials additives 建筑材料添加剂	为了增加建筑的质量以及用于维修目的的在建筑材料中使用的化学物质
14. Corrosion inhibitors 防腐蚀剂	防止由于空气、化学物质、室外暴露等引起的腐蚀的化学物质
15. Cosmetics 化妆品	用于化妆品和洗漱品的化学物质
16. Dust binding agents 尘土结合剂	喷洒或者添加的用于防止尘土产生和空气中扩散的化学物质
17. Electroplating agents 电镀用化学试剂	用于清洗清洁金属表面的化学物质以及在生产过程中加入的增加金属强度的化学物质
18. Explosives 爆炸物	具有化学稳定性但是经过化学变化快速释放大量能量和气体伴随有爆炸或者膨胀的化学物质

续表

使用类别	描述
19. Fertilizers 肥料	给植物提供营养或者可以使土壤中的化学成分发生变化来支持植物生长的化学物质
20. Fillers 填料	在橡胶、塑料、涂料、陶瓷等中添加的提高其性能，如光泽、抗张强度、颜色等的化学物质
21. Fixing agents 整理助剂	与染料或者织物反应有助于布料着色的化学物质
22. Flame retardants and fire preventing agents 阻燃剂与防火剂	在加工过程中添加的或者参与反应的，起到阻止或者阻隔织物与塑料等发生燃烧作用的化学物质
23. Flotation agents 浮选剂	在矿物精炼中用于富集或者收集矿物的化学物质
24. Flux agents for casting 铸造用熔剂	在矿物融化过程中加入的防止氧化物形成的化学物质
25. Foaming agents 发泡剂	通常用于塑料或者橡胶材料中、通过在加工过程中产生气体来形成泡沫的化学物质
26. Food/foodstuff additives 食品添加剂	在生产、加工或者保存过程中加入食品（以药物治疗为目的的除外）中的化学物质
27. Fuel 燃料	通过燃烧获得能量的化学物质
28. Fuel additives 燃料助剂	加入燃料中来提高燃烧效率以及能量效率的化学物质
29. Heat transferring agents 热量转移剂	转移或者去除热量的化学物质
30. Hydraulic fluid and additives 液压剂及其添加剂	加入不同的压缩机的液体（油）以及添加的提高压力转化效率的化学物质
31. Impregnation agents 浸渍剂	预先处理材料使其提高被加工产品的质量并保持其形状的化学物质
32. Insulating materials 绝缘材料	作为电力设备中导体之外的部分、起到中止电流传递作用的化学物质
33. Intermediates 中间体	用于合成另一化学物质的化学物质
34. Laboratory chemicals 实验室用化学物质	在实验室中用于科学试验、分析或研究的化学物质
35. Lubricants and additives 润滑剂及其添加剂	用于两个表面之间的减少摩擦的化学物质
36. Non-agricultural pesticides and disinfectants 非农业用途的杀虫剂与消毒剂	杀灭或者干扰或抑制有害生物的活动的化学物质；农用杀虫剂、药物、准药用物质（quasi-pharmaceuticals）、兽药或准兽药除外

续表

使用类别	描述
37. Odor agents 气味剂	产生气味的化学物质
38. Oxidizing agents 氧化剂	在特定条件下容易产生氧、易氧化其他化学物质的或者脱氢或者易在化学反应中得电子的化学物质
39. pH-regulating agents pH 调节剂	用于稳定或者控制氢离子浓度的化学物质
40. Pesticide 杀虫剂	用于控制微生物、昆虫、螨、线虫、病毒、杂草及其他对于农作物有害的生物的化学物质；不包括肥料
41. Pharmaceuticals 药品	作为药物、准药用物质、兽药或准兽药的活性成分的化学物质
42. Photochemicals 光化学物质	产生永久的照片影像的化学物质
43. Process regulators 工艺过程调节剂	通过控制化学反应速度来调节工艺过程的化学物质
44. Reducing agents 还原剂	在特定条件下移除氧或者在化学反应中作为电子供体的化学物质
45. Reprographic agents 复印用化学物质	用于电子复印机等产生永久影像的化学物质
46. Semiconductors 半导体	如结晶硅等，其电阻率在绝缘子和金属之间、在光、热或者电、磁场中可变的，从而产生电势的化学物质
47. Softners 软化剂	用于软化纤维、皮革、纸张等或者增加橡胶的强度的化学物质，如可以发生交联结合的化学物质
48. Solvents 溶剂	用于溶解、调稀、抽提或者脱脂、除油的化学物质
49. Stabilizers 稳定剂	用于防止在生产或者使用时由于热、光、氧化或者臭氧等导致物体的形状、颜色、性状发生改变的化学物质
50. Surface-active agents 表面活性剂	同时含有亲水性和亲脂性基团的、可以通过接触液体表面引起活化的、显著减少其表面张力的化学物质
51. Tanning agents 鞣剂	用于处理皮革的化学物质，包括制革、整理和养护用的化学物质
52. Viscosity adjusters 黏度调节剂	使由融化的树脂及其他高度聚合的化合物组成的黏滞性的材料密度稳定且易于处理的化学物质
53. Vulcanising agents 硫化剂	同时增加化合物弹性和坚密度（例如橡胶通过发生交联反应）的化学物质
54. Welding and soldering agents 焊接剂	用于金属焊接的化学物质
55. 其他	

表 8-2 不同申报量级下的测试数据要求

年生产/进口量	测试数据要求
0.1～1 吨[注]	需要提供物质在常温常压下的状况、水溶解度、熔点、沸点、蒸气压，急性经口毒性[①]、细菌回复突变测试数据，以及急性鱼毒性、快速生物降解测试数据
1.1～10 吨	除了提供上述数据，还需要提供正辛醇-水分配系数、相对密度、粒度测试，皮肤刺激性/腐蚀性、皮肤致敏性测试数据，以及急性大型溞毒性测试数据
10.1～100 吨	除了上述数据，还需要提供可燃性、爆炸性、氧化性测试，急性经皮或者急性吸入毒性、眼刺激/腐蚀性、体外哺乳动物细胞染色体畸变、体内遗传毒性、体内 28 天重复暴露毒性测试、生殖/发育筛选测试数据，以及藻类生长抑制毒性、不同 pH 值下的水解测试数据
100.1～1 000	除了上述数据，还需要提供黏度、解离常数测试，进一步的体内遗传毒性测试，以及固有生物降解、降解产物确定、鱼的慢性毒性、大型溞慢性毒性、陆生植物的急性毒性、陆生无脊椎动物的急性毒性、活性污泥抑制测试、吸附/解吸测试数据
>1 000 吨	除了上述数据，还需要提供重复给药 90 天毒性、致畸测试、二代生殖毒性测试、致癌性测试数据，以及额外的化学物质环境中迁移测试、慢性陆生植物毒性测试、慢性陆生无脊椎动物毒性测试、进一步的吸附/解吸测试、慢性底栖生物毒性测试和生物蓄积性测试数据

注：在 2019 年 12 月 31 日之前，对于申报量在 0.1～1 吨之间的新化学物质，可以按照小于 0.1 吨的要求进行简易申报。在 2020 年 1 月 1 日之后，在该申报量区间的新化学物质必须按照表 8-2 中的数据要求进行正式申报。

有下列情形之一的（新）化学物质可以免予申报。

（1）进口的机械或者设备中内置的化学物质。

（2）以试运转为目的、与机械或设备类产品一起进口的化学物质。

（3）物品中含有的、以特定的固体形态发挥一定功能，在使用过程中不会泄漏的化学物质。

（4）生产或进口的、用于科学试验、分析或者研究用途的化学物质，例如化学试剂。

（5）年生产或进口量不超过 10 吨的仅供出口的化学物质。

① 如果化学物质的使用及其理化特性显示吸入暴露更加符合该化学物质的可能的暴露情形，需要提供急性吸入毒性测试数据。

(6) 年生产或进口量不超过 10 吨的、用于生产仅供出口的化学物质的前体化学物质。

(7) 非分离中间体。

(8) 经过技术处理保证不会泄漏或者暴露的可分离中间体。

(9) 满足以下任一条件的(低关注)聚合物:

① 数均相对分子质量超过 10 000 的聚合物,且其中相对分子质量小于 1 000 的部分小于 5%,相对分子质量小于 500 的部分小于 2%;

② 数均相对分子质量在 1 000 到 10 000 之间的聚合物,且其中相对分子质量小于 1 000 的部分小于 25%,相对分子质量小于 500 的部分小于 10%。

(10) 表面处理过程中、由两个或者几个现有化学物质(但不属于现有重点管理化学物质)相互反应形成的新化学物质。

(11) 属于以下情形之一的、生产或进口的、用于研究开发(research and development,R&D)用途的化学物质:

① 生产或进口的用于产品或者化学品开发的;

② 生产或进口的用于改进或者开发生产工艺的;

③ 生产或进口的用于测试化学物质在商业领域的可应用性的;

④ 生产或进口的用于产品或者化学品的试生产的。

(12) 以及其他环境部指定的、有足够的信息证明使用该化学物质的风险很低的现有化学物质。

1. 现有重点管理化学物质的申报

除了对新化学物质要求进行申报和评估之外,《韩国化学物质注册与评估法案》还要求生产和/或进口超过 1 吨以上的现有重点管理化学物质的生产商或者进口商队该化学物质进行申报和评估。

现有重点化学管理物质每三年由环境部公布一次。在进行现有重点管理化学物质指定时,环境部会根据收集的企业上报的生产或者进口量、环境部统计调查的信息以及化学物质的危害特性等来确定名单。根据与环境部的沟通,之后还将公布两批现有重点化学管理物质。

在现有重点化学管理物质清单公布之后的 3 年内,相关生产或者进口该化学物质或者含有该化学物质的混合物的企业(或者其供应链上的企业)必须完成对该现有重点化学管理物质的申报。

同样的,根据生产和/或进口量的不同,进行新化学物质申报的时候需要提交的数据量是不同的。其不同吨位下的数据要求与新化学物质的申报相同。

在进行申报时,韩国政府鼓励申报企业之间进行数据共享。因此,韩国政府帮助建立了化学物质信息交流系统,以期帮助需要申报的企业建立交流沟通的平台。所有待申报的具有相同的化学文摘号（或者其他化学物质表征）的化学物质的企业，在该平台上可以清楚地知道潜在的联合申报的合作对象，有助于企业间形成相应的联合申报体。

由于这对韩国工业界来说影响甚巨，因此，韩国政府选择了其中的七个物质作为试行进行申报（Pilot project）。按照目前实行申报的情况来看，整个申报过程用时较长、数据共享与联合申报的讨论过程占据了大部分的时间。第一批现有重点管理化学物质的申报将是近两年内对工业界的重要挑战。

2. 危害评估与风险评估

在《韩国化学物质注册与评估法案》下，根据登记需要的数据要求获得相应的危害信息后，环境部下属的国立环境研究所（NIER）将按照一定的优先顺序，如生产和/或进口的量、化学物质的危害程度、是否可能对环境和/或人体健康造成危害等方面，对化学物质进行危害评估。

如果危害评估的结果显示该化学物质具有相应的危害性（表 8-3 毒性化学物质认定标准），将被环境部归为毒性化学物质。

表 8－3 毒性化学物质认定标准

毒理学终点	标准
急性毒性（经口、啮齿类）	LD_{50}≤300 mg/kg（体重）
急性毒性（经皮、啮齿类）	LD_{50}≤1 000 mg/kg（体重）
急性毒性（吸入、啮齿类）	LC_{50}（4 h）≤2 500 mg/kg 气体； LC_{50}（4 h）≤10 mg/L 蒸气； LC_{50}（4 h）≤1.0 mg/L 粉尘或颗粒物
皮肤腐蚀性/刺激性	暴露 3 分钟后的第一小时内会导致表皮或者皮肤坏死
急性水生生物毒性 （鱼、溞类或者藻类）	LC_{50}（96 h）≤1.0 mg/L 鱼； EC_{50}（48 h）≤1.0 mg/L 溞类，活动抑制； IC_{50}（72 h 或 96 h）≤1.0 mg/L 藻类，生长率抑制
慢性水生生物毒性 （鱼、溞类或者藻类）	NOEC 或者 ECx ≤0.01 mg/L
多次暴露引起的毒性	可靠的、高质量的人体试验数据或者流行病学研究显示多次暴露于该化学物质会引起人体产生显著的毒性效应或反应，或在合适的试验方法下，用实验动物进行的重复暴露试验模型中，在重复暴露于通常较低的浓度水平的化学物质时，可观察到该化学物质引起试验动物产生了与人体健康相关的显著的毒性效应，因此，推断该化学物质可能会导致人体健康方面毒性效应

续表

毒理学终点	标准
致突变性	根据人的流行病学研究，已知的可以引起人体生殖细胞产生可遗传的突变的； 在用哺乳动物进行的可遗传的生殖细胞突变试验中结果呈阳性的； 在用哺乳动物进行的体细胞突变试验中呈阳性，且有证据证明该化学物质有引起生殖细胞产生突变的潜能； 试验中显示对人的生殖细胞具有突变效应的化学物质
致癌性	通常根据足够的人源的致癌效应证据，已知的具有可引起人类致癌的化学物质； 通常根据足够的实验动物源的致癌效应证据，或者有限的人源的和实验动物源的致癌效应证据，可能具有引起人类致癌潜能的化学物质
生殖毒性	有足够证据表明对人的性功能、繁殖能力或者发育有不良效应的化学物质； 有足够证据表明对实验动物的性功能、繁殖能力或者发育有不良效应的、因此推断可能对人类也会产生这种不良效应的化学物质
其他	含有1%及以上上述化学物质（除致突变、致癌性和生殖毒性）的混合物； 含有0.1%及以上的致突变、致癌性或生殖毒性化学物质的混合物

对于生产或进口量超过10吨/年的化学物质，NIER将进一步进行风险评估。同样，NIER将按照生产和/或进口的量、化学物质的危害程度、化学物质的用途及使用方法、是否可能对环境和/或人体健康造成危害等方面综合考虑，设置一定的优先顺序进行评估。评估后，NIER将出具一份评估报告，包括对于物理、化学特性引起的对人体健康方面的风险，化学物质对于人体健康和/或环境的危害评估，该化学物质的暴露评估，以及最终的风险水平。

根据风险评估的结论，环境部要求相关的行政部门和事业单位制订相应的风险管理计划，并要求相关的企业（生产商和/或进口商以及下游用户）实施该风险管理计划。

对于评估后被认为具有风险的化学物质，且该化学物质属于以下情形之一的，将被归入需要授权的化学物质清单（Substances subject to authorization）：可以引起或者可能引起人体致癌、致突变、生殖功能疾病或干扰内分泌系统的；具有在人体、动物体、植物体内高蓄积性和环境中高持久性的。在公布该化学物质将被列入清单前，环境部将向相关企业（生产者和/或进口者，使用者等）征求意见，并准备社会经济分析报告（Socioeconomic Analysis Report）。同时环境部将讨论并发布供企业应对的缓冲期；同样的，缓冲期的具体设定也会向相关企业征求意见。需要注意的是授权可能仅针对化学物质的某一或者某些风险不可控的用途。

对于其评估的结果显示可能引起相应的风险的其他一些化学物质，可能被归入限制化学物质和/或禁止化学物质清单。限制化学物质和/或禁止化学物质清单也包括一些国际组织或者国际条约中限制和/或禁止的化学物质；以及本来在需要授权的化学物质清单中，由于随着技术的发展，得到可替代的化学物质后，被移出清单的化学物质。

《韩国化学物质注册与评估法案》还关注含有有害化学物质①的商品。生产商和/或进口商，当其累计年生产和/或进口量超过 1 吨（如果商品内含有多个有害化学物质，需要将多个化学物质的量累加）时②，需要向地方环境部门提交声明，通报涉及的化学物质的名称、量、危害特性以及用途③。在申明时，还需要提交该商品的说明书、照片等相关信息。环境部授权 NIER 对此类商品也进行风险评估，以确保其安全性，并在评估完成后确定该商品相应的安全等级及标签。而对于不能符合安全性的商品，未得到环境部的许可，不得对外销售。

对于境外生产商，根据《韩国化学物质注册与评估法案》需要指定合格的韩国境内代理人④，并向韩国环境部报备且获得证书⑤。其后，由该境内代理人协助境外生产商完成符合《韩国化学物质注册与评估法案》要求的申报、年度报告等一系列活动。

此外，环境部可能会要求化学物质的生产商和/或进口商，或者含有有害化学物质的商品的生产商和/或进口商提供报告或者对其进行检查。

① 该有害化学物质在商品中的含量超过 0.1%（质量分数）。这里的有害化学物质是指列入毒性化学物质清单、需要授权的化学物质清单、限制化学物质清单、禁止化学物质清单的化学物质，以及其他具有或需要考虑其特定的危害和/或风险的化学物质。

② 对于不能及时准确地获得有害化学物质的量的信息的情况下，相关的责任人应该在次年的 4 月 30 日前提交声明及相关文件。

③ 不会释放的化学物质以及通过其固体形态行使功能的化学物质除外。此外，如果正常使用情况下，可以防止该化学物质暴露于人体或者环境；或者该化学物质已经在《韩国化学物质注册与评估法案》申报了在该产品中的用途，也可以免除该申明。

④ 韩国居民或者拥有在韩国住所（后者适用于韩国的法人或者商业场所）。

⑤ 按照法规的要求，审核时间不得超过 7 天。该证书的复印件需要提供给进口商。

三、《职业安全与健康法案》

《职业安全与健康法案》由韩国劳动部颁布于1981年，其主要目的是为了维护和促进产业工人的职业安全和健康、预防工业生产过程中产生的意外事件。化学物质管理是其中重要的环节，在首次颁布《职业安全与健康法案》时，黄磷火柴和联苯胺及含有联苯胺的配置品即被列入了禁止生产的名单。

《职业安全与健康法案》更多地关心的是产业工人的职业安全与健康，因此，该法案更多关注易燃、易爆等方面的特性的化学物质，易形成粉尘或者蒸气的化学物质，以及具有较高急性毒性和/或具有致突变性、致癌性的化学物质。

《职业安全与健康法案》与《毒性化学物质控制法案》，即《韩国化学物质注册与评估法案》，共享韩国现有化学物质名录[①]。如果化学物质不在该名录上，即被认为是新化学物质。生产商和/或进口商需要在生产和/或进口该化学物质[②]之前完成申报，得到批准后方能生产和/或进口。目前，《职业安全与健康法案》的新化学物质申报需要提交该新化学物质的急性经口毒性测试数据，以供劳动部审核[③]。劳动部会相应地对生产和/或进口企业进行检查。

《职业安全与健康法案》规定了禁止生产和/或进口、转移、供应以及使用的化学物质目录和需要得到预先许可方能生产和/或使用的化学物质目录。

此外，《职业安全与健康法案》还规定了对于化学物质提供合适的标签、安全数据表等要求（这些内容将在本系列丛书的第一册中详细介绍）。

---

① 最近有消息说，劳动部在考虑建立自己的现有化学物质名录。因为《韩国化学物质注册与评估法案》将不再更新韩国的现有化学物质名录，而劳动部将继续受理新化学物质的申报，因此有必要维持一个不断扩充的名录。

② 年生产/进口量低于100千克可以豁免。

③ 在2016年3月9日之前，《职业安全与健康法案》的新化学物质申报要求同时提交该新化学物质的急性经口毒性测试数据以及细菌回复性突变测试数据。为了因应《韩国化学物质注册与评估法案》对于年生产/进口量小于1吨的新化学物质申报的要求，劳动部简化了其相应的数据要求，目前只需要提交该新化学物质的急性经口毒性测试数据即可。

第九章
澳大利亚

澳大利亚的化学物质管理由联邦和州、地方政府协同执行。联邦政府负责签署及核准国际公约、化学物质进出口、申报和安全评估以及协调各级政府等工作。各州和地区政府负责监管化学物质职业卫生和安全、运输、存储、使用和处置。

在澳大利亚，化学物质的生产和/或进口分为四大类，各自侧重于不同的应用领域，分别为工业化学物质；农药、化肥、兽药、动物食品、池用杀菌剂；药品、医疗器械、杀菌剂、消毒剂、初级防晒霜；和人用食品。本章仅介绍工业化学物质部分，由 NICNAS 负责管理。此外，需要进行特殊管理的工业化学物质，如石棉、易制毒化学品、毒物、工作场所的致癌物质、危险货物、限制进口的化学物质等，由其他相关机构或部门负责管理，暂未收录于本章中。

联邦环境部[①]（Commonwealth Environment Department）从 1977 年开始筹备建立工业化学物质申报评估体制，1981 年引入自愿临时申报评估计划，意在促进工业界和政府合作建立管理机制，摸索实施强制性申报的经验和方法。1984 年 6 月，澳大利亚环境理事会（Australian Environment Council，AEC）公布了关于成立国家化学物质申报评估计划（National Industrial Chemicals Notification and Assessment Scheme，NICNAS）的建议报告。1989 年，澳大利亚政府颁布工业化学物质（申报与评估）法案 1989（Industrial Chemicals Notification and Assessment Act 1989，简称《ICNA 法案》），建立了化学物质申报与评估体制。1990 年，澳大利亚政府在《ICNA 法案》下颁布了《联邦工业化学物质申报与评估法规 1990》（Industrial Chemicals Notification and Assessment Regulations 1990），并于同年 7 月开始由 NICNAS 负责实施，主管机关为卫生部（Department of Health，DoH）。除一般工业化学物质外，NICNAS 还负责监管具有防晒等功效的化妆品，并颁布了化妆品标准（Cosmetics Standard 2007），对其包装、标签、功效评价作出规定。

---

① 联邦环境部是环境部（Department of Environment，DoE）的前身，DoE 于 1997 年成立，保留了原联邦环境部的主要职能。

一、国家工业化学物质申报与评估计划

澳大利亚制定了国家工业化学物质申报与评估计划（National Industrial Chemicals Notification and Assessment Scheme，NICNAS），负责对工业化学物质的管理，并设置有 NICNAS 主任（Director）一职总管该计划的实施。

澳大利亚政府期望通过 NICNAS 对工业化学物质进行适当的风险评估，并公布相应信息，以促进工业化学物质的安全使用，并最终达到保护澳大利亚人民身体健康和环境的目的。NICNAS 的主要职责如下：

（1）建立国家系统以评估新的工业化学物质对人体健康和环境带来的风险；

（2）维护澳大利亚化学物质名录；

（3）管理工业化学物质生产和/或进口企业的商业登记；

（4）确保进口商和/或生产商申报新的工业化学物质；

（5）提供工业化学物质对人体健康和环境影响的信息，并提供安全使用建议；

（6）向负责管理工业化学物质的其他政府机构提供信息和建议；

（7）管理《化妆品标准 2007》；

（8）确保澳大利亚履行关于化学物质国际公约规定的义务。

根据澳大利亚政府成本回收框架①，运行 NICNAS 的经费来自向工业化学物质进口商和生产商收取的费用，其中主要是化学物质注册和评估费用②。

二、商业登记

《ICNA 法案》规定，在进口和/或生产商业用途化学物质之前，企业或个体营业者须先完成商业登记。该登记并不涉及具体的化学物质，而是对企业信息以及交易信息进行登记。违反该项义务的，最多可受到 54 000 澳元/人，或 270 000 澳元/企业的罚款。商业登记有助于 NICNAS 全面收集与化学物质有关的个人或者企业信息，必要时可以向所有相关人士通报其法律义务和一些特定工业化学物质的安全使用信息，也有助于保持公众对澳大利亚化工行业的信心。商业登记的收入将被用于 NICNAS 评估现有化学品的风险，开展合规、沟通和商业支持活动。

---

① The Resource Management Guide for the Australian Government Charging Framework，2005 年 7 月 1 日生效，第一个汇报期为 2015—2016 财年（financial year），详见 NICNAS 网站：http://www.finance.gov.au/sites/default/files/RMG302-Australian-Government-Charging-Framework.docx?v=1。

② 各项收费详见 NICNAS 网站：https://www.nicnas.gov.au/fees。

NICNAS的注册年度为每年的9月1日至次年的8月31日。登记人在每个注册年开始前，向NICNAS提交商业登记，商业登记有效期自批准之日起，到该注册年结束。NICNAS通过“NICNAS商业服务（NICNAS Business Service①)”线上平台受理商业登记。提交商业登记前，登记人须确保所需信息填写完整，并支付登记费用。登记提交后，NICNAS一般会在30天内受理。完成商业登记的公司或个体营业者，会获得注册号和注册证，其名称将被列入工业化学物质企业目录并在NICNAS网站公开②。

商业登记根据登记人每年进口和/或生产化学物质的价值分为A～D 4个级别，各个级别登记费用不同。一般情况下，登记人须每年按时更新商业登记③。如果未能在每年8月31日前更新NICNAS商业登记，可能需要支付相应的延迟更新罚款。详见表9-1：

表9-1 NICNAS商业注册费用和延迟更新罚款

登记级别	生产和/或进口价值（澳元）*	商业登记费用（澳元/每年）	延迟更新罚款（澳元/每次）
A	1～99 999	138	105
B	100 000～499 999	505	105
C	500 000～4 999 999	2 480	200
D	5 000 000以上	24 800	1980

* 生产和/或进口价值的估算参考NICNAS网站：https://www.nicnas.gov.au/register-your-business/how-much-do-I-pay。

登记人业务发生变化时，如联系方式变更、破产、清算、兼并和收购等，需在7天内以书面形式通知NICNAS。商业登记在下列三种情形下可以转移：如果注册企业的所有者去世，可以将注册转移给所有者遗产的合法遗产代理人；如果注册的企业破产，可以将注册转移给企业的产业的受托人；如果注册业务正在清盘，则可将注册转让给该业务的指定清盘人。

如果公司或个体营业者仅从事下列化学物质进口和/或生产的，不需进行NICNAS商业登记：

（1）非商业用途的化学物质；

（2）非工业用途化学物质，包括农药、医药、食品或者食品添加剂等；

---

① https://www.nicnas.gov.au/register-your-business/how-do-i-register。

② https://www.nicnas.gov.au/register-your-business/register-of-industrial-chemical-introducers。

③ 每年7月，NICNAS向登记人寄送一份更新登记表格和一份登记费用发票。登记人必须在8月31日前完成更新登记表格或不更新声明（NR-2表格），提交NICNAS并支付相应费用。如果次年不打算进口和/或生产工业化学物质，须向NICNAS提交声明解释原因。

(3) 自然产生的化学物质或生物材料；

(4) 物品（电器、服饰、机电等）。

三、澳大利亚现有化学物质名录

1992年，澳大利亚在《ICNA法案》下公布化学物质名录（Australia Inventory of Chemical Substance，AICS），用于区分新化学物质和现有化学物质。AICS所列化学物质的标识信息包括CAS号、化学名称、其他名称、分子式、评估状态①和使用条件。

名录最初涵盖了自1977年1月1日到1990年2月28日在澳大利亚使用的化学物质，之后不断更新，目前所列物质共计4万多种，分为公开名录和保密名录两部分。公开名录共计4万多种物质，可在NICNAS网站检索。保密名录约有100种化学物质，如需确认化学物质是否列入AICS保密名录，可向NICNAS申请查询。查询无须费用，只需下载并填写申请表（FORM AICS-5），按申请表提示发送邮件或邮寄纸质表格给AICS经理即可②。申请表需要填写的信息包括化学物质CAS名称和/或CAS号、初步搜索结果的复印件（证明其未列入AICS公开名录）、有意进口和/或生产化学物质的声明、分子式等。

AICS保密名录与公开名录适用相同的规则。拟进口和/或生产的化学物质，只要列入AICS，无论公开名录还是保密名录，且符合相应的使用条件，即为现有化学物质，进口和/或生产前无须向NICNAS提交新化学物质申报。如果化学物质没有列入AICS，或不适用AICS所列的使用条件且不属于豁免物质，则属于新化学物质，生产商或进口商须根据物质的类型、用途和用量，申请相应的许可或评估证，得到批准后方可按要求开展相关活动。

AICS是澳大利亚可供工业使用的现有化学物质数据库，由NICNAS负责维护。在进口和/或生产工业化学物质之前，应该检查AICS，确认其是否列入AICS和/或是否有使用条件限制。

（一）列入名录

经NICNAS评估的新化学物质登记，NICNAS会颁发相应的评估证。评估证颁发满5年的新化学物质将自动列入AICS，其化学名称、其他名称、

① 评估状态仅在状态为“是”时显示。如果化学物质搜索结果显示“适用二次申报条件”，请在进口或生产该化学物质前阅读相关评估报告以了解这些条件或联系NICNAS，以知晓可能需要履行的法律义务。

② NICNAS回复AICS保密查询的时间取决于所查询的化学物质数目，一般1～10个需5个工作日，11～20个需10个工作日，21～50个需14个工作日，多于50个需28个工作日。

CAS 号、分子式和使用条件（若适用）等信息同时被 AICS 收录，成为现有化学物质。一旦化学物质列入 AICS，任何人可以直接使用该化学物质，同时仍遵守 AICS 列出的使用条件。

申报人还可以申请提前列入名录或者申请列入保密名录。NICNAS 会在每月的第一个星期二在化学公报上公示最新列入 AICS 的化学物质。化学物质列入名录的相关费用见表 9-2。

表 9-2 化学物质列入 AICS 的相关费用

申请类型	费用/澳元
新化学物质列入保密名录	3 800
申请延长保密时间	3 800
申请提前列入公开名录	850

提前列入名录：根据《ICNA 法案》第 13B 节，工业化学物质的 NICNAS 评估证持有人，可在评估证颁发之日起 5 年内任何时候向 NICNAS 申请将化学物质提前列入 AICS（只能列入公开名录）。申请须填写相应表格（FORM AICS-2），支付费用，并通过邮件或邮寄将信息提交 AICS 经理。

列入保密名录：化学物质列入保密名录，可以使进口商和/或生产商在合法情况下保密化学物质的详细信息。对于披露化学物质的标识信息会导致商业损失，且可以提供相应证明的评估证持有人，可在 NICNAS 评估证满 5 年后填写表格（FORM AICS-1），向 NICNAS 申请将其列入 AICS 保密名录。NICNAS 接到申请会先从商业和公共利益角度衡量必要性，确有必要才进行受理。获得批准的化学物质会被列入保密名录，有效期 5 年，到期后可再次申请；未获得批准的，化学物质会在 28 天内列入 AICS 公开名录，除非申请人向澳大利亚行政法庭上诉。AICS 保密名录不意味着第一个申报者可以在澳大利亚独家生产和/或进口，任何其他企业均可以进口或生产该化学物质。

（二） AICS 的管理与信息变更

《ICNA 法案》第 13A、第 20（b）和 20AA 节规定，对 AICS 所列物质的信息变更和删除均由 NICNAS 主任负责，并须通过化学物质公告的形式将具体细节发布在 NICNAS 网上征求意见，公众可在 28 天（针对信息变更）或 3 个月（针对化学物质删除）内回复意见。收到意见后，无论是否采纳，NICNAS 主任须再次通过化学公报对意见做出回复。

当申报人需要变更和修正 AICS 上的物质信息时，申请人可以书面文件的形式向 NICNAS 提出申请，并提供相应的证明资料。NICNAS 主任审核同意后，会建议将有错误的信息从 AICS 移除，同时增列正确的信息，并通过化学公报征求公众意见。对于因行政疏漏等原因未列入 AICS 的物质，申报人也可申请补充列入。

四、新化学物质申报

除非适用豁免情形，新化学物质在进口和/或生产前，须向 NICNAS 申请新化学物质登记。新化学物质登记类型有许可申报和评估证申报两种。

需要特别注意的是，化妆品原料和皂用原料也在 NICNAS 管辖的工业化学物质范围内，需要遵守相应的法规要求和义务。

（一）豁免情形

NICNAS 管理下的工业化学物质有五种豁免情形，有些还分不同的子情形。豁免不等于不提交任何资料，有些豁免情形要求在进口和/或生产前通知 NICNAS、提交年报、保存相应资料或监控进口和/或生产量等，具体要求见表 9-3 及 NICNAS 网站[①]：

表 9-3 新工业化学物质申报豁免情形及要求

编号	豁免情形	子情形/限制	事先通知 NICNAS	申报表格	年报	资料保存等
1	研究开发或分析	特定位置固定设备内生产	√	Form 6	×	√
		12 个月内进口和/或生产小于或等于 100kg	×	—	√	√
2	转运	—	×	—	√	√
3	不在化妆品中使用且不超过 100 kg	—	×	NCE-1*	√	√
4	在化妆品中使用且不超过 100 kg	12 个月内进口和/或生产小于或等于 10 kg	×	—	√	√
		12 个月内进口和/或生产 10～100 kg	√	CE-1	√	√
5	在化妆品中使用且浓度小于或等于 1%	—	×	—	√	√

注：√ 表示需要；× 表示不需要。

* 申报人若自愿通知 NICNAS，可填写 NCE-1 申请表格。

① https：//www. nicnas. gov. au/notify-your-chemical/exemption-categories

（二）许可申报

NICNAS管理下的工业化学物质有五种许可类别，各自有不同的许可量、有效期限和适用条件。化学物质不能通过获得许可列入AICS。

1. 商业评估许可

商业评估化学物质（Commercial Evaluation Chemical，CEC）许可适用于使用新化学物质进行指定的性能或产品试验。这种许可类型不适用于零售产品（如化妆品）中的新化学物质。

申报人需要填写申请表（Form CEC-1），缴纳相应费用，并提供充足的证据证明申报物质仅用于商业评估。许可证上规定了如何使用新化学物质、有效期和许可量。在一段时间内，同一公司不太可能获得同一化学物质的多个CEC许可。

2. 少量许可

少量许可（Low Volume Chemical，LVC）允许申报人在三年内，每年最多生产和/或进口100 kg或1 000 kg新化学物质。满足以下条件的化学物质适用于最多生产和/或进口量为1 000 kg的少量许可：

① 低危害新化学物质，包括数均相对分子质量（Number Averaged Molecular Weight，Mn）小于1 000 Da的聚合物[①]；

② Mn≥1 000 Da（其中相对分子质量小于500 Da的部分少于10%，小于1 000 Da的部分少于25%，且低电荷密度的低危害聚合物[②]。

另外，对于有潜在致突变性和致癌性的偶氮染料，除了遗传毒性和致敏性的数据（如测试数据、交叉参照、期刊数据和模型等），申报人还须证明新化学物质含有可忽略不计的芳香胺含量（杂质），并提供有关潜在代谢分解产物（含胺组分）的标识和遗传毒性特征的信息，以证明其符合低危害化学物质的标准。

申报人需要填写申请表（Form LVC-1），并缴纳相应的费用。当多家公司分别申请同一化学物质的LVC许可时，每家公司均可获得每年允许引入的最大数量。但是，如果多家公司提交的是联合申请，则每年允许引入的最大

---

① 要求同时满足三个条件：①无任何急性经口毒性、急性经皮毒性、急性吸入毒性、皮肤刺激、眼刺激、呼吸刺激、致敏性、反复剂量毒性、生殖细胞致突变性、致癌性、发育和生殖毒性及其他毒理危害分类；②鱼类、溞类和藻类的急性毒性 $L(E)C_{50}>100$ mg/L；③非危险货物或易燃液体3类。

② 要求不能有如下分类：致癌性（1A、1B或2类）、生殖细胞致突变性（1A、1B或2类）、生殖毒性（1A、1B或2类，或对哺乳有影响）、急性毒性（1、2或3类）、腐蚀性（1A、1B或1C，或眼损伤1类）、致敏性（呼吸致敏1A或1B、皮肤致敏1A或1B）、特异性靶器官毒性一次接触（1或2类）、特异性靶器官毒性反复接触（1或2类）。

数量需在申请人之间进行分配。

3. 控制使用许可

控制使用许可（Control Use Permit，CUP）适用于人体和环境暴露严格控制条件下使用的低风险新化学物质。这种许可类型不适用于有 NICNAS 指定健康危害分类[①]和生态毒性[②]的化学物质。

申请年生产和/或进口量不超过 10 吨的控制使用许可，一般只需提供理化、毒理和生态毒理性质的摘要；而对于年生产和/或进口量超过 10 吨的新化学物质，必须提供所有已有的毒理和生态毒理的原始数据。当化学物质存在与特定毒性相关的高关注基团时，无论申报量是否超过 10 吨，均须提交与该项毒性相关的原始数据。NICNAS 可能要求申报人提供进一步的毒理学和生态毒理学信息。

要获得 CUP，申请人必须提供足够的信息，以证明预期使用满足职业健康和安全、公共卫生和环境暴露的每项标准。申请人在 CUP 申请中如果涵盖了下游用户的相关信息，经 NICNAS 批准后，下游用户将被列在许可证上，则申请人可以将取得 CUP 的新化学物质供应给该下游用户，需要注意的是只有被许可的用户允许使用该化学物质。

4. 控制使用（仅限出口）许可

符合下列 4 个条件之一的新化学物质，可申请获得控制使用（仅限出口）许可（Export Only Permit，EOP）。包括：进口到澳大利亚后出口；进口到澳大利亚用于配制产品后出口；在澳大利亚生产后出口；在澳大利亚生产用于配制产品后出口。

申请人需提供相应信息证明该新化学物质的使用是低风险的。即在高度控制的标准下，有足够的控制措施可以防止新化学物质暴露于人群并释放到环境中。

5. 提前准入许可

提前准入许可（Early Introduction Permit，EIP）仅适用于已经提交低关注聚合物申报、有限申报或常规申报，但尚未获得评估证的新化学物质。申请人可以在提交低关注聚合物申报、有限申报或常规申报的同时或稍后申请

---

① 包括致癌性（1A、1B 或 2 类），生殖细胞致突变性（1A、1B 或 2 类），生殖毒性（1A、1B 或 2 类，或对哺乳有影响），急性毒性（1、2 或 3 类），腐蚀性（1A、1B 或 1C；或眼损伤 1 类），致敏性（呼吸致敏 1A 或 1B、皮肤致敏 1A 或 1B），特异性靶器官毒性一次接触（1 或 2 类），特异性靶器官毒性反复接触（1 或 2 类）。对于化学物质危害分类的判定，NICNAS 接受物质本身或其结构类似物的毒理或生态毒性试验报告、文献资料以及经过验证的 QSAR 模型计算得到的数据作为依据。

② 鱼类急性毒性测试 $LC_{50} \leqslant 10$ mg/L，或溞类急性毒性测试 $EC_{50} \leqslant 10$ mg/L，或藻类生长抑制测试 $ErC_{50} \leqslant 10$ mg/L。

EIP。EIP允许申报人在NICNAS进行评估的过程中生产和/或进口申报物质。NICNAS颁发评估证的同时，EIP即作废且不可更新。

EIP分为两种类型：一是属于ICNA法案30A节描述情形的EIP，即①低关注聚合物（定义参见图9-1）、②无危害化学物质或聚合物、③满足低危害低风险标准的化学物质和聚合物或④严格控制的化学物质和聚合物；二是不满足30A，但属于《ICNA法案》30节描述情形的EIP，即该化学物质以某种方式对公众特别有利（如进口该化学物质在环境紧急情况下至关重要）；和/或为公众利益需要，立即生产或进口的化学物质，且其引入与职业健康和安全、公共卫生和环境保护的原则一致。

符合30A描述情形的EIP允许在提交评估证申报之后申请，申请需填写表格（Form EIP-1，低关注聚合物除外①），并按要求提交给NICNAS主任。符合30节描述情形的EIP要和评估证申请一并提交，申请人还需另外以书面形式向澳大利亚政府卫生署署长陈述申请原因，并说明新化学物质的生产和/或进口是为了满足公众利益以及生产和/或进口新化学物质对职业健康和安全、公共卫生和健康的影响，澳大利亚政府卫生署署长会参考NICNAS的意见进行审批，只有在特殊情况下批准。

各个许可类别的要求摘要见表9-4。

表9-4 新工业化学物质许可申报类型及要求

编号	许可类别	最长有效期	许可量/kg	审核时间	申报费用/澳元	公告	年报	总结报告	允许更新次数
1	商业评估，CEC	2年	≤4 000	14天	4 400	√	√	√	1次
2	少量许可，LVC	3年	≤100	20天	4 400	√	√	×	不限
		3年	≤1 000**	20天	4 400	√	√	×	不限
3	受控使用，CUP	3年	不限	28天	4 400	√	√	×	不限
4	受控使用（仅限出口），EOP	3年	不限	20天	4 400	√	√	×	不限
5	提前准入，EIP（30 A）	至颁发评估证时止	与对应的评估证申请量一致	28天	2 600	√	×	×	不可更新
	提前准入，EIP（30）	至颁发评估证时止	与对应的评估证申请量一致	不确定	9 400*	√	×	×	不可更新

注：√ 表示需要；× 表示不需要。

* 申请PLC的提前准入无申报费。

① 低关注聚合物申请提前准入许可，只要在低关注聚合物评估证申请表勾选同时申请EIP即可，无须另外填写EIP申请表格。

（三）评估证申报

如果希望将新化学物质列入 AICS，或者对于不符合许可申报条件的新化学物质，申报人可进行评估证申报。获得评估证的申报人可以生产和/或进口该化学物质。

申报评估证和许可的区别详见表 9-5：

表 9-5 评估证和许可的区别

评估证	许可
颁发评估证	颁发许可证，明确规定许可量和有效期
不同申报类别数据要求不同	简化数据要求
可以列入 AICS 名录	不列入 AICS 名录
在 NICNAS 网站上公告风险评估报告（和建议）	在"化学公报"上公告并附详情摘要
法定审核时限：29～90 天	法定审核时限：较短，14～28 天
费用：相对较高	费用：相对较低

评估证申报主要有三种类型，分别为低关注聚合物申报、有限申报和常规申报。评估证申报可以分为自行评估和非自行评估两种申报形式，自行评估的 NICNAS 审核时间较短，但费用较高。

1. 低关注聚合物申报

低关注聚合物（Polymer of Low Concern，PLC）是指符合工业化学物质（申报与评估）法规 1990 第 4A 条定义的聚合物，包括：①Mn ≤1 000 Da，且由批准的单体/反应物[①]制备的聚酯聚合物；②Mn＞1 000 Da 的聚合物，此外还要考虑分子量分布、活性反应基团等参数。具体可参考图 9-1 判定化学物质是否属于低关注聚合物，符合要求的，继续第二步进行低关注聚合物申报。

申请 PLC 申报需按要求填写申请表格（Form PLC-1），并附上聚合物的相关信息。需要第三方提供信息的，则填写第三方信息申请（Form 5）。NICNAS 收到申报资料后，一般会在 90 天内完成评估，并出具 PLC 评估证。

2. 有限申报

有限申报（Limited，LTD）的申报表与常规申报申请表相同，只是表内 C 部分的人体健康和环境相关的数据非必填项。LTD 适用于任何符合下列 3 种情形之一的新化学物质：

① 参见 NICNAS BOOK 第 2.4.9 部分中"获得批准的可作为聚酯单体和反应体列表"（List of approved monomers and other reactants from which polyester may be made）。

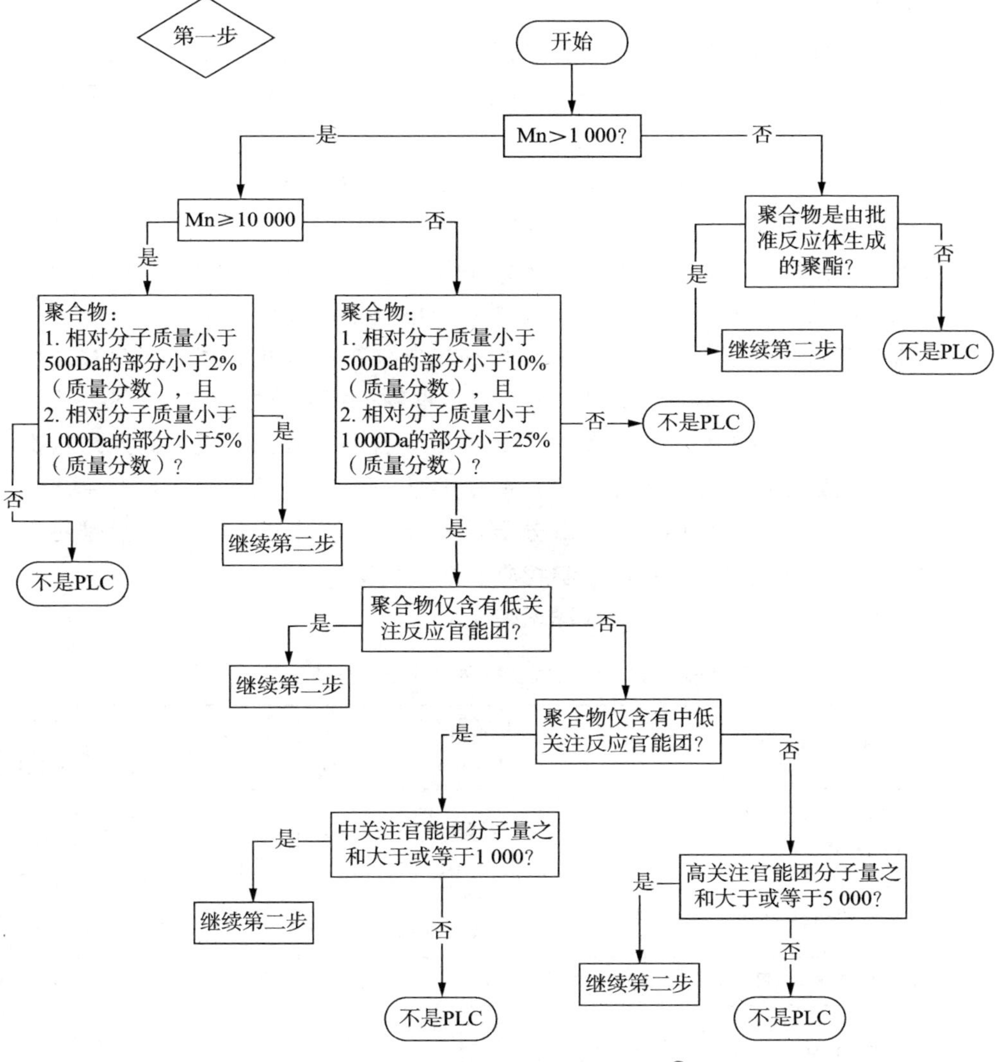

图9-1　低关注聚合物的判定流程[①]

(1) 12个月内进口或生产量不超过1吨的少量化学物质、生物聚合物[②]和低相对分子质量聚合物(Mn<1 000 Da);

(2) 12个月内进口或生产量不超过10吨的限定场地化学物质,生物聚合物和低相对分子质量聚合物(Mn<1 000 Da);

(3) 不符合PLC标准的Mn>1 000 Da的聚合物。

---

① 低关注聚合物的判定流程图链接:https://www.nicnas.gov.au/notify-your-chemical/types-of-assessments/assessment-certificate-categories/polymer-of-low-concern-notification。

② 生物聚合物(biopolymens)是指:由活细胞或曾经有活性的细胞或细胞组分制成的聚合物;或由此类聚合物合成的物质;或此类聚合物的衍生物或修饰物,且原始聚合物基本保持完整。

3. 常规申报

常规申报（Standard，STD）适用于进口或生产量大于1吨/年，且不符合任何其他申报类型要求的新化学物质、生物聚合物和低分子量合成聚合物（Mn<1 000 Da）。

常规申报需填写完整的申请表格，提供化学物质分析谱图等资料。对于常规申报的数据要求，ICNA 法案第 23 节明确规定了不同类型申报物质的数据要求，并附有 A 到 E 共计五个数据清单，清单 A 包括健康和环境影响摘要、化学物质危害分类摘要、在其他国家的申报情况和概述中的参考文献目录；清单 B 包括化学标识、详细的使用和暴露信息和理化数据，理化数据可以来自测试、评估、计算、交叉参照结构类似物的相关数据或（M）SDS；清单 C 包括人体健康和生态毒理数据，数据可来自测试数据、交叉参照结构类似物的相关数据或计算机模拟结果；清单 D 为聚合物特征信息，包括单体及比例、数均分子量、单体残留、低分子量成分以及稳定性等；清单 E 是对作为化妆品紫外线过滤剂使用的化学物质的其他数据要求。

以上各评估申报类型及要求详见表 9-6：

表 9－6 新工业化学物质评估证申报类型及要求

编号	评估证类别	有效期	申报量/（吨/年）	审核时间	申报费用/澳元	公告	年报	列入AICS
1	低关注聚合物（PLC）	5 年	不限	90 天	6 200	√	×	√
2	有限申报（LTD）	5 年	≤1 1～10（特定场地）	90 天	13 300	√	×	√
3	常规申报（STD）	5 年	＞1	90 天	18 600	√	×	√
4	自行评估	5 年	同上述非自行评估申报类型	28 天	4 200 ～ 11 600	√	√	√
5	增加评估证持有人	原评估证颁发日起 5 年	同 PLC、LTD 或 STD	45 天	5 700	√	×	√

（四） 年度报告

豁免情形、许可申报的相关情形和自行评估需要提交年报。NICNAS 注册年度从每年的 9 月 1 日至次年的 8 月 31 日，该注册年度结束后 28 天内须在线提交上一注册年度的年度报告，未在规定时间内完成年报将被处以 10～120 澳元/人或 50～600 澳元/企业的罚款。

对于研究开发或分析、转运、不在化妆品中使用且不超过 100 kg、在化妆品中使用且不超过 100 kg 和在化妆品中使用且浓度小于或等于 1% 的豁免情形，须报告注册年内的化学物质名称和生产和/或进口量。

对于商业评估许可、少量许可、控制使用（包括仅限出口）许可和自行评估，报告内容包括注册年内的化学物质名称、生产和/或进口量以及可能对职业健康和安全、公共卫生或环境产生的不良影响。

五、现有化学物质评估

根据不同情况，NICNAS 会对列入 AICS 的现有化学物质进行不同类型的评估。由于 AICS 上的化学物质数量较多，NICNAS 会优先评估对职业健康和安全、公众健康和环境有影响的化学物质。同时，这种评估可能不仅仅针对一个化学物质，如果一组化学物质的特性相近，可能会被归类在一起进行评估。

澳大利亚现行的两套现有化学物质评估体系，分别是优先现有化学物质（Priority Existing Chemical，PEC）评估和名录分级评估和优先筛选（Inventory Multi-tiered Assessment and Prioritisation，IMAP）计划。

（一）优先现有化学物质（PEC）评估

优先现有化学物质（PEC）是指有充分的理由确信生产、操作、存储、使用或处置时可能会对工人的职业健康安全、公共卫生和/或环境产生不良效应，因此需要进行评估的化学物质。

PEC 可由公司、工会、行业组织、个人或政府机构提名，NICNAS 按照使用量、潜在暴露、健康和环境危害效应等筛选标准确定被提名物质的优先顺序，并定期在化学物质公报（Chemical Gazette）上公布。自 PEC 公布起 12 个月，PEC 的生产商或者进口商必须向 NICNAS 申请，要求 NICNAS 对相关 PEC 进行评估；或者 NICNAS 主任可以自行要求启动评估（相关机构或人员可能被要求在 28 天内提交评估所需信息）。公布起 12 个月内未收到申请，且 NICNAS 主任未启动评估的，NICNAS 主任必须将该 PEC 从 AICS 移除。

根据 PEC 的定义可知，PEC 具有比较确定的危害性，所以对 PEC 评估是 NICNAS 开展的最彻底的评估。PEC 评估有全面评估和初步评估两种类型，全面评估是风险评估，确定化学物质进口、生产、使用、储存或处置过程的健康和环境风险，相当于定量评估；初步评估是暴露和危害评估，确定化学物质的特性、用途、对职业健康和安全、公共卫生和环境不良效应和/或暴露程度①，相当于定性评估。截至 2016 年 11 月 30 日，NICNAS 共完成并

① 例如，即便是一个已知的可能致癌物，其在澳大利亚的人体暴露情况仍可能是未知的，因此需要收集该化学物质的暴露相关信息。

发布了 104 个 PEC 的评估[①]。一旦 PEC 评估（报告）正式公布，该化学物质就不再属于 PEC。

（二）名录分级评估和优先筛选（IMAP）计划

对于未被选为 PEC 的化学物质，NICNAS 也会收集信息进行简要评估，并以信息说明和提醒文件等形式公布评估结果。为加快 AICS 所列现有化学物质的评估进程，NICNAS 设立了名录分级评估和优先筛选计划，用于快速识别和评估受关注的化学物质，并通过加强化学物质安全信息传递促进澳大利亚市场上的工业化学物质的风险管理。

IMAP 的第一级风险评估是通过高通量的筛选评估，确认不会对人体健康和环境产生不可控风险的化学物质，即无须特别关注的化学物质；对于筛选评估结果显示可能需要关注的化学物质将进入下一级评估。第二级风险评估针对一个或一组化学物质开展，通过该（组）化学物质已有的国际上相关的评估结果、欧洲 REACH 注册卷宗、公开发表的文献摘要以及相关的化学品使用信息，采用澳大利亚境内使用情形和用量的默认值，对该（组）化学物质进行评估。评估完成后，对确认无须特别关注的化学物质，NICNAS 将向公众、工业界和政府相关部门公布该（组）化学物质的评估报告，并提出相应的风险管理建议；对需要进一步评估的化学物质进入下一级评估。第三级风险评估则需要收集更多的数据，如非公开的测试报告、工业界提供的实际使用信息和用量等，进行更深入的评估。IMAP 计划的框架[②]参见图 9-2。

从 2012 年开始，IMAP 计划开始其第一阶段[③]的评估。截至 2016 年 6 月 30 日，NICNAS 在 IMAP 框架下，已评估了 3 419 种[④]特定的工业化学物质，超过了在计划开始时预期完成 2 850 种（或 95%）化学物质评估的目标。第一阶段 3 000 种化学物质中还剩余 3.2%未进行评估，主要是因为数据不足、使用信息有限或者不能与其他第一阶段化学物质同组进行评估。其中一些化学物质将在未来两年内根据新的可用数据进行评估，例如，2018 年是欧盟 REACH 低吨位化学物质的注册截止期限，届时将有更多可用信息用于评估相应的化学物质。

---

① NICNAS 共公布了 43 份评估报告。其中有的报告为对一组化学物质的评估，例如用于工业表面涂层与油墨的铅化合物的评估报告就涵盖了 15 个 化学物质（根据 CAS 号统计）。

② Inventory Multi-tiered Assessment and Prioritisation (IMAP) Framework Review，NICNAS 下载链接：https：//www.nicnas.gov.au/_data/assets/word_doc/0018/35127/Inventory-Multi-tiered-Assessment-and-Prioritisation-Framework-Review-Document.docx。

③ 2012 年 7 月，NICNAS 从已有暴露数据的化学物质、需要关注或国外已经采取行动的物质、国际婴儿脐带血化学物质分析研究项目检测到的物质中筛选出 3 000 种，宣布开始第一阶段风险评估，预期用 4 年时间完成，工业界可自愿在 90 天内向 NICNAS 提交非公开的毒理和生态毒理数据。

④ 这其中包括了 515 种不在第一阶段清单上的化学物质，由于其与第一阶段清单上的化学物质非常相似，因此也被纳入 IMAP 第一阶段评估中。

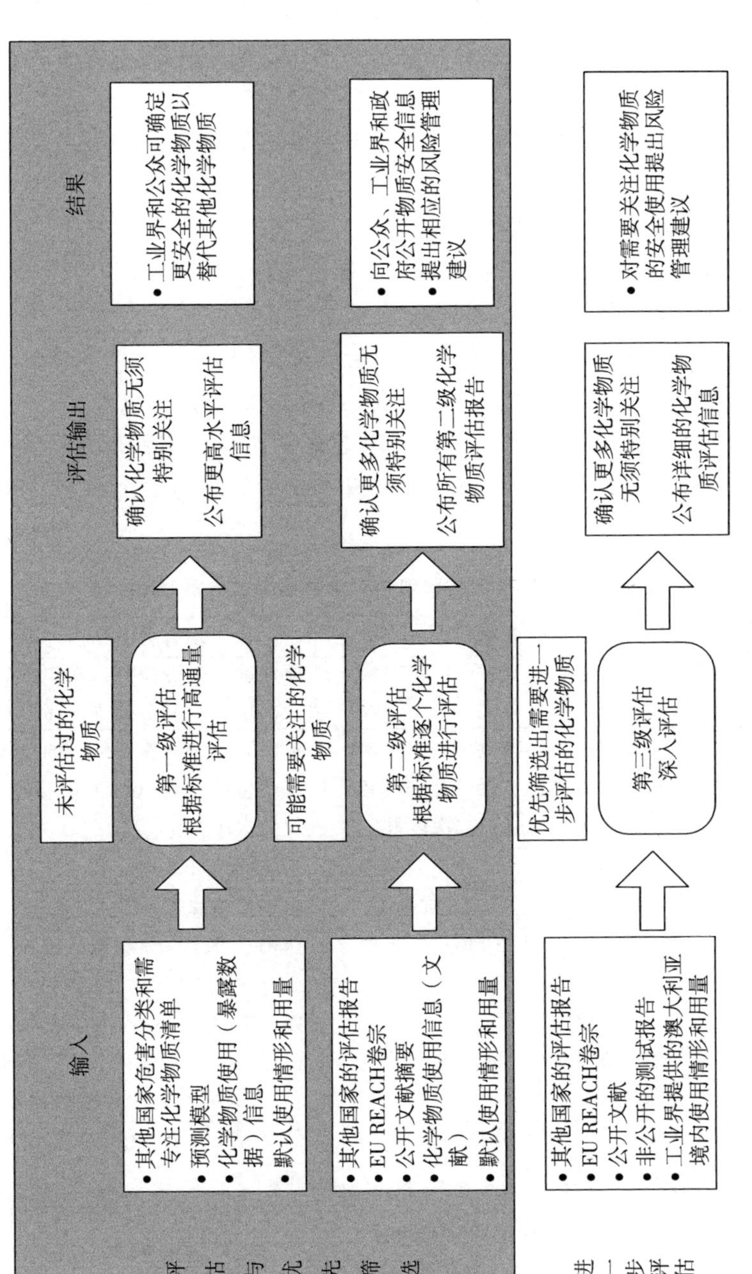

图 9-2 IMAP计划的框架

六、二次申报

对于NICNAS评估过的新化学物质或现有化学物质，当遇到以下可能增加职业健康和安全、公众健康或者环境风险的情况时，申报人须在28天内通知NICNAS。

(1) 可能增加对人类和环境暴露的或者改变暴露方式的化学物质的新的使用；

(2) 显著增加化学物质的进口/生产量；

(3) 由进口转为澳大利亚本土生产；

(4) 由LTD（小于1吨/年）转为STD（大于1吨/年）；

(5) 低关注聚合物（PLC）不再符合PLC的标准；

(6) 生产方法发生改变，可能导致风险增加；

(7) 化学物质对人体健康和环境造成不良效应的新的信息等。

如果确定新的信息对原评估报告结论有重要影响，NICNAS会公告要求对化学物质进行二次申报。新化学物质和现有化学物质的二次申报流程不同，具体可参考表9-7：

表9-7 新化学物质和现有化学物质二次申报对比

阶段	新化学物质	现有化学物质
NICNAS收到新信息	评估确定是否需要二次申报	评估确定是否需要二次申报。若不需二次申报，发布公告
要求二次申报	提供该化学物质新信息的申报人（其他生产和/或进口者也可能需要）进行二次申报	提供该化学物质新信息的申报人或所有信息持有者（以下简称所有人）进行二次申报
费用	收费	不收费
评估周期	收到信息起90天（可延长）	收到信息起6个月（可延长）
报告初稿修正	申报人收到初稿14天内回复	所有人收到初稿后28天内回复，NICNAS在28天内答复
报告初稿变更	只有申报人可要求变更初稿（修正时一并提出，无特殊流程）	修正结束后，所有人可在收到更新初稿后28天内申请变更，NICNAS会在56天内回复并通知所有人。
公众评论	公众可在最终报告公布28天内申请变更	公众可在上述“报告初稿变更”阶段评论
公布最终报告	最终报告提供给申请人28天后发布（除非有其他未解决的变更申请）	若报告初稿变更期未接到变更申请，报告可即刻发布。否则，报告可在“报告初稿变更”期结束56天后发布（除非有申诉）
申诉	可向行政上诉法庭申诉申请结论变更	可向行政上诉法庭申诉申请结论变更

七、NICNAS 修订

NICNAS 于 2015 年 5 月宣布对其法规进行修订，将涉及如何根据化学物质的风险特征重新平衡化学物质上市前和上市后的监管要求，简化新化学物质和现有化学物质的风险评估，更多利用其他国家（已有）的评估报告等多个方面内容的变化。NICNAS 的修订旨在通过简化评估流程和重新评估高风险工业化学物质的工作，确保澳大利亚健全的安全标准得以保持的同时，减轻工业化工行业的负担。NICNAS 修订进程见表 9-8：

表 9－8　NICNAS 修订时间表

重要日期	事件
2015 年 9 月	发布实施计划
2015 年 10 月	发布第一份征求意见文件，征求意见时间为 6 个星期 在悉尼和墨尔本召开研讨会，讨论征求意见文件
2016 年 1 月	发布第二份征求意见文件，征求意见时间为 6 个星期
2016 年 2 月	在悉尼和墨尔本召开研讨会，讨论征求意见文件
2016 年 3、4 月	发布第三份征求意见文件，征求意见时间为 4 个星期 在悉尼和墨尔本召开研讨会，讨论征求意见文件
2016 年 5、6 月 （因联邦选举推迟至 2016 年 10 月）	发布第四份征求意见文件，征求意见时间为 4 个星期 在悉尼和墨尔本召开研讨会，讨论征求意见文件
2016 年春季会议 （原定同年 8 月，因联邦选举推迟）	经政府同意，向议会提交修正案 经议会同意，修正案在春季/秋季会议上通过
2017 年 2—7 月 （延期，等待立法通过）	公布法规草案 制定法规
2017 年 8—12 月	辅助文件起草和征求意见（如指南，申报和评估申请表，标准操作流程等）
2018 年 1 月	发布辅助文件
2018 年 1—5 月	NICNAS 工作人员对受监管实体的培训和研讨会/培训
2018 年 7 月	开始全面实施（改革将从 2016 年开始逐步实施）。讨论文件将确定早期可能开始的改革，并寻求利益相关者的参与

参考文献：

[1] NICNAS handbook. Printed 26th Apr 2016. https：//www. nicnas. gov. au/ _ data/nicnas-handbook. pdf.

[2] 李政禹．国际化学品管理战略．北京：化学工业出版社．2006.

第十章
东南亚国家

近年来，随着社会经济的发展，东南亚各国相继制定了各自的化学物质管理的法律法规。本章简要介绍泰国、菲律宾、越南、新加坡、印度尼西亚等几个东南亚国家化学品管理的现状。在这几个国家中，除了菲律宾通过现有化学物质名录进行管理，其他国家大多以限制、许可、执照等方式对化学品进行管理。

第一节 泰国

从 20 世纪八九十年代开始，泰国经济得到迅速发展，尽管曾经受到亚洲经济危机的打击，但是在新世纪中，泰国的经济逐渐复苏，依靠其在东南亚地区优越的地理位置，泰国逐渐回到了东南亚第二大经济体的位置。作为一个新兴经济体和新兴工业化国家，化学工业是泰国最富活力的行业之一，并且在国内已经形成了从生产到物流运输的一套完善的基础设施。

泰国从 1960 年代初已经对毒性化学物质进行管理。在 1992 年颁布的《危害物质法案》(Hazardous Substance Act，B. E. 2535，HSA) 则替代了早期的对毒性化学物质进行管理的法案，并延续至今。在法案中明确表明，其管理的对象是具有特定危害的化学物质。这些危害包括：爆炸性、可燃性、氧化性以及过氧化物、具有人体健康毒性、传染性、放射性、致突变性、致癌性、生殖毒性[①]、腐蚀性、刺激性以及其他可能对人体、动植物、环境或者财产造成危害的化学物质，并对上述化学物质的生产、进口、出口和销售、储存和使用等活动进行管理。

《危害物质法案》是一部由多部门协作管理并执行的法案。包括 5 个主要部门，分别是工业部 (Ministry of Industry，MOI) 下的工业事务署 (Department of industry works，DIW)、食药管理署 (FDA)、农业部 (DOA)、能源经济署 (Department of Energy Business，DOEB) 以及和平使用原子能办公室[②]。其中由工业事务署牵头。

---

① 近年来，添加了致癌性和生殖毒性的危害。

② 该法案涉及的部委共有九个，文中所列的 5 个部委为主要决策者。

在法案中，其危害物质清单根据部门的不同，共有六份清单，收录 1 655 种[①]化学物质，分别对应不同的管理部门：农业部（709 种）、渔业署（23 种）、畜牧署（37 种）、食药管理署（266 种）、工业事务署（618 种）和能源经济署（2 种）。

根据法案，危害物质应该被分成 4 类。第一类化学物质（在工业事务署管理范围内共有 114 种），在生产、进口或者出口以及使用时，需要符合设定的规则和程序；第二类化学物质（在工业事务署管理范围内共有 30 种），在生产、进口或者出口以及使用前，需要提前向主管机构申报并设立相应的规则和程序；第三类化学物质（在工业事务署管理范围内共有 382 种），在生产、进口或者出口以及使用前，必须获得批准证书；第四类化学物质（在工业事务署管理范围内共有 92 种），禁止其生产、进口或者出口以及使用。

近年来，DIW 对于法案的执行情况也在发生变化。例如从 2013 年开始，DIW 严格要求工业用危险化学品的进口商向该部门提供其进口危险化学品 100%的成分列表，以期获得对该化学品的准确的危害分类。尽管 DIW 强调这些信息只会供其内部审核使用，但仍然在工业界引起了强烈的对于如何保护机密商业信息（Confidential Business Information，CBI）的担忧。DIW 表现出一定的灵活性，可以允许企业不通过其在泰国的代理商或者下游用户提交信息，而直接由企业交给 DIW。这在一定程度上有助于 DIW 收集到 100%的成分信息，并用其进行化学品危害分类的判断。

自 2015 年起，DIW 在原有清单的 5 个附录[②]的基础上，增加了附录 5.6 申报，要求具有上述十种危害特性，且年生产或者进口量超过 1 吨的化学品（即混合物）需要向 DIW 申报，并要求企业按照第一类化学物质对其进行管理。之后，于 2015 年 10 月份，DIW 启动了泰国现有化学物质名录的收集工作，并于 2016 年 8 月 6 日发布了该名录的初稿。泰国现有的化学物质名录融合了已在危害物质清单上的化学物质、DIW 查询系统中存储的化学物质以及海关清单上及企业根据附件 5.6 申报的化学品的信息。目前在 DIW 的官方网站上可以凭 CAS 号对化学物质列入名录与否进行检索[③]。

在名录收集完成后，尽管泰国尚未公布下一步对未列入名录的新化学物质和所收集到的现有化学物质将会如何进行差异化管理，但是可以预期泰国对于化学物质的管理即将进入一个全新的阶段。

---

① 由于有些化学物质会被不同的部门管理，因此在文中会被重复统计。

② 该 5 个附录分别对应：5.1 有明确界定的受控化学物质，如氯、醋酸、臭氧层消耗物质等；5.2 化学废弃物；5.3 用过的电子电器设备；5.4 其他物质；5.5 化学武器。

③ 目前只支持单个 CAS 号或者商品名加企业名称进行检索。

第二节 菲律宾

1990年，菲律宾国会通过了共和国法案6969《有毒有害物质和核废物法案》(Republic Act No. 6969 Toxic Substances and Hazardous and Nuclear Wastes Control Act，RA6969)，该法案旨在控制和管理新化学物质、有毒有害化学物质和核废物的进口、生产、销售、使用、运输以及处置等活动。本节主要针对化学物质的管理展开讨论。

菲律宾对新化学物质实行生产或进口前申报制度。“新化学物质”是指未列入《菲律宾化学品和化学物质名录》(Philippines Inventory of Chemicals and Chemical Substances，PICCS)的化学物质。对有毒有害物质，主要通过重点化学物质清单(Priority Chemical List，PCL)和化学物质控制令(Chemical Control Order，CCO)进行管理。

一、新化学物质管理

(一) 现有化学物质名录 (PICCS)

PICCS收录范围包括1988年1月1日至1993年12月31日在菲律宾市场上已经生产、进口、使用、销售、加工、储存、运输的化学物质。最初的核心名录于1994年至1995年完成，经环境管理局(Environmental Management Bureau，EMB)分三个阶段进行完善：第一阶段是EMB检查企业提报的物质CAS号的准确性以及标准化物质名称；第二阶段是将核心名录广泛分发给所有的潜在参与者以便给其他满足条件的化学物质重新提报的机会；第三阶段是与化学文摘服务(Chemical Abstract Service)签订协议备忘录，旨在将化学物质与正确的CAS号和相应的IUPAC或CAS名称进行比对，以确保PICCS正确性。

PICCS第一版于1995年发布，包含15 000种化学物质。随后进行了多次更新，现行的PICCS版本为2014年版，共包含47 048种化学物质。PICCS分为公开名录和保密名录，公开名录可通过输入CAS号、CAS名称、IUPAC名称或通用名称等信息在线查询(http：//119.92.161.2/internal/CasREgistry.aspx)；保密名录包含至少6 000种化学物质，企业不能直接查询，需委托EMB进行查询。

(二) 新化学物质申报

RA6969要求生产商和进口商在生产或进口前不早于180天不晚于90天向EMB通报即将生产或进口的新化学物质，并提交生产前/进口前申报

(Pre-manufacturing and pre-importation notification，PMPIN) 申请表进行新化学申报。值得注意的是，仅境内生产商或者进口商允许进行新化学物质申报。

1. PMPIN 申报

PMPIN 申请表有两种类型：简易 PMPIN 申请表（PMPIN Abbreviated form）和常规 PMPIN 申请表（PMPIN detailed form）。简易 PMPIN 申请表适用于已列入其他国家现有化学物质名录或者有足够信息证实该物质不会有不可控的风险的新化学物质。常规 PMPIN 申请表适用于生产商或进口商不能提供足够的文件证实新化学物质的安全性或者 EMB 认为所递交的信息不足以确定新化学物质的安全性的情况。

PMPIN 申报的资料要求包括：申请人信息、化学物质标识信息、生产/进口/使用信息、在其他国家的名录列入情况、理化信息、毒理学信息、生态毒理信息、安全数据表（SDS）。

对于理化信息、毒理学信息、生态毒理信息，简易 PMPIN 申请只需要提交结果及简要描述；而常规 PMPIN 申请需要提交测试数据，其中理化信息可能包括沸点、蒸气压、熔点、纯度、正辛醇水分配系数、水中溶解度和有机溶剂中的溶解度；毒理学信息可能包括致癌性、致突变性、致畸性、致敏性、急性毒性、慢性毒性和刺激性；生态毒理信息可能包括对水生动物的急性和慢性毒性（鱼类优先）、对陆生植物的毒性和环境归趋。

PMPIN 申报主管机构是 EMB 中央办公室。EMB 化学物质评审委员会收到申报材料后，会从危害鉴定、暴露评估、剂量效应评估、风险表征、风险管理等方面对新化学物质进行评估，90 天之内给出评审结果。如果提交的信息足以证实化学物质不会造成不合理的风险，EMB 将颁发 PMPIN 证；如果提交的信息不完整或不足以准确评估新化学物质造成的风险，申报文件将会被退回，申请也会被搁置直到补充材料提交给主管机构；如果提交的信息完整，且能够证实化学物质可能会造成不可控的风险，则该化学物质将会被列入 PCL，EMB 也会再议是否要颁发 PMPIN 证。

PMPIN 证批准之后，申报人可以开始进行生产或进口。申报人在开展活动之前，需递交生产或进口通报表，只有递交了该通报表，新化学物质才有可能被列入 PICCS。新化学物质加入公开名录还是保密名录取决于申报人是否在申请时要求保密。

2. PMPIN 豁免

满足下列情况，PMPIN 申报可以豁免。

(1) 小规模企业（Small Scale Manufacture，SSM）

SSM 是指年平均销售总额在过去五年不到一百万比索的生产商或国内分

销商和贸易商[①]。SSM 需向 EMB 提交小规模制造商或分销商声明表进行备案。

（2）少量化学品

① 对于年生产量、销售量或进口量小于 1 吨的新化学物质，可以免予 PMPIN 申报。但是进口商需要申请少量进口许可（Small Quantity Importation Clearance，SQI clearance）并取得 SQI 许可证。

② 年生产量或使用量小于 5 吨且不离开生产区域的新化学物质，可以免予 PMPIN 申报（不适用于进口）。

③ 对于年生产量、进口量或销售量小于 1 吨且仅用于非商业研究和开发的新化学物质，可以免予 PMPIN 申报，但是申请人需提交生产或进口用于研究和市场测试意向书（Letter of Intent to Manufacture or Import for Research and Market Test Form），并需遵守规定的条件[②]。

④对于年生产量、进口量或销售量小于 1 吨，且仅用于市场测试（非销售）的新化学物质，可以免于申请 PMPIN 申报，但是申请人需向 EMB 提交 LOI-1 申请表[③]。

（3）满足一定条件的聚合物，如新增单体和反应体小于 2%的聚合物、单体都列入 PICCS 的聚合物等[④]。

（4）属于 PICCS 的豁免类别的化学物质[⑤]。

（5）已列入 PICCS 的化学品和化学物质。

（6）非分离中间体。

（7）物品。

（8）在菲律宾出口加工区生产仅供出口的新化学物质。但是生产商需要在出口前向 EMB 提交出口通知。

EMB 要求企业在声明豁免之前向其进行咨询确认，即使满足 PMPIN 申报的豁免条件，企业仍需要针对不同的豁免情况履行相应的义务。

---

① 如果一个集团下有多个子公司，则销售总额需包括所有子公司的销售额。

② 根据与 EMB 中央办公室的沟通，生产或进口用于研究和市场测试意向书（Letter of Intent to Manufacture or Import for Research and Market Test Form）已经废除，申请人可以提交 SQI 豁免（研发用途）申请。目前我们并未看到有任何正式发布的文件提交此变化，因此仅列于此供读者参考。

③ 根据最近（2016 年）与 EMB 中央办公室的沟通，LOI-1 申请已经废除，申请人需要提交正式 SQI 申请，获得 SQI 许可证之后方可进口。目前我们并未看到有任何正式发布的文件提交此变化，因此仅列于此供读者参考。

④ 根据与 EMB 中央办公室的沟通，企业不可以自行判断聚合物的豁免。企业需要提交聚合物的信息给 EMB 中央办公室，获得 EMB 颁发的聚合物豁免确认函之后，聚合物才予以豁免。

⑤ PICCS 豁免类别包括天然物质，副产物，混合物，有其他法律法规管制的制成品如放射性物质、农药、药品、食品、消费品等。

3. SQI 许可证（SQI clearance）

年进口量小于 1 吨的新化学物质，进口商需要向 EMB 区域办公室申请少量进口许可证并获得批准。如果进口的新化学物质或者产品不需要再加工可直接进入消费者市场，那么即使该化学物质或者产品没有列入 PICCS 名录，也可以免予 SQI 申请，但是用于工业使用的新化学物质和产品不能豁免。

申请 SQI 许可证的资料要求包括：申请人信息、新化学物质标识信息、预计进口的含有该新化学物质的产品名称、所有成分信息（包括新化学物质的浓度）、进口量以及 SDS。

EMB 区域办公室收到申请材料后会审查资料的完整性及 SDS 上的生态独毒理和毒理学特性，如果资料完整，会在 20 个工作日内颁发 SQI 许可证。

SQI 许可证有效期为一年。根据最近的 EMB 备忘录（Memorandum Circular 2016—011[①]），自 2015 年 1 月 12 日开始，SQI 许可证最多可更新 4 次，之后申请人需要提交 PMPIN 申报。此外，SQI 许可证是针对含有新化学物质的产品颁发的，进口商需要监控产品的实际进口量，以确保其进口量不超过批准的量。同时，法规要求在 SQI 许可证批准期限内保留进口记录，并在货到港 60 天内提交；且每年公历年结束后 15 天内提交年度报告，包括新化学物质总进口量信息。

4. PICCS 证

EMB 会基于生产商或进口商的需求，针对已列入 PICCS 中的化学品和化学物质颁发 PICCS 证以证实该产品不含有新化学物质，不需要申请 PMPIN。

申请 PICCS 证需要提交申请人信息、产品名称、所有成分信息及 SDS。EMB 区域办公室负责审查及颁发 PICCS 证，审查时限为 15 个工作日。

二、重点化学物质清单（PCL）

EMB 综合考虑化学物质的毒性、持久性、生物蓄积性以及可能的暴露信息和生产使用量，筛选出可能对公众健康、工作场所和环境造成不合理的风险的化学物质，建立重点化学物质清单。目前清单上共有 48 种化学物质。

法规要求生产商、进口商和下游使用者在进口、生产或使用重点化学物

---

① 通函 2016—011“实施和执行 DENR 通函 2002—12（Memorandum Circular No. 2002—12）关于化学品控制令（CCO）、少量进口许可（SQI）和菲律宾现有化学物质名录（PICCS）以及 PICCS 证的指示。”（Memorandum Circular 2016—011 instructions on the implementation and enforcement of the devolved functions under DENR Memorandum Circular No. 2002—12 on “the chemical control orders（CCOs）, Small quantity importation（SQI）and Philippines inventory of chemicals and chemicals substances（PICCS）certification.）。

质之前向EMB中央办公室申请PCL合规证，且每年1月31日前递交上一年度活动报告。根据备忘录（Memorandum Circular 2014—003）[①]，如果混合物中含有PCL清单上的化学物质，且PCL物质浓度小于或等于1%时，PCL合规证可以豁免，但是申请人还是需要向EMB中央办公室提交PCL豁免申请表申请豁免。

申请PCL合规证的资料要求包括：①申请信；②经公证的申请表；③预期所有的下游用户信息，包括名称、地址、联系方式、上次进口量/使用量；④化学品安全技术说明书（MSDS）；⑤化学品管理计划包括储存、处理、运输和处置等；⑥应急响应计划；⑦操作人员对化学物质的使用和释放可能造成的危害的有基本的知识和认知，提供证明如培训或认证。对于生产商或使用者，除上述7项资料之外，还需要提交地下水、地表水和土壤污染的监测结果。

EMB中央办公室审查时限为20个工作日。PCL合规证有效期1年，如需更新，申请人需要至少在PCL合规证失效前20天或货物预期到港20个工作日前提出申请。

三、化学物质控制令（CCO）

对于公众健康、工作场所和环境造成严重影响的需要被严格管制、淘汰或禁止的重点化学物质，EMB逐一颁布了化学物质控制令，以禁止、限制或管控这类化学物质的使用、生产、进口、出口、运输、加工、储存、持有和销售。

考虑到对大量化学物质执行CCO的限制，以及工业界对新法规的反应时间，在1995—1998年，EMB仅对有限数量的化学物质实施CCO，包括消耗臭氧层物质（DAO 2013—25）、氰和氰化物（DAO 1997—39）、多氯联苯PCBs（DAO 2004—01）、石棉（DAO 2000—02）、汞和含汞化合物（DAO 1997—38）。2005年，DENR发布了第二批CCO名单（DAO 2005—05），包括含镉化合物、含铅化合物、含砷化合物、氯乙烯、苯和六价铬化合物。

1. CCO管制化学物质的一般要求

（1）CCO登记

在生产、进口、加工、使用、销售、储存、运输CCO管制化学物质之前要向EMB区域办公室申请CCO登记证。CCO登记证是基于企业的生产和储存设施颁发的，如果收货人没有储存设施，CCO登记不会被批准。

---

① 通函2014—003“DNER AO 2007—23的补充指南——规定颁发PCL合规证的附加要求。”（Memorandum Circular 2014—003 supplemental guidelines for the DNER AO 2007—23 Prescribing additional requirements for the issuance of the Priority Chemical List（PCL）compliance certificate.）。

（2）CCO 进口许可

根据备忘录（Memorandum Circular 2016—011），进口 CCO 管制化学物质之前除需完成 CCO 登记外，还要获得 CCO 进口许可。未完成 CCO 登记的物质，EMB 不会签发 CCO 进口许可。所有 CCO 进口许可需在化学品实际到达港前由 EMB 中央办公室和区域办公室担保并签发。EMB 要求不得对已经到港的化学品签发 CCO 进口许可。

（3）限制工业使用

逐步淘汰 CCO 管制化学物质的进口和生产，逐步替代 CCO 化学物质的使用和使用场所。

（4）年度报告要求

所有的生产商、进口商和使用者必须向 EMB 提交 CCO 化学物质年度报告，包括：生产经营场所信息，生产和管理信息，暴露的员工人数、工种和暴露持续时间，产生的废物以及储存、处理和处置信息（包括处置形式、方法、地点等）。

此外，对 CCO 管制化学物质还有标签、储存、处理和处置等要求，还要求相关企业进行自我检查并保存记录以备核查。

2. CCO 管制化学物质的特殊要求

除上述一般要求外，针对不同的化学物质，由于其性质不同，管控的种类不同，EMB 会有更加具体的要求。下文以第一批 CCO 管制物质中的汞和含汞化合物、氰和氰化物、石棉、多氯联苯以及消耗臭氧层物质为例介绍其具体要求[①]。

（1）汞和含汞化合物、氰和氰化物

进口商、生产商、分销商或使用者需 15 日内提交上一季度报告，并保留所有活动及转移的原始记录。向 EMB 提交的所有报告和在场所保留的记录必须使用 EMB 要求的格式，内容包括进口商、生产商、分销商和购买者的名称和地址，CCO 管制化学物质或含有该物质的产品的用途类别、用量、生产或使用产生的废物数量。所有报告和记录需保留，做到随时备查。化学品MSDS 应提供给所有相关人员，并在任何时候都在场所内显眼处显示。

汞和含汞化合物仅限用于：氯碱装置，采矿和冶金行业，电气设备（灯、弧焊整流器、电池等），工业控制仪表，制药，油漆制造，纸浆和造纸工业，牙科汞合金，工业催化剂，杀虫剂（杀菌剂）生产或配制。

氰和氰化物仅限用于：电镀工业、采矿冶金工业、钢铁制造、合成纤维和化学品、塑料生产、其他合法使用行业（如珠宝制造）。

---

① 由于篇幅限制，对于 CCO 管制化学物质的相关工作场所的操作、存储、管理计划、培训、标签等要求，不进行详细描述。

（2）石棉

所有使用石棉或含有石棉的产品的企业或个人需提交上一年的年度报告，并保留所有进口和生产记录。向EMB提交的所有报告和在场所保留的记录必须使用EMB要求的格式，内容包括进口商和生产商的名称和地址，生产和管理信息，石棉或含有石棉的产品的用途类别，生产或使用量，说明污染控制和安全装置以及防止或减少石棉向环境释放的预防措施，生产过程中产生的废物数量（包含分类为易碎和非易碎石棉废料），处理、储存和处置信息。所有报告和记录需保留，做到随时备查。

石棉和含有石棉的材料仅限用于：防火服、屋面用毡或相关产品、石棉水泥屋面、石棉水泥平板、摩擦材料、高温纺织品、垫圈、机械包装材料、高档电子纸、电池隔板、其他高密度产品。

禁止各种形式的石棉用于：玩具、管道和锅炉防护套、低密度接合剂、波纹纸和商业纸、未经处理的纺织品、地板毡和覆盖物、特种纸和其他低密度产品等。严禁使用铁石棉（棕色）和青石棉（蓝色）石棉纤维和含有这些纤维的产品。不允许在建筑物中喷洒所有形式的石棉。

（3）多氯联苯PCBs

根据DAO 2004—01和DAO 2007—19，自2010年3月19日开始禁止和淘汰PCBs的进口、销售、转让和使用。所有使用多氯联苯的企业或个人需提交年度报告，首次年度报告应在CCO登记完成后六个月内提交，随后的年度报告应在每年的十二月底提交。年度报告内容包括活动类别（生产商、使用者、进口商、出口商、废物处置者、废物运输），企业或个人名称和地址（包括贸易地址、工厂设施地址、储存地址、处置地址），联系人信息，直接和间接负责PCBs及PCB设备管理的员工数量和工种以及他们的资历和工作培训，暴露于PCBs的员工人数和暴露持续时间，储存、处理和处置方案等。

关于PCBs的管理，EMB还专门发布了一个技术指南文件，详细介绍了如何进行PCBs登记、库存目录、处理、处置、制定应急响应、员工培训和管理计划等。

（4）消耗臭氧层物质（ODS）

任何企业或个人进口或出口ODS之前需要在EMB中央办公室完成登记。登记证有效期为一年。

ODS进口之前，进口商必须向EMB获得装运前进口许可证（Pre-shipment Importation Clearance，PSIC）。PSIC基于每件货物发放，任何未被PSIC涵盖的ODS货物，均被视为非法进口，货物会被没收。ODS出口之前，已登记的出口商必须向EMB获得装运前出口许可（Pre-shipment Export Clearance，PSEC）。PSEC基于每件货物发放，任何未被PSEC涵盖的ODS

货物，均被视为非法出口，货物会被没收。

ODS 淘汰计划见表 10－1。

表 10－1 菲律宾 ODS 淘汰计划

法规附件	受控物质	淘汰时间
附件 A 第一类	CFC	1998 年 1 月 1 日
附件 A 第二类	哈龙	1999 年 1 月 1 日
附件 B 第一类	CFC	1999 年 1 月 1 日
附件 B 第二类	四氯化碳	1996 年 1 月 1 日
附件 B 第三类	甲基氯仿	1996 年 1 月 1 日
附件 E	甲基溴	2009 年 1 月 1 日
附件 C 第一类	HCFC	① 2013 年 1 月 1 日，进口量冻结在基准线上 ② 2015 年 1 月 1 日，基准限值基础上，削减 10%。除了维修和溶剂行业外，绝对禁止进口用于泡沫（硬泡和软泡）制造的 HCFC-141b 和预混多元醇 ③ 2020 年 1 月 1 日，基准限值基础上，削减 35%；除了维修行业外，绝对禁止进口用于制造制冷和空调的 HCFC-22 ④ 2025 年 1 月 1 日，基准限值基础上，削减 67.5%；除了维修行业外，绝对禁止进口用于冷却装置的冷却剂和灭火剂的 HCFC-123 ⑤ 2030 年 1 月 1 日，基准限值基础上，削减 97.5%；绝对禁止所有进口含有氟氯烃（HCFCs）的混合物 ⑥ 2040 年 1 月 1 日，完全禁止进口，包括禁止为制造和维修行业进口各种氟氯烃物质，但必要用途除外 ⑦ 在 2030—2040 年，允许每年进口基准消费量 2.5% 用于维修行业

第三节 越南

2007 年 11 月 21 日，越南第十二次国民大会通过了《化学品法》(Law on chemicals, Order No. 06/2007/QH12)，于 2008 年 7 月 1 日起实施。《化学品法》是一个综合性的化学品管理体系，涵盖了限制性的化学物质管理、新化学物质管理和 GHS 分类等内容。该法规定：在满足适当条件方能生产和贸易清单上的化学物质、限制生产和贸易清单上的化学物质在生产和进口前需申请证或执照；在有制定事故预防和响应计划要求及制定应对措施要求的清单上的化学物质需要申请批准。同时，该法列出了必须申报和禁用的化学物质清单。目前越南政府现有化学物质名录尚未正式发布。

因应《化学品法》的要求，越南政府相继发布了相应的法规，包括：

2008 年 10 月 7 日，《化学品法》指南文件 Decree No. 108/2008/ND－CP 发布，随后正式实施；2010 年 6 月 28 日，工业贸易部（Ministry of Industry and Trade，MOIT）发布了实施细则 Circular 28/2010/TT－BCT，并于 2010 年 8 月 16 日起实施；Decree No. 26/2011/ND－CP 作为 Decree No. 108/2008/ND－CP 的补充文件于 2011 年 4 月 8 日发布，自 2011 年 6 月 1 日起实施。

一、《化学品法》限制性的化学物质清单

1. 满足适当条件方能生产和贸易的化学物质清单

该清单上的化学物质是在生产和贸易中有严格技术安全要求的危险化学物质，要求在进行生产或贸易之前向省/市工业贸易部门申请生产和贸易资格证。该清单上共有 1 000 多种化学物质，包含化学物质名称和 UN 号码。清单可参考工业贸易部 2010 年 6 月 28 日发布的 Circular No. 28-2010- TT-BCT 附件 1。

申请生产和贸易资格证需要提交申请表、营业执照复印件、危险化学物质的安全技术说明书、技术部主任或副主任的学位证复印件、技术人员的技能培训证书以及工作人员名单和健康证明，包括直接从事危险化学品生产、储存和运输的管理人员、技术人员和雇员。

省/市工业贸易部门审查时限为 20 天。如申请资料不完整，省/市工业贸易部门会在收到申请材料 5 天后给出书面意见要求补充资料，并说明理由。生产和贸易资格证有效期为五年。申请人还需要在每年 6 月 10 日和 12 月 10 日之前提交活动报告。

2. 限制生产和贸易的化学物质清单

该清单上的化学物质是对安全技术以及生产和贸易范围、类型、规模和持续时间有特殊控制要求的危险化学物质，要求在生产或贸易之前向 MOIT 化学品部申请许可。该清单上共有 212 种化学物质，包含化学物质的名称、CAS 号和分子式。清单可参考工业贸易部 2011 年 4 月 8 日发布的 Decree No. 26/2011/ND－CP 附件Ⅱ。

申请许可需要提交的资料与申请生产和贸易资格证类似，包括申请表，营业执照复印件、危险化学物质的安全技术说明书、技术部主任或副主任的学位证复印件、技术人员的技能培训证书以及工作人员名单和健康证明，包括直接从事危险化学品生产、储存和运输的管理人员、技术人员和雇员。

MOIT 化学品部审查时限为 20 天。如申请资料不完整，化学品部会在收到申请材料 5 天后给出书面意见要求补充资料，并说明理由。许可有效期为三年。申请人还需要在每年 6 月 1 日和 12 月 1 日之前提交活动报告。

3. 禁用化学物质清单

该清单上的化学物质是非常危险的化学物质，除科学研究、国防和安保

或流行病预防和控制等特殊情况外，任何组织和个人不得生产、贸易、运输、储存和使用。生产、进口和使用禁用化学物质必须获得总理的许可。

该清单上共有 12 种化学物质，包含化学物质名称、CAS 号和海关编码。清单可参考工业贸易部 2008 年 10 月 7 日发布的 Decree No. 108-2008-ND－CP 附件Ⅲ。

4. 有事故预防、响应计划和安全距离要求的化学物质清单

该清单上共有 283 种化学物质，包含化学物质名称、CAS 号和化学物质储存限值。生产、贸易、使用、储存该清单上的化学物质，应将工厂或仓库与住宅区、公共工程、历史文物、风景区、自然保护区、国家公园、生物圈保护区、物种生态保护区、海洋保护区和日常生活用水源等建立安全距离①；如果其数量超出化学物质的储存限值，应制订化学品事故预防和响应计划，并提交给工业贸易部或省/市工业贸易部门获批准。清单可参考工业贸易部 2011 年 4 月 8 日发布的 Decree No. 26/2011/ND-CP 附件Ⅳ。

化学物质事故预防和响应计划审查时限为 30 天。批准之后，申请人应在生产、贸易、使用和储存危险化学物质时严格遵守其要求。如果项目建设过程中发生变化，导致批准的化学物质事故预防和响应计划发生变化，申请人应报告变更以供审议和决定。危险化学品生产、贸易、使用或储存企业应根据化学物质事故预防和响应计划，每年组织化学品事故预防和应对演练。申请人还需要在每年 6 月 1 日和 12 月 1 日之前提交活动报告。

5. 有申报要求的化学物质清单

该清单共有 93 种化学物质，包含化学物质名称和海关编码。生产商需要在每年 1 月 31 日前向省/市工业贸易部门书面申报，省/市工业贸易部门每年 3 月前向 MOIT 提交审查结果。进口商应在清关之后的 15 个工作日内向 MOIT 提交书面申报。用于安全、国防或应对自然灾害、疾病或流行病的紧急情况而生产或进口的化学物质免于申报。清单可参考工业贸易部 2011 年 4 月 8 日发布的 Decree No. 26/2011/ND－CP 附件Ⅴ。

6. 有贸易控制表要求的有毒化学物质清单

该清单共有 366 种化学物质，包含化学物质名称、分子式和 CAS 号，清单可参考工业贸易部 2011 年 4 月 8 日发布的 Decree No. 26/2011/ND－CP 附件Ⅵ。

该清单要求有毒化学物质的买卖双方在交易时制备贸易控制表，并将其保存至少五年。贸易控制表上的信息应包括化学品名称、交易量、用途、买卖双方签名、身份识别号码、地址以及交货日期。

---

① 安全距离的确定需基于危险化学物质生产或储存设施所在地的具体水文气象和地形条件以及危险化学物质生产或储存过程的技术条件。

7. 事故预防和应对措施要求的化学物质清单

该清单共有 1 467 种化学物质，包含化学物质名称、CAS 号、分子式、阈值等信息，清单可参考工业贸易部 2011 年 4 月 8 日发布的 Decree No. 26/2011/ND－CP 附件Ⅶ。

从事生产、贸易、储存和使用该清单上的化学物质的企业应制定事故预防和应对措施，并申请证书。主管机构审查时限为 20 个工作日，在颁发证书之前还会进行现场检查。

8. 新化学物质登记

《化学品法》要求对新化学物质实施生产或进口前登记。新化学物质是指未列入越南政府现有化学物质名录的化学物质。

2016 年 9 月 15 日，MOIT 数据中心和化学事故响应部门发布了现有化学物质名录草稿以征求意见，包含 3 023 种化学物质，主要来源于现有的限制性的化学物质清单和工业界自愿提报的化学物质。根据最近与 MOIT 的沟通，越南预计于 2017 年 2 月开展第二轮征求意见，但是仍不清楚何时发布正式的现有化学物质名录。

二、其他限制性的化学物质清单

1. 危险化学物质清单

2013 年 4 月 22 日，MOIT 发布了危险化学物质清单（Circular No. 07/2013/TT－BCT），要求所有生产商、进口商和使用者在生产、进口或使用清单上的物质之前向 MOIT 登记，自 2014 年 1 月 1 日起实施。该清单上共有 117 种化学品，包含化学品名称、分子式和 CAS 号。

申请登记需要提交化学品名称、分子式、物理状态、预期年使用量、原产地、用途等信息。另外，所有生产商、进口商和使用者需在每年 6 月 10 日和 12 月 31 日以前提交活动报告包括危险化学物质的用途和用量等信息。

2. 消耗臭氧层化学物质

2005 年 7 月 11 日，贸易部（工业贸易部前身）和国土资源部联合颁布了进口、出口、临时进口用于出口消耗臭氧层物质的法规 Circular No. 14/2005/TTLT－BTM－BTNMT，要求附录 1 物质（即蒙特利尔议定书附件 A 和附件 B 所列物质）在 2010 年之前逐步淘汰，以履行 1985 保护臭氧层维也纳公约和 1987 关于消耗臭氧层物质的蒙特利尔议定书的国际义务。

2011 年 12 月 30 日，MOIT 和自然资源与环境部（Ministry of Natural Resources and Environment，MNRE）颁布了 Circular No. 47/2011/TTLT－BCT－BTNMT，于 2012 年 1 月 1 日实施，同时 Circular No. 14/2005/TTLT－BTM－BTNMT 废止。该法规要求：

① 对于附录 2 物质 HCFCs（即蒙特利尔议定书附件 C 所列物质），包括 HCFC－141b 预混合多元醇，按照进口配额进行管理（表 10－2）；

② 贸易商在进口或出口 HCFCs 之前需要向 MNRE 登记并获得登记证，另外，进口 HCFCs 还需要在获得 MNRE 的登记证后向 MOIT 申请进口执照；

③ 临时进口 HCFCs 用于出口的贸易商需要向 MOIT 申请进口执照；

④ 进口 HCFC－141b 预混合多元醇需要向 MNRE 申请登记证。

MNRE 和 MOIT 审查时限通常为 7 个工作日。申请人需要在每年 12 月 31 日前提交年度报告，另外，在 MOIT 申请进口执照的贸易商还要求在下个季度 5 日之前提交季度报告。

表 10－2　HCFCs 进口配额（单位：吨）（2012 年 1 月 1 日至 2019 年 12 月 31 日）

物质/年	2012	2013	2014	2015	2016	2017	2018	2019
HCFC-141b	500	300	150	0	0	0	0	0
其他 HCFC	3 700	3 400	3 700	3 600	3 600	3 600	3 600	3 600

2016—2019 年，HCFCs 进口配额将逐年减少；MNRE 在每年 11 月 31 日之前向 MOIT 发布实际淘汰的 HCFCs 数量通知，MOIT 根据 MNRE 的通知在下一年 1 月 31 日之前宣布减少的 HCFCs 进口配额。

2019 年后，MOIT 和 MNRE 根据越南 HCFCs 淘汰情况和蒙特利尔议定书缔约方的决议再更新 HCFCs 年度进口配额。

第四节　新加坡

新加坡是全球重要的港口、航运枢纽和中转贸易中心。自 20 世纪 60 年代以来，新加坡致力于工业化，经济规模迅速发展迅速，化学与化工产业是其工业产业的主要组成部分。同时由于其作为航运枢纽的便利，化学品的贸易和转运也是新加坡国民经济的重要支柱之一。

新加坡是面积约 620 平方千米的岛屿，其平均人口密度约为 4 000 人每平方千米，这样高的人口密度使得对化学品的管控尤为必要，以防止或降低公众暴露于有害物质意外释放的可能。此外，新加坡的大部分地区被用作集水区，为了保护饮用水源免受污染，有必要确保化学品储存设施和运输尽可能避开这些区域。

新加坡的化学品管理主要是针对人体及环境有害的危险化学物质进行许可管理，目前没有新化学物质的管理要求。本节主要介绍与化学品管理相关的三部法案：1999 年 4 月 1 日实施的《环境保护管理法案》（Environmental Protection and Management Act，EPMA），1994 年 4 月 8 日实施的《消防安全法》

(Fire Safety Act，FSA）和1939年12月1日实施的《毒物法》(Poisons Act)。

一、《环境保护管理法案》（EPMA）

为了保护操作工人、公众和环境，新加坡于1999年4月1日实施了EPMA。该法案是一部综合性的环境管理法规，涵盖了有害物质控制、空气污染控制、水污染控制、土地污染控制、噪声控制等。其间经过二十多次修订，最新版EPMA是2016年6月1日发布的，将于2017年6月1日起实施。本节主要根据该最新版EPMA进行介绍。

EPMA法案下共有11个法规，与化学品管理相关的是RG4《环境保护管理（有害物质）法规》和RG9《环境保护管理（消耗臭氧层物质）法规》。《环境保护管理（有害物质）法规》于1999年4月1日开始实施，其后经过多次修订，目前实施的版本是2015年1月1日起执行的。《环境保护管理（消耗臭氧层物质）法规》最早的实施日期为2001年1月1日，其间经过两次修订，第三版于2008年1月31日实施。

EPMA主要通过许可证管理的方式控制有毒和对环境有害的化学品，主管机构为国家环境署（National Environmental Agency，NEA）下的污染控制部（Pollution Control Department，PCD)。

1. 有害物质执照

任何人进口、生产或销售EPMA管控的有害物质必须获得有害物质执照。有害物质是指EPMA附件二第一部分有害物质清单（又称Table Ⅰ）上所列的物质①，目前共有127种。

EPMA附件二第一部分有害物质清单的第二列为豁免条件，第二部分为一般豁免条款，满足这些豁免条件或条款的有害物质可以免于申请有害物质执照。

申请有害物质执照需要在线申请，所需填写的资料包括但不限于以下要求：

(1) 申请人所属公司的工商注册号/唯一实体号（Unique Entity Number，UEN）信息；

(2) 申请人姓名、学历和电子邮件地址，如申请人是外国人，还需提交就业证；

(3) 环境部中央建筑计划组颁发的使用工业用地许可证；

(4) 使用/储存危险物质的类型和最大数量；

(5) 储存区域/设施的详细信息；

---

① Part I "Hazardous Substances" of Second Schedule "Control of hazardous substances", EPMA.

（6）详细制定应急行动计划，以减少危险物质泄漏/释放。

PCD 审查时限为 7 个工作日。如果申请人可以证明有害物质将被安全储存在批准的地点并符合所有储存要求，所属工厂有害物质使用用途已获批准，申请人已经通过了新加坡环境研究所（Singapore Environment Institute，SEI）开展的有害物质管理课程和至少是技术文凭的学历，PCD 将会授予有害物质执照。

有害物质在海关进口申报时会经过 PCD 审核。只有持有效的有害物质执照和运输批准的进口商，PCD 才会批准进口，货物才准予清关。

2. 有害物质许可证

任何人购买、储存和/或使用《环境保护管理（有害物质）法规》管控的有害物质必须获得有害物质许可证。这里的有害物质是指《环境保护管理（有害物质）法规》附件有害物质清单[①]（又称 Table 2）上所列的物质。

如已经获得 EPMA 下批准的有害物质执照，则可以储存批准的有害物质，而不需再额外申请有害物质许可证。

申请有害物质许可证需要在线申请，所需填写的资料包括但不限于以下要求：

（1）PCD 颁发的有害物质执照；

（2）SCDF 颁发的危险品运输驾驶执照；

（3）进出口和本地交付路线详细信息，以及所有有害物质每次最大运输量；

（4）小型和大型包装化学品容器的详细信息；

（5）核准的第三方检验机构颁发的大容器/气瓶认证。

PCD 审查时限为 7 个工作日。如果申请人可以证明有害物质将被安全储存在批准的地点并符合所有储存要求，所属工厂有害物质使用用途已获批准，已声明阅读并理解 EPMA 及其法规，PCD 将会授予有害物质许可证。

3. 运输批准

《环境保护管理（有害物质）法规》附件有害物质清单（又称 Table 2）给出了可允许运输的最大限值。任何人运输或委托运输有害物质超过规定的限值必须获得运输批准。

如果申请人持有有害物质执照，且可以证明有害物质将被按照所有运输要求安全运输，PCD 将会签发运输批准书。

4. 消耗臭氧层物质

消耗臭氧层物质作为有害物质进行管理[②]。根据 EPMA 以及《环境保护管理（消耗臭氧层物质）法规》，进口、出口或销售 ODS 之前需要申请有害

① The schedule "Hazardous Substances" of Environmental Protection and Management (Hazardous Substances) Regulations

② 受控消耗臭氧层物质已经包含在 EPMA 附件二第一部分有害物质清单中。

物质执照。此外，出口许可或批准应从出口国主管的环境局获得，并在出口受控消耗臭氧层物质之前提交 PCD 进行评估。

新加坡禁止从非《蒙特利尔议定书北京修正案》缔约方的国家进口和/或出口 HCFCs。在交易之前，进口商和/或出口商应承担检查的责任。

新加坡根据国际协定所规定的逐步淘汰时间表实施了逐步淘汰消耗臭氧层物质的控制措施，参见表 10－3。

表 10－3　新加坡实施的控制措施摘要

日期	控制措施
1989 年 10 月 5 日	对 CFCs 实施配额制度
1991 年 2 月 5 日	禁止进口和生产含有 CFCs 的非医药气溶胶产品和聚苯乙烯板/产品
1992 年 1 月 1 日	(1) 禁止将 Halon 1301 用于新的消防系统 (2) 禁止进口哈龙 Halon 2402
1994 年 1 月 1 日	禁止进口 Halon 1211 和 Halon 1301
1993 年 1 月 1 日	禁止进口使用 CFC 11 和 CFC 12 的新空调和制冷设备
1994 年 4 月 15 日	禁止进口装有 Halon 1211 的灭火器
1995 年 1 月 1 日	所有新车必须配备非 CFC 空调系统
1995 年 4 月 1 日	禁止进口 HBFC
1996 年 1 月 1 日	禁止进口 CFCs、四氯化碳和 1，1，1-三氯乙烷（甲基氯仿）
2002 年 1 月 1 日	冻结消耗非检疫和装运前（非 QPS）应用的甲基溴（MeBr）
2013 年 1 月 1 日	对 HCFCs 实施配额制度，直到 2030 年逐步淘汰
2015 年 1 月 1 日	淘汰用于非检疫和装运前（非 QPS）应用的甲基溴（MeBr）

2008 年 5 月 6 日，NEA 发布了关于加速淘汰 HCFCs 的通知，该通知要求：

(1) 2013 年 1 月 1 日之前冻结 HCFC 的生产和消费量为 2009 年和 2010 年的年均产量/消费量；

(2) 在 2015 年 1 月 1 日之前将 HCFC 的生产和消费量减少 10%；

(3) 到 2020 年 1 月 1 日，将 HCFC 的生产和消费量减少 35%；

(4) 到 2025 年 1 月 1 日，将 HCFC 的生产和消费量减少 67.5%；

(5) 到 2030 年 1 月 1 日逐步淘汰 HCFC 的生产和消费。

2030—2040 年，允许 2.5%的 HCFC 用于现有的制冷和空调设备的维修，2025 年将对此进行审查。

二、消防安全法

为了防止石油和易燃物可能造成的火灾危险以及被恐怖分子或其他组织

用于制造武器，SCDF 于 1994 年 4 月 8 日开始实施《消防安全法》，其间进行了多次修订，目前实施的版本为 2013 年 9 月 1 日起执行的。其中，对于化学品，要求任何人在进口、运输、储存石油及易燃物超过规定的限值时，申请石油及易燃物执照。

在《消防安全法》框架下，SCDF 颁布并实施了《消防安全（石油及易燃物）法规》① 和消防安全（石油及易燃物——豁免）令②，对相应化学品的管理进行详细说明。

《消防安全（石油及易燃物）法规》管控的化学品有三类：石油、易燃物以及含有石油和/或易燃物的混合物。

（1）石油

石油是指闪点低于 93℃（199℉）的烃类（即分子结构中仅含有碳和氢），包括原油、液化石油气和其他天然来源于原油、煤、页岩、泥炭或其他沥青物质的烃类。进一步可分为以下几类：

① 0 级——液化石油气；

② Ⅰ级——闪点＜23℃；

③ Ⅱ级——23℃≤闪点 ≤60℃；

④ Ⅲ级——60℃＜闪点＜93℃（柴油是唯一可获许可的产品）。

（2）易燃物

SCDF 发布了管控的易燃物清单，包括 366 种化学品，清单可参考《消防安全（石油及易燃物）法规》附件 4③。SCFD 会定期审查并更新该清单。

（3）混合物

任何含有石油和/或易燃物的且其闪点低于 60℃（140 ℉）的混合物。

1. 豁免类别

以下类别的成品，可免于申请石油及易燃物执照。①黏合剂；②香烟打火机和便携式气体打火机；③化妆品和美容产品，包括发型产品；④食品和饮料，包括酒；⑤杀虫剂和农药；⑥漆溶剂；⑦润滑剂；⑧药品；⑨油漆；⑩清漆。

2. 进口和运输石油及易燃物

任何人在进口和/或运输石油及易燃物超过表 10 - 4 所列豁免数量，需要申请石油及易燃物进口执照和/或石油及易燃物运输执照。

---

① 《消防安全（石油及易燃物）法规》最早于 2005 年 2 月 16 日开始实施，其间经过多次修订，目前实施的法规为 2015 年 8 月 1 日执行的版本。

② 消防安全（石油及易燃物——豁免）令最早于 2005 年 2 月 16 日开始实施，其间经过多次修订，目前实施的法规为 2014 年 3 月 17 日执行的版本。

③ Fourth schedule "Flammable Materials" of Fire Safety (Petroleum and Flammable Materials) Regulations.

表 10－4 石油及易燃物进口和运输豁免数量[①]

类别	豁免数量	备注
石油 0 级	130 千克	（毛重）不超过 2 缸
石油Ⅰ级	20 升	用于运送货物的车辆不加顶盖
石油Ⅱ级	200 升	用于运送货物的车辆不加顶盖
石油Ⅲ级	200 升	用于运送货物的车辆不加顶盖
固体易燃物	10 千克	
液体易燃物	20 升	
气体易燃物	130 千克	不超过 2 缸

3. 储存石油和易燃物

储存石油超过表 10－5 所列豁免数量或储存易燃物超过消防安全令（石油及易燃物——豁免）附件 2[②] 关于 366 种易燃物规定的豁免数量，需要申请石油及易燃物储存执照。

表 10－5 石油储存豁免数量[③]

类别	场所	豁免数量
石油 0 类	私人住宅	不超过 30 千克，不超过 2 缸
	开放式餐饮区	每个摊位不超过 30 千克，饮食场所存放的最大数量不超过 200 公斤
	餐厅使用	每个厨房不超过 200 千克
	工厂	每个工厂不超过 300 千克
石油Ⅰ级	私人住宅或工厂以外的其他地方	不超过 20 升
	工厂	每个工厂不超过 400 升
石油Ⅱ级	私人住宅或工厂以外的其他地方	不超过 200 升
	工厂	每个工厂不超过 1 000 升
石油Ⅲ级	私人住宅或工厂以外的其他地方	不超过 1 500 升
	工厂	每个工厂不超过 1 500 升

法规还要求转移石油和易燃物时，执照持有人需确认接收者是否持有有

① Second schedule "quantities requiring Import and Transport License" of Fire Safety (Petroleum and Flammable Materials) Regulations.

② Second schedule "Quantities of flammable material not requiring storage license" of Fire Safety (Petroleum and Flammable Materials - Exemption) Order.

③ First schedule "Quantities of Petroleum Not Requiring Storage License" of Fire Safety (Petroleum and Flammable Materials - Exemption) Order.

效的执照。任何执照持有人不得售卖、供应石油和易燃物超过规定的限值，不得向没有持有有效执照的接收者售卖、供应。

4. SCDF 和 NEA 联合管控 14 种物质

2016 年 10 月 14 日，SCDF 发布了 SCDF 和 NEA 联合管控 14 个物质的通知，于 2016 年 11 月 13 日实施。联合管控的 14 种物质见表 10－8。

该通知要求进口商在海关申报系统（TradeNet 系统）申请进口表 10－8 中的受控物质之前，必须已经同时获得 SCDF 颁发的进口和储存执照以及 NEA 颁发的有害物质执照①。不论进口量是否超过 SCDF 豁免数量，所有贸易商和申报代理都必须同时申报相应的 NEA 和 SCDF 产品代码。

出口受控物质（表 10－8 中 7～14 项），出口商只需要获得 NEA 颁发的有害物质执照②。贸易商和申报代理只需要申报相应的 NEA 产品代码即可。

表 10－8　SCDF 和 NEA 联合管控的有害物质

序号	受控物质名称	SCDF 豁免数量（毛重）	海关编码	SCDF 产品代码	NEA 产品代码
1	Difluoroethane(HFC-152a) 二氟乙烷	130 kg	29033990	SCDDFE1030G1	PCDHFC152
2	1，1-Difluoroethylene（HFC-1132a) 1,1-二氟乙烯	130 kg	29033990	SCDDFE1959G1	PCDHFC132
3	Difluoromethane(HFC-32) 二氟甲烷	130 kg	29033990	SCDDFM3252G1	PCDHFC032
4	Methylfluoride(Fluoromethane)(HFC-41) 氟代甲烷	130 kg	29033990	SCDMEF2454G1	PCDHFC041
5	1，1，1，3，3-pentafluorobutane（Pentafluorobutane）（HFC-365mfc) 1,1,1,3,3-五氟丁烷	20 L	29033990	SCDPFB1993L2	PCDHFC365
6	1，1，1-Trifluoroethane（HFC-143a) 1,1,1-三氟乙烷	130 kg	29033990	SCDTFE2035G1	PCDHFC143
7	1-Chloro-1，1-difluoroethane (HCFC-142b) 1-氯-1,1-二氟乙烷	130 kg	29037400	SCDCDEL2517G1	PCDODC034

① NEA 颁发的有害物质执照仅适用于受控物质 7～14 项。

② SCDF 对于出口没有要求。

续表

序号	受控物质名称	SCDF 豁免数量（毛重）	海关编码	SCDF 产品代码	NEA 产品代码
8	Ethyl isocyanate 异氰酸乙酯	20 L	29291090	SCDEIC2481L1	PCDETH116
9	Isobutyl isocyanate 异氰酸异丁酯	20 L	29291090	SCDIBI2486L1	PCDISO116
10	Isopropyl isocyanate 异氰酸异丙酯	20 L	29291090	SCDIPI2483L1	PCDISO117
11	Methoxymethyl isocyanate 甲氧基甲基异氰酸酯	20 L	29291090	SCDMMI2605L1	PCDMET123
12	Azodi(methylbutyronitrile)/2,2′-Azobis(2-methylbutyronitrile) 2,2′-偶氮二(2-甲基丁腈)	10 kg	29270090	SCDAMB3030S2	PCDAZO111
13	Azobis(dimethylvaleronitrile)/2, 2′-Azobis (2, 4-dimethylvaleronitrile) 2,2′-偶氮二(2,4-二甲基戊腈)	10 kg	29270090	SCDADV3236S2	PCDAZO112
14	Azobis (methylpropionitrile), Azobis-isobutyronitrile/2, 2′-Azobis(isobutyronitrile) 偶氮二(甲基丙腈),偶氮二异丁腈/2,2′-偶氮二(异丁腈)	10 kg	29270090	SCDAMP2952S2	PCDAZO113

三、《毒物法》

新加坡的《毒物法》于 1939 年 12 月 1 日开始实施，其间经过多次修订，目前实施的版本为 2015 年 11 月 13 日起执行的法案。该法案旨在管控进口、生产、合成、持有、销售、储存和运输毒物以防止滥用或非法转用毒药。在《毒物法》框架下，健康与科学署（Health and Science Authority，HSA）发布了《毒物条例》① 对于如何管理毒物给出了详细指南。该法规要求在进口、持有或销售毒物之前需要申请执照，任何人没有获得执照不得进口、持有、

① 《毒物条例》最早发布日期为 1994 年，其间进行了多次修订，目前实施的版本为 2016 年 11 月 1 日起执行的条例。

销售毒物。这里的毒物是指列在毒物清单[①]上的物质。同时，法规还规定了可以豁免的毒物类别以及条件，见《毒物条例》附件 2[②]。

第五节 印度尼西亚

印度尼西亚是东南亚最大的经济体，也是世界第四人口大国。化学工业是印度尼西亚的基础行业，在过去的几十年间得到了长足的发展。目前，印度尼西亚的化学工业原料大部分依赖进口。因此，印度尼西亚的化学物质管理法规更多地注重于限制性的化学物质的管理。

印度尼西亚环境部于 21 世纪初发布的《危害化学物质与有毒化学物质管理法规》是目前针对化学物质管理的主要法规。在法规中，将危害化学物质与有毒化学物质指代为 B3。在法规的附件中，B3 共包括三个化学物质清单，分别为禁止使用化学物质清单（共 10 种）、限制使用化学物质清单（共 45 种）和允许使用化学物质清单（共 209 种）[③]。对于 B3，所有的生产、进出口、运输、转移、储存、使用和处置等活动都需要获得相应的许可证。该许可证是与 B3 产品及其原产地对应的[④]。此外，法规还要求生产 B3 的企业出具产品的安全数据表（SDS）。法规明确放射性物质、爆炸物、矿物及石油天然气及其加工产品、食品饮料即食品添加剂、家用卫生及化妆品、药品及药用材料、麻醉药、精神药物、易制毒化学物质、成瘾性物质、化学武器及生物武器等不在其管理范围。

印度尼西亚环境部正在对本法规进行修订，在修订稿的草案中，B3 的生产商、进口商和经销商本身需要进行登记为危害化学物质与有毒化学物质的生产商、进口商和经销商。同时，强调了即使产品中的化学物质并未列入法规附件的 B3 化学物质清单，生产商或者进口商仍然需要对其产品进行登记，并取得主管机关对该产品的归类[⑤]的建议。

消耗臭氧层物质（BPO[⑥]）的管理是印度尼西亚对于化学物质管理的另一重要方向。印度尼西亚将 BPO 分为两个清单，分别为禁止进口的 BPO 清单

① The schedule “Poison List” of Poisons Act.

② Sechond schedule “Articles Exempted Under Rule 14 From the Provisions of the Act And the Rules made thereunder” of Poisons Rules.

③ 根据法规，如果化学物质或者化学品具有爆炸性、氧化性、可燃性、健康毒性、腐蚀性、刺激性、致癌性、致突变性、生殖毒性和/或环境危害性即可被认为 B3。因此，尽管在法规的附件中仅列出了有限种类的化学物质，但是对于具有上述危害特性的化学物质，仍在法规的管理范围之内。

④ 即使是相同的产品，如果产地不同，仍需要重新申请许可证。

⑤ 即归入禁止使用、限制使用和允许使用清单中。

⑥ 消耗臭氧层物质在印度尼西亚文为 Bahan Perusak Lapisan Ozon，因此缩写为 BPO。

（共23种）和允许进口的BPO清单（共41种）。在2015年，印度尼西亚贸易部更新了关于消耗臭氧层物质的法规[①]，新的法规（Regulation 83/M-DAG/PER/10/2015）着力于简化贸易时的程序。法规要求进口企业必须先获得进口商标识号（API[②]）以及贸易部颁发的进口许可（PI[③]）[④]。法规还规定了BPO仅能通过指定的7个进口港[⑤]进口。进口企业则必须每月向政府主管机构提交进口确认报告。法规还要求普通进口商需要建立一套验证程序或者进口技术监管程序，在BPO装载国确认执行，并提交检查报告。

此外，由于印度尼西亚是伊斯兰国家，因此，印度尼西亚正在探索清真认证（Halal）方面的立法。化学物质管理也将在Halal立法中得以体现。

---

① 之前的法规（03/M-DAG/PER/1/2012，40/M-DAG/PER/7/2014）随之废止。

② 印度尼西亚文Angka Pengenal Importir。可以是普通进口商（API－U）或者进口生产商（API－P）。

③ 印度尼西亚文Persetujuan Impor。

④ 不再需要BPO注册进口商（Importir Terdaftar BPO，IT-BPO）或者BPO注册进口生产商（Importir Produsen BPO，IP-BPO）文件。

⑤ 分别为：Belawan，Medan；Tanjung Priok，Jakarta；Merak，Cilegon；Tanjung Emas，Semarang；Tanjung Perak，Surabaya；Soekarno Hatta，Makassar和Batu Ampar，Batam（仅限持有API－P的公司）。

第四篇
风险评估

第十一章
概　　述

一、风险评估定义和基本流程

对化学物质的风险评估是指对化学物质或者混合物在特定的暴露方式下，所产生的对人体或者环境的不利影响的概率进行科学的定性或者定量评价的过程。这一过程一般需要进行部分或者全部的下列步骤：危害识别，效应评价，暴露评估和风险表征。

危害是指当生物有机体（包括人体）、生态系统或者人群暴露于特定的外源性化学物质、物理因素或者生物因素时，该外源性化学物质、物理因素或者生物因素具有的对生物有机体、生态系统或者人群可能产生特定有害效应的内在特性。在对化学物质的风险评估工作中，主要研究外源化学物质或混合物对生物有机体、生态系统或者人群可能产生的有害效应。暴露指化学物质或混合物在人体或者环境中存在的浓度或者数量。风险是指在特定暴露条件下，化学物质或混合物对人体或者环境造成不良影响的概率。

需要强调的是，如果不存在暴露可能，即使化学物质本身具有很高的危害性，也不会产生风险。即：风险＝危害×暴露。

危害识别是指识别物质是否具有引起人体健康或生态环境不利效应的内在特性的过程。危害识别包括收集并评价在各种不同暴露条件下产生的健康或者环境损伤的信息。危害识别过程中最主要的问题是，判断从观察对象或者实验对象中所收集到的毒性效应信息和暴露信息是否支持该毒性效应也可能在另一有相似暴露条件下的拟评估对象（例如人体或者生态系统）中产生。只有通过观察确定了物质暴露于人体或者生态系统后产生危害的可能性，才会进行后续对产生该危害的可能性的风险研究。

效应评价是指剂量-效应（反应）关系，即观察和评估剂量或者暴露水平，与有害效应的严重程度或者反应的发生率之间的关系。其数据一般来源于（定量）结构活性关系［(Q)SAR］、交叉参照、体外毒理学实验、体内毒理学实验等；在特定情况下，还可能从田间试验、野外观察、流行病学调查等研究中获得。通常情况下，同一物质可能会观察到不同类型的剂量-效应（反应）关系。通过科学、合理地设计毒理学实验，可以得到相应的毒性参数值，例如观察的无（有害）作用水平［NO(A)EL］；再经过应用相应的风险评估系数，可以获得预期无（有害）作用水平（DNEL/PNEC）。

暴露评估是指通过测量、监测或者估算化学物质生产或者使用后释放到工作场所或者环境中的暴露水平或者浓度的过程①。进行暴露评估时需要充分考虑暴露环境即空间维度、暴露时程即时间维度、暴露的多种介质、暴露对象的群体数量、暴露量等因素，通过化学物质释放量、释放途径和迁移及其转化或者降解的速率，估算该化学物质暴露于人体或者环境的浓度或者剂量。通常情况下，暴露评估的结果可以得到化学物质在某一特定（生产或者使用）场景下的预期环境浓度（PEC）。

风险表征是指根据实测的或者预测的化学物质的暴露情况下，对人群中或者特定环境空间中的不良反应的发生率和严重程度进行估计的过程。风险表征过程通常包含对风险的估算，即以 PEC 与 PNEC(或者 DNEL）进行比较，得到风险系数。通常我们并不能对风险进行绝对性描述；但是随着风险系数的增加，危害发生率必然增加。风险系数可以提供相对的风险排序，有助于比较不同物质或者同一物质的不同风险管理措施、不同技术的优劣。从而有助于选择更安全的工艺、技术或者化学物质，从而在整体上降低风险。

二、风险评估结果在风险管理上的应用

风险评估结果可以为决策者降低风险提供科学依据。风险管理过程通常包括风险分类、对可采取的降低风险的措施进行成本效益分析、风险降低和监测与回顾等四个步骤。

首先，根据风险表征的结果，决策者可以对风险进行分类，即确定该风险程度的可接受性。对特定风险程度的可接受性并不是一成不变的，它会随着时间、地域和文化的差异而不同；而且，人们对风险程度的可接受性在很大程度上受到技术水平、经济发展状况、教育水平和政治因素等方方面面的影响。

尽管如此，经过数十年的发展，下面两个风险限值在风险管理上逐渐得到认同："上限"即最大容许水平（MPL）和"下限"即可忽略水平（NL)。这两个限值，将风险分类分隔为三个区域。高于最大容许水平的风险是不可接受的，必须加以严格的风险管理措施来限定化学物质的使用条件。低于可忽略水平的风险是可以忽略的，没有必要采取风险管理措施。如果风险在最大容许水平和可忽略水平之间，则需要进行风险降低，但是这并不意味着可

---

① 对于现有化学物质可以通过测量或者监测的办法获得化学物质的暴露水平或者浓度；对于新化学物质来说，由于其往往还没有投入生产或者使用，只能通过估算获得。

以不计成本地应用风险管理措施，而应遵循合理可行地尽量降低原则，尽可能地采取成本效益匹配的措施来降低风险程度。

因此，当风险分类结果显示确定需要进行风险降低时，要进一步分析各种可行风险管理措施的成本效益关系，最终确定风险管理措施。在进行成本效益分析时，需要综合考虑技术可行性、社会和经济因素、文化和道德因素、政治因素等方面，并且对科学上的局限性进行充分的估计。

在风险降低过程中，确定合适的风险管理措施的核心环节在于所有的利益相关方就风险本身以及施行该确定的风险管理措施可能引起的后果必须进行充分的讨论，也就是风险沟通过程。这是风险管理过程中最复杂的部分，涉及各方面的利益，往往需要相互的理解、认同、妥协和合作，才能最终求同存异，得到各方都能认可的结果。

风险降低是采取风险管理措施来确保人体和环境受到足够的保护的过程。主要的风险管理措施有分类与标签，例如全球化学品统一分类和标签（GHS）制度；安全标准或者质量标准；技术上进行过程控制和优化或者增加末端处理工艺等，例如采用封闭系统、替代工艺或者替代化学物质的研发和对废弃物的回收等；制定工作场所的规章制度，例如限定专人操作、限定操作时间、工作区域的个人卫生、职工培训等；编制操作指南、制作警示标签；使用个人防护设施和设备；向消费者提供使用说明；以及在产品本身可以进行一定的处理，例如利用小包装或者限定化学物质在终产品中的浓度等。

监测与回顾是风险管理过程的最后一步。监测即通过在不同空间和时间重复观察特定的指标，获得如评价之前确定的风险管理措施是否适当等信息的过程。通过应用监测等手段，可以回顾和评价风险管理措施是否适当，并在必要的时候修正并改善原定的风险管理措施，达到风险控制的最终目标。

三、本篇各章之间的关系

为了更好地理解风险评估的过程，在第十二章，我们将初步了解毒理学基础知识，了解进行风险评估时需要关注的毒理学效应、剂量-效应（反应）关系及毒性参数，化学物质在机体中处置过程、毒理学实验的基础原则和常用的毒理学实验方法等内容。

在过去的数十年，不同的国家、地区或者国际组织分别制定了不同的法律、法规、指令或者指南文件，来规范本国、本地区或者国际组织的风险评估流程。同时，随着对化学物质危害性质或者暴露估算的认知的发展，各个国家、地区或者国际组织对其风险评估的流程也不断地进行修正和改进。因此在第十三章到第十六章分别简单介绍中国、欧盟、美国以及其他国家及国际组织，例如经济合作组织（OECD）、世界卫生组织（WHO）、加拿大、澳大利亚和日本的风险评估的方法。

此外，本文主要讨论一般工业化学物质的风险评估，并不涉及特殊用途化学物质（例如用于医药、农药、化妆品和食品等的化学物质）的风险评估。

第十二章 毒理学基础知识

第一节　绪论

一、定义

毒理学是研究外源性化学物质、物理因素或者生物因素对生物有机体的有害效应及其作用机理，预测其对生物有机体和生态系统的危害，为确定安全限值和采取防治措施提供科学依据的一门学科①②。

外源性化学物质是指在生物有机体生活的外界环境中存在，可能与机体接触并进入生物有机体，在体内呈现一定的生物学作用的化学物质。

外源性化学物质暴露于生物有机体，会产生一定的生物学效应。根据效应的性质不同，可以区分为有害效应与非有害效应。毒理学的主要研究对象是外源性化学物质的有害效应，因此必须明确有害效应的概念，与观察到的非有害效应加以区别。

有害效应包括影响生物有机体的生理生化改变、功能紊乱或者病理损害；或者影响生物有机体对外加应激原的反应能力。

非有害效应则具有以下特点，例如不引起形态、生长、发育和寿命的改变；不引起机体功能的损伤；不损害机体对额外应激状态的代偿能力；接触停止后，发生的改变可逆，且不损害机体维持自稳态的能力；不增加机体对其他有害效应的敏感性等。

此外，在毒理学领域，还需要注意一些定义上的差别。比如，毒性是指外源化学物质与机体接触或进入体内的易感部位后，能引起有害效应的相对

---

① 毒理学的定义是在不断地发展中的。作为一个广泛的多学科交叉体系，毒理学的定义从最早期的"作为观察和描述毒物及其对生物有机体的效应的学科"，到"研究因毒物对活体生物有机体和生态系统的有害作用产生的实际的或者可能的危险，研究该有害作用和毒物暴露的关系，研究该毒物的毒作用机制，研究对于中毒的诊断、预防和治疗的学科"，到"研究化学因子、物理因子和生物因子与生物有机体的有害交互作用的科学"（周宗灿《毒理学基础》2006年版），处于不断的修订中。本文中采用的毒理学的定义也只是毒理学众多定义之一，读者在阅读时，请予以注意。

② 由于毒理学的发展很大程度上脱胎于药理学的发展，因此毒理学的诸多定义和概念也来源于药理学。因此下文中多数的定义与概念更多与人体健康效应相关；相应地，环境毒理学的定义未完全表述。读者在阅读时，请加以甄别。

能力。可简述为外源化学物在一定条件下损伤生物体的能力。而外源化学物质所引起的机体发生生理生化机能异常或组织结构病理变化等有害效应的总和称为毒性作用或毒性效应。对于化学物质来说，毒性是其内在的特性，取决于该化学物质的分子结构，我们一般不能改变化学物质的毒性。而毒性效应是化学物质毒性在特定条件下引起生物有机体产生有害效应的表现，改变相应条件就可能影响化学物质的毒性效应。

毒物[①]是指在较低剂量下，接触或者进入生物有机体，能够产生有害效应的化学物质、物理因素或者生物因素。需要注意的是，任何一种因素，在一定条件下都可能对机体产生有害效应[②]。以化学物质为例，毒性相对较大的化学物质，只要相对较小的剂量即可对生物有机体或者生态系统产生一定的毒性效应；而毒性相对较小的化学物质，需要相对较大的剂量才会呈现一定的毒性效应。决定一个化学物质是否“有毒”，关键在于该化学物质的暴露量。因此，表征化学物质的毒性效应往往需要与一定的剂量联系在一起。

Paracelsus 提出的毒理学基本原则：(1) 检测化学物质的效应必须进行实验观察和研究；(2) 应该注意区别化学物质的治疗特性和毒性效应；(3) 除了剂量之外，有时化学物质的治疗作用和毒性效应不可区分；(4) 人们可以查明化学物质的特异性程度及其治疗效应或者毒性效应。

安全限值是指为保护生物有机体、生态环境和/或人群健康和安全，对生活和/或生产环境的各种介质（如空气、水、食物、土壤等）中相关的各种因素（化学物质、物理因素和/或生物因素）所规定的浓度和/或暴露时间的限制性量值。在低于此限制性量值时，根据现有的知识，不会观察到任何直接和/或间接的有害效应。即低于此限制性量值时，特定因素对于生物有机体、生态环境和/或人群健康和安全的风险是可以忽略的。

二、毒理学研究范畴[③]

毒理学研究主要通过毒效动力学和毒代动力学两方面对化学物质与生物有机体的有害的交互作用进行观察。毒效动力学研究毒物对生物有机体

---

① 毒物的概念与管理毒理学密切相关。根据不同急性毒性、亚急性毒性、亚慢性毒性、慢性毒性以及致畸性、致癌性、致突变性、靶器官毒性的证据，管理者可以对毒物进行相应的分类、标识和管理。

② 16 世纪瑞士医生帕拉塞尔苏斯（Paracelsus，1493—1541）就曾指出“Alle Dinge sind Gift und nichts ist ohne Gift，allein die Dosis macht es，dass ein Ding kein Gift ist. ”（德语）即“所有的东西都是‘有毒的’；剂量是区分是否毒物的关键。”Paracelsus 被认为是现代毒理学之父，他提出的毒理学基本原则现在仍在沿用。

③ 从此处开始，主要讨论化学物质因素引起的有害作用以及毒理学对于化学物质的研究。读者在阅读时，请加以甄别。

作用的规律，包括毒物的剂量与毒性效应关系、时间与毒性效应关系、毒性作用机制等。毒代动力学研究毒物在体内的动态变化，即毒物在体内随时间的量的变化和质的改变的规律，包括吸收、分布、转化（代谢）、排泄等。

毒效动力学和毒代动力学这两个过程是相互联系的。外源化学物质暴露进入生物有机体内，首先经过毒代动力学过程，一部分外源化学物质被吸收后，其本身或者活性代谢产物分布到靶器官中产生有害效应，从而导致毒性效应。同时，由于生物有机体往往有一系列的抗损伤机制，当外源化学物质的有害效应超过生物有机体抗损伤作用时，生物有机体就可能出现一系列的中毒①体征或者症状，严重者导致死亡。

根据毒理学研究领域的不同，毒理学可分为描述毒理学、机制毒理学和管理毒理学。分别对应对化学物质的毒性进行的描述性研究、对其毒作用机制进行的深入分析和根据描述毒理学和机制毒理学获得的信息，决定如何对化学物质进行评价和管理等工作。

此外，随着近年来分析化学、生物化学、生物物理学、分子生物学、细胞生物学和遗传学等学科的进展以及相关技术和方法的进步，毒理学的研究内容和研究方法也取得了巨大的进步。相应的，毒理学与这些学科的交叉领域，形成了众多的分支学科，如分子毒理学、遗传毒理学、细胞毒理学等。

第二节　毒效动力学

一、毒性效应分类

外源化学物质对生物有机体的毒性效应主要按以下几个方面进行分类。

1. 速发或迟发性毒性效应

外源化学物质在一次暴露后的短时间内引起的毒性效应称为速发性毒性效应。例如氰化物等引起的急性中毒。相对地，在一次或者多次暴露于某种外源化学物质后，经过一定时间间隔才出现的毒性效应称为迟发性毒性效应。例如某些重金属对神经系统的迟发性神经毒性效应；又或者致癌物致人体肿瘤发生的效应，往往在首次暴露的数年甚至数十年后才出现。

2. 局部或者全身毒性效应

外源化学物质在机体的暴露部位直接造成的毒性效应称为局部毒性效应。

---

① 中毒是指生物有机体受到毒物作用后，引起机体发生功能性或者器质性改变，出现的病理体征或者疾病状态。根据病变发生的快慢，中毒可以分为急性中毒和慢性中毒，以及介于两者之间的亚急性中毒。此外，需注意在慢性中毒时，有时会出现急性发作。

例如暴露于具有腐蚀性的强酸或者强碱会对皮肤或者眼睛造成损伤；吸入刺激性的气体会对呼吸道产生损伤等。相对的，外源化学物质被机体吸收后，通过体液分布，到达远离直接接触部位的靶器官或者全身后产生的毒性效应称为全身毒性效应。例如一氧化碳中毒引起机体全身性缺氧。值得注意的是，有些化学物质兼具两种效应，例如四乙基铅和有机汞化合物可作用于皮肤的接触部位造成接触性皮炎，经过皮肤吸收后，全身分布，对中枢神经系统和其他器官产生毒性效应。

3. 可逆或不可逆效应

外源化学物质的可逆效应是指停止暴露于该化学物质后可以逐渐消失的毒性效应。一般情况下，机体暴露于外源化学物质的浓度越低、暴露时间越短，造成的损伤程度也就越轻，脱离暴露后其毒性效应消失得也就越快。相对的，如果停止暴露于外源化学物质后，其毒性效应依然存在，甚至可能对机体造成的损伤可能进一步发展，则被称为不可逆效应。例如，肿瘤发生即被认为是不可逆效应。化学物质的毒性效应是否可逆，很大程度上还取决于靶器官的组织修复和再生能力。例如肝脏的损伤，由于肝脏具有较强的再生能力，大多数的肝脏损伤是可逆的；中枢神经系统的损伤，由于其修复和再生能力差，一般被认为是不可逆的。

4. 超敏反应

超敏反应是指机体对外源化学物质产生的病理性免疫反应。外源化学物质可以作为抗原或者半抗原①，激发机体产生相应的抗体。当机体再次暴露于该外源化学物质或者其结构类似物时，即引发抗原抗体反应，产生超敏反应。

5. 特异质反应

特异质反应是指机体对外源化学物质产生的一种遗传学上异常（过弱或过强）的反应性。其发生主要由于基因多态性造成的个体差异，有别于基于免疫性的超敏反应。

超敏反应和特异质反应因个体而异，在群体中往往仅在少数个体中出现。观察时，其效应往往与剂量无关，也较难构建相关的实验动物模型。

二、选择性毒性

外源化学物质对于不同的物种、同一物种的不同群体或者个体、同一个体中的不同部位、器官或者组织表现出来的毒性效应是不同的。这种选择性毒性使得毒理学动物实验结果向人群外推具有不确定性；体现在暴露于外源化学物质下的群体中存在易受损伤的易感亚群，或称为高危亚群；

---

① 大多数外源化学物质由于其分子较小，并不是作为完全抗原，而是作为半抗原。其进入生物体内，先与内源性蛋白质结合形成完全抗原，然后进一步激发抗体产生。

也表现为当外源化学物质进入机体后，对体内各个器官的毒性效应并不一致。

因此，在外源化学物质暴露下，这些特定的产生选择性毒性效应的器官，被称为靶器官。例如甲基汞、碘化物、镉的靶器官分别是大脑、甲状腺、肾脏。靶器官与效应器官的不同。尽管在许多情况下，外源化学物质作用于靶器官后，其毒性效应直接由靶器官表现出来，此时靶器官是效应器官。但是毒性效应也可以通过某种病理生理机制，由另一个效应器官表现出来。例如，马钱子碱中毒可以引起抽搐和惊厥，其靶器官是中枢神经系统，效应器官是肌肉。

三、剂量

剂量是指实验中给予机体或环境的外源化学物质的量或者机体或环境接触到的外源化学物质的量。通常以机体单位体重接触的外源化学物质的质量（mg/kg 体重）或者环境中的浓度（mg/m^3空气，mg/L 水）表示。

根据具体的情况，剂量还可指：暴露剂量，又称为外剂量，指外源化学物质与机体或者环境接触的暴露量。可以是单次暴露或者某浓度下一定时间的暴露。或者吸收剂量，又称为内剂量，指外源化学物质经过生物屏障后，吸收进入体内的剂量。或者到达剂量，又称为靶剂量或者生物有效剂量，指吸收后到达靶器官、靶组织或者靶细胞的，可与特定器官、组织或者细胞进行交互作用的外源化学物质和/或其活性代谢产物的剂量。

化学物质对机体的有害效应的强度和性质，主要由其在靶器官中的剂量决定。由于实际情况下，靶剂量甚至吸收剂量难以直接测得，而其具有与暴露剂量的强正相关性，因此，通常剂量以暴露剂量来表述。

除了剂量之外，暴露特征是决定化学物质对机体有害效应的另一重要因素。常见的外源化学物质的暴露途径①为经口、经皮和吸入。此外，暴露时长②和暴露频率③也是决定化学物质对机体有害效应的重要因素。

---

① 像药物等一些特殊化学物质还有注射等暴露途径。

② 毒理学实验中一般将暴露时长分为急性、亚急性、亚慢性、慢性四个范畴。以啮齿类动物为例，急性毒性试验一般指 24 小时内一次或者多次暴露；亚急性毒性试验一般指在 1 个月内或者更短的时间内重复暴露；亚慢性毒性试验是指在 1 个月到 3 个月内的重复暴露；慢性毒性试验是指 3 个月以上的重复暴露。

③ 化学物质一次暴露于某剂量下可能造成严重的毒性效应；但是分次暴露于相同的总剂量下，可能不会引起毒性效应。这主要与化学物质在体内的消除速率有关。如果化学物质在体内的消除半衰期长于暴露频率，该化学物质即易于在体内蓄积从而产生毒性效应。

四、剂量-效应[①]关系或者剂量-反应[②]关系

剂量-效应关系和剂量-反应关系是指随着外源化学物质剂量的增减，对机体毒性效应的强度相应地增减，或者群体中出现特定反应的个体频率或者比例增减。剂量-效应关系或者剂量-反应关系可以用数学上的坐标轴曲线表示，即以效应强度或者反应频率为纵坐标，以剂量为横坐标，绘制曲线图。

五、毒性参数

为了定量描述外源化学物质的剂量-效应关系或者剂量-反应关系，通过对动物试验的结果进行记录和分析，可以得到或推导出以下相关的毒性参数值[③]。

绝对致死剂量或者浓度［absolute lethal dose，LD（C）$_{100}$］，指能引起一组受试实验动物全部死亡的最低剂量或浓度。即如果再降低剂量，就有存活者。但由于个体差异的存在，受试群体中总是有少数高耐受性的个体，故LD_{100}常有很大的波动性，实际意义不大。

半数致死剂量或者浓度[④]［median lethal dose，LD（C）$_{50}$］，指能引起一组受试实验动物半数死亡的剂量或浓度。因为LD_{50}是通过统计学处理得到的数值，较少受到个体耐受性差异的影响，比LD_{100}更为准确。LD_{50}数值越小，表示外源化学物质的毒性越强；反之，LD_{50}数值越大，毒性越弱。LD_{50}是评价化学物质急性毒性大小最重要的参数，也是对不同化学物质进行急性毒性分级的基础标准。

最小致死剂量或者浓度［minimum lethal dose，MLD（C）或 LD（C）$_{01}$或 LD（C）min］，指一组受试实验动物中仅引起个别动物死亡的最小剂量。低于此剂量即不能使机体出现死亡。

---

① 效应指的是量反应，一般表示暴露于一定剂量的外源化学物质后，机体的整体水平、器官水平、组织水平或者细胞水平发生的生物学变化。这种变化通常是连续性的变量，可以用计量单位来表示，例如克或者毫克、mol/L、当量单位等。

② 反应指的是质反应，一般表示暴露于一定剂量的外源化学物质后，群体中出现某种特定反应的个体在群体中所占的比例。一般用百分比、频率等表示，例如特定反应的有或无、死亡率、突变发生率或肿瘤发生率等。

③ 一般毒性参数值可分为两类。一类为毒性上限参数，是在急性毒性试验中以死亡为终点的各项毒性参数；另一类为毒性下限参数，即有害效应阈值及最大无有害效应剂量，可以从急性、亚急性、亚慢性和慢性毒性试验中得到。

④ 环境毒理学中，类似的也有半数致死（或者有效）浓度的概念，用于表示一群水生生物中的50%个体在一定时间内出现死亡（或者丧失特定功能）时，外源化学物质在介质（如水）中的浓度。

最大耐受剂量或者浓度[①] [maximal tolerance dose，MTD（C）或 LD（C）$_0$]，指在一组受试实验动物中不引起死亡的最高剂量。接触此剂量的个体可以出现严重的毒性作用，但不发生死亡。

观察到有害效应的最低水平（LOAEL），指在特定的暴露条件下，通过试验和观察，特定化学物质引起机体的形态、功能、生长发育或者寿命等任一方面，产生与正常对照组相比有统计学意义的显著性差别的，有害效应的最低剂量或者浓度。

未观察到有害效应水平（NOAEL），指在特定的暴露条件下，通过试验和观察，特定化学物质引起机体的形态、功能、生长发育或者寿命等方面，均未产生与正常对照组相比有统计学意义的显著性差别的，有害效应的最高剂量或者浓度。机体在形态、功能、生长发育或者寿命等方面可以观察到有变化，但是经过专家判断，这些变化为非有害效应。

在实际的试验中，比 NOAEL 高一个剂量组的试验剂量就是 LOAEL。因此，针对不同的试验动物、暴露时长、暴露途径、观察指标，都可以得出不同的 LOAEL 和 NOAEL。在进行讨论和应用时，必须对这些条件进行详细说明。LOAEL 或 NOAEL 是评价外源化学物毒性作用与制定安全限值（例如每日允许摄入量和最高容许残留限值）的重要依据。

观察到效应的最低水平（LOEL），指在特定的暴露条件下，通过试验和观察，特定化学物质引起机体产生与正常对照组相比，有统计学意义的显著性差别的，非有害效应的最低剂量或者浓度。

未观察到效应水平（NOEL），指在特定的暴露条件下，通过试验和观察，特定化学物质不引起机体产生任何效应的最高剂量或者浓度。

效应的阈值是指一种化学物质使机体开始产生效应的剂量或者浓度。效应的阈值应该在试验确定的 LOEL 与 NOEL 之间。相似的，有害效应的阈值是指化学物质使机体开始产生有害效应的剂量或者浓度。有害效应的阈值则在 LOAEL 与 NOAEL 之间。需要指出的是，在进行风险评估时，由于有害效应的阈值不能通过试验直接获得，因此，通常用 NOAEL 作为有害效应的阈值的近似值进行计算[②③]。一般认为，外源化学物质的一般毒性和致畸性毒

① 曾经用 MTD（C）表示过急性毒性试验中的最大非致死剂量或者浓度，引起术语混乱。目前，MTD（C）仅用于亚慢性毒性试验和慢性毒性试验的实验设计中。

② 当试验中仅能获得 LOAEL 值时，根据具体情况，也可以引入相应的不确定性因子对 LOAEL 进行校正，然后计算。

③ 需要注意的是，在应用实验所得的毒性参数进行计算和讨论时，必须对试验动物、暴露时长、暴露途径、观察指标等条件进行详细说明。

性效应的剂量-效应曲线是有阈值的。而遗传毒性致癌物①和致突变性是没有阈值的。

第三节 毒代动力学

毒代动力学研究的是外源化学物质进入机体体内后的处置过程，简单地说，即外源化学物质的吸收、分布、代谢和排泄过程。其中外源化学物质的吸收、分布和排泄过程称为生物转运；外源化学物质的代谢过程称为生物转化。而外源化学物质的代谢和排泄合称为消除。

一、生物膜与跨膜生物转运

生物有机体是由生物膜系统构成的。外源化学物质的生物转运过程就是通过不同的生物膜屏障的过程。

生物膜为脂质双分子层结构，主要由脂质和镶嵌在其中的蛋白质组成，生物膜表面也含有少量的糖。化学物质通过生物膜的转运方式主要有被动转运②、主动转运和膜动转运三种方式。其中被动转运是顺着浓度梯度进行，不消耗能量，这也是外源化学物质最主要的跨膜转运方式。主动转运和膜动转运消耗能量，可逆着浓度梯度进行。主动转运由载体介导，具有可饱和性，例如二价金属离子通过消化道吸收时的跨膜转运。膜动转运分为胞吞和胞吐。胞吞时，如果转移对象是颗粒物，称为吞噬，例如巨噬细胞对外来细菌的吞噬作用；如果是液滴，则称为胞饮。

影响转运的主要因素是化学物质本身的结构、分子量大小、脂-水分配系数③、带电性、极性等。一般情况下，空间结构简单、分子量较小、脂-水分

---

① 在致癌性试验中，一般能获得S形的剂量-反应曲线，并可观察到表观的LOAEL和NOAEL值。80年代曾经试图通过对遗传毒性致癌物2-乙酰氨基芴（2AAF）进行一项大规模的剂量-反应研究，即“百万小鼠”试验（Staffa et al，1980）。此试验利用雌性BALB/c St Cifl C3H/N ctr小鼠（本体肿瘤发生率低，寿命加长），总共24 192只小鼠分别给予不同剂量的2AAF（饲料中浓度0 mg/kg，30 mg/kg，35 mg/kg，60 mg/kg，75 mg/kg，100 mg/kg，150 mg/kg，喂饲15个月），动物分别于第9，12，14，15，16，17，18，24，33月处死。结果显示，2AAF诱发的肝细胞癌的剂量-反应曲线接近直线，其潜伏期可达18个月，不能确定阈值。此试验提示利用动物进行致癌性试验来精确研究低水平肿瘤发生的剂量-反应关系是不可能的。此后，一般都认为遗传毒性致癌物是没有可检测的阈值的，没有必要进行更大规模的致癌试验。

② 包括简单扩散、易化扩散和滤过。其中易化扩散由载体介导，具有饱和性，例如葡萄糖通过红细胞膜。

③ 脂-水分配系数是指当化学物质在脂相和水相的分配达到平衡时，其在脂相和水相中溶解度的比值。在实际工作中，通常以正辛醇-水分配系数（Octanol-water partition coefficient，Pow）来表示。

配系数较大[①]、不带电荷或者极性较小的化学物质易于跨膜转运。

二、吸收

吸收是指外源化学物质从接触部位，通常是机体的外表面（如皮肤）和内表面（如消化道表面的黏膜、呼吸系统的肺泡等）的生物转运至血液循环（或体液）的过程。吸收过程主要的观察对象是吸收的量和吸收的速率。外源化学物质主要通过呼吸系统、消化系统和皮肤进行吸收。

空气中的外源化学物质主要通过呼吸系统被机体吸收。由于从鼻腔到肺泡，各个呼吸道的结构不同，其吸收的情况也不同。经呼吸系统的吸收，主要以肺泡吸收为主。气态物质的水溶性会影响其吸收部位，水溶性高的物质例如二氧化硫、氯气等在上呼吸道吸收，而水溶性低的物质例如氧气、一氧化碳等主要通过肺泡吸收。而影响气溶胶吸收的重要因素是颗粒物的大小，一般认为，空气动力学直径[②]在 10 μm 以上的颗粒物在鼻咽部沉积，这些颗粒物和经口来源的颗粒物在数分钟内被咽下，在消化系统吸收。而空气动力学直径 4 μm 以上的颗粒物通常在上呼吸道沉积，通过呼吸道纤毛的逆向运动，最终会被吞咽并在消化系统吸收。空气动力学直径在 4 μm 以下的颗粒物被认为会进入下呼吸道直至肺泡，由于缺乏纤毛运动，这部分颗粒物将被吸收进入血液循环，或者被肺部的巨噬细胞吞噬，又或在肺部蓄积。

食物和水中的外源化学物质主要通过消化系统被机体吸收。相似的，从口腔到直肠的消化道的结构不同，其吸收的情况也不同。经消化系统的吸收，主要在胃和小肠中进行。非解离的化学物质相对较容易经生物膜扩散，因此考虑到胃、肠道不同的 pH，有机酸较易在胃内（pH 2 左右）吸收，而有机碱则较易在肠道内（pH 6 左右）吸收。某些外源化学物质可以通过特殊的主动转运系统吸收，例如铊、钴、锰可以通过铁转运系统吸收；铅通过钙转运系统吸收等。某些外源化学物质通过在消化道中的酶或者菌群作用后，转化成新的化学物质，影响其吸收甚至毒性。例如饮水中含有高浓度硝酸盐，容易引起人工喂养婴儿发生高铁血红蛋白血症，这是因为新生儿胃肠道中 pH

---

① 需要注意的是脂-水分配系数极高的外源化学物质易存留在生物膜的脂质双分子层中，反倒不易通过生物膜。

② 空气动力学直径（Aerodynamic diameter，AD），是用于表述粒子运动的一种假想粒径。不同形状、密度、电性的颗粒物在表观的空气动力学行为上可能具有相同的特征。其定义为单位密度（$\rho_0=1\ g/cm^3$）的球状粒子，在静止空气中作低雷诺数运动时，达到与实际待测粒子相同的最终沉降速度（v_s）时的直径。也就是将实际的待测颗粒的粒径换成具有相同空气动力学特性的球状粒子的等效直径（或等当量直径）。即指某一特定粒子，不论其大小、形状、密度、电性如何，如果它在空气中的沉降速度与一种密度为 1 g/cm^3 的球型粒子的沉降速度一样时，则这种球型粒子的直径即为该种粒子的空气动力学直径。空气动力学直径可由试验测得。

较高，有些细菌得以存活并还原硝酸盐为亚硝酸盐，从而使血中变性血红蛋白增高。

经过皮肤直接接触或者空气中悬浮物的沉降都会产生外源化学物质经过皮肤的吸收。化学物质经过皮肤的吸收必须通过表皮或者附属物（包括汗腺、皮脂腺和毛囊）。相似的，机体不同部位的皮肤特性也不一致，从而吸收的情况也不同[①]。不同物种动物的皮肤通透性也不同，其中豚鼠、猪和猴的皮肤通透性与人相似。一般情况下，脂水分配系数高的化学物质易经过皮肤吸收；而相对分子质量大于 300 的化学物质不易通过皮肤。

此外，需要注意外源化学物质的首过效应现象。首过效应指的是外源化学物质从吸收部位转运到血液循环，尤其是体循环的过程中，已经开始被消除的现象[②]。例如通过消化系统吸收的化学物质在肠黏膜及肝脏转化灭活后，进入体循环的化学物质量显著减少，外源化学物质的毒性效应可能因此大大降低；另一方面，外源化学物质在吸收部位（例如消化道黏膜、肺、肝等）的损伤作用也可能与首过效应有关。

三、分布

外源化学物质经过吸收进入血液循环或者体液后，化学物质和/或其生物转化产物在体内循环和分配的过程称为分布。

影响化学物质分布的主要因素有五种。

（1）化学物质的性质。一般情况下脂溶性大的化学物质通过生物膜的扩散速率快，分布到组织器官的速度快。

（2）血浆蛋白（主要是白蛋白）结合率。与血浆蛋白结合后的化学物质，分子量增大，不易通过生物膜，不易产生生物学效应，但是也不受生物转化的影响，不易从肾小球滤过，因此在体内的作用时间也延长。

（3）器官或者组织血流量大小。肺、脑、心、肝、肾、小肠等组织器官血管丰富，血流量大，在初始分布阶段，化学物质的浓度较高。但随着时间延长，分布受到外源化学物质经生物膜扩散速率以及化学物质与器官或者组织的亲和力的影响，引起化学物质在体内的再分布。例如铅一次经口染毒后 2 小时，50%在肝内储存，1 个月后，90%的体内残留的铅与骨骼系统结合。

（4）化学物质与器官或者组织的亲和力。有些化学物质会在特异的器官或者组织选择性地蓄积或者储存。例如多氯联苯、多溴联苯、二噁英、DDT 等极易分布和蓄积在脂肪组织内；重金属在肝脏、肾脏中的储存；铅在骨骼

---

① 一般情况下，人体不同部位皮肤的通透性大小顺序如下：阴囊、腹部、额部、手掌、足底。

② 硝酸甘油如果口服，大约 99%可被肝脏首过效应而灭活失效。所以一般用舌下给药，可不经肝门静脉直接进入体循环，破坏较少而作用较快。

系统中的储存等。一般情况下，这种蓄积会使化学物质在该器官或者组织中储存，从而降低化学物质在血液循环中的浓度，进而降低其到达靶器官的浓度。但是由于储存器官或者组织中的化学物质浓度与血浆中的游离型的化学物质浓度存在平衡，当血浆中游离型的化学物质被清除后，储存的化学物质又会被释放入血液循环，造成长期的暴露和毒性效应。

（5）生物膜屏障系统。这是机体减少或者组织外源化学物质从血液中进入特定器官或者组织的生理性保护机制。主要有血脑屏障、胎盘屏障和血睾屏障等。这些屏障可以有效地阻止极性大而脂溶性小的化学物质通过，但是不能有效阻止极性小而脂溶性大的化学物质的转运。

四、代谢与生物转化

生物转化是外源化学物质在体内经过酶促或者非酶促反应，引起化学结构发生变化的过程。生物转化后，随着时间的延长，体内外源化学物质本体的量不断减少，其生物转化产物的量则不断增加。经过生物转化后的产物，其反应性或者毒性可能出现降低（代谢解毒）或者增高（代谢活化①）。

外源化学物质的生物转化一般分为两大类，称为Ⅰ相反应和Ⅱ相反应。Ⅰ相反应包括水解反应、还原反应和氧化反应，Ⅰ相反应可以是化学物质暴露或者引入一个功能基团，水溶性可能有少量的增加。Ⅱ相反应主要包括结合反应，例如葡萄糖醛酸化、磺酸化、乙酰化、甲基化②、与谷胱甘肽结合、与氨基酸③结合等，大多数的Ⅱ相反应是化学物质的水溶性显著增加，从而加速其排泄。外源化学物质生物转化的主要器官是肝脏。也可发生在血浆、肾、肺、肠及胎盘等。

参与外源化学物质生物转化的酶主要有以下几种。

微粒体细胞色素 P450 酶系。这是体内主要的催化氧化作用的酶。在微粒体中还有黄素单加氧酶等催化氧化作用的酶。其他的具有催化氧化作用的酶包括存在于胞浆中的醇脱氢酶、醛氧化酶、黄嘌呤氧化酶等；线粒体中的醛脱氢酶、单胺氧化酶等。

在哺乳动物组织中还原反应的活性较低，但是在共生的肠道菌群中还原酶的活性较高。例如硝基和偶氮还原酶系等。

催化水解作用的酶主要有酯酶、酰胺酶、肽酶等，普遍存在于胞浆、溶酶体、血液中。

催化Ⅱ相反应的酶有尿苷二磷酸葡萄糖醛酸基转移酶（UDPGT）、磺基转移

---

① 化学物质本身或者其经过代谢活化后的产物或者其代谢过程中产生或激活的内源性毒性物质（例如氧自由基、脂质过氧化物等），与内源性靶分子反应并造成机体损伤时的分子形态，称为终毒物。

② 甲基化一般会使化学物质的脂溶性增加。

③ 主要为谷氨酸、牛磺酸、甘氨酸等。

酶、谷胱甘肽 S-转移酶等，普遍存在于胞浆、线粒体、微粒体、内质网、核膜等位置。

五、排泄

排泄是外源化学物质和/或其生物转化产物从体内被移出的过程。

肾脏是最主要的排泄器官。肾脏的功能主要包括肾小球在滤过压下的被动滤过作用、肾小管的重吸收作用和肾小管的分泌作用①。

胆汁排泄可能是外源化学物质和/或其生物转化产物通过粪便排泄的重要途径。

外源化学物质和/或其生物转化产物经过胆汁排泄进入肠道后，一部分可随粪便排出，一部分可能由于肠道的重吸收作用，再次进入肝脏，这一过程称为肠肝循环。肠肝循环可能使外源化学物质的表观生物半衰期延长，即毒性效应的持续时间延长。例如甲基汞主要通过胆汁排泄，由于肠肝循环，其生物半衰期可以长至 70 天，临床上会给予中毒者口服巯基树脂，促使甲基汞与其结合，减少重吸收，促进甲基汞从体内清除。

此外还有参与排泄作用的器官还有肠道、肺、汗腺、乳汁②、唾液腺、支气管腺等。

需要注意的是，由于物种之间的生理学差异，例如呼吸频率、血流速度、化学物质与血浆蛋白的结合能力、脂肪含量、肝脏的解毒能力、酶系统的差异、尿液的 pH、寿命等，都会使在实验动物中观察到的现象不一定能在人体中同样观察到。另一方面，有些人类特异的病理变化，也不能通过实验动物进行模拟。这些差异，是从动物数据向人体外推时物种间的不确定性的主要因素。

第四节　毒理学实验

体外实验或者体内动物实验是毒理学研究的重要手段。体外实验可以用于筛选和预测化学物质的毒性效应或毒性作用机制。体内动物实验则以实验动物为模型，通过观察外源化学物质对实验动物的毒性效应，向人体外推，以期获得化学物质对人体的危害信息及进行危害评估。此外，临床观察等人体实验以及流行病学调查的数据也是毒理学研究的重要组成部分，可以进一步深化和验

---

① 外源化学物质和/或其生物转化产物可能由于这些不同的机制造成肾脏的损伤，例如肾脏近曲小管可以重吸收小分子量的血浆蛋白，与金属硫蛋白结合的镉就很容易在近曲小管富集从而导致肾脏损伤。

② 需要注意的是，高亲脂性化学物质或者其生物转化产物通过乳汁的排泄具有重要的毒理学意义。例如，一些化学物质或者其生物转化产物可能通过母乳暴露于婴儿；牛奶中可能含有饲养环节中不小心掺入的化学物质或者其生物转化产物。

证在毒性作用机制实验或者动物实验中获得的信息。

一、毒理学动物实验的原则

进行毒理学动物实验有三个基本原则。第一，外源化学物质在实验动物中观察到的毒性效应，可以外推到人体。其中包含有两个基本假设。其一，人是最敏感的物种；其二，人体和实验动物体内的生物学过程，例如对外源化学物质的代谢等，与体重或者体表面积①相关。一般认为，如果化学物质对于多种实验动物物种的毒性效应相同，则其对人体的毒性效应很可能是相似的。第二，实验动物必须暴露于高剂量，以确保能观察到对人体的潜在毒性效应。毒理学动物实验中，一般要设置多个剂量组，以观察剂量-效应（反应）关系，确定外源化学物质引起的毒性效应及其毒性参数。如果观察到有害效应的最低水平（LOAEL）与特定使用条件下人体的暴露量接近时，说明该化学物质的这种使用是不安全的；只有当LOAEL与暴露量的距离足够大时，例如100倍，才被认为该化学物质的特定使用是安全的。此外，由于进入实验的动物数量往往较少，对于一些低剂量下发生频率不高的毒性效应，只能通过提高剂量来增加观察到的可能性。第三，一般需要选择成年健康的实验动物以及与人体暴露方式类似的暴露途径。成年健康的实验动物有助于实验结果具有代表性和可重复性，可以降低实验体系本身的系统性误差。而外源化学物质以不同的暴露途径进入实验动物机体，造成的毒性效应可能会有很大差异，因此，选择与人体暴露方式相同或者相近的暴露途径可以最大限度地减少实验结果与真实暴露情况下毒性效应的误差。

需要指出的是，以实验动物的数据向人体外推的不确定性一直存在讨论。这种从动物试验结果向人体外推的不确定性主要基于以下可能的机制。第一，实验动物和人对外源化学物的反应敏感性不同，有时甚至存在着质的差别。而且实验动物不能述说各种涉及主观感受的毒性效应，例如疼痛、疲乏、眩晕等。第二，有些化学物在高剂量和低剂量的毒性效应规律并不一定一致。在实验中选择的高剂量下观察到的毒性效应不一定能在低剂量中观察到；或者低剂量中的毒性效应在高剂量下已经被更严重的毒性效应掩盖，而不易被观察到。第三，毒理学实验所用动物数量毕竟是很有限的，那些发生率很低的毒性反应，在少量动物中难以发现。第四，实验动物往往是实验室培育的近亲杂交品系，而且一般选用成年健康动物，这就使得实验动物们对化学物质暴露的反应比较单一。而接触化学物质的人群却是多样的，甚至多数情况下包括婴儿、老人、体弱、患病的个体，人们在对外源化学物毒性反应的易感性上存在很大差异。

---

① 产生毒性效应的化学物质剂量，如果以体重计算，人体通常比实验动物敏感；如果以体表面积计算，则人体与实验动物非常接近。

尽管存在上述种种不确定性，毒理学动物实验仍是对外源化学物质进行研究不可或缺的手段。

二、毒理学实验的目的

为了确定外源化学物质的危害并进行相应的危害评估，开展毒理学实验的主要目的包括：第一，观察、发现并确定外源化学物质毒性效应的性质。在急性或者慢性动物实验中，观察化学物质暴露对机体造成的有害效应是后续研究的前提。第二，记录并研究化学物质的毒性效应的剂量-效应（反应）关系。剂量-效应（反应）关系研究是后续危害评估和风险评估的基础，通过对不同有害效应的剂量-效应（反应）关系研究，可以得到该化学物质的在不同有害效应下的毒性参数。其中比较重要的几个参数是急性致死性毒理学实验中的 LD_{50} 值；急性非致死性、亚急性、亚慢性、慢性、致畸毒理学实验中的 NOAEL、LOAEL 值；以及在致突变性、致癌性毒理学实验中可能获得的表观 NOAEL、LOAEL 值。第三，确定毒性效应的靶器官。为阐明化学物质的毒性效应的特点以及进一步研究的毒作用机制和防治措施提供基础。第四，确定毒性效应是否可逆。

此外，为了进行其他研究，例如确定毒性作用机制、毒性效应的早期诊断或者其生物标志物、化学物质在动物体内的生物转运和/或生物转化研究、中毒后的治疗等，可以在常规的毒理学实验的基础上，利用增加观察指标等手段，重新设计，以达到预期目标。

三、毒理学实验的设计原则

体内毒理学实验的设计需要考虑以下原则：

第一，剂量组。一般需要至少设 3 个剂量组。高剂量组要求应该出现明确的有害效应，或者高剂量组已经达到实验的最高剂量上限。而低剂量组应该不出现任何可观察到的有害效应，即相当于 NOAEL；但是低剂量组应该至少高于人体实际可能接触的剂量。中剂量组介于高剂量组和低剂量组之间，应该仅出现轻微的毒性效应，即相当于 LOAEL。各剂量组剂量一般按等比设计，间距一般为 2 或者 $\sqrt{10}$。

第二，对照。常用的对照有空白对照（未进行任何处理）、阴性对照（一般为溶剂对照）、阳性对照（例如在致突变性实验中加入已知致突变物）和历史对照（同一实验室历年来同一实验体系的对照组数据，可以用来检验实验体系的稳定性。）

第三，样本数量，即动物数量。每组内的动物数量必须考虑满足统计学需要。

第四，随机。样本的分配包括实验操作应该遵循随机原则。

第五，实验期限。某些实验的实验期限会受实验动物物种或品系限制。一般情况下，急性毒性指的是一次暴露或者 24 小时内的多次暴露，观察期为 14 天；亚慢性毒性为暴露时间持续至实验动物寿命的 10%，大鼠和小鼠一般为 90 天，犬为 1 年；慢性毒性或致癌性实验的暴露时间一般持续至实验动物寿命的大部分。

体外毒理学实验的设计需要考虑以下原则：

第一，化学物质在实验介质中的溶解性。溶解性将限制化学物质在测试介质中的最高浓度。

第二，实验最高剂量。考虑到实验时化学物质浓度过高时，可能引起实验体系中渗透压发生变化，从而使实验中的哺乳动物细胞受到损伤或者实验结果出现假阳性现象，因此，可溶性化学物质的实验上限一般定义为 10 mmol/L 或者 5 mg/mL。对于细菌实验，一般为 5 mg/平皿。对于具有细胞毒性的化学物质，最高浓度应该是具有明显出现毒性的剂量①。

第三，代谢活化。一般在实验中会增加经过 S9 代谢活化系统②活化的实验组，观察化学物质的代谢物是否具有毒性效应。

第四，阳性对照。应该分别选用经 S9 活化的阳性对照物或者不经 S9 活化的阳性对照物。同时，阳性对照的结果应该整理构成实验室的历史性对照，方便实验体系的质量控制。

第五，重复。对于可疑的结果，需要重复实验确认。

此外，在毒理学实验中，暴露途径的选择应该尽量模拟人体在化学物质暴露时的暴露方式。最常用的暴露途径为经口、经皮和吸入。其他的暴露途径还有注射等③。不同的暴露途径，化学物质最终的生物利用度④也不一致，一般情况下，常见的暴露途径中，生物利用度由高到低的排序为：吸入、经口、经皮。

四、常用的毒理学实验方法⑤

常用的毒理学实验方法，可以分为一般毒理学实验，包括急性毒性、局部

---

① 对于哺乳动物细胞试验，最高剂量组在基因突变试验中应该保证至少有 10% ～20%的细胞存活，在染色体畸变试验和 UDS 试验中，应该保证至少有 50%的细胞存活。

② 用哺乳动物如大鼠，经诱导剂（一般为多氯联苯，主要是四、五、六氯联苯的混合物）处理，取肝组织制备匀浆，9 000 g 低温离心，上清液即为 s9 组分。其主要有效成分为混合功能氧化酶（Mixed Function Oxidase，MFO）系统。

③ 需要注意的是不同的暴露途径的吸收速率不同，一般情况下吸收速率由快至慢的顺序为：静脉注射、吸入、肌肉注射、腹腔注射、皮下注射、经口、皮内注射、经皮等其他途径。

④ 生物利用度是指化学物质被机体吸收进入体循环的相对量，用 F 表示，$F=(A/D)\times 100\%$。A 为进入体循环的化学物质（表观）总量，D 为总暴露剂量。

⑤ 美国环保署预防、农药及有毒物质办公室（US EPA OPPTS）测试导则列表和经济合作与发展组织（OECD）测试导则列表请参见附录十。

毒性、皮肤致敏性、亚急性、亚慢性和慢性毒性实验；特殊毒理学实验，包括致癌性、致突变性、致畸性和生殖毒性实验。

急性毒性实验是指实验动物一次暴露或者24小时内多次暴露于化学物质所引起的毒性效应。通常可以为毒理学研究提供最基本的信息。根据人体暴露方式的不同，急性毒性实验的暴露途径主要分为经口、经皮和吸入三种。急性毒性实验主要观察急性毒性效应的表现、剂量-反应关系、靶器官和可逆性等。最主要的毒性参数指标是半数致死量（LD_{50}）。通常选用的实验动物是成年健康的啮齿类动物（大鼠、小鼠）。

局部毒性实验主要是指眼刺激性实验和皮肤刺激性实验①。局部毒性实验观察的是外源化学物质对机体的接触部位产生的毒性效应，但不包括经过接触部位吸收后引起的全身性毒性效应。局部毒性实验中通常固定化学物质的剂量，观察时间与效应之间的关系。通常眼刺激性实验选用的实验动物是成年健康的家兔，皮肤刺激性实验选用的实验动物是成年健康的家兔或者豚鼠。对于强腐蚀性的物质（$pH>11.5$ 或者 $pH \leqslant 2$）一般可以免除皮肤刺激性实验，皮肤产生刺激效应的化学物质可以免除眼刺激性实验。

皮肤致敏性实验主要是观察实验动物在外源化学物质首次暴露后，免疫系统被激活，在再次暴露于较低浓度的同种化学物质或其类似物时，产生的免疫介导的皮肤反应。皮肤致敏性实验预期通过动物实验预测化学物质是否具有经皮肤暴露引起人类皮肤致敏反应的可能危害。通常选用的实验动物是成年健康豚鼠或者小鼠。

亚急性、亚慢性、慢性毒性实验主要是模拟人体长期暴露于化学物质的情况，也可称为长期毒性实验②。由于化学物质在日常生活中的大量使用，人体接触化学物质的频率不断增加。这种长期而反复的暴露在急性毒性实验中难以模拟。化学物质的蓄积作用③是发生长期毒性的基础。根据人体暴露方式的不同，长期毒性实验的暴露途径主要分为经口、经皮和吸入三种。长期毒性实验主要观察长期毒性效应的性质、发现在急性毒性实验中未观察到的毒性效应、研究各毒性效应下的剂量-效应关系、靶器官和可逆性、为毒性研究结果向人体外推提供依据。最主要的毒性参数指标是未观察到有害效应水平（NOAEL）和观察到有害效应的最低水平（LOAEL）。通常选用的实验动物是成年健康的大鼠

---

① 一般情况下，刺激性指的是眼睛或者皮肤暴露于化学物质后引起可逆性的变化；腐蚀性指的是眼睛或者皮肤暴露于化学物质后引起的不可逆损伤。

② 一般情况下，慢性毒性实验往往需要大量的人力、物力和时间。因此，亚急性毒性实验和亚慢性毒性实验具有一定的筛选作用。在风险评估中，也常采用亚急性毒性实验和亚慢性毒性实验的毒性参数值进行进一步计算。

③ 机体连续暴露于外源化学物质后，其吸收速率超过消除速率时，化学物质在体内的量逐渐增加，称为化学物质的蓄积作用。

（啮齿类动物）或者犬（非啮齿类动物）。

致癌性实验主要用来确定化学物质暴露是否会引起实验动物肿瘤发生，其剂量-反应关系、靶器官等。根据人体暴露方式的不同，长期毒性实验的暴露途径主要分为经口、经皮和吸入三种。通常选用的实验动物是成年健康大鼠或者小鼠。由于致癌性动物实验的要求较高，人力、费用和时间成本巨大，因此在一般情况下，并不会要求进行致癌性动物实验①。此外，应用致癌性动物实验的结论外推到人体，需要十分谨慎。由于啮齿类动物具有一些特异性的致病机制，预示着在致癌性动物实验中观察到的某些肿瘤发生，不能作为判断人类致癌性危害的依据。

致突变性实验包括一系列的遗传毒性测试②，通过直接检测遗传学终点或者遗传毒性相关的现象，确定化学物质是否会引起遗传毒性或损伤，以及这种毒性或损伤是否是可遗传的改变。突变可以分为基因突变、染色体畸变（CA）和基因组突变。基因突变也称为点突变，一般不能通过光学显微镜直接观察。染色体畸变和基因组突变则是发生在染色体水平的变化，通过特定的处理后，可以用光学显微镜直接观察。遗传毒性测试可以分为体外实验和对应的体内实验。其中，细菌回复突变（Ames）试验由于其快捷、方便成为筛选实验的首选。此外，哺乳动物细胞染色体畸变试验和哺乳动物细胞基因突变试验也是较常用的体外致突变性实验，分别作为筛选实验，观察化学物质是否会引起染色体畸变或者基因突变。在综合分析体外致突变性实验的基础上，如果不能得到足够的信息来判断化学物质是否具有生殖细胞致突变性分类，则需要循序渐进地进行进一步的体内实验。可以选择的体内实验有体内体细胞致突变性试验，例如哺乳动物骨髓细胞染色体畸变试验、哺乳动物红细胞微核（MN）试验、小鼠斑点试验等，可以进一步观察和验证化学物质在体外试验中出现的染色体畸变现象是否在体内也会发生；体内体细胞遗传毒性试验，例如体内肝细胞非程序性DNA合成（UDS）试验、哺乳动物骨髓细胞姐妹染色单体交换试验等，可以进一步观察和验证化学物质在体外试验中出现的基因突变现象是否在体内也会发生；体内生殖细胞突变性试验，例如哺乳动物精原细胞染色体畸变试验、精子

---

① 以欧洲REACH法规为例，只有在同时满足下列条件时，才需要进行致癌性动物实验：第一，该化学物质是广泛分散使用或者已有证据证明该化学物质有频繁或者长期的人体暴露存在；第二，该化学物质GHS分类为“由于有可能导致人类生殖细胞产生可遗传性突变而需要关注的物质”（GHS致生殖细胞突变性2类）或者在长期重复暴露的动物实验中有证据表明该化学物质能够诱发增生性和/或肿瘤前病变。

② 致突变性是指化学物质、物理因素或者其他环境因素导致生物体个体或其细胞水平的遗传物质发生可遗传的变化的能力。这种可遗传的变化称为突变。遗传毒性是一个更加广泛的概念，泛指任何对遗传物质或者相关的功能蛋白的损伤效应，这些效应可能导致突变，也可能被生物体的修复机制修复。

细胞微核试验可以进一步观察和验证化学物质在体外试验和/或体内体细胞试验中出现的染色体畸变现象是否在体内生殖细胞中也会发生；体内生殖细胞遗传毒性试验，例如精原细胞姐妹染色单体交换试验、睾丸细胞非程序性DNA合成试验可以进一步观察和验证化学物质在体外试验和/或体内体细胞试验中出现的基因突变现象是否在体内生殖细胞中也会发生；甚至最高要求的体内可遗传性生殖细胞致突变性试验，例如啮齿类动物显性致死突变（rodent dominant lethal，RDL）试验、小鼠可遗传易位试验、小鼠特定位点试验等可以通过直接证据确定化学物质是否具有生殖细胞致突变性[①]的危害。

致畸性和生殖毒性实验主要研究出生前化学物质的暴露导致子代个体的异常发育现象，以及化学物质对亲代个体生殖功能的影响。致畸性和生殖毒性实验主要有生殖/发育毒性筛选试验、出生前发育毒性试验和二代生殖毒性试验，必须以哺乳动物为实验对象，通常选用的实验动物是成年健康大鼠或者家兔。主要的毒性参数指标是针对亲代和/或子代各个毒性效应的未观察到有害效应水平（NOAEL）和观察到有害效应的最低水平（LOAEL）。需要指出的是，根据目前获得的数据以及关于动物实验结果与对人体的影响的一致性研究显示，尽管需要从动物向人体的外推需要慎重考虑，动物生殖毒性实验结果能够预测化学物质对人体的影响。此外，在注意致畸性和生殖毒性的同时，还需要考虑哺乳行为引起的化学物质对子代的暴露。

急性水生生物毒性实验主要研究化学物质在短期的暴露下对水生生物的效应。观察受试水生生物急性毒性效应的表现和剂量-反应关系，确定半数致死浓度（LC_{50}）或者半数有效浓度（EC_{50}）。通常选用鱼、溞或者藻[②]作为不同营养级的受试生物。

长期水生生物毒性实验主要研究化学物质在长期或者反复暴露下对水生生物的效应。观察受试水生生物急性毒性效应的表现和剂量-反应关系，确定未观察到效应的浓度（NOEC）或者EC10或EC20[③]。通常选用鱼、溞或者藻[④]作为不同营养级的受试生物。

---

① 生殖细胞致突变性是GHS关于致突变性的分类。其意指化学物质是否具有引起人类生殖细胞发生可遗传给后代的突变。因此，其试验的安排也是循序渐进的。通常如果更高阶的实验结果与低阶的筛选实验结果有冲突时，高阶的实验结果可以推翻低阶的实验结果。例如在体内的致突变性实验结果显示阴性时，可以推断体外致突变性实验结果可能为假阳性。详细的遗传毒性测试策略和相应的GHS分类原则可以参考REACH法规的指南文件。

② 适当时，可以用浮萍（Lemna sp. Growth Inhibition Test，OECD 221）代替。

③ 由于NOEC在很大程度上有赖于实验设计本身，因此近年来越来越多的研究应用EC10或EC20来作为毒性参数，用于PNEC的推导。

④ 藻类的72小时生长抑制实验（Freshwater Alga and Cyanobacteria，Growth Inhibition Test，OECD 201）通常也作为藻类的长期毒性实验。

对于土壤或者底泥中的微生物[①]、陆生生物和鸟类，也有相应的实验导则指导如何进行急性毒性或者长期毒性实验，以确定 L（E）C_{50} 和 NOEC 等毒性参数。通常选用蚯蚓、蜜蜂、鹌鹑和鸽子等作为受试生物。

五、毒理学实验的统计学要求

毒理学实验的统计学要求主要体现在两个方面。

第一，在进行毒理学实验设计时，需要遵循随机原则，样本量和/或重复次数需要具有统计学意义。即实验各组之间的样本需要具有同质性，各暴露组与对照组的非实验因素应尽可能一致。这就要求各组样本的分组以及实验中的操作应该遵循随机化原则。在一些定性的观察中，尽量选择盲法或者双盲法，以消除实验设计者对于观察结果的偏爱。此外，实验中需要考虑样本量是否具有足够的大小，和/或重复次数是否适当，以估计各暴露组内、暴露组之间、实验室内或者前后、实验室之间产生的数据之间可以相互比较或者印证。

严格执行上述毒理学实验设计的统计学要求，可以保证得到的结果的可靠性和可重复性，是进行进一步实验结果的统计学分析的基础。

第二，对于实验结果的统计学分析。毒理学实验通常由化学物质暴露的剂量水平和相应的效应（反应）的观察值组成。通过比较实验中暴露组与对照组的观察值（平均值和方差），经过不同的统计学假设、拟合、分析和检验，获得最终的判断，即所观察到的化学物质暴露时产生的效应与对照组相比是否具有统计学意义。

这里需要指出的是，具有统计学意义的变化，不一定具有生物学意义。即暴露组的有些观察值可能与对照组相比有统计学意义上显著地升高或者降低，但是这种变化，不具有生物学意义，例如没有剂量-效应（反应）关系和组织学改变支持的血液分析指标变化。同样的，具有生物学意义的变化，也不一定具有毒理学意义（有害效应），例如有些具有非有害效应的生物学意义的变化，不会被认为具有毒理学意义。

六、优良实验室规范

为了保证实验数据的真实性、完整性和可靠性，以及促进来自不同实验室的数据的可比性，1976 年，美国 FDA 颁布了优良实验室规范（Good Laboratory Practice，GLP），并被世界各国相继采纳。GLP 实验室通过对整个实验过程，从实验方案、操作程序、样品和标本的管理、原始数据、档案保存等全面的管理，来保证对实验的质量控制。GLP 实验室的各项工作都要形成文件，以期尽量减

① 活性污泥呼吸抑制实验［Activated Sludge，Respiration Inhibition Test（Carbon and Ammonium Oxidation），OECD 209］是比较常用的观察化学物质对底泥中微生物的毒性效应的实验。

少各种主客观因素的干扰，规范实验按标准运行，从而使获得的实验结果准确、可靠。

针对外源化学物质进行的新的毒理学实验，根据世界各主要国家的要求，普遍要求遵循 GLP 原则，以保证所获得的数据的可靠性。

七、毒理学动物实验 3R 原则

可以看到，为了预防和治疗人类的疾病、确定化学物质对人体的危害，实验动物做出了巨大的贡献。人类应给予实验动物诚挚的尊重和保护。因此，在进行毒理学动物实验时，需要遵循 3R 原则①，即替代、减少和优化。替代即尽量应用无知觉材料的科学方法来代替使用脊椎动物的实验方法。减少即在能保证获得足够可靠的信息前提下，使用尽量少的实验动物数量。优化即在必须使用实验动物时，要尽量减少非人道程序对实验动物的应用范围和程度。

---

① William Russell，Rex Brursh，1959，The Principle of Humane Experimental Technique.

第十三章
中国风险评估简介

一、简介

中国对于工业化学物质的风险评估工作相对起步较晚。随着世界各主要国家、地区和经济体对化学物质的管理从关注其危害特性转而更多关注其使用过程中的风险可控与否，化学物质管理的政府主管机构也将关注的重点转移到如何对化学物质进行风险评估上来。在参考了世界其他管理体系对化学物质风险评估的基础上，结合中国国情，形成了以环境保护部新化学物质申报登记管理为代表的，针对工业化学物质的风险评估指南及若干相关的支持性文件。下文中以《新化学物质申报登记指南》为主，简单介绍中国化学物质风险评估的要求。

二、中国化学物质风险评估要求

（一） 报告编制的原则

编制风险评估报告应遵循“依据科学、尊重事实、论证充分、表述规范、分级评估、疑者从重”的原则。

编制风险评估报告基于申报物质的申报数量级别、危害性质和申报用途等具体情况，进行危害性分类鉴别，开展环境风险评估和健康风险评估。特殊类别的化学物质（如金属等），应视物质的具体情况，采用国内外通用方法开展风险评估。

申报人可自行或委托相关机构编制风险评估报告。

（二） 报告编制的总体要求

风险评估报告应准确表述申报物质的危害评估、暴露预测评估以及风险表征的过程和结论。风险评估报告中引用的数据和信息应具有相关性、准确性、充分性及可溯源性。新化学物质的已知危害信息，无论其是否属于申报数量级别的最低数据要求，都应在风险评估报告中体现，不得刻意隐瞒。

按照化学品分类和标签规范国家标准（GB 30000 系列）为有危害性分类的新化学物质，申报数量级别为一级时应进行定性的风险评估；申报数量级别为二级及以上的新化学物质应进行（半）定量的风险评估。按照化学品分类和标签规范国家标准（GB 30000 系列）为无危害性分类的新化学物质，风险评估报告应提交分类的结果、依据和简单的暴露描述。简单暴露描述内容应当包括申报物质的生产或加工使用工艺、环境释放量等信息。

（三）报告的内容及形式

风险评估报告包括封面、目录、正文和参考文献清单。风险评估报告的封面包括标题、申报人和实施评估单位名称、报告编制时间；风险评估报告的目录包括至少三级以上标题、相应页码以及图表编号和页码；风险评估报告的正文包括概述、标识及特性描述、危害评估、暴露预测评估、风险表征、风险控制措施和风险评估结论等部分，具体要求如下。

1. 概述

概述部分包括评估依据、报告编制及评估过程简述等信息。

（1）评估依据，包括评估过程中引用的法律、法规、技术标准及评估过程中的其他资料。

（2）报告编制，包括报告编制机构和相关技术人员的信息以及报告编制起止时间等。

（3）评估过程简述，包括对风险评估过程和报告编制过程的概要说明以及对危害评估、暴露预测评估、风险表征等工作过程的介绍。

2. 标识及特性描述

标识及特性描述部分包括新化学物质标识、主要理化性质和用途描述。

（1）新化学物质的中英文名称、CAS 号、IUPAC 名称或 CAS 名称、分子式、结构式等新化学物质标识信息，应以表格形式列出。

（2）新化学物质的常温、常压下物理状态、熔点、沸点、相对密度、蒸气压、水中溶解度、正辛醇/水分配系数、闪点等申报数量级别下要求的理化数据和数据出处，应以表格形式列出。

（3）新化学物质的用途、功效、期望效果、使用方式、潜在用途，以及建议避免的用途等描述。

（4）新化学物质在其他国家登记的情况等描述。

3. 危害评估

危害评估部分包括新化学物质的物理化学危害评估、人体健康危害评估、环境危害评估三个方面。

（1）物理化学危害评估

物理化学危害评估应至少包括燃烧性、爆炸性、氧化性、金属腐蚀性等方面，以表格形式列出分类结果、依据。

（2）人体健康危害评估

人体健康危害评估应包括急性毒性、刺激性和腐蚀性、致敏性、反复染毒毒性、致突变性、生殖/发育毒性、毒代动力学、慢性毒性以及致癌性评估等，以表格形式列出分类结果、依据。进行定性风险评估时，应列出新化学物质高、中、低的危害级别。进行（半）定量的风险评估时，应以表格形式列出新化学物质的无危害或者最小危害的剂量（浓度），并详细说明推导过程。对于无法推导无危害或者最小危害剂量（浓度）的毒性效应，应说明理由。

（3）环境危害评估

环境危害评估应包括水生生物毒性、微生物毒性、陆生生物毒性、持久性和生物蓄积性等，应以表格形式列出分类结果、依据。进行定性风险评估时，应列出新化学物质高、中、低的危害级别。进行（半）定量的风险评估时，应以表格形式列出新化学物质的无危害或者最小危害的剂量（浓度），并详细说明推导过程。对于无法推导无危害或者最小危害剂量（浓度）的毒性效应，应说明理由。

4. 暴露预测评估

暴露预测评估部分应通过简单暴露预测评估或详细暴露预测评估，定性或者半定量地预测新化学物质活动可能产生人群和环境暴露的程度、频率和范围。

（1）简单暴露预测评估

进行定性风险评估时，应提交简单暴露预测评估，简单暴露预测评估包括：简单暴露描述，确定新化学物质高、中、低的暴露级别。简单暴露描述应从新化学物质性质、新化学物质用途与用量、重要的人体和环境暴露途径、暴露持续时间和暴露频率等方面简要进行说明，并提供生产或者加工使用的工艺流程图和物料衡算。

（2）详细暴露预测评估

进行（半）定量风险评估时，应提交详细暴露预测评估。详细暴露预测评估包括：详细暴露描述，建立暴露场景，（半）定量预测新化学物质的暴露浓度。

详细暴露描述应识别新化学物质的整个生命周期中决定暴露浓度的要素，从新化学物质性质、生产或者加工使用过程和操作条件、用途与用量、产品特性和类别，以及生产或加工使用活动所涉及的周围环境情况等方面，针对不同的暴露途径，建立覆盖所有已知或潜在危害的暴露场景，详细评估暴露的程度、范围和频率，并提供生产或者加工使用的工艺流程图和物料衡算。

5. 风险表征

风险表征部分应综合比较危害评估与暴露预测评估结果，描述新化学物质对人体健康和环境存在的风险，得出风险是否可以接受的结论，并阐明风险表征的不确定性。

6. 风险控制措施

风险控制措施部分应对通过控制申报物质的暴露和释放，降低申报物质已知或者潜在风险的措施进行分类描述。风险控制措施应以表格形式，按照职业暴露控制措施、消费者暴露控制措施和环境暴露控制措施的类别逐条叙述。

风险控制措施应与风险表征结论相匹配。当风险表征表明新化学物质环境风险或者人体健康风险可接受时，则无须增加现有的风险控制措施；当风险表征表明新化学物质环境风险或者人体健康风险不可接受时，应增加风险控制措施，通过进一步的风险评估和风险表征来判别调整后风险控制措施的适当性和有效性，直至环境风险或者人体健康风险可接受。

也可通过补充更详细、更准确的危害和暴露数据，进一步准确认识新化学物质的危害，降低新化学物质的风险预期，从而避免增加不必要的风险控制措施。

7. 风险评估的结论

风险评估结论部分应对整个风险评估过程进行归纳总结，并给出新化学物质风险是否可控的判断，具体包括以下内容：

（1）危害评估的结果；

（2）申报用途下的暴露预测评估的结果；

（3）环境风险表征和健康风险表征的结果；

（4）新化学物质在申报用途下的风险控制措施，以及风险控制措施适当性的说明和结论；

（5）新化学物质风险是否可控的结论。

三、化学物质风险评估的技术文件

（1）《新化学物质申报登记指南》（中华人民共和国环境保护部，2010）；

（2）《化学物质风险评估导则》（征求意见稿）；

（3）《新化学物质危害性鉴别导则》（征求意见稿）；

（4）《持久性、生物累积性和毒性物质及高持久性和高生物累积性物质的判别方法》（GB/T 24782—2009）；

（5）《化学品测试方法　健康效应卷（第二卷）》，中国环境出版社，2013；

（6）《化学品测试方法　理化特性和物理危险性卷（第二卷）》，中国环境出版社，2013；

（7）《化学品测试方法　降解与蓄积卷（第二卷）》，中国环境出版社，2013；

（8）《化学品测试方法生物系统效应卷（第二卷）》，中国环境出版社，2013；

(9) 化学品分类和标签规范第 2 部分：爆炸物（GB 30000.2—2013）；

(10) 化学品分类和标签规范第 3 部分：易燃气体（GB 30000.3—2013）；

(11) 化学品分类和标签规范第 4 部分：气溶胶（GB 30000.4—2013）；

(12) 化学品分类和标签规范第 5 部分：氧化性气体（GB 30000.5—2013）；

(13) 化学品分类和标签规范第 6 部分：加压气体（GB 30000.6—2013）；

(14) 化学品分类和标签规范第 7 部分：易燃液体（GB 30000.7—2013）；

(15) 化学品分类和标签规范第 8 部分：易燃固体（GB 30000.8—2013）；

(16) 化学品分类和标签规范第 9 部分：自反应物质和混合物（GB 30000.9—2013）；

(17) 化学品分类和标签规范第 12 部分：自热物质和混合物（GB 30000.12—2013）；

(18) 化学品分类和标签规范第 10 部分：自燃液体（GB 30000.10—2013）；

(19) 化学品分类和标签规范第 11 部分：自燃固体（GB 30000.11—2013）；

(20) 化学品分类和标签规范第 13 部分：遇水放出易燃气体的物质和混合物（GB 30000.13—2013）；

(21) 化学品分类和标签规范第 17 部分：金属腐蚀物（GB 30000.17—2013）；

(22) 化学品分类和标签规范第 14 部分：氧化性液体（GB 30000.14—2013）；

(23) 化学品分类和标签规范第 15 部分：氧化性固体（GB 30000.15—2013）；

(24) 化学品分类和标签规范第 16 部分：有机过氧化物（GB 30000.16—2013）；

(25) 化学品分类和标签规范第 18 部分：急性毒性（GB 30000.18—2013）；

(26) 化学品分类和标签规范第 19 部分：皮肤腐蚀刺激性（GB 30000.19—2013）；

(27) 化学品分类和标签规范第 20 部分：严重眼损伤眼刺激（GB 30000.20—2013）；

(28) 化学品分类和标签规范第 21 部分：呼吸道或皮肤致敏（GB 30000.21—2013）；

(29) 化学品分类和标签规范第 22 部分：生殖细胞致突变性（GB 30000.22—2013）；

(30) 化学品分类和标签规范第 23 部分：致癌性（GB 30000.23—2013）；

(31) 化学品分类和标签规范第 24 部分：生殖毒性（GB 30000.24—2013）；

(32) 化学品分类和标签规范第 25 部分：特异性靶器官：一次接触（GB

30000.25—2013)；

(33) 化学品分类和标签规范第 26 部分：特异性靶器官：反复接触（GB 30000.26—2013)；

(34) 化学品分类和标签规范第 28 部分：对水生环境的危害（GB 30000.28—2013)。

参考文献：

环境保护部．关于发布《新化学物质申报登记指南》等六项《新化学物质环境管理办法》配套文件的通知《新化学物质申报登记指南》. 环保部网站，环办［2010］124 号. 2010-9-16. http：//www.zhb.gov.cn/gkml/hbb/bgt/201009/t20100921 _ 194878.htm.

第十四章
欧盟风险评估简介

第一节　欧盟化学物质风险评估的发展

欧洲对于化学物质及其产品的管理法规始于二十世纪六十年代，由于欧洲经济共同体（European Economic Community，EEC）（下文欧共体）内各个国家对于化学物质及产品的管理有很大的差异，一定程度上阻碍了贸易发展。考虑到保护人群，尤其是处理危险物质的操作工人健康的必要性，欧共体于 1967 年 6 月 27 日颁布了理事会指令（Council Directive 67/548/EEC），协调各成员方对于危险物质的分类、包装和标签办法，便于其统一市场并保护人体健康和环境。随后，在二十世纪七十年代对于该指令的实施日期以及分类、包装及标签的具体要求等进行了多次修订。特别是在 1979 年进行的第六次修订，即理事会指令 Council Directive 79/831/EEC 中引入了申报和风险评价的概念；要求企业在化学物质上市前向主管机构进行申报，提供包含一系列的理化、毒理和生态毒理的测试数据及对人体健康和环境进行的风险评价；并且提出建立现有化学物质名录（之后成为 European Inventory of Existing Commercial Chemical Substances，EINECS）和申报化学物质名录（之后成为 European List of Notified Chemical Substances，ELINCS）。1992 年的第七次修订，即理事会指令 Council Directive 92/32/EEC 中进一步要求在物质申报时，需要就物质对人体健康和环境的影响进行包含暴露估算的风险评估。之后，在 1993 年 7 月 20 日，欧共体委员会发布了指令 Commission Directive 93/67/EEC，规定了对新化学物质（new notified substance）进行风险评估的一般原则，提出风险评估需要包括危害识别、剂量（浓度）-反应（效应）评估、暴露评估和风险表征①。

与此并行的是，欧盟对于现有化学物质的评估与管理则始于二十世纪八十年代。在欧共体理事会批准的第四次环境行动计划（the Fourth Community

---

① 这里提到的理事会指令 67/548/EEC 及其历次修订官方文件为 OJ 196，16.8.1967，p.1-98；OJ L 68，19.3.1969，p.1-3；OJ L 59，14.3.1970，p.33-33；OJ L 74，29.3.1971，p.15-15；OJ L 167，25.6.1973，p.1-128；OJ L 183，14.7.1975，p.22-24；OJ L 259，15.10.1979，p.10-28；OJ L 154，5.6.1992，p.1-29；OJ L 227，8.9.1993，p.9-18。

Action Programme on the Environment，1987—1992）中，提议出台有关现有化学物质的风险评估和法规的指令，讨论建立需要立刻采取行动的优先物质列表，以及建立相应的信息收集、测试要求和对人群及环境的风险评估体系①。随后，欧共体出台了一系列的法律文件以达成该目标。1993 年 3 月 23 日，欧共体理事会发布了有关评价和控制现有物质的法规［Council Regulation（EEC）No 793/93］，要求对现有化学物质进行人群（包括操作工人和消费者）和环境的风险评价，并制定优先物质列表；对于列在优先物质列表上的物质，由各成员方分别进行风险评估②。此后，基于该法规，1994 年 6 月 28 日，欧盟委员会发布了法规 Commission Regulation（EC）No 1488/94，规定了对现有物质进行人群和环境风险评估的一般原则，提出风险评估需要包括危害识别、剂量（浓度）-反应（效应）评估、暴露评估和风险表征③。

尽管 Commission Directive 93/67/EEC 和 Commission Regulation（EC）No 1488/94 均提出了风险评估的一般原则，但是对于如何进行风险评估没有更详细的技术指导。为了支持新化学物质（Commission Directive 93/67/EEC）和现有化学物质［Commission Regulation（EC）No. 1488/94］的风险评估，在各成员方主管机构（Member States Competent Authorities，MSCAs）的支持下，来自成员方、欧盟委员会以及工业界等的专家深入合作，完成了《风险评估技术指南文件，TGD》，由欧洲化学品局（European Chemicals Bureau，ECB）于 1996 年发布④。该文件吸取了对约 100 个现有化学物质和数百的新化学物质进行风险评估的经验，在人体健康和环境方面的危害识别、剂量（浓度）-反应（效应）评估、暴露评估和风险表征等方面进行了全面、详细的阐述并提供了技术指导。在 TGD 应用 5～7 年之后，在 2003 年 4 月份 ECB 组织暴露评估和效应评估的 12 个不同的专家团讨论并对其进行修订并发布第二版《指南》（下文 TGD）。

2006 年 12 月 30 日 REACH 法规⑤颁布，进一步明确了风险评估对化学品管理工作的重要性。该法规对新化学物质和现有化学物质进行统一管理，要求在欧盟市场上年生产/进口量超过 10 吨的化学物质都需要提供风险评估报告。2007 年 6 月 1 日生效，同时，Council Regulation（EEC）No 793/93，

---

① 参见 OJ C 328，7. 12. 1987。

② 参见 OJ L 84，5. 4. 1993，p. 1-75。

③ 参见 OJ L 161，29. 6. 1994，p. 3-11。

④ 参见 Technical guidance document in support of Commission directive 93/67/EEC on risk assessment for new notified substances and Commission regulation（EC）no 1488/94 on risk assessment for existing substances.（EU TGD. 1996）。

⑤ REACH 是欧盟法规《化学物质的注册、评估、授权和限制》（REGULATION concerning the Registration，Evaluation，Authorization and Restriction of Chemicals）的简称，于 2007 年 6 月 1 日起实施。该法规的主管机构是欧洲化学品管理局（European Chemicals Agency，ECHA）。

Commission Regulation (EC) No 1488/94 等法规废止。

2008 年，ECHA 发布了《关于数据要求与化学物质安全评估的指南文件》(REACH)，详细阐述了 REACH 法规框架下的数据要求、信息收集、化学品安全评估的技术方法，文件多达数千页。2008 年以来，随着 REACH 的实施，欧盟不断对这些文件进行更新和完善。

REACH 法规要求在欧盟市场上年生产/进口量超过 10 吨的化学物质都需要按照以下要求开展安全评估，提交化学品安全报告 (CSR)。

CSR 包括以下内容：

(1) 人体健康危害评估，包括分类标签和推导预期无（有害）作用水平 (Derived No-Effect Level，DNEL)；

(2) 物理化学危害评估，包括分类标签和对人体健康的潜在影响；

(3) 环境危害评估，包括分类标签和推导预期无（有害）作用浓度 (Predicted No-Effect Level，PNEC)；

(4) PBT 和 vPvB 评估。

若评估结果证实化学物质根据 Regulation (EC) No 1272/2008 CLP 法规分类标准为“有危害的”或者被评估为 PBT 或者 vPvB 物质，CSR 还需包括暴露评估和风险表征。

风险评估报告的结果将作为对化学物质进行管理的科学依据。

第二节 欧盟风险评估方法介绍

对化学物质进行风险评估的目的是对化学物质的使用情况进行风险鉴定并描述风险可控的条件。当该化学物质的特定使用过程中发生的暴露浓度（水平）低于 PNEC 或者 DNEL，该特定使用的风险是可控的。因此，以下分别从环境风险评估和人体健康风险评估两个方面进行详细的介绍。

一、环境风险评估

1. 预期无（有害）作用浓度

PNEC，即化学物质某一确定的浓度值，在低于此浓度时，预计化学物质不会对相关环境相产生不利影响。下面简单介绍 PNEC 的推导过程。

(1) PNEC 推导的数据来源

进行 PNEC 推导，首先必须收集相关毒性数据。毒性数据一般来源于文献报道、测试报告和数据库。由于数据的质量参差不齐，所以必须对毒性数据进行筛选以期获得适当的源数据用于风险评估。源数据的适当性需要充分考虑以下两个基本要素：

可靠性，即评估源数据的质量，包括测试方法、操作流程和试验结果等在内的科学性上的质量；相关性，即源数据与某一特定危害或风险评估的相关程度。例如，对于测试数据，在相关条件下是否对合适的测试终点进行了研究，测试化学物质是否可代表被评估物质等。

在风险评估中，只有可靠且相关的数据才能被选取作为评估工作的参考数据①。

(2) PNEC 推导方法

通常认为，实验室的测试环境与自然环境不同，相比实验室中的单一的生物个体，生态系统对化学物质更敏感。因此，实验室的测试结果不能直接用于风险评估，而是用于推导 PNEC，而后利用 PNEC 值进行风险评估。

PNEC 是以有限的急性毒性试验得到的 $L(E)C_{50}$ 和/或慢性毒性试验得到的 NOEC 或 EC_x 为基础推导获得。常用方法有：评估系数法（AF 法）和物种敏感性分布法（SSD 法），又称统计外推法。当毒理学数据缺乏时，沉积物和陆生生态系统的 PNEC 值还可用平衡分配法（EPM 法）估算获得。

AF 法：当仅有急性毒性数据或有限的慢性毒性数据时采用的方法。用敏感生物最低毒性效应数值除以相应的评估系数可得到 PNEC 值，而评估系数则依据可获得的不同营养级的物种的急性毒性和慢性毒性试验数据的多少来确定。当有慢性毒性数据（EC_{10} 或 $NOEC$）时，优先使用慢性毒性数据（EC_{10} 或 $NOEC$）。

具体公式如下：

$$PNEC = \frac{[L(E)\ C_{50}]_{\min}}{AF} \text{ 或 } PNEC = \frac{[EC_{10}/NOEC]_{\min}}{AF}$$

式中，$[L(E)C_{50}]_{\min}$ 为急性毒性试验最低毒效应值，$(EC_{10}/NOEC)_{\min}$ 为慢性毒性试验最低毒效应值，AF 为相应的评估系数。

SSD 法：是基于统计运算，通常需要有不同生物类别的物种的大量的 NOEC 试验数据。该方法的目的是确定可保护生态系统中的某个比例（比如 95%）的物种免于发生毒性效应的浓度。该方法假定不同物种的 NOEC 值遵循特定的分布函数，而且，每一个数据点（效应浓度）代表了所有可能的数据点中的随机样本。真实的敏感性分布是未知的，但对独立样本而言是可描述的，并可预算出平均值和标准差。

EPM 法：当毒理学数据缺乏时，沉积物和陆生生态系统的 PNEC 值可用 EPM 法推导，即用沉积物/水或土壤/水分配系数对 $PNEC_{水}$ 进行校正来计算沉积物或陆生生态系统的 PNEC 值。

总之，推导 PNEC 值，一般根据化学物质在不同环境相中的剂量（浓度）-效应数据进行定量评估。除主要的三个环境相：水生生态系统（包括沉积物）、陆生生态系统和大气系统外，也视情形对高级捕食者（与食物链相关的二次毒性）和污水处理厂的微生物体系进行适当的评估。各环境相下 PNEC 的具体计算方法可参看附录四：不同环境相 PNEC 的计算。

---

① 对于 DNEL 的推导也一样，需要确定数据的可靠性和相关性。

2. 预期环境浓度（Predicted Environmental Concentration，PEC）

PEC用于表征化学物质在不同环境相中预期的暴露浓度值，通过估算和实测两种方式获得。但是，通常情况下化学物质的环境浓度实测值很难获得，而且由于时间和空间无法重现，测量浓度存在很大的不确定性，因此对其进行估算具有重要的意义。另一方面，已有的工业排放浓度、特定相的背景浓度、分布特征描述等实测数据可用于修正估算PEC时用到的一些模型参数。因此，获得PEC值需要灵活运用这两种方法。

环境暴露原则上需要考虑两个空间维度①，一是经点源和/或分散源释放到周围环境的局部评估（PEClocal）；二是包括一定空间范围内所有点源和/或分散源的区域评估（PECregional）。暴露估算的结果是获得化学物质在水体（淡水和海水）、沉积物、土壤、空气、生物群（biota）等相中的PEC值以及人群通过局部和/或区域性环境暴露引起的每日摄入量。各环境相下PEC的具体计算方法可参看附录五：不同环境相PEC的计算。

二、人体健康风险评估

按照REACH法规要求，生产商和进口商需评估化学物质在生产、投放市场和使用过程中对人体健康的潜在风险，此过程包括危害评估、暴露评估和风险表征。REACH指南文件《关于数据要求与化学物质安全评估的指南文件》对人体健康风险评估的过程进行了详细介绍。

1. 人体健康危害评估

人体健康危害评估包括化学物质的危害分类和剂量（浓度）-反应（效应）关系确定。

化学物质的危害分类主要根据2008年欧洲议会和欧洲理事会发布的REGULATION (EC) No 1272/2008 classification, labelling and packaging of substances and mixtures, amending and repealing Directives 67/548/EEC and 1999/45/EC, and amending Regulation (EC) No 1907/2006 (CLP) 进行。

评估化学物质剂量（浓度）-反应（效应）关系，即确定特定剂量（浓度）下产生的有害效应，可按照以下四个步骤进行：

第一步：收集效应剂量描述值。收集人体健康相关试验的效应剂量描述值，如N(L)OAEL、$LD(C)_{50}$、BMD、BMD(L)10、T25②等。

第二步：确定毒性作用模式（判断有阈值或者无阈值的效应）。根据能否得到效应剂量描述值，分为下列四种情形。

---

① 一般情况下，更大空间下的暴露估算如洲际范围不作为评估终点。

② BMD：基准剂量，在背景值基础上，引起不良效应反应率发生预定变化的剂量；BMD10：引起不良效应反应率发生10%变化的剂量；BMDL10：BMD10的95%置信区间下限值；T25：指在某物种标准生命周期里，经过自然发病率校正后，导致其特定组织25%肿瘤发生率的慢性剂量。

（1）有阈值，有剂量效应描述值；

（2）有阈值，无剂量效应描述值；

（3）无阈值，有剂量效应描述值；

（4）无阈值，无剂量效应描述值。

第三步：根据第二步的四种情形，计算相应的毒理学终点的预计无（有害）作用水平（DNEL）或预期最小效应水平（DMEL[①]），或进行定性估计。

（1）有阈值，有剂量效应描述值

对于有阈值有剂量效应描述值的效应，可计算 DNEL，具体步骤如下。

① 确定关注的毒理学终点，选择相关的效应剂量描述值［如 N(L)OAEL］。

② 必要时，对效应剂量描述值进行修正以获得正确的起始值［如 N(L)OAELcorr］。例如通过大鼠试验获得的效应剂量描述值，可运用相关生理参数进行修正得到正确起始值，具体可参见表 14－1。

表 14－1 大鼠和人的生理参数

物种/生理参数	大鼠	人
体重	250 g	70 kg
呼吸体积（标准呼吸体积，sRV）（异速生长原则[②]）	0.2 L/min/rat= 0.8 L/min/kg（体重）→	0.2 L/min/kg（体重）
暴露时程： 6 h 暴露 8 h 暴露 24 h 暴露	 0.29 m^3/kg（体重） 0.38 m^3/kg（体重） 1.15 m^3/kg（体重）	 5 m^3/person 6.7 m^3/person 20 m^3/person
工人呼吸体积（wRV）8 h 暴露		10 m^3/person

③ 而后，如有必要[③]，则运用评估系数对起始值进行校正，计算相应的暴露模式（特定的暴露人群、暴露途径、暴露时程和效应范围[④]）下各毒理学终点的 *DNEL* 值。计算公式如下，默认的评估系数参见表 14－2。

$$DNEL=\frac{NOAEL_{\text{corr}}}{AF_1\times AF_2\times\cdots\times AF_n}=\frac{NOAEL_{\text{corr}}}{\text{overall}AF}$$

---

① DMEL：化学物质无阈值效应的理论上人体允许暴露（浓度）水平的上限值，即当化学物质人体暴露浓度低于此水平时，理论上产生风险的概率很低，此风险被认为是可接受的。

② 异速生长原则，不同物种与人类相比，生理差异通常符合异速生长原则。不同物种与人类的异速生长参数（allometric scaling factor，AS）参见表 14－3。

③ 在根据生理因素校正计算起始点时，已考虑的种间、种内等因素的差异无须重复计算。

④ DNEL 的计算需要区别不同暴露模式（暴露人群、途径、时程或者效应范围）。暴露人群：主要考虑工人和一般人群（包括消费者和通过环境暴露人群）；暴露途径：可分为经口暴露（主要考虑消费者/通过环境接触者），吸入暴露（主要考虑工人/消费者/通过环境接触者），经皮暴露（主要考虑工人/消费者/潜在通过环境接触者）；暴露时程：可分为长期暴露和急性暴露；效应范围：可分为局部效应和全身效应。

表 14－2 默认的评估系数值

评估系数		全身效应中的默认值	局部效应中的默认值
种间	单位体重的不同代谢率差异的修正	AS	1
	其他差异	2.5	2.5
种内	工人	5	5
	普通人群	10	10
暴露时程	亚急性至亚慢性	3	3
	亚慢性至慢性	2	2
	亚急性至慢性	6	6
剂量-反应	剂量-反应的可靠性，包括 LOAEL/NOAEL 的外推和效应的严重性	1	1
数据库质量	已有数据的完整性和一致性	1	1
	替代数据的可靠性	1	1

(2) 无阈值，有剂量效应描述值

对于无阈值且有剂量效应描述值的效应，如致癌性，可计算 DMEL。DMEL 推导过程与 DNEL 推导过程相似，常用剂量描述值有 T25、BMD10 或 BMDL10，评估系数则是将风险从高剂量向低剂量外推时的修正系数和不确定系数。当有足够的动物致癌性数据时，DMEL 推导方法主要有线性法和大评估系数法。

线性法：当对毒作用模式缺乏足够的信息或毒作用模式信息显示低剂量时剂量-反应曲线为或预计为线性关系，可使用线性法。此方法得到的 DMEL 值表示此暴露水平下，产生毒性效应（终身致癌性风险）的可能性很低，因此极低关注即可。默认的评估系数参见表 14－4。

以 T25 作为起始点，致癌性风险为 10^{-5}，DMEL 计算如下：

$$DMEL=\frac{\mathrm{T25_{corr}}}{AF_1\times\cdots\times HtLF}=\frac{\mathrm{T25_{corr}}}{\mathrm{AS}\times 25\ 000}$$

以 BMD10 作为起始点，致癌性风险为 10^{-5}，DMEL 计算如下：

$$DMEL=\frac{\mathrm{BMD10}}{AF_1\times\cdots\times HtLF}=\frac{\mathrm{BMD10}}{\mathrm{AS}\times 10\ 000}$$

当致癌性风险为 10^{-6}，以 T25、BMD10 作为起始点，相应的 HtLF 分别为 250 000 和 100 000。

表 14－3 不同物种与人类相比的异速生长参数

物种	体重/kg	AS 因子
大鼠	0.25	4
小鼠	0.03	7
仓鼠	0.11	5

续表

物种	体重/kg	AS 因子
豚鼠	0.8	3
兔	2	2.4
猴	4	2
犬	18	1.4

表 14－4　线性法评估系数

<table>
<tr><th colspan="2">评估系数</th><th colspan="2">默认值</th></tr>
<tr><td rowspan="2">种间</td><td>单位体重的不同代谢率差异的修正</td><td colspan="2">AS</td></tr>
<tr><td>其他差异</td><td colspan="2">1</td></tr>
<tr><td rowspan="2">种内</td><td>工人</td><td colspan="2">1</td></tr>
<tr><td>普通人群</td><td colspan="2">1</td></tr>
<tr><td>暴露时程</td><td>终身暴露</td><td colspan="2">1</td></tr>
<tr><td rowspan="3">数据库质量</td><td>物质特异性数据</td><td colspan="2">1</td></tr>
<tr><td>非测试数据</td><td colspan="2">> 1</td></tr>
<tr><td>其他</td><td colspan="2">具体分析</td></tr>
<tr><td>高剂量向低剂量外推（HtLF[①]）</td><td>例如：
风险为 10^{-5}
风险为 10^{-6}</td><td>对于 T25：
25 000
250 000</td><td>对于 BMD10：
10 000
100 000</td></tr>
</table>

大评估系数法：即用较大的评估系数（10 000 或更大，默认的评估系数参见表 14－5）对起始点（如 T25、BMDL10）进行校正，得到较低的允许暴露水平，从而更好地保护人群。此方法得到的 DMEL 值表示此暴露水平下，产生效应（致癌性）的可能性很低。因此，从公众健康角度考虑，只需低关注。通常认为，BMDL10 为最合适的剂量效应值。

$$DMEL = \frac{\text{BMDL10}_{\text{corr}}}{AF_1 \times AF_2 \times \cdots \times AF_n} = \frac{\text{BMDL10}_{\text{corr}}}{10\ 000}$$

如以 T25 作为起始点，整体 AF（即 $AF_1 \times AF_2 \times \cdots \times AF_n$）默认为25 000。

表 14－5　大评估法系数表

AF	默认值
种间	10
种内	10 5（针对工人）
癌症发生过程的本质	10
对比点（BMD/T25 并不是一个 NOAEL 值）	10

① HtLF，高剂量向低剂量风险外推系数：起始点不同，选取的 HtLF 不同。

(3) 当无法获得可靠的效应剂量描述值时，需进行定性分析。

定性分析适用于急性毒性、刺激性/腐蚀性、敏感性、致突变性和致癌性。通过定性分析确定化学物质对人体健康产生的潜在的危害性及危害性的程度，并给予合适的分类和标签。

在缺乏试验数据时，急性毒性 DNEL 可通过长期 DNEL 推导获得，通常默认为长期 DNEL 的 1～5 倍。

第四步：确定首要的健康效应及相应的 DNEL 或 DMEL 或定性分析结果。一般情况下，选择特定暴露模式下各毒理学终点中最低的 DN(M)EL 值作为化学物质的首要健康效应 DN(M)EL 值。该值将用于风险表征的计算。

2. 人体健康暴露评估

对人体健康进行暴露评估，先要对化学物质整个生命周期的各个阶段建立暴露场景①，然后估算化学物质在各场景中可能的暴露量。主要包括两个步骤：

第一步，描述一个或多个初始暴露场景，对化学物质在供应链中的使用情况进行详细说明，包括操作条件（OCs）和必要的风险管理措施；

第二步，对初始暴露场景中描述的使用情况下的不同暴露途径进行暴露估算。可通过一些模型进行估算，可用模型参见本章第三节。

3. 人体健康风险表征

(1)（半）定量风险表征

当可获得 DN(M)EL 值时，将暴露评估值除以 DN(M)EL，即可得到风险表征比值（Risk characterization ratio，RCR），用以（半）定量表征人体健康风险。

RCR<1，认为风险低且可控，不需要进一步采取措施；

RCR≥1，认为风险高，需进一步优化上述效应评估和/或暴露评估过程，例如通过监测数据等获取实际的暴露参数，或者通过新的实验获取更多地效应参数，并考虑补充适当的风险降低措施等，重新计算 RCR 值，直到风险降低为可控。

(2) 定性风险表征

当无法推导出 DNEL 或 DMEL 时，如急性毒性、刺激性/腐蚀性、致敏性、致癌性和致突变性，建议采用高、中、低危害定性表征人体健康危害，并通过在暴露场景建立相应的 OCs 和 RMMs 以控制风险。具体步骤如下：

① 根据 67/548/EEC 和 CLP，分别用 R-短语或/和危险性说明确定化学物质的危害分类，并进行描述，选择对应的 OCs 和 RMMs（表 14-6）；

---

① 关于欧盟如何建立暴露场景，请参见附录六。

表 14-6 局部和全身效应的风险分类及建立 ES 时需考虑的 RMMs/OCs 和 PPE

危险类别/效应类型/风险短语(67/548/EEC)	R 短语编号(67/548/EEC)	效应类型/危险性说明(CLP)	危险性说明编号	暴露途径	RMMs 和 OCs	
					普通	PPE
高危害						
致癌物 1 类和 2 类 可致癌 可经吸入致癌	R45 R49	致癌性 1A 类和 1B 类 可致癌 可经吸入致癌	H350 H350i	吸入，经口，经皮 吸入	① 尽可能采取一切措施以减少暴露 ② 除短期暴露如取样外，要求采用严格的风险控制措施 ③ 设计封闭系统以便于维护 ④ 如可能，将设备放在负压环境中 ⑤ 控制员工进入工作区 ⑥ 确保所有设备维护良好 ⑦ 允许进行维修工作 ⑧ 定期清理设备和工作区域 ⑨ 管理/监督检查确保正确应用 RMMs 及遵守 OCs ⑩ 培训员工有良好操作习惯 ⑪ 建立应急处置和排污的程序，并进行培训 ⑫ 建立良好的个人卫生标准	防毒面具； 手套； 隔离衣； 化学品护目镜
致突变物 1 类和 2 类 可引起遗传性基因损害	R46	致生殖细胞突变性 1A 类和 1B 类 可引起遗传缺陷	H340	吸入，经口，经皮		
致突变物 3 类 可能具有不可逆效应风险	R68	致生殖细胞突变性 2 类 疑似会引起遗传缺陷	H341	吸入，经口，经皮		
强腐蚀性 可引起严重灼伤	R35	皮肤腐蚀性 1A 类 可引起严重皮肤灼伤和眼损伤	H314	吸入，经口，经皮		护面罩； 手套； 隔离衣； 化学品护目镜
急性毒性 毒性很大 毒性很大 毒性很大	R26 R27 R28	急性毒性 1 类和 2 类 吸入可致死 皮肤接触可致死 食入可致死	H330 H310 H300	吸入 经皮 经口		防毒面具； 手套； 隔离衣； 化学品护目镜
极强/强皮肤致敏物 皮肤接触致敏	R43	皮肤致敏性 1 或 1A 类 可引起过敏性皮肤反应	H317	经皮		用合适的 PPE 对可能暴露的皮肤和黏膜进行保护
呼吸致敏物 吸入可致敏	R42	呼吸致敏性 1，1A 或 1B 类 吸入可引起过敏性或哮喘症状或呼吸困难	H334	吸入		除非能确保操作过程中完全隔离，必须使用合适的防毒面具

续表

危险类别/效应类型/风险短语(67/548/EEC)	R短语编号(67/548/EEC)	效应类型/危险性说明(CLP)	危险性说明编号	暴露途径	RMMs和OCs	
					普通	PPE
单次暴露引起严重不可逆效应		单次暴露特异靶器官毒性 1类			⑬ 记录“未遂事故”情况 ⑭ 致敏物 在不违背国家相关立法的情况下进行入职前筛选和正确的卫生监督	防毒面具； 手套； 隔离衣； 化学品护目镜
毒性很大；吸入可引起非常严重且不可逆的效应	R39/26	引起器官损害	H370	吸入		
毒性很大；皮肤接触可引起非常严重且不可逆的效应	R39/27	引起器官损害	H370	经皮		
毒性很大；食入可引起非常严重且不可逆的效应	R39/28	引起器官损害	H370	经口		
有毒；吸入可引起非常严重且不可逆的效应	R39/23	引起器官损害	H370	吸入		
有毒；皮肤接触可引起非常严重且不可逆的效应	R39/24	引起器官损害	H370	经皮		
有毒；食入可引起非常严重且不可逆的效应	R39/25	引起器官损害	H370	经口		
中等危害						
致癌物 3类 致癌性证据有限	R40	致癌性 2类 疑似可致癌	H351	吸入，经口，经皮	① 适当防护 ② 尽量减少暴露员工数 ③ 隔离泄漏过程 ④ 有效提取污染物 ⑤ 保持良好通风	手套； 隔离衣； 防毒面具； 面罩； 眼保护
腐蚀性 可引起灼伤	R34	皮肤腐蚀性 1B和1C类 可引起严重皮肤灼伤和眼损伤	H314	吸入，经口，经皮		
急性毒性		急性毒性 1类和2类				
有毒性	R23	吸入有毒	H331	吸入		
有毒性	R24	皮肤接触有毒	H311	经皮		
有毒性	R25	食入有毒	H301	经口		

续表

危险类别/效应类型/风险短语(67/548/EEC)	R短语编号(67/548/EEC)	效应类型/危险性说明(CLP)	危险性说明编号	暴露途径	RMMs和OCs	
					普通	PPE
单次暴露可能会引起不可逆效应		单次暴露特异靶器官毒性 2类			⑥ 尽量减少手动过程 ⑦ 避免接触被污染工具和物品 ⑧ 定期清理设备和工作区域 ⑨ 管理/监督检查确保正确应用RMMs及遵守OCs ⑩ 培训员工有良好操作习惯 ⑪ 建立良好的个人卫生标准	手套； 隔离衣； 防毒面具； 面罩； 眼保护
有害：吸入可能会引起不可逆的效应	R68/20	可引起器官损害	H371	吸入		
有害：皮肤接触可能会引起不可逆的效应	R68/21	可引起器官损害	H371	经皮		
有害：食入可能会引起不可逆的效应	R68/22	可引起器官损害	H371	经口		
刺激物 同时对眼、皮肤和呼吸系统有刺激	R36/37/38	眼和皮肤刺激性 2类和 单次暴露特异靶器官毒性 3类（呼吸刺激） 引起严重眼刺激 可致呼吸刺激 引起皮肤刺激	H319 H335 H315	眼 吸入 经皮		
中等皮肤致敏物 皮肤接触可致敏	R43	皮肤致敏性 1B类 可引起过敏性皮肤反应	H317	经皮		
眼损害 具有严重眼损伤风险	R41	眼损害性 1类 引起严重眼损伤	H318	眼		化学品护目镜
低危害						
眼刺激 具有眼刺激性	R36	眼刺激 2类 引起严重眼刺激	H319	眼	① 尽量减少手动过程 ② 工作过程中减少飞溅和泄漏 ③ 避免接触被污染工具和物品 ④ 定期清理设备和工作区域 ⑤ 管理/监督检查确保正确应用RMMs及遵守OCs ⑥ 培训员工有良好操作习惯 ⑦ 建立良好的个人卫生标准	化学品护目镜
皮肤刺激 具有皮肤刺激性	R38	皮肤刺激 2类 引起皮肤刺激	H315	经皮		面罩 手套； 隔离衣
呼吸系统刺激 具有呼吸系统刺激性	R37	单次暴露特异靶器官毒性 3类 可引起呼吸系统刺激	H335	吸入		防毒面具

② 分别考虑可能的暴露途径；
③ 建立初始的暴露场景；
④ 进行暴露估计/评估；
⑤ 定性风险表征，必要时重复评估。

第三节 欧盟风险评估工作相关的模型和软件

在欧盟的风险评估工作中，经常通过相应的数学模型和软件进行数据的收集、毒理学终点的计算、效应评估和暴露评估。下面将简单介绍一些常用的软件和模型。

一、REACH 注册软件

（1）REACH IT，注册信息交流平台。分别有注册者登录界面和 ECHA 登录界面，用于 REACH 注册。

（2）IUCLID：数据收集系统，用于注册者完成注册卷宗并递交。

（3）QSAR 工具包：ECHA 和注册者用其进行数据估算。

二、风险评估软件

1. 欧盟化学物质评价系统 2.0（EUSES 2.0）

欧盟化学物质评价系统基于 TGD（2003 版）的数学模型开发，主要用于环境风险评估。

1994 年，欧洲化学品局[①]（European Chemicals Bureau，ECB）基于 Mackay 的多介质模型，开发了化学物质评价统一系统（USES 系统），用于协调新物质、现有物质、生物杀灭剂和植物保护产品的风险评估。随后以其为基础，开发了 EUSES。在欧盟委员会、ECB 以及欧洲化学品工业协会（Cefic）推动下，EUSES 得到进一步完善，并于 2004 年推出 EUSES 2.0 版本。2012 年，推出最新版 EUSES 2.1.2。（http：//ihcp.jrc.ec.europa.eu/our _ activities/public-health/risk _ assessment _ of _ Biocides/euses.）

2. 欧洲化学物质生态毒理学和毒理学中心目标风险评估模型（ECETOC TRA）

2004 年，欧洲化学物质生态毒理学和毒理学中心（ECETOC）开发了网络版的 ECETOC 目标评估模型（TRA）。

欧盟 REACH 法规实施之后，ECETOC 于 2009 年 6 月对原有网络版本的评估工具进行改版，升级为现在的由多个 Excel 表格组成的评估软件，包括

---

① 在 REACH 前，欧洲化学物质管理的主管机构。于 2008 年撤销。

对职业工人和消费者的暴露评估。其后，TRA 增加了环境暴露评估，环境释放量主要根据环境释放类别（ERCs）或者特定的环境释放类别（SpERCs）估算，环境归趋主要根据 TGD 的原则估算。2014 年 6 月 17 日，最新版 TRAv3. 1 推出。（http：//www. ecetoc. org/tra. ）

3. 化学物质安全评估和报告软件（CHESAR）

2012 年，为方便注册者开展化学物质安全评估、编写化学物质安全报告和交流所需暴露场景文件，ECHA 开发了化学物质安全评估和报告软件（CHESAR）。其内嵌 EUSES 和 ECETOC 软件，职业工人和消费者的风险评估主要基于 ECETOC 软件，环境风险评估主要基于 EUSES 2. 1 模型，也可以根据 ERC 和 spERC 估算环境释放。CHESAR 与注册软件 IUCLID 对接，可自动提取 IUCLID 中的信息，并可导出最终的化学物质安全报告。（https：//chesar. echa. europa. eu. ）

4. Easy TRA

2010 年，基于 ECETOC TRA，EUSES 和 CONSEXPO 开发的工具 Easy TRA，可进行高级风险评估。以其方便、界面友好等特点被越来越多的风险评估专家所应用。（http：//easytra. com/page-1-home. html. ）

参考文献：

[1] Council Directive 67/548/EEC of 27 June 1967 on the approximation of laws，regulations and administrative provisions relating to the classification，packaging and labelling of dangerous substances. 1967：1-98.
http：//eur-lex. europa. eu/legal-content/en/ALL/？ uri=CELEX：31967L0548.

[2] Commission Directive 93/67/EEC of 20 July 1993 laying down the principles for assessment of risks to man and the environment of substances notified in accordance with Council Directive 67/548/EEC. 1993：9-18.
http：//eur-lex. europa. eu/legal-content/EN/TXT/？ uri=CELEX：31993L0067.

[3] Council Regulation（EEC）No 793/93 of 23 March 1993 on the evaluation and control of the risks of existing substances. 1993：1-75.
http：//eur-lex. europa. eu/legal-content/EN/TXT/？ qid=1483064755329&uri=CELEX：31993R0793.

[4] Commission Regulation（EC）No 1488/94 of 28 June 1994 laying down the principles for the assessment of risks to man and the environment of existing substances in accordance with Council Regulation（EEC）No 793/93（Text with EEA relevance）. 1994：3-11.
http：//eur-lex. europa. eu/legal-content/EN/TXT/？ qid=1483064824013&uri=CELEX：31994R1488.

[5] Technical guidance document in support of Commission directive 93/67/EEC on risk assessment for new notified substances and Commission regulation（EC）no 1488/94 on

risk assessment for existing substances. EU TGD. 1996.
https: //echa. europa. eu/documents/10162/16960216/tgdpart2 _ 2ed _ en. pdf.
https: //echa. europa. eu/documents/10162/16960216/tgdpart1 _ 2ed _ en. pdf.

[6] Regulation (EC) No 1907/2006 of the European Parliament and of the Council of 18 December 2006 concerning the Registration, Evaluation, Authorisation and Restriction of Chemicals (REACH), establishing a European Chemicals Agency, amending Directive 1999/45/EC and repealing Council Regulation (EEC) No 793/93 and Commission Regulation (EC) No 1488/94 as well as Council Directive 76/769/EEC and Commission Directives 91/155/EEC, 93/67/EEC, 93/105/EC and 2000/21/EC.
https: //echa. europa. eu/guidance-documents/guidance-on-reach.

第十五章 美国风险评估简介

第一节 美国化学物质风险评估的发展

美国的化学物质及其产品的管理法规可以追溯到二十世纪六十年代，随着第二次世界大战后美国经济快速发展，环境问题日益严重。1962 年 Rachel Carson 发表了《寂静的春天》，其中所描述的因农药滥用导致人类与自然环境的受到严重侵害的故事，引发了公众强烈要求政府采取行动保护自然环境；从而使环境保护变成了正式的政治诉求。在其后的数届总统竞选中，环境保护一直是总统候选人们的竞选口号之一。因此在获得竞选胜利后，环境保护自然随之进入立法程序。经过肯尼迪、约翰逊、尼克松三任总统，终于在 1969 年末，美国国会通过了国家环境政策法案（NEPA），并于 1970 年 1 月 1 日由尼克松签署。根据该法案，在美国总统行政办公室下设环境质量委员会（CEQ）。随后，1970 年 7 月 9 日，尼克松向国会正式提出成立环保署，以整合原属于不同局的与环境管理有关的所有事务。1970 年 12 月 2 日，美国环境保护署（EPA）成立。

CEQ 针对金属和合成有机化学物质对人体健康和环境带来的潜在危险进行了研究，在 1970 年末，形成了一份研究报告的同时，利用所得信息，起草了《有毒化学物质控制法案》（TSCA）第一版，并在 1976 年 10 月正式通过了 TSCA 法案。

从二十世纪七十年代开始，EPA 开始涉及风险评估。从七十年代中期，EPA 完成第一个风险评估文件，到 1980 年首次在风险评估中运用定量方法。1983 年，美国国家科学院（NAS）出版了红皮书《Risk Assessment in the Federal Government：Managing the Process》（National Research Council，1983），及其后发布的一系列后续报告，逐步确立了风险评估原则，同时强调要注意以下两点：（1）明确评估的应用范围、评估的不确定性、评估的局限性和评估的强点；（2）风险评估的社会性：即要与全社会，包括决策者和其他风险评估的利益相关方（在完成风险评估过程中），进行反复地且条分缕析地相互交流。这是为了确保风险评估可达到预期目标，且可被各方理解接受。

1984 年，EPA 发布了《Risk Assessment and Management：Framework for Decision Making》（US EPA，1984），其中强调风险评估过程要透明，要充分描述评估的优缺点，并提供合理的替代方法。随后，EPA 开始颁布一系列的风险评估指南。尽管 EPA 最初主要专注于人体健康风险评估，但到二十世纪九十年代，这些基本原则也开始用于生态风险评估，包括对植物、动物和整个生态系统的风险评估。1995 年，EPA 更新并颁布了《Risk Characterization Policy》（US EPA，1995），要求风险评估需有风险表征的内容，确保风险评估过程透明；同时强调，风险评估要明确、合理并与 EPA 内其他相似计划保持一致，即 TCCR 原则。此外，在二十世纪八十年代，EPA 还建立了综合风险信息系统（IRIS），这是一个人体健康评估项目，用来评价环境污染物可能引起的人体健康效应。

TSCA 规定，提供化学物质和混合物对人体健康和环境风险的数据是相关物质生产者、加工者的责任。而 EPA 则需要收集化学物质的信息，确保采取适当的措施以控制风险。

TSCA 还规定，新化学物质在生产或进口前必须向 EPA 申请预生产申报（PMN），EPA 组织多学科会议对申报卷宗（新化学物质的初步暴露、危害和风险）进行评估①，初步决定是否采取进一步的管理行动。

对于现有化学物质，EPA 通过两步法优先排序过程筛选需要评估的化学物质：

第 1 步：确定候选物质，即（下列任一情形）：可能影响儿童健康的化学物质；具有 PBT 性质的物质；可能或已知致癌物；在儿童产品中应用的化学物质；在消费品中应用的化学物质；生物监测项目中检测到的化学物质。

第 2 步：进一步分析候选物质的暴露、危害和持久性和/或生物蓄积性信息。

经评估后排序优先的化学物质，将列入 TSCA 工作计划化学物质（The TSCA work plan chemicals）清单中。EPA 进行更深入的风险评估并综合考虑社会、经济等因素，确定使用化学物质的风险可控，或者限制甚至禁止化学物质的相应使用。

同时，作为早期风险预警机制，TSCA 通过“重要风险信息通报”，要求化学物质生产者、加工者等将新的、未公布的重要的风险相关信息立即通报 EPA，供 EPA 进一步评估、鉴别、落实相关的风险管理信息。

第二节 美国风险评估方法介绍

一、 环境风险评估

（一） 一般原则

美国将生态风险评估定义为“评价因暴露于一个或多个应激原②而可能发

① TSCA 不强制要求申报人提交测试数据，因此，EPA 主要通过结构活性关系分析确定新化学物质的危害和风险。

② 应激原：指任何可诱导不良效应的物理、化学或生物因素。

生或即将发生不良生态效应的可能性”。美国的风险评估实践中最大特点是风险评估者和风险管理者①密切关联，在其关于生态风险评估的指南中，明确了风险评估的目的是协助风险管理者做出明智的环境决策，即通过对数据、信息、假设和不确定性进行系统地评估，从而更好地理解和预测应激原和生态效应间的关系，以期有助于环境决策的制定。

1998 年 EPA 发布了《生态风险评估指南》，强调在进行具体的风险评估前，风险评估者和风险管理者必须在详细研讨的基础上共同制订合理的评估计划，确定风险评估的目的，范围和将使用的技术方法等。

生态风险评估过程可分成三个步骤：问题阐述、分析和风险表征。

问题阐述阶段是风险评估的第一步，包括确定风险评估的目标，评价问题特征，而后有针对性地选择评估数据终点，提出概念模型，并制订分析数据和风险表征的计划。该阶段的主要工作是综合考虑污染源、应激原、效应和生态系统及其受体②的特征等多方面已有信息，以达到能充分反映管理目标的评估数据终点、形成描述应激原与其所处生态环境实体之间关系的概念模型、制订下一步的分析计划等目的。

分析即确定暴露的动植物种类、暴露量以及该暴露水平下发生有害生态效应的可能性的过程。一般需要进行以下工作：根据需要评价的风险假设选择所需要的数据；通过研究应激原的来源、在目标生态环境中的分布及应激原和目标生态环境间的共存度或接触程度进行暴露分析；通过研究应激原-反应关系、因果关系的证据以及效应测定和评估终点间的相互关系来进行效应分析；总结有关暴露分析和效应分析的结论。

风险表征即进行风险估算，在估算过程中综合阐述暴露和应激原-反应概况，得到风险发生的概率，主要分三步。第一步为风险估算，根据暴露分析和效应分析的结果，针对问题阐述过程中确定的评估终点，对受到的暴露目标生态环境实体进行风险估算；第二步为风险描述，根据观察到的不良反应的重要性，描述风险估算结果，同时罗列相关支持性证据；第三步为风险报告，评估者总结风险评估中的不确定性，完成风险评估报告，向风险管理者汇报。

风险评估报告完成后，风险评估者需和风险管理者就评估结果进行讨论，风险管理者根据评估结果及其他因素做出风险管理决策，并与利益相关方和公众进行沟通。

---

① 风险管理者：指有责任或有权力采取行动或要求采取行动以减轻某确定风险的个人或组织，如美国环保总署。

② 受体：暴露于应激原的生态环境实体。

（二） 可持续发展未来倡议计划（Sustainable Futures Initiative Program，SF）

TSCA 要求 EPA 在新化学物质进入市场前对其潜在毒性进行审查。针对普遍存在的缺乏实验数据情况，EPA 开发了一系列的筛选模型和方法，并将这些筛选模型和方法整合到污染预防框架，并于 1995 年开始与化工企业合作，以期推动这些化学筛选模型和方法在新化学物质生产商和研发商中的应用，这就是 SF 计划。

在新化学物质进入市场前，EPA 指导化学物质研发者运用 SF 计划中的风险筛选计算机模型，使其在开发过程早期识别有潜在危险的化学物质，并在递交报告给 EPA 前通过寻找更安全的替代物质和/或生产过程而降低风险，最终使新化学物质的使用更安全、进入市场更快、成本更低。另一方面，SF 计划的推广加快了 EPA 对这些预先筛选过的化学物质审查。

SF/P2 框架手册第十三章中介绍了对水生生态系统进行定量风险评估的方法，具体分四个步骤。

1. 制定标准的水生生态毒性文档

此文档包括水生生态系统食物链中有代表性的 3 种生物［鱼，溞（无脊椎动物）和藻类］的急性和慢性毒性测试终点。

表 15－1 代表性水生生物的急性和慢性毒性测试终点

急性毒性	慢性毒性
鱼 96-hr LC_{50}	鱼 ChV
溞 48-hr LC_{50}	溞 ChV
藻类 96-hr EC_{50}	藻类 ChV

ChV：chronic value，慢性毒性值。

如果缺乏慢性毒性数据，可从急性数据推导得到，具体推导系数如表 15－2。

表 15－2 急性至慢性的推导系数

化学物质分类	急性至慢性的推导系数		
	鱼	溞	藻类
中性有机物	10	10	4
多阳离子多聚体	18	14	4
非离子型表面活性剂	5	5	4
阴离子型表面活性剂	6.5	6.5	4

2. 确定关注浓度值（COC）

COC 是一个临界浓度值（效应水平），一旦超过此浓度，就会对相应的水生环境造成危害。

对于具有中等和高毒性的化学物质，至少需要确定最敏感生物的慢性COC。COC可通过慢性毒性数据除以评估系数得到，具体如下：

$$鱼的慢性\ COC=\frac{ChV}{10}$$

$$溞的慢性\ COC=\frac{ChV}{10}$$

$$藻类的慢性\ COC=\frac{ChV}{10}$$

如果只有最敏感物种的NOEC值，同样可以除以评估系数10，来得到关注浓度值。

对于急性毒性数据，具体评估系数如下：

$$鱼的急性\ COC=\frac{LC_{50}}{5}$$

$$溞的急性\ COC=\frac{EC_{50}}{5}$$

$$藻类的急性\ COC=\frac{ChV(尽可能用)或者\ EC_{50}}{4}$$

需要注意的是，在软件模型计算中，COC通常采用四舍五入方式并只取1个有效数字。

3. 确定可能的暴露浓度值

水生生态暴露浓度值主要经E-FAST软件推算PEC或地表水浓度(SWC)；此处，PEC为受体水域化学物质的预期浓度，通过水流稀释模型得到。

E-FAST软件还可得到“超量（COC）天数”或者“该年超量（COC）天数百分数”。这两个值可用来确定潜在慢性风险。

4. 风险表征

评估急性水生风险：直接比较急性COC值和PEC值，如果PEC值大于急性COC值，则表示有潜在风险。

评估慢性水生风险：慢性水生风险可由每年度暴露浓度超过COC的天数确定。如果每年度暴露浓度超过COC的天数少于20天，则表示潜在慢性风险比较低。

二、人体健康风险评估

美国环境保护局（US EPA）将人体健康风险评估定义为“评估污染环境中的化学物质现在或将来，对暴露其中的人产生不良健康效应的种类和可能性的过程”。其过程与欧盟类似。首先，需要编制计划，以期尽早对风险评估的目的、范围和将使用的技术方法等做出判断；其后，风险评估过程的核心内容有四步，分别为危害识别、剂量-反应评估、暴露评估和风险表征。

目前，EPA 已发布有关致突变性、发育毒性、生殖毒性、神经毒性、致癌性和化学品混合物的风险评估指南以及暴露评估指南、风险表征指南等文件指导人体健康风险评估。

这里主要介绍可疑致癌物和非致癌物质的风险评估。

1. 致癌性风险评估

(1) 危害评估

此过程主要是收集、分析和评估已有信息，包括人类的流行病学数据、动物试验数据、结构类似物信息和其他相关信息，例如理化性质、结构-活性关系、毒代动力学及代谢信息、毒理学及临床信息和致癌作用模式相关信息等；确定化学物质是否可能对人类具有致癌性；以及如果发现化学物质可能对人类有致癌性时，确定其致癌条件。

(2) 剂量-反应评估

致癌性的剂量-反应评估通常分成两步：首先分析在流行病学或动物学实验中的数据，建立模型①得到剂量-反应关系，并在观察范围的下限附近获得起始点（POD）。然后从 POD 向低剂量外推，即通过进一步分析致癌性作用模式确定此外推低剂量下的剂量-反应曲线类型是线性关系还是非线性关系。如果为线性关系，则用外推直线的斜率因子来估计不同暴露水平下的风险概率；如果为非线性，则应该确定参考剂量（RfD）和/或参考浓度（RfC）② 来估计不同暴露水平下的风险概率。

(3) 暴露评估

致癌性风险评估认为，风险与终身剂量累积成正比，通常用终身日均暴露剂量（LADD）作为暴露指标。对于高暴露/敏感人群和高暴露时段，则需要根据具体的暴露情况进行相应的调整，例如饮水量为 4 L/天的人群，相对于标准的暴露量为 2 L/天，需要调整 2 倍。

(4) 风险表征

对于线性剂量-反应关系，低于 POD 的致癌性风险的估算，可以参照以下公式：

致癌性风险＝斜率因子×暴露水平（如 LADD）

如果结果显示致癌性风险③小于 10^{-6}，一般认为化学物质在该暴露水平

---

① 常见的模型有流行病学研究中的线性模型、线性二次型模型和 Hill 模型、毒代动力学模型和实证模型等。

② 关于参考剂量或者参考浓度的估算，将在非致癌性风险评估详细介绍。

③ 致癌性风险概率 10^{-6}，即每 1 000 000 人群中，会增加一例癌症患者。

下是低风险的；如果结果显示致癌性风险大于 10^{-4}，则被认为化学物质在该暴露水平下是高风险；如果致癌性风险在 10^{-6} 至 10^{-4}，则认为风险中等①。对于风险较低的化学物质暴露情况，无须立刻采取风险管理措施；对于风险较高的情形，需要采取适当的风险管理措施来降低风险，直到风险可控。

对于非线性剂量-反应关系，致癌性风险以危害商（HQ）表示。

$$HQ=\frac{\text{暴露水平（例如 LADD）}}{\text{RfD 或 RfC}}$$

如果 HQ<1，则表示化学物质在该暴露水平下风险较低，无须立刻采取风险管理措施；如果 HQ≥1，则表示化学物质在该暴露水平下风险较高，需要获得更多信息来优化 RfD 或者 RfC，或者适当采取风险管理措施来降低风险，直到风险可控。

2. 非致癌性风险评估——参考剂量/参考浓度（RfD/RfC）法

参考剂量/参考浓度是指环境介质（空气、水、土壤、食品等）中化学物质的日均接触剂量估计值，当人群（包括敏感亚群）在终身接触该剂量水平化学物质的条件下，预期一生中发生非致癌或非致突变等有害健康效应的风险很低。

（1）危害识别

此过程主要是收集、分析和评估已有信息，确定化学物质是否会引起有害健康效应或者增加有害健康效应的发生率。如果确会引起有害健康效应或者增加有害健康效应发生率，进一步确定该有害健康效应是否会在人体发生。

（2）剂量-反应评估

剂量-反应评估是指通过实验观察等方法获得可靠的信息，来推导参考剂量/参考浓度的过程。主要有以下两种方法。

①N(L)OAEL 修正法

传统的毒理学剂量-反应评估通过修正 N(L)OAEL 来推导 RfD。

$$RfD=\frac{N(L)OAEL}{UF\times MF}$$

式中，UF 为不确定系数，MF 为修正系数。一般情况下不确定系数包括以下几个方面：种内敏感性差异（H）、实验动物测试外推到人的不确定性（A）、亚慢性实验外推至慢性实验的不确定性（S）、LOAEL 外推导 NOAEL 的不确定性（L）和数据库信息不完整性（D）。

$$UF=H\times A\times S\times L\times D$$

修正系数一般选择为 0 到 10，默认值为 1。

① 在暴露水平高于 POD 的情况下，可以直接通过建立剂量-反应模型计算。

②基准剂量（BMD）法

在传统的N(L)OAEL修正法的基础上，EPA分别推出《应用BMD方法进行人体健康风险评估》[①] 和《基准剂量技术指南》[②] 指导如何获得BMD，并在BMD基础上推导RfD。BMD是指一个可使化学物质有害效应的发生率产生预定比例变化（例如增加5%）的剂量[③]。BMD统计学置信区间下限值则称为BMDL[④]，可以作为代替NOAEL推导人体安全剂量水平的基准剂量；该不良效应反应率的预定变化则称为基准反应（BMR）。基准剂量法通过对观测资料进行数学模型拟合[⑤]，并应用拟合的数学模型来估计引起基准反应的相应BMD和BMDL。

EPA目前已开发了一个计算BMD的基准剂量软件（benchmark dose software，BMDS）用于基准剂量的计算。

在确定BMDL后，通过适当的UF对BMDL进行修正，即可推导出该化学物质的RfD。

$$\mathrm{RfD}=\frac{\mathrm{BMDL}}{\mathrm{UF}}$$

（3）暴露评估和风险表征

在进行暴露评估时，需要考虑所有来源和暴露途径，通过监测或者计算得到人体可能的暴露量，即估计暴露量（EED）。

比较EED和参考剂量或者参考浓度，如果EED＜RfD（或RfC），化学物质在该暴露水平下风险较低，无须立刻采取风险控制措施；如果EED＞RfD（或RfC），则表示化学物质在该暴露水平下风险较高，需要获得更多信息来优化RfD或者RfC，或者采取适当的风险管理措施以降低风险，直到风险可控。

第三节　美国风险评估工作相关的模型和软件

在美国的风险评估工作中，由于更加注重从化学物质的结构分析化学物质的危害性，因此，大量的危害或者暴露估算软件和数学模型得到了普遍应

---

① U. S. Environmental Protection Agency. The use of the benchmark dose Approach in health risk assessment，2005.

② U. S. Environmental Protection Agency. Benchmark dose technical guidance，2005.

③ 应用BMD的优点为主要有：①BMD是依据剂量-反应关系曲线的所有数据计算获得的，而非仅仅依据一个点值，故可靠性与准确性大为提高；②反映出有较大的不确定性存在；③对于未能直接观察到NOAEL的试验结果，仍可通过计算求出BMD。

④ 一般选择95%置信区间下限值。

⑤ 可以使用多个模型（Hill模型，Weibull模型等）来拟合数据，并通过最大似然法选择最佳的剂量-反应模型。

用。下面简单介绍一些常用的软件和模型。

一、美国预生产申报（PMN）软件

e-PMN software 和 Central Data Exchange（CDX），作为化学物质生产前的通报系统，用于申请者完成申报卷宗并递交。（http：//www. epa. gov/oppt/newchems/epmn/epmn-index. htm）

二、数据估算和风险评估相关软件

（1）EPI Suite，用于估算化学物质理化性质和环境归趋的模型。

（http：//www. epa. gov/opptintr/exposure/pubs/episuite. htm）

（2）E-FAST，用于进行化学物质暴露和环境归趋评估的筛选模型。

（http：//www. epa. gov/opptintr/exposure/pubs/efast. htm）

（3）ChemSTEER，用于化学物质暴露和环境排放评估的筛选模型。

（http：//www. epa. gov/opptintr/exposure/pubs/chemsteer. htm）

（4）ECOSAR，用于进行化学物质水生生物毒理学效应估算的筛选模型。

（http：//www. epa. gov/oppt/newchems/tools/21ecosar. htm）

（5）OncoLogic™，用于评估化学物质致癌性潜能的筛选模型。

（http：//www. epa. gov/oppt/sf/pubs/oncologic. htm）

（6）NonCancer Screening Protocol，用于评估化学物质非致癌性人体健康毒理学效应的筛选模型。

（http：//www. epa. gov/oppt/sf/pubs/noncan-screen. htm）

（7）PBT Profiler，用于评估化学物质持久性、生物蓄积性和毒性潜能的筛选模型。

（http：//www. pbtprofiler. net/）

参考文献：

[1] U. S. Environmental Protection Agency. The Guardian：Origins of the EPA. EPA Historical Publication-1，1992. 20. https：//archive. epa. gov/epa/aboutepa/guardian-origins-epa. html.

[2] Richard Nixon. Special Message from the President to the Congress About Reorganization Plans to Establish the Environmental Protection Agency and the National Oceanic and Atmospheric Administration：Reorganization Plan No. 3（July 9，1970）. U. S. Code，Congressional and Administrative News，91st Congress - 2nd Session，1970. https：//archive. epa. gov/epa/aboutepa/reorganization-plan-no-3-1970. html.

[3] U. S. Environmental Protection Agency. Chemistry Assistance Manual for Premanufacture Notification Submitters. [EB/OL]. Washington，DC：U. S. Environmental Protection

Agency. Office of Pollution Prevention and Toxics (7406), EPA 744-R-97-003, 1997. https: //www.epa.gov/sites/production/files/2014-05/documents/chemistry _ assistance _ manual _ for _ premanufacture _ notification _ submitters _ 0. pdf.

[4] U. S. Environmental Protection Agency. The history of Risk at EPA. https: //www.epa.gov/risk/about-risk-assessment.

[5] U. S. Environmental Protection Agency. Risk Assessment Guidance & Tools. https: //www.epa.gov/risk.

第十六章

其他国际组织或者国家的风险评估简介

第一节　经济合作与发展组织

一、经济合作与发展组织化学物质风险评估的发展简介

经济合作与发展组织（OECD）对化学物质管理的关注始于20世纪70年代，OECD理事会提议各成员方要对化学物质进行管理、评估化学物质潜在环境效应、建立预测化学物质对人体健康和环境产生效应的流程和要求的指南文件，以及制定进一步开发和提高实验技术和实验室能力验证的工作计划。1981年5月，OECD理事会发布决定要求各成员方进行化学物质评估时，需要互认在其他成员方完成的符合OECD良好实验室规范原则的测试数据。为了执行该决定，OECD理事会提议各成员方在进行化学物质测试时，需符合OECD良好实验室规范原则的要求。此后，OECD理事会就关于新化学物质上市之前进行人体健康和环境风险评估、上市前最小数据集（MPD）、对禁止或严格限制进出口的化学品的信息沟通、加强成员方关于现有物质的系统性的调查和识别需要管控的化学物质等发布了一系列提议和决定。

1991年1月，OECD理事会决议要求各成员方以合作方式调查高产量[①]物质（HPV）和需要关注的非HPV物质。各成员方同意首先对物质进行初步风险评估包括收集筛选信息数据集（SIDS）和详细的暴露数据，通过OECD HPV物质计划筛选出有必要进行进一步评估的化学物质。同时，各成员方同意各自承担一定比例的HPV物质的风险评估工作，通过信息分享，各成员方和工业界互相受益。

1994年5月，作为OECD危害评估计划的一部分，由英国环保部（DoE）主办，在伦敦召开了环境危害/风险评估工作会议。该会议旨在就OECD各成员方采用的不同的环境危害/风险评估体系达成共识，从而避免重复性工作，

① HPV物质指至少在一个成员方或者欧盟区域年生产量或进口量达到1 000吨以上的物质。

并就环境归趋、水生、陆生效应评估的进一步工作提出具体建议。例如开发释放场景、整合不同模型中的速率常数和其他参数以统一用于预测环境浓度的模型、统一水生效应评估系数、量化和报告风险评估的不确定性；报告风险评估的一致性、透明性，以使风险评估可被他人理解和使用等。会议中指出，更高级别的风险评估非常困难，当从初级的风险评估转移到更高级的风险评估时，所需要的资源会不成比例地大幅增加。另外，会议还指出，当要求进行额外的测试时，应当考虑成本利益和动物福利。1995 年，作为该会议的后续动作，OECD 成员方和观察员推荐一些专家组成了暴露评估工作组（TFEA）。

1998 年，OECD HPV 物质计划取得了进展。由国际化工协会联合会（ICCA）发起，化工企业界宣布愿意与 OECD 合作，建立了 OECD HPV 化学物质列表，对约 1 000 个物质进行优先调查。为了显著地增加该计划的成果和最大化的调动工业界的积极性，本着以增加透明性、有效性和产出为目的，OECD 成员方同意 HPV 物质初步风险评估不再包括详细的暴露信息的收集和评价部分。详细的暴露评估可以作为 SIDS 收集之后的工作，在各成员方（或区域）计划和优先列表中开展。化学物质评估草稿由企业自愿完成，包括对全部或指定的 SIDS 数据终点的讨论、结论综述和详细的测试报告摘要。通过合作化学物质评估会议（CoCAM），就化学物质的危害性达成一致意见。该会议每两年召开一次，达成的化学物质的危害性结论及其详细描述可以协助其他国家进行危害分类以及其他有关危害性的决定。

21 世纪初，由于多个 OECD 成员方开始立法强制要求对化学物质进行评估，使得 OECD HPV 物质计划对企业失去了吸引力，迫使 OECD 开展其他有益于成员方工作，比如与欧盟 REACH、美国 HPV 挑战计划、加拿大 1999 CEPA 计划、日本 HPV 挑战计划等 HPV 计划结合，促进了测试方法和评估方法的整合，提高了非测试数据的接受度，使得大量的化学物质可以基于结构相似性和作用方式相似性等进行评估。2011 年，OECD HPV 物质计划正式更名为 OECD 合作化学物质评估计划（CoCAP）。

CoCAP 继续对全球关注的 HPV 物质或非 HPV 物质进行全部或特定的、或非 SIDS 数据终点进行评估，重点关注应用（Q）SAR 预测或估计（生态）毒理或者归趋特征。其评估结果不会形成给成员方的建议，因为过往的经验显示，这会花费大量的时间在 SIAM 会议上讨论，如建议的辞藻修饰上，而未被各方采纳用于设置其国内的优先计划。因此，CoCAP 仅会对有危害的化学物质做出危害识别。在 CoCAP 计划中，对暴露信息的要求降低到只收集使用类型和产量。迄今为止，OECD 成员方在化学工业界和非政府组织（NGOs）的支持下已经自愿评估了 1 200 多个化学物质，并就这些物质对于人体健康和环境的危害性达成一致结论。

二、OECD 化学物质风险评估要求

1. 环境风险评估

OECD 开发了环境风险评估工具包[①]，作为一站式获取化学品环境风险评估的过程和工具，描述了环境风险评估的一般工作流程，并提供了如何进行风险评估的示例。OECD 还公布了每个步骤已有的可用工具[②]。

环境风险评估包括四个步骤：危害识别、危害表征、暴露评估和风险表征。危害识别和危害表征也称作危害评估。在很多案例中，采用分级的方法对物质重复地进行危害评估和暴露评估，也就是说风险评估过程由多级组成，初级的风险评估结果如果显示风险不可控，需要收集更多的信息重复之前的评估步骤进行更高级别的风险评估，直到风险可控为止。

（1）环境危害评估

对化学物质的固有特性识别和表征（危害识别和危害表征）是环境风险评估的首要步骤，包括收集或产生和评估化学物质固有的生态毒理效应数据和环境归趋数据并作出结论。这并不意味着要收集所有的相关数据，例如某些情况下，根据目标化学物质的潜在暴露可以在一定程度上确定需要收集哪些危害信息。

当不能收集到所有相关的数据终点的危害信息时，可以通过测试或非测试方法补充数据缺口。这里需要注意的是，有数据缺口不意味一定要产生新的数据，例如，如果目标化学物质不溶于水，鱼类毒性数据也许是不适用的。

OECD 开发了 130 多种国际统一的测试指南，包括化学物质的理化特性、生态毒理特性、环境归趋和人体健康特性，被政府、工业界和实验室广泛用于评估工业化学品、农药和其他化学产品的安全。根据数据互认计划（MAD），符合 OECD 测试指南和 GLP 规范的测试结果在所有 OECD 成员方是相互认可的。MAD 的目的是为了避免重复测试，因此，建议在进行

---

① OECD. Environmental Risk Assessment Toolkit: Tools for Environmental Risk Assessment and Management.（http://www.oecd.org/chemicalsafety/risk-assessment/theoecdenvironmentalriskassessmenttoolkittoolsforenvironmentalriskassessmentandmanagement.htm）.

② OECD. Summary Table of Available Tools for Risk Assessment.（http://www.oecd.org/env/ehs/risk-assessment/summarytableofavailabletoolsforriskassessment.htm）.

测试之前，联系相关主管机构是否有必要开展这个测试。同时，OECD开发了非测试方法指南，有助于缩短时间、减少动物测试和降低费用，比如QSAR等。

一旦收集到所有必要的可靠的相关的数据终点，需要对不同的数据终点做出结论。OECD还发布了一系列的指南文件，指导对吸入、慢性毒性、致癌性和发育毒性等终点的测试和评估①。

(2) 环境暴露评估

暴露评估是用来估算或预测化学物质在生产、使用和处置过程中对目标物种和/或在环境中的暴露程度。在估算环境释放时，需要考虑现有的控制措施和/或可能的额外的控制措施的影响。

二十世纪九十年代末，OECD发布了各成员方采用的暴露评估的策略②。此外，一些成员方开发的指南也很有帮助，比如US EPA的暴露评估导则。为了量化具体行业和使用类别下的化学物质的释放，OECD发布了一系列释放场景文件（ESDs），来描述化学物质的来源、生产过程、使用类型和释放途径。OECD成员方引入的污染物释放与转移登记制度（Pollutant Release and Transfer Registers，PRTRs）提供了各种物质的环境释放的相关数据。在环境归趋方面，OECD开发了模型可估算物质的持久性和远距离迁移的潜能（LRTP），可用来筛选POPs/PBTs物质。其他成员方开发的模型，如US EPA的EPISuite™也可用于估算化学物质的环境归趋。

具体的环境相中的测量或估算的浓度与目标物种的效应数据直接相关，因此，环境中的化学物质的监测浓度经常用于环境暴露评估。

(3) 风险表征

风险表征是环境风险评估的最后一步，基于前两步，即环境危害和环境暴露评估的结果，定性和定量地确定在预期暴露条件下，化学物质释放到环境中产生有害效应的可能性。在大多数法规框架下，环境风险由环境暴露评估得到的PEC和环境危害评估得到的PNEC的比值表示。

(4) 环境风险评估计算

目前，OECD在化学物质评估手册中仅涉及水生生物效应评估，还没有关于陆生生物和底栖生物的效应评估的指南文件。

---

① OECD. Series on Testing and Assessment: Emission and Exposure. (http://www.oecd.org/env/ehs/testing/seriesontestingandassessmentemissionandexposure.htm).

② OECD. No 17. Environmental Exposure Assessment Strategies for Existing Industrial Chemicals in OECD Member Countries. Un classified ENV/JM/MONO (99), 10. 10.5.2002.

水生生态效应评估用来比较 PNEC[①] 与 PEC，当 PEC 大于 PNEC 时，需要进行进一步评估或风险管理行动。

在 CoCAM 计划中，PNECs 不能直接从已有数据中获得，完整的 SIDS 评估是尽可能地利用已有数据对其进行推导。另外，需要注意的是，定量暴露信息（PEC 估算）并不是常规流程的一部分，很多成员方希望将定量暴露评估作为 SIDS 建立之后的一项长期工作。

① PNEC 的计算[②]

与欧盟环境风险评估中 PNEC 的推导方法相同，常用的方法有：评估系数法（AF 法）和物种敏感性分布法（SSD 法）。详细的计算可参考附录四。

② PEC 的计算

PEC 可通过模型估算获得。根据化学物质的生产和使用信息，有两种适用模型：局部模型和整体模型，用以区分局部暴露和整体暴露。局部模型适用于释放之后短时间短距离（离释放点源很近）的暴露；整体模型适用于释放之后长时间并达到化学物质的稳态行为的多介质的暴露。关于模型和技术文件见表 16-1。

2. 人体健康风险评估

对于人体健康风险评估，OECD 建议参考世界卫生组织（WHO）国际化学品安全规划（IPCS）开发的人体健康风险评估工具包 WHO Human Health Risk Assessment Toolkit：Chemical Hazards[③]。该工具包指导如何识别、表征化学物质危害，如何评估暴露和确定暴露对公众健康产生的影响，与 OECD 开发的环境风险评估工具包平行互补[④]。

三、OECD 化学物质风险评估的技术文件和模型软件

① 在某些文献中，最大耐受剂量（MTC）有时可用来替代 PNEC。

② OECD. CHAPTER 4 Initial Assessment of Data. Manual for the Assessment of Chemicals. OECD Cooperative Chemicals Assessment Programme. Dec 2011.（http：//www. oecd. org/env/ehs/risk-assessment/manualfortheassessmentofchemicals. htm）.

③ IPCS. WHO Human Health Risk Assessment Toolkit：Chemical Hazards. Harmonization Project Document No. 8. WHO Library Cataloguing-in-Publication Data. 2010.

④ OECD. Environmental Risk Assessment Toolkit：Tools for Environmental Risk Assessment and Management. （http：//www. oecd. org/chemicalsafety/risk-assessment/theoecdenvironmentalriskassessment-toolkittoolsforenvironmentalriskassessmentandmanagement. htm）.

表 16-1　OECD 化学物质风险评估的技术文件

类别		技术文件	备注
危害评估	收集已有信息	OECD 现有化学物质数据库（OECD Existing Chemicals database）	http：//webnet. oecd. org/HPV/UI/Default. aspx
		化学物质信息全球门户数据库（eChemPortal）	http：//www. oecd. org/env/ehs/risk-assessment/echemportalglobalportaltoinformationon-chemicalsubstances. htm
		化学物质评估手册第二章：数据收集和测试（Chapter 2. Data Gathering and Testing：SIDS，the SIDS Plan and the SIDS Dossier）	http：//www. oecd. org/env/ehs/risk-assessment/chapter2datagatheringandtestingsidsthes-idsplanandthesidsdossier. htm
	评估已有信息	化学物质评估手册第三章：数据评估（Chapter 3. Data Evaluation）	http：//www. oecd. org/env/ehs/risk-assessment/chapter3dataevaluation. htm
	收集新数据	OECD 测试指南（OECD Guidelines for the Testing of Chemicals）	http：//www. oecd. org/env/ehs/testing/oecdguidelinesforthetestingofchemicals. htm
		OECD 定量结构/活性关系项目（OECD Quantitative Structure- Activity Relationships Project [(Q) SARs]）	http：//www. oecd. org/env/ehs/oecdquantitativestructure-activityrelationshipsprojectqsars. htm
	危害评估	化学物质评估手册第四章“数据初步评估”和第五章“编制评估报告”（Chapter 4. Initial Assessment of Data and Chapter 5. Preparation of the Assessment Report）	http：//www. oecd. org/env/ehs/risk-assessment/chapter4initialassessmentofdata. htm http：//www. oecd. org/env/ehs/risk-assessment/chapter5preparationoftheassessmentreport. htm
		测试和评估系列文件/采用的指南和评审文件（Series on Testing and Assessment / Adopted Guidance and Review Documents）	http：//www. oecd. org/env/ehs/testing/seriesontestingandassessmentadoptedguidanceand-reviewdocuments. htm

续表

类别		技术文件	备注
暴露评估	暴露评估指南	OECD测试和评估策略第17“OECD成员方现有工业化学品的环境暴露评估策略”（OECD SERIES ON TESTING AND ASSESSMENT No. 17 Environmental Exposure Assessment Strategies for Existing Industrial Chemicals in OECD Member Countries）	http：//www. oecd. org/officialdocuments/publicdisplaydocumentpdf/？ doclanguage＝en&cote＝env/jm/mono（99）10
		化学物质评估手册第六章（Chapter 6. Preparation of the Assessment Profile）	http：//www. oecd. org/env/ehs/risk-assessment/chapter6preparationoftheassessmentprofile. htm
	测量或估算环境释放	释放场景文件（Emission Scenario Documents）	http：//www. oecd. org/env/ehs/risk-assessment/introductiontoemissionscenariodocuments. htm
		全球门户网站PRTR信息（PRTR网）（PRTR net）	http：//www. prtr. net/ http：//www. oecd. org/env _ prtr _ data/
	环境归趋	OECD（Q）SAR项目［OECD（Q）SAR Project］	http：//www. oecd. org/env/ehs/oecdquantitativestructure-activityrelationshipsprojectqsars. htm
		持久性和远距离迁移潜能筛选工具（Pov and LRTP Screening Tool）	http：//www. oecd. org/env/ehs/risk-assessment/oecdpovandlrtpscreeningtool. htm
		通过非测试方法补充数据缺口的指南和工具（Guidance and tools for filling data gaps by non-testing methods）	http：//www. oecd. org/officialdocuments/publicdisplaydocumentpdf/？ doclanguage＝en&cote＝env/jm/mono（2004）5
		EPISuite	http：//www. epa. gov/oppt/exposure/pubs/episuite. htm
	环境释放浓度估算	关于提高使用监测数据的报告（Report on improving the use of monitoring data）	http：//www. oecd. org/officialdocuments/publicdisplaydocumentpdf/？ doclanguage＝en&cote＝env/jm/mono（2000）2
		可用的暴露评估工具和模型（Available tools and models for exposure assessment）	http：//www. oecd. org/officialdocuments/publicdisplaydocumentpdf/？ cote＝env/jm/mono（2012）37&doclanguage＝en
环境风险评估		OECD环境风险评估工具包（OECD Environmental Risk Assessment Toolkit）	http：//envriskassessmenttoolkit. oecd. org/Default. aspx？ idExec ＝ 700a4f9f-a2ba-4d13-9cd3-f8c57b5abce6

参考文献：

[1] CHAPTER 1 Functioning of the Programme. Manual for the Assessment of Chemicals. OECD Cooperative Chemicals Assessment Programme. 2012. http：//www. oecd. org/env/ehs/risk-assessment/manualfortheassessmentofchemicals. htm.

[2] OECD. Activities on Exposure Assessment. Assessment of Chemicals. http：//www. oecd. org/chemicalsafety/risk-assessment/oecdactivitiesonexposureassessment. htm.

[3] OECD. History：From the HPV Chemicals Programme to the Cooperative Chemicals Assessment Programme . http：//www. oecd. org/env/ehs/risk-assessment/historyfromthehpvchemicalsprogrammetothecooperativechemicalsassessmentprogramme. htm）.

[4] OECD. New flyer on the OECD Cooperative Chemicals Assessment Programme（CoCAP）. The OECD Cooperative Chemicals Assessment Programme An International Programme with Global Reach. http：//www. oecd. org/env/ehs/risk-assessment/CoCAP-flyer. pdf.

[5] OECD. Summary Table of Available Tools for Risk Assessment. http：//www. oecd. org/env/ehs/risk-assessment/summarytableofavailabletoolsforriskassessment. htm.

[6] OECD. Series on Testing and Assessment：Emission and Exposure. http：//www. oecd. org/env/ehs/testing/seriesontestingandassessmentemissionandexposure. htm.

[7] OECD SERIES ON EMISSION SCENARIO DOCUMENTS Number 1. http：//www. oecd. org/officialdocuments/publicdisplaydocumentpdf/？cote＝env/jm/mono（2000）12&doclanguage＝en.

第二节 世界卫生组织

一、WHO 化学物质风险评估发展简介

世界卫生组织国际化学品安全规划署（International Programme on Chemical Safety，IPCS）成立于 1980 年，是联合国环境规划署（United Nations Environment Programme，UNEP）、国际劳工组织（International Labour Organisation，ILO）和世界卫生组织（World Health Organization，WHO）的合作机构，该机构成立的总体目标是通过国际专家评审程序，建立科学的化学物质引起的人体健康和环境的风险评估方法。IPCS 致力于方法学领域，目的是促进开发、协调和使用普遍接受的、科学合理的方法用于化学品对人类健康的风险评估；包括开发风险评估的各个领域的一般原则及指导性文件：前者出版了系列环境健康标准（EHC），后者以协调化学物质风险评估方法项目（简称协调项目）形式出版。新出现的问题可能会在专案报告中予以解决。以下为 IPCS 的出版物和项目的详细信息。

1. 环境健康标准计划

1973 年，EHC 从评估人体健康与环境污染物暴露的关系，识别新的或潜

在的污染物等方面开始启动风险评估。1976 年，EHC 第一个专题《汞》发布。随后，越来越多的化学物质的风险评估专题陆续发布，如神经毒素、致畸和肾毒性效应、流行病学指南文件、利用急性测试评价致癌性效应等。EHC 也致力于环境效应的评估。至今，EHC 共发布了 243 份文件。

2. 协调化学品风险评估方法项目

IPCS 为执行联合国 21 世纪议程 19 章[①]和协助实施国际化学品管理战略方针（SAICM），发起协调项目。该项目旨在协调全球化学物质评估方法，在某些特定的化学物质风险评估问题上，确定基本原则并开发指南文件。IPCS 协调项目工作计划根据国家或区域风险评估机构、专家和非政府组织的建议每两到三年进行更新，从成立至今出版了一系列文件，例如 2004 年发布的风险评估术语表，2005 年发布的种间和种内差异的修正因子和人体暴露模型应用等；考虑到管理者和风险评估者需要估算多化学物质暴露和重复暴露引起的联合风险，2007 年，IPCS 就多化学物质联合暴露风险评估[②]召集了国际研讨会。

值得一提的是，IPCS 开发了 WHO 人体健康风险评估工具包：化学危害，旨在全球协调统一风险评估的方法，与 OECD 开发的环境风险评估工具包（全文）平行互补。

3. 综合风险评估

由于历史和现实原因，人类健康风险评估和生态风险评估技术往往被独立开发。考虑到有必要进行综合的风险评估方法来呈现多化学物质、多介质、多途径、多物种暴露的真实场景，IPCS 与 US EPA、欧洲委员会（EC）和其他国际组织于 1998 年开始合作开发和推广综合风险评估方法。综合风险评估是指基于科学的，在一次风险评估中结合了人体、生物群落和自然资源的方法。该方法被推广有两个基本原因：一是通过人体健康评估者和环境风险评估者相互交换信息，提高评估的质量和效率；二是可以获得一致的评估结果用于管理决策[③]。

综合风险评估框架源于 US EPA 生态风险评估及其相关术语，包含三个步骤：问题阐述、分析和风险表征。问题阐述作为风险评估的第一步，包括描述目标、问题所涉及的范围和所涉及的具体活动。分析过程包括数据收集、建模（在时间和空间上表征暴露及明确暴露对人体健康和生态系统产生的影响）。综合暴露和危害效应信息进行风险的估算即为风险表征。

4. 人体数据倡议

临床毒物学等已经发展成为独立的学科。2001 年，首次“跨越知识鸿沟”会

---

① 21 世纪议程 19 章：有毒化学品的无害化环境管理包括防止在国际上非法贩运有毒的和危险产品。

② 该草稿于 2009 年发布。为促进 OECD 成员方使用该份文件，OECD 于 2011 年最后完成并发布该文件。

③ 以往在进行独立的人类健康风险评估和生态风险评估时，人体健康评估者和生态风险评估者经常给决策者提供不同的甚至是矛盾的意见。

议发现，很大程度可以使用观察到的人体数据提高临床医生、毒理学家和风险评估者对风险评估的理解，从而帮助分析和理解动物数据外推到人类的不确定性。2003 年，化学品安全政府间论坛（IFCS）邀请 IPCS 主导制定如何收集、报告和使用来自临床观察的数据的指南和机制。2005 年，IPCS 与欧洲委员会健康和消费者保护联合研究中心研究所（EC JRC IHCP）、德国联邦风险评估研究所（BfR）、欧洲化学物质生态毒理学中心（ECETOC）和欧洲毒物中心和临床毒理学家协会（EAPCCT）合作，就毒物中心和消费品风险评估中使用人类数据召开了研讨会。

除了上述项目，IPCS 在毒理基因组学和营养物质的风险评估方面也召开了一些研讨会。

二、WHO 化学物质风险评估要求

IPCS 主要致力于在人体健康方面的风险评估，其开发的 WHO 人体健康风险评估工具包（WHO Human Health Risk Assessment Toolkit：Chemical Hazards①），作为 OECD 开发的环境风险评估工具包的补充，旨在全球协调统一风险评估的方法，包括指导如何识别、表征化学物质危害，如何评估暴露和确定暴露对公众健康产生的影响等。

人体健康评估始于问题阐述。核心内容包括以下四个步骤：危害识别、危害表征、暴露评估和风险表征。

（1）危害识别

危害识别主要是收集、分析已有信息（包括化学物质鉴定信息、理化信息和危害信息等），以识别化学物质的潜在危害。表 16－2 中列举了一些国际组织完成的化学物质调查报告或分类等信息，可资参考：

表 16－2　国际组织完成的化学物质调查报告或分类等信息

国际组织	摘要/详细信息	有/无分类信息
International Chemical Safety Cards	摘要	有
Screening Information Datasets for High Production Volume Chemicals	详细信息	无
WHO Recommended Classification of Pesticides by Hazard	摘要	有
UN Recommendations for the Transport of Dangerous Goods	摘要	有
IARC monographs	详细信息	有
Hazardous Substances Data Bank	详细信息	无
European Chemical Substances Information System	详细信息	有
EU Classification and Labelling System	详细信息	有
International Chemical Control Toolkit	详细信息	有

① IPCS. WHO Human Health Risk Assessment Toolkit：Chemical Hazards. Harmonization Project Document No. 8. WHO Library Cataloguing-in-Publication Data. 2010.

危害识别的另一重要特点是利用权重分析法。例如对化学物质的致癌效应的判断，国际癌症研究机构（IARC）依据影响特定年龄群的癌症发病率的证据权重，将化学物质归类成五种类别：致癌、很可能致癌、可能致癌、未知和很可能不致癌。

（2）危害表征

危害表征即定性或定量地描述化学物质对人体健康产生的不良效应的固有属性。定量描述由剂量-反应评估（包括 NOAEL、NOEC 或者致癌效力因数等和种间/种内差异下不确定性因子的使用）、数据质量和其他不确定性组成，这些信息可用于计算指导值，如 TDI、ADI、MRL 等。

国际组织如 WHO、IARC 开发了很多化学物质的指导值，包括：从毒理学和流行病学信息研究得到的指导值，即“基于健康的指导值”，如 ADI 和 TDI，可用来估算化学物质经口（主要通过食物和饮用水）不会对人体产生明显的不良健康效应的量。

指定暴露介质（如饮用水、空气和食物）中化学物质浓度的值，即质量标准指导值。这些值通常以 ADI 和 TDI（如世界卫生组织饮用水质量指导标准）为基础综合考虑多种介质的暴露场景获得，或基于农业实践如食物中农药的最大残留限量（MRLs）综合考虑气候场景获得。

常用的指导值见表 16－3：

表 16－3 常用的指导值

<table>
<tr><th>类型</th><th>指导值</th><th>注释</th><th>定义</th></tr>
<tr><td rowspan="5">非致癌，包括与人类无关的实验动物的致癌性</td><td>TDI</td><td>每日耐受摄入量/(mg/kg)</td><td rowspan="4">每日、每周、每月每单位体重经空气、食物、土壤或饮用水摄入的在整个生命周期没有产生明显的健康风险的化学物质的量的估计值</td></tr>
<tr><td>PTWI</td><td>暂定每周容许摄入量/(mg/kg)</td></tr>
<tr><td>PTMI</td><td>暂定每月耐受摄入量/(mg/kg)</td></tr>
<tr><td>ADI</td><td>每日允许摄入量/(mg/kg)</td></tr>
<tr><td>ARfD</td><td>急性参考剂量（每日）/(mg/kg)</td><td>通常经食物或饮用水摄入的 24 小时内没有明显的健康风险的物质的量</td></tr>
<tr><td rowspan="3">可能与人类相关的致癌</td><td rowspan="3">SF</td><td>经口斜率因子（每日）/(mg/kg)</td><td>致癌的风险估计与终身摄入或吸入单位剂量的化学物质有关</td></tr>
<tr><td>与化学物质在空气中的浓度相关的斜率因子/$(\mu g/m^3)^{-1}$</td><td rowspan="2">致癌的风险估计与化学物质在空气或水中的单位浓度有关</td></tr>
<tr><td>与化学物质在水中的浓度相关的斜率因子/$(mg/L)^{-1}$</td></tr>
<tr><td>与人类高度相关的致癌</td><td>BMD</td><td>基准剂量(每日)/(mg/kg)</td><td>从给予每日剂量的实验动物产生预先确定的癌症发病率（如 5%或 10%）的研究得到的化学物质的量</td></tr>
</table>

另外，很多国家也开发了有关介质（如食物、水、空气和土壤）中的化学物质的国家质量标准。

（3）暴露评估

暴露评估用于确定人体是否会接触潜在的有危害的化学物质。如果有接触，需考虑接触量、接触途径、接触介质和接触时间。需要注意的是人体的暴露途径与确定合适的指导值有关，风险评估者需根据确定的暴露途径识别适用的指导值。

① 暴露方式和途径[①]

暴露介质是指空气、水、土壤、食物或者含有关注的化学物质的产品。根据化学物质的性质，推断可能的暴露介质和方式，可以一定程度上缩小暴露的评估范围，如消耗臭氧层物质与健康效应相关的暴露评估，只需要考虑其在空气中的暴露即可。不过也有的化学物质可存在多种介质中，如铅、农药等。

② 暴露估算：模型或测量方法

化学物质在人体吸入的空气和摄入介质（如饮用水）中的浓度，是实际暴露场景下最准确的暴露值，但实践中难以得到且成本高。因此，风险评估尤其是筛选级别的风险评估，通常是基于相对较易得到的环境介质中的化学物质的浓度，比如室外空气、室内空气、湖水、河水和土壤等，这些浓度可以通过直接测量、模型估算或现有数据推断得出。在这三种方法中，现有数据推断是最简单的方法，其缺点是数据往往不能获得或不完全相关。测量数据通常是最准确、最相关的，其缺点是很多时候由于资源限制无法进行。因此，最常使用的是模型估算。这些模型可以估算化学物质在大气中的释放、归趋和地下水或含水层中的迁移，或化学物质在多种介质中的分配信息。估算化学物质浓度时，同样需考虑接触化学物质的人、频率和持续时间。2008年，WHO发布了如何在暴露评估中分析不确定性和数据质量的指南文件[②]。

暴露通常用化学物质在暴露介质中的浓度或指定暴露时间内的暴露量（即每日平均剂量）进行表示。暴露率可通过以下公式计算得出：

$$\text{暴露率}=\frac{\text{化学物质浓度}\times\text{接触率}\times\text{接触时间}}{\text{体重}\times\text{暴露总时程}}$$

注意：对于致癌性风险评估，暴露总时程对应于整个生命周期，通常假定为70年。

---

① 暴露方式是指化学物质从来源到与人体接触的点的物理过程（例如化学物质通过食物由环境到人体的过程）。暴露途径是指通过食入、吸入或经皮肤吸收，如前文所述，暴露途径对危害表征是很重要的，因为不同途径的暴露，化学物质的引起的潜在风险是不同的。

② Guidance on how to address uncertainty and data quality in exposure assessments（IPCS，2008）.

③ 暴露的生物标志物

除了以上传统的风险评估之外，生物标志物是另外一个可以用来表示人体健康暴露的方法。传统的暴露描述中，化学物质的暴露量是体外暴露浓度，即在人体屏障（比如皮肤、口腔或鼻部）或环境中的化学物质浓度。在食物或消费品的暴露评估中，需要参考暴露的生物标志物的浓度或者量的变化，即对应于化学物质的体内剂量。许多生物标志物可用于暴露评估。生物标志物的选择，主要取决于化学物质的暴露模式、暴露时间、暴露人群以及该标志物是否易于收集、储存，此外，还需要考虑受试者的接受程度。IPCS 于 1993 年、2000 年、2001 年相应发布了关于暴露的生物标志物的指南文件[①]。

（4）风险表征

风险表征是暴露估算值与健康指导值、指定介质的质量标准指导值或其他危害表征值（比如致癌性斜率因子 SF）的定量表达。风险表征一般通过比较暴露估算值和指导值获得；或者在致癌风险表征时，风险表征表示为与估算的暴露值相关的整个生命周期的额外致癌风险[②]。当暴露估算值小于指导值，化学物质在该暴露水平下风险较低，无须立刻采取风险控制措施；当暴露估算值大于指导值，则表示化学物质在该暴露水平下风险较高，需要通过获得更多信息来优化指导值或者适当采取风险管理措施以降低风险，直到风险可控。

三、WHO 化学物质风险评估技术文件

（1）EHC 系列标准（http：//www. who. int/ipcs/publications/ehc/ehc _ numerical/en/）。

（2）协调项目系列文件：

① 多化学物质多联合暴露风险评估报告（http：//www. who. int/ipcs/methods/harmonization/areas/aggregate/en/）；

② 致癌和非致癌风险评估作用机制框架（http：//www. who. int/ipcs/methods/harmonization/areas/cancer/en/）；

③ 暴露评估术语和人类暴露模型的特征和应用原则及暴露评估中的不确

---

① Biomarkers and risk assessment：concepts and principles（IPCS，1993）；Human exposure assessment（IPCS，2000）；Biomarkers in risk assessment：validity and validation（IPCS，2001）.

② 因为癌症被认为是长期暴露的结果，对于可能有致癌作用的化学物质，其风险表征通常以与估算的暴露值相关的整个生命周期的额外致癌风险表示。整个生命周期的额外致癌风险是指对特定的暴露水平下的癌症发生率的增加值的估算。对于同时具有遗传毒性和致癌性的化学物质，食品添加剂联合专家委员会（Joint FAO/WHO Expert Committee on Food Additives，JECFA）建议用 MOE 法，即通过比较暴露估算值与 BMD 和 BMDL 进行风险表征。

定性分析（http://www.who.int/ipcs/methods/harmonization/areas/exposure/en/）；

④ 致突变测试（http://www.who.int/ipcs/methods/harmonization/areas/mutagenicity/en/）；

⑤ 人体健康风险评估工具包：化学危害（http://www.who.int/ipcs/methods/harmonization/areas/ra_toolkit/en/）；

⑥ 皮肤致敏性风险评估（http://www.who.int/ipcs/methods/harmonization/areas/sensitization/en/）；

⑦ 风险评估中 PBPK 模型的应用原则指南（http://www.who.int/ipcs/methods/harmonization/areas/pbpk/en/）；

⑧ 基于化学物质的修正因子（http://www.who.int/ipcs/methods/harmonization/areas/uncertainty/en/）；

⑨ 综合风险评估框架和报告。

第三节　其他国家的风险评估简介

一、加拿大

（一）化学物质风险评估的发展简介

加拿大环境保护部于 1975 年公布了第一个联邦环境保护法《环境污染法》(ECA)，要求企业在将新物质引入商业应用之后进行申报。为对化学物质进行有效管理，环境部和卫生部联合实施化学物质风险评估和管理工作。1988 年，《加拿大环境保护法案》（CEPA）颁布，并将加拿大其他环境保护法令如《空气洁净法》《海洋倾倒控制法》等合并，成为一个综合性的环境保护法案，同时 ECA 废止。与 ECA 不同，CEPA 1988 法案要求新物质在生产/进口之前进行申报和评估。其后，该法案进行了多次修订，CEPA 1999 于 2000 年 3 月 31 日正式实施，增加了污染预防、资料收集、毒性物质控制等内容。

CEPA 1999 的管理对象为新化学物质和现有化学物质。加拿大国内物质清单（DSL）上的物质为现有化学物质，收录了从 1984 年 1 月 1 日至 1986 年 12 月 31 日在加拿大进行商业活动的化学物质，约 23 000 种。非加拿大国内物质清单（NDSL）是指不在 DSL 中且相应时期不在加拿大但在国际贸易上流通的物质。其建立之初是基于美国 1985 年发布的 TSCA 目录，排除了 DSL 目录上的那部分，目前 NDSL 中有超过 58 000 种物质。新化学物质是指不列在 DSL 上的物质。

CEPA 1999 规定，所有进入加拿大的新化学物质或化学物质重大新活动[①]（SNAs）需进行申报（NSN），政府根据申报人提交的所有信息对人体健康和环境进行风险评估，以限制或禁止对人体健康和环境造成风险的化学物质的使用和处置。对于现有化学物质，CEPA 1999 通过对现有化学物质的固有危害性、持久性、蓄积性及其对人体或者环境的暴露潜能等方面进行综合评价，并归类、筛选评估建立优先物质清单（PSL），再对优先化学物质进行评估，根据评估结果确定风险管理方案。2006 年 9 月，基于归类结果，4 300 种现有化学物质确定需要进一步开展筛选评估。为此，同年 12 月，加拿大政府发布了《化学品管理计划》（CMP），从而对这 4 300 化学物质进行风险评估，确定优先化学物质清单，并根据化学物质的人体健康和环境风险进行管理分类，采取不同的管理措施，该计划预计 2020 年完成。自 2013 年下半年开始，环境部和卫生部每年 2 次发布进展报告总结该计划的工作成果。

同时，加拿大政府提出“挑战计划”，执行“高度优先行动”，对约 200 种归类确定为优先评估的化学物质进行人体健康和环境风险的优先调查。这些物质被分成 12 批，每批 12～20 种。收到调查通知的利益相关者须在规定时间内提交调查报告。政府根据调查报告的结果，对这些化学物质进行评估。评估结束后，政府将根据被评估物质的人体健康和环境风险结论进行管理分类，并公布相应的风险控制措施。目前已公布 11 批优先评估化学物质的管理分类和风险控制措施。

（二）加拿大化学物质风险评估要求

CEPA 1999 要求加拿大环境部和卫生部对现有化学物质、新化学物质和化学物质的 SNAs 进行风险评估，以确定化学物质的使用是否有毒[②]，并根据评估结果确定进一步行动。对于现有化学物质，如果评估结果为无毒，无须采取行动；如果评估结果为有毒，则将现有化学物质列入优先物质清单，并进行进一步风险评估或者列入有毒物质清单，对其采用风险控制措施。对于新化学物质和 SNAs，如果评估结果为无毒，评估完成申报人即可开展生产或进口；如果评估结果为有毒，则需对其采用风险控制措施。

---

① 重大新活动（Significant New Activities，SNAs）：化学物质新的活动，该活动会导致该物质的环境排放量较之前的活动显著增加；或者该物质的环境排放和暴露方式与之前的活动显著不同。

② 根据 CEPA 1999，如果一种物质可以或者可能以一定数量或者浓度进入环境造成以下情况，就被定义为“有毒物质”：可以或者可能对环境或其生物多样性造成急性或长期的不良效应；对生物赖以生存的环境构成或者可能构成危害；对人体健康或者生命构成或者可能构成危害。

CEPA 1999 的人体健康风险评估包括人群暴露、健康效应描述和风险表征。健康评估筛选决策依据“暴露限值”（MOE），即通过临界效应水平除以估算的暴露值得到 MOE。通常 MOE 小于 1 000，则认为有风险。

生态风险评估包括环境释放、环境归趋和暴露表征、危害效应表征以及风险表征。暴露表征是通过模型模拟和/或实际监测获得物质在不同环境介质中的浓度趋势，计算相应的预期环境浓度（PEC）。危害效应表征是通过毒理学试验或模型模拟确定受体生物关键毒性值（CTV），除以评估系数获得预期无（有害）作用浓度（PNEC）。PEC 除以 PNEC，可得到风险商（RQ），用于评估风险。如果 RQ 小于 1 则表示化学物质在暴露水平下风险较低，无须立刻采取风险控制措施；如果 RQ 大于等于 1 则表示化学物质在暴露水平下风险较高，需要获得更多信息来优化 PNEC，或者适当采取风险控制措施降低风险，直到风险可控。

（三）加拿大化学物质风险评估的技术文件和模型软件

加拿大主要的化学物质风险评估的技术文件有：

（1）化学物质的生态评估概述（http：//www. ec. gc. ca/lcpe-cepa/default. asp？ lang = En&n = EE479482-1&wsdoc = 2A6D4DB0-F522-82C1-BE1F-B15D14F9B4B3）。

（2）筛选现有物质的健康评估（http：//www. hc-sc. gc. ca/ewh-semt/contaminants/existsub/screen-eval-prealable/screen-sub-eng. php）。

此外，加拿大除了接受利用其他被广泛认可的模型软件估算所得到的数据，例如美国 EPA 和欧盟 ECHA 使用的模型软件等，也开发了其他的数据估算和风险评估软件，例如主要根据化学物质理化信息评价其在环境中的行为和归趋的 New EQC Model① 和主要用于化学物质环境暴露浓度的估算的 National Pollutant Release Inventory（NPRI）Toolbox② 等。

二、澳大利亚

（一）简介

NICNAS 框架下的风险评估由政府主管机构针对新化学物质和现有化学物质开展，其中卫生部负责职业健康安全和公众健康部分的评估，环境部负责环境效应部分的评估。

新化学物质的风险评估由生产商或者进口商提出申请，主管机构在对

① http：//www. trentu. ca/academic/aminss/envmodel/models/NewEQCv100. html.

② http：//ec. gc. ca/inrp-npri/default. asp？ lang=En&n=65A75CDF-1.

应的评估期间完成评估报告。2004 年，NICNAS 修正案增列针对低关注度和非危险类新化学物质的 23A 条款，允许申报人在申请表中自行提交风险评估过程和结果，NICNAS 审核通过后即授予评估证，可减少申报时间和费用。

现有化学物质的评估目前有两套并行的评估体系，分别为优先现有化学物质（PEC）评估和名录分级评估和优先筛选（IMAP）计划。可参看第三篇第九章。

（二）澳大利亚化学物质风险评估要求

NICNAS 框架下的风险评估方法与欧洲对于化学物质的风险评估方法类似，包括危害鉴别、危害表征、暴露评估及风险表征四个步骤。

在健康危害鉴别过程中，注重从各种渠道获得的危害信息，例如人源性健康危害数据、动物来源测试数据、该化学物质结构类似物的相关数据等，根据相应数据的可靠性和相关性分析后，符合要求的数据将被用于风险评估。对于暴露评估，则更多基于充分的测量数据，根据欧盟风险评估技术指南 TGD（2003）的默认值来估算或者运用被广泛接受的暴露估算模型（如 ConsExpo 等）来获得暴露估算值。当进行定量的风险表征时，可靠的NOAEL 值将被用来与暴露估算值进行比较，获得暴露限值（MoE）。最后，综合考虑评估中的不确定性，得到相应的评估结论。

对于化学物质的环境风险评估，则根据环境部的工业化学物质环境风险评估指南手册进行。其相应的评估方法与欧盟的环境风险评估基本一致。

（三）澳大利亚化学物质风险评估的技术文件

（1）澳大利亚风险评估方法（https：//www. nicnas. gov. au/notify-your-chemical/assessment-methodologies）。

（2）《环境健康风险评估：环境危害引起的人体健康风险评估指南》，澳大利亚卫生部，2002 年颁布，2012 年 6 月更新。（http：//www. health. gov. au/internet/main/publishing. nsf/Content/A12B57E41EC9F326CA257BF0001F9E7D/$File/DoHA-EHRA-120910. pdf）。

（3）《工业化学物质环境风险评估指南手册》，澳大利亚环境和遗产保护委员会（EPHC），2009 年 2 月发布。（http：//www. scew. gov. au/resource/chemical-risk-assessment-guidance-manuals）。

（4）《国家工业化学物质通报和评估计划手册》，澳大利亚卫生部下属国家工业化学物质通报和评估机构，2014 年 7 月更新。（http：//www. nicnas. gov. au/regulation-and-compliance/nicnas-handbook）。

三、日本

（一）日本化学物质风险评估的发展简介

日本的风险评估与其法律体系的结合十分紧密，并且与世界其他国家相比具有一定的特殊性。因此，有必要回顾一下日本相关法规的形成过程。

20世纪50年代开始，随着战后日本经济的复苏，日本的工业企业规模和产能不断发展，随之而来的环境问题也逐渐凸显。随着四大公害事件的陆续发生，尤其是之后1968年发生的米糠油中多氯联苯污染事件，促进了一系列法律的颁布。其中，1973年《化审法》（CSCL）的颁布标志着日本对（新）化学物质开始进行系统的管理。此外，比较重要的与风险评估中暴露信息收集相关的法律还有1999年颁布的《化管法》（PRTR）。

正是由于《化审法》立法的背景，日本政府主管机构对化学物质的数据要求最初主要集中在物质的可降解性与生物蓄积性；之后，随着法规的修订，增加了化学物质对人体或者环境中高等生物（包括动植物）存在的潜在危害特性的数据要求；此外，日本政府主管机构要求企业提交化学物质的年生产量或者进口量，以便实施源头管理。收到相应的信息之后，日本政府主管机构将评估该化学物质的危害和风险，最终对该化学物质进行分类管理。

随着国际上对化学物质管理的进步以及相应科学认识的提高，《化审法》经历了3次修订。2009年修订时，明确提出了通过风险评估来确定化学物质评估的优先顺序以及管理上的分类。并于2014年陆续发布了相应的指南文件。

（二）日本化学物质风险评估要求

根据2009年修订后的《化审法》，日本政府主管机构对所有的现有化学物质，根据其年生产量或者进口量，以及该化学物质的危害性，进行筛选评估，确定该化学物质是否进入优先评估物质（PACSs）清单。而后通过风险评估确定该化学物质是否被归类为第二类指定化学物质，或者被归类为一般化学物质。

整个风险评估过程分为7个步骤，包括初级风险评估和高级风险评估。其中，初级风险评估又包括了3个阶段（具体可参阅第三篇第七章）。

（三）日本化学物质风险评估的技术文件

日本政府主管机构于2014年陆续发布了相应的技术文件（暂时仅提供日文版本），共十章（第九章尚未完成）以及若干支持文件。

具体请参考：http://www.meti.go.jp/policy/chemical_management/

kasinhou/information/ra _ 1406 _ tech _ guidance. html。

此外，日本政府主管机构于 2014 发布了评估工具 PRAS-NITE 用于对优先评估化学物质的风险评估。具体请参考：http：//www. safe. nite. go. jp/risk/pras-nite. html。

参考文献：

[1] CHAPTER 1 Functioning of the Programme. Manual for the Assessment of Chemicals. OECD Cooperative Chemicals Assessment Programme. 2012. http：//www. oecd. org/env/ehs/risk-assessment/manualfortheassessmentofchemicals. htm.

[2] OECD. Activities on Exposure Assessment. Assessment of Chemicals. http：//www. oecd. org/chemicalsafety/risk-assessment/oecdactivitiesonexposureassessment. htm.

[3] OECD. History：From the HPV Chemicals Programme to the Cooperative Chemicals Assessment Programme. http：//www. oecd. org/env/ehs/risk-assessment/historyfromthehpvchemicalsprogrammetothecooperativechemicalsassessmentprogramme. htm.

[4] OECD. New flyer on the OECD Cooperative Chemicals Assessment Programme（CoCAP）. The OECD Cooperative Chemicals Assessment Programme An International Programme with Global Reach. http：//www. oecd. org/env/ehs/risk-assessment/CoCAP-flyer. pdf.

[5] OECD. Summary Table of Available Tools for Risk Assessment. http：//www. oecd. org/env/ehs/risk-assessment/summarytableofavailabletoolsforriskassessment. htm.

[6] OECD. Series on Testing and Assessment：Emission and Exposure. http：//www. oecd. org/env/ehs/testing/seriesontestingandassessmentemissionandexposure. htm.

[7] OECD SERIES ON EMISSION SCENARIO DOCUMENTS Number 1. http：//www. oecd. org/officialdocuments/publicdisplaydocumentpdf/? cote = env/jm/mono （2000） 12&doclanguage =en.

[8] WHO. Numerical list of EHCs. http：//www. who. int/ipcs/publications/ehc/ehc _ numerical/en/.

[9] WHO. IPCS Harmonization Project. http：//www. who. int/ipcs/methods/harmonization/en/.

[10] WHO. Integrated Risk Assessment. http：//www. who. int/ipcs/methods/risk _ assessment/en/.

[11] WHO. Human Data Initiative. http：//www. who. int/ipcs/publications/methods/human _ data/en/.

[12] WHO. Methods for chemicals assessment. http：//www. who. int/ipcs/methods/en/.

附录一： 中国大陆新化学物质申报数据要求

一、最低数据要求

新化学物质常规申报依据不同申报量级别提交不同最低要求的数据。申报制品或者物品中的新化学物质时，按其中新化学物质的纯品量来确定申报数量级别。

1）常规申报最低数据要求

（1）理化性质

根据申报物质在常温常压下（20℃、101.3 kPa）的物理状态，理化数据要求分别为以下几点。

气态：氧化性、自燃温度（℃）、燃烧性、爆炸极限、临界点。

液态：沸点（℃）、密度（kg/m^3）、蒸气压（kPa,℃）、正辛醇-水分配系数（$\lg P_{OW}$）、水中溶解度（g/L）、表面张力（N/m）①、pH 值、闪点（℃）、氧化性、自燃温度（℃）、燃烧性、爆炸性。

固态：熔点（℃）、密度（kg/m^3）、正辛醇-水分配系数（$\lg P_{OW}$）、水中溶解度（g/L）、粒径（μm）、氧化性、自燃温度（℃）、燃烧性、爆炸性。

当物质处于临界状态时应提供有机溶剂中的稳定性和降解产物的特性。临界温度必要时可计算。

（2）毒理学

现行《指南》毒理学最低数据要求见附表 1－1。

附表 1－1　毒理学最低数据要求

	一级 $1 \leqslant Q < 10$ t/a	二级 $10 \leqslant Q < 100$ t/a	三级 $100 \leqslant Q < 1\ 000$ t/a	四级 $Q \geqslant 1\ 000$ t/a
急性毒性	√	√	√	√
28 天反复染毒毒性	√	√	√	√
致突变性	√	√	√	√
90 天反复染毒毒性		√	√	√
生殖/发育毒性		√	√	√
毒代动力学		√	√	√
慢性毒性				√
致癌性				√
其他②				

① 根据申报物质结构，表面活性可预期、可被预测或者表面活性是所需要的数据时方需提交。

② 当有资料表明申报物质可能具有明显靶器官毒性，应提交相应的毒性数据，如有机磷类物质应提供神经毒性数据。

① 急性毒性包括急性经口毒性、急性经皮毒性、急性吸入毒性、皮肤刺激、眼刺激、皮肤致敏作用。

② 28 天反复染毒毒性包括经口、经皮和吸入，应结合申报用途，提供至少一种暴露途径的试验数据。

③ 致突变性：一级时，提交细菌回复突变试验和体外染色体畸变试验数据。若因申报物质有明显的细菌毒性而不宜进行细菌回复突变试验，又或已知或怀疑申报物质干扰哺乳动物细胞 DNA 复制系统时，可提供哺乳动物细胞体外基因突变试验数据。自二级开始，需提交啮齿类动物骨髓细胞染色体畸变或微核试验数据。若因毒代动力学试验结果表明申报物质不被吸收或不能到达靶组织（骨髓）等原因而不宜进行体内试验，应提供其他试验数据。

④ 90 天反复染毒毒性：应结合申报用途，提供至少一种暴露途径的试验数据。二级时，当 28 天反复染毒毒性试验结果为出现严重不可逆性的损伤，或“无可观察效应水平”很低时，提供 90 天反复染毒毒性数据。

⑤ 生殖/发育毒性：二级时，提交生殖/发育筛选试验数据。若已知申报物质对生殖存在有害效应或与已知的生殖毒性物质化学结构相似，应进行发育毒性研究；若已知申报物质导致发育毒性或与已知的生殖毒性物质化学结构相似，应进行生殖毒性研究。若已知可能具有潜在生殖或发育毒性，可用出生前发育毒性数据或两代生殖毒性数据替代筛选试验。自三级开始，需提交致畸试验数据和两代生殖毒性数据。

⑥ 毒代动力学：二级时，提交吸收动力学的相关信息；自三级开始，需提交完整的毒代动力学的相关信息。

⑦ 慢性毒性：应结合申报用途，提供至少一种暴露途径的试验数据。

（3）生态毒理学

现行《指南》生态毒理学数据要求见附表 1－2。

附表 1－2 生态毒理学最低数据要求

	一级 $1 \leqslant Q < 10$ t/a	二级 $10 \leqslant Q < 100$ t/a	三级 $100 \leqslant Q < 1\,000$ t/a	四级 $Q \geqslant 1\,000$ t/a
藻类生长抑制毒性	√	√	√	√
溞类急性毒性	√	√	√	√
鱼类急性毒性	√	√	√	√
活性污泥呼吸抑制毒性	√	√	√	√
吸附/解吸附性	√	√	√	√
降解性	√	√	√	√

续表

	一级 1 ≤Q<10 t/a	二级 10 ≤Q<100 t/a	三级 100 ≤Q<1 000 t/a	四级 Q≥1 000 t/a
蚯蚓急性毒性试验	√	√	√	√
鱼类 14 天延长毒性试验		√		
大型溞类繁殖试验		√	√	√
生物蓄积性		√	√	√
鱼类慢性毒性试验			√	√
种子发芽和根生长试验			√	√

2）简易申报最低数据要求

新化学物质的年生产量或进口量不满 1 吨的简易申报基本情形，除了满足申报表的填写要求之外，还应提供在中国境内用中国的供试生物进行的生态毒理学试验报告。

当申报物质为有机物时，应提供快速降解性试验报告，不易快速生物降解时，还应提交水生生物（首选鱼类）急性毒性试验报告。

当申报物质为无机物时，应提供水生生物（首选鱼类）急性毒性试验报告。

当申报物质的水中溶解度低于 100 mg/L 时，饱和浓度下对水生生物有毒性的，应给出相应的半数致死浓度或效应；饱和浓度下对水生生物没有毒性的，应提供陆生生物（首选蚯蚓）急性毒性试验报告。

二、特殊要求

1）对特殊物质的数据要求

若申报物质属于下列情况，应提交具有相应属性的说明性或者证明性资料，并可按其特殊要求提交数据。

（1）属自燃性化学物质

仅提交密度测试数据。

（2）具有爆炸性、易燃性或自反应性的化学物质

对于常温常压下，常规试验操作即可引起爆炸、燃烧或自反应的物质，毒理学和生态毒理学数据可免于提交测试性数据，提交源自估算、类似物交叉参照或文献等的数据。

（3）遇水放出易燃气体的化学物质

在环境温度下与水剧烈反应所产生的气体显示自燃的倾向，或在环境温度下与水反应，放出易燃气体的最大速率大于或等于每小时 1 L/kg 时，免于

提交生态毒理学测试数据。

(4) 无机化合物和金属

免于提交生物降解性测试数据。

(5) 遇水/光分解或发生反应的化学物质（不包括遇水放出易燃气体的化学物质）

遇水/光分解是指半衰期 $DT_{50}<12$ h。理化特性要求同“最低数据要求的理化特性”。

提交遇水/光分解或发生反应的产物名称、含量及是否为新化学物质的测试报告，并按照下列情形分别处理。

① 若遇水/光分解或发生反应的产物全部为《名录》中的化学物质，可免于提交生态毒理学数据；

② 若遇水/光分解或发生反应的产物中有新化学物质（单一物质含量大于10%），应提交对应于申报数量的申报物质或其水解产物的生态毒理学数据。若以申报物质为对象，提交的数据应为测试数据；若以其水解产物为对象，提交的数据可来自测试、估算、类似物交叉参照或文献等。

(6) 难溶化合物

难溶化合物是指在水中溶解度小于 100 mg/L 的化学物质。其水生生物生态毒理学测试的最高剂量/浓度应为该化学物质在试验介质中的饱和溶液。有关饱和溶液的制备方法应符合相关技术规范。

2) 对其他特殊情况的数据要求

(1) 在中国境内完成的生态毒理学测试

① 水生生物毒性数据。一级时，提交至少一项（推荐首选鱼类）；自二级开始，每增加一个量级，在新增的数据要求中至少选择一项。

② 生物降解性数据。首选快速生物降解测试。如已在境外完成了该项测试，可选择快速生物降解或固有生物降解试验。如已在境外完成该项测试，且结果为不具有快速生物降解性，应选择固有生物降解试验。

③ 陆生生物毒性数据。对于难溶化合物，如在境外已完成申报数量级别的相应水生生物毒性测试，可提交陆生生物毒性数据。

(2) 测试样品

理化特性的测试数据应来自纯物质，即测试样品为纯物质（杂质总量小于 20%）。确实无法达到规定纯度时，测试数据可来自制品，同时应提供不能提纯的证明；毒理学和生态毒理学特性的测试数据可来自纯物质或含申报物质的制品，但测试报告应注明样品纯度。

(3) 杂质

当有证据表明申报物质中某种杂质的毒理学或生态毒理学危害性可能高，

且其含量有一定变化范围时（小于10%），应以含有该种杂质含量最高的样品作为测试样品，并在测试报告中注明其含量。

三、数据豁免

《指南》对于理化性质、毒理学、生态毒理学的每个数据终点规定了相应的豁免条件。在进行试验之前，建议申报人仔细考虑新化学物质豁免相应测试的可能性，以期减少不必要的实验动物的牺牲。

附录二：台湾地区环保署化学物质登录数据要求

附表 2－1　标准登录资料要求[1,2,3,4,5]

资料大项	细项
1. 登录人及物质基本辨识信息	1.1　登录人信息 1.2　物质辨识信息
2. 物质制造、用途及暴露信息	2.1　制造及输入信息 2.2　用途信息 2.3　暴露信息
3. 危害分类与标示	3.1　物理性危害 3.2　健康危害 3.3　环境危害 3.4　标示内容
4. 安全使用信息	4.1　急救措施 4.2　灭火措施 4.3　意外泄漏处理措施 4.4　处置与储存 4.5　运输信息 4.6　暴露控制/个人防护 4.7　安定性与反应性 4.8　废弃处置方法
5. 物理与化学特性信息	5.1　物质状态 5.2　熔点/凝固点 5.3　沸点 5.4　密度 5.5　分配系数：正辛醇/水 5.6　水中溶解度 5.7　蒸气压 5.8　闪火点 5.9　易燃性 5.10　爆炸性 5.11　氧化性 5.12　pH 值 5.13　自燃温度 5.14　黏度 5.15　金属腐蚀性
6. 毒理信息	6.1　急毒性：吞食、吸入、皮肤 6.2　皮肤刺激性/腐蚀性 6.3　眼睛刺激性 6.4　皮肤过敏性 6.5　基因毒性

续表

资料大项	细项
6. 毒理信息	6.6 基础毒物动力学 6.7 重复剂量毒性：吞食、吸入、皮肤 6.8 生殖/发育毒性 6.9 致癌性
7. 生态毒理信息	7.1 非脊椎动物（如水蚤）之短期毒性 7.2 对水生藻类及蓝绿藻的毒性 7.3 水中生物降解：筛检试验 7.4 鱼类之短期毒性 7.5 水解作用 7.6 对微生物的毒性 7.7 吸附/脱附作用 7.8 非脊椎动物（如溞）之长期毒性 7.9 鱼类之长期毒性 7.10 对土壤中大生物体（节肢动物外）的毒性 7.11 对陆生植物的毒性 7.12 对土壤中微生物的毒性 7.13 水及底泥中生物降解：模拟试验 7.14 土壤中生物降解 7.15 生物蓄积：水生生物/底泥 7.16 底泥毒性
8. 危害评估信息	8.1 物化特性对人体健康危害评估摘要 8.2 健康危害评估摘要 8.3 环境危害评估摘要 8.4 PBT 与 vPvB 评估摘要
9. 暴露评估信息	9.1 暴露情境描述 9.2 暴露量预估 9.3 风险特征描述

1. 附表中细项信息要求应按照登录工具内容办理，现行的登录工具为《新化学物质及既有化学物质数据输入工具说明（第一版）》。

2. 年生产或进口量 1 吨以上未满 1 000 吨者，且不属于致癌、生殖细胞致突变性或生殖毒性物质（CMR）第一级分类者，可免于提交资料大项“8. 危害评估信息”和“9. 暴露评估信息”。

3. 年生产或进口量达 1 000 吨以上且不具下列情形之一者，可免于提交资料“9. 暴露评估信息”：

(1) 物理化学特性造成人体健康危害性；

(2) 健康危害性；

(3) 环境危害性；

(4) 持久性、生物蓄积性及毒性（PBT）；

(5) 高持久高生物蓄积性（vPvB）。

4. 符合限定场址中间产物、聚合物、科学研发用途或产品以及制程研发用途者，可免除提交资料大项“8. 危害评估信息”及“9. 暴露评估信息”。

5. 上述化学物质登录数据大项第 5～9 项，即物理与化学特性信息、毒理信息与生态毒理信息、危害评估信息及暴露评估信息，依新化学物质登录级别提供对应的测试数据或相关信息，级别分级如附表 2-2。[√] 代表在该登录级别下必须提交的相关信息。

附表 2 - 2[1,2,3,4]

第五项资料				
物理与化学特性信息	第一级	第二级	第三级	第四级
物质状态	√	√	√	√
熔点/凝固点	√	√	√	√
沸点	√	√	√	√
密度	√	√	√	√
分配系数：正辛醇/水	√	√	√	√
水中溶解度	√	√	√	√
蒸气压	√	√	√	√
闪火点	√	√	√	√
易燃性	√	√	√	√
爆炸性	√	√	√	√
氧化性	√	√	√	√
pH 值	√	√	√	√
自燃温度	√	√	√	√
黏度			√	√
金属腐蚀性			√	√
第六项资料				
毒理信息	第一级	第二级	第三级	第四级
急毒性：吞食、吸入、皮肤	√	√	√	√
皮肤刺激性/腐蚀性	√	√	√	√
眼睛刺激性	√	√	√	√
皮肤过敏性	√	√	√	√
基因毒性	√	√	√	√
基础毒物动力学		√	√	√
重复剂量毒性：吞食、吸入、皮肤		√	√	√
生殖/发育毒性		√	√	√
致癌性				√
第七项资料				
生态毒理信息	第一级	第二级	第三级	第四级
非脊椎动物（如溞）之短期毒性	√	√	√	√
对水生藻类及蓝绿藻的毒性	√	√	√	√

续表

第七项资料				
生态毒理信息	第一级	第二级	第三级	第四级
水中生物降解：筛检试验	√	√	√	√
鱼类之短期毒性		√	√	√
水解作用		√	√	√
对微生物的毒性		√	√	√
吸附/脱附作用		√	√	√
非脊椎动物（如溞）之长期毒性			√	√
鱼类之长期毒性			√	√
对土壤中大生物体（节肢动物外）的毒性				√
对陆生植物的毒性				√
对土壤中微生物的毒性				√
水及底泥中生物降解：模拟试验				√
土壤中生物降解				√
生物蓄积：水生生物/底泥				√
底泥毒性				√
第八项资料				
危害评估信息	第一级	第二级	第三级	第四级
物化性对人体健康危害评估摘要				√
健康危害评估摘要				√
环境危害评估摘要				√
PBT 与 vPvB 评估摘要				√
第九项资料				
暴露评估信息	第一级	第二级	第三级	第四级
暴露情境描述				√
暴露量预估				√
风险特征描述				√

1. 新化学物质应按照其年生产或进口量提交相应的物理化学特性、毒理与生态毒理信息的最低信息要求。第一级是指年生产或进口量达 1 吨以上未满 10 吨的新化学物质；第二级是指年生产或进口量达 10 吨以上未满 100 吨的新化学物质；第三级是指年生产或进口量达 100 吨以上未满 1 000 吨的新化学物质；第四级是指年生产或进口量达 1 000 吨以上的新化学物质。

2. 新化学物质符合限定场址中间产物、聚合物、科学研发用途或产品以及制程研发用途，且年生产或进口量达 10 吨以上者，其物理化学特性、毒理与生态毒理信息的最低信息要求可按照第一级提交。

3. 新化学物质符合 CMR 第一级分类者，年生产或进口量未满 1 吨者，应按第一级测试资料要求提交；1 吨以上未满 10 吨者，应提交第二级测试数据及资料大项“8. 危害评估信息”和“9. 暴露评估信息”；10 吨以上未满 100 吨者，应提交第三级测试数据及资料“8. 危害评估信息”及“9. 暴露评估信息”；100 吨以上者，应提交第四级测试数据及资料“8. 危害评估信息”及“9. 暴露评估信息”。

4. 新化学物质的物理化学特性信息、毒理信息与生态毒理信息的第一级、第二级、第三级及第四级的各项测试数据要求，应依照登录工具的相关要求。

附表 2-3 简易登录资料要求

资料大项	细项
1. 登录人及物质基本辨识信息	1.1 登录人信息 1.2 物质辨识信息
2. 物质制造、用途及暴露信息	2.1 制造及输入信息 2.2 用途信息 2.3 暴露信息
3. 危害分类与标示	3.1 物理性危害 3.2 健康危害 3.3 环境危害 3.4 标示内容
4. 安全使用信息	4.1 急救措施 4.2 灭火措施 4.3 意外泄漏处理措施 4.4 处置与储存 4.5 运输信息 4.6 暴露控制/个人防护 4.7 安定性与反应性 4.8 废弃处置方法
5. 物理与化学特性信息	5.1 物质状态 5.2 熔点/凝固点 5.3 沸点 5.4 密度 5.5 分配系数：正辛醇/水 5.6 水中溶解度

附表 2-4 少量登录资料要求

资料大项	细项
1. 登录人及物质基本辨识信息	1.1 登录人信息 1.2 物质辨识信息
2. 物质制造、用途信息	2.1 制造及输入信息 2.2 用途信息

附录三：台湾地区劳动主管机构化学物质登记数据要求

附表 3-1 标准登记-化学物质安全评估报告资料项目及内容[1,2,3,4,5]

资料大项	细项
1. 登记人及物质基本辨识信息	登录人信息、物质辨识信息
2. 物质制造、用途及暴露信息	制造及输入信息、用途信息、暴露信息
3. 危害分类与标示	物理性危害、健康危害、环境危害、标示内容
4. 安全使用信息	急救措施、灭火措施、意外泄漏处理措施、处置与储存运输信息、暴露控制/个人防护、安定性与反应性、废弃处置方法
5. 物理与化学特性信息	物质状态、熔点/凝固点、沸点、密度、分配系数：正辛醇/水、水中溶解度、蒸气压、闪火点、易燃性、爆炸性氧化性、pH 值、自燃温度、黏度、金属腐蚀性
6. 毒理信息	急毒性：吞食、吸入、皮肤；皮肤刺激性/腐蚀性；眼睛刺激性；皮肤过敏性；基因毒性；基础毒物动力学；重复剂量毒性：吞食、吸入、皮肤；生殖/发育毒性；致癌性
7. 危害评估信息	物化特性对人体健康危害评估、健康危害评估
8. 暴露评估信息	暴露情境描述、暴露量预估、风险特征描述

1. 上述信息要求应按照登录工具内容办理，现行的登录工具为《新化学物质及既有化学物质数据输入工具说明（第一版）》。

2. 年生产或进口量 1 吨以上未满 10 吨者，且不属于 CMR 第一级者，可免于提交危害评估信息和暴露评估信息。

3. 年生产或进口量达 10 吨以上，且不具健康危害性，且不具因物化特性造成人体危害者，可免提交资料暴露评估信息。

4. 符合限定场址中间产物、聚合物、科学研发用途或产品与制程研发用途者，可免除提交危害评估信息及暴露评估信息。

5. 上述化学物质安全评估报告的物理化学特性信息与毒理信息，需根据新化学物质登记级别提供对应的测试数据或信息，级别分级见附表 3-2。[√] 代表在该登记级别必须提交的相关信息。

附表 3-2[1,2,3,4]

物理与化学特性信息	第一级	第二级	第三级	第四级
物质状态	√	√	√	√
熔点/凝固点	√	√	√	√
沸点	√	√	√	√
密度	√	√	√	√
分配系数：正辛醇/水	√	√	√	√
水中溶解度	√	√	√	√

续表

物理与化学特性信息	第一级	第二级	第三级	第四级
蒸气压	√	√	√	√
闪火点	√	√	√	√
易燃性	√	√	√	√
爆炸性	√	√	√	√
氧化性	√	√	√	√
pH 值	√	√	√	√
自燃温度	√	√	√	√
黏度			√	√
金属腐蚀性			√	√
毒理信息	第一级	第二级	第三级	第四级
急毒性：吞食、吸入、皮肤	√	√	√	√
皮肤刺激性/腐蚀性	√	√	√	√
眼睛刺激性	√	√	√	√
皮肤过敏性	√	√	√	√
基因毒性	√	√	√	√
基础毒物动力学		√	√	√
重复剂量毒性：吞食、吸入、皮肤		√	√	√
生殖/发育毒性		√	√	√
致癌性				√
危害评估信息	第一级	第二级	第三级	第四级
物化性对人体健康危害评估		√	√	√
健康危害评估		√	√	√
暴露评估信息	第一级	第二级	第三级	第四级
暴露情境描述		√	√	√
暴露量预估		√	√	√
风险特征描述		√	√	√

1. 年生产或进口量达 1 吨（含）以上未满 10 吨、10 吨（含）以上未满 100 吨、100 吨（含）以上未满 1 000 吨、1 000 吨及 1 000 吨以上的新化学物质，其物理化学特性、毒理学信息的最低要求分别为第一级、第二级、第三级及第四级的测试资料信息要求。

2. 新化学物质符合限定场址中间产物、聚合物、科学研发用途或产品与制程研发用途且年生产或进口量达 10 吨（含）以上者，其物理化学特性及毒理学信息的最低要求为第一级测试资料信息要求。

3. 新化学物质符合 CMR 物质第一级，年生产或进口量未满 1 吨、1 吨以上未满 10 吨、10 吨以上未满 100 吨、100 吨及 100 吨以上者，其新化学物质的物理化学特性、毒理学信息的最低要求分别为第一级、第二级、第三级及第四级的测试资料信息要求。

4. 新化学物质的物理化学特性信息、毒理学信息的第一级、第二级、第三级及第四级的各项测试数据要求，应依照相关指引文件办理。

附表 3-3　简易登记-化学物质安全评估报告资料项目及内容

资料大项	细项
1. 登记人及物质基本辨识信息	1.1　登记人信息 1.2　物质辨识信息
2. 物质制造、用途及暴露信息	2.1　制造及输入信息 2.2　用途信息 2.3　暴露信息
3. 危害分类与标示	3.1　物理性危害 3.2　健康危害 3.3　环境危害 3.4　标示内容
4. 安全使用信息	4.1　急救措施 4.2　灭火措施 4.3　意外泄漏处理措施 4.4　处置与储存 4.5　运输信息 4.6　暴露控制/个人防护 4.7　安定性与反应性 4.8　废弃处置方法
5. 物理与化学特性信息	5.1　物质状态 5.2　熔点/凝固点 5.3　沸点 5.4　密度 5.5　分配系数：正辛醇/水 5.6　水中溶解度

附表 3-4　少量登记-化学物质安全评估报告资料项目及内容

资料大项	细项
1. 登记人及物质基本辨识信息	1.1　登记人信息 1.2　物质辨识信息
2. 物质制造、用途信息	2.1　制造及输入信息 2.2　用途信息

附录四： 不同环境相的 PNEC 计算

一、水生生态系统（淡水和海水）PNEC 的计算

水环境相中 PNEC 的推导，建立在两个假设之上：最敏感物种决定整个生态系统的敏感性和保护生态系统结构可保护生态群落的功能。

（一） PNEC 水体 （淡水） 计算

1. AF 法

将已有的急性/慢性生态毒性效应剂量的最小值除以相关评估系数可得到 PNEC。公式如下：

$$PNEC = \frac{[L(E)\ C_{50}]_{\min}}{AF} \text{ 或 } PNEC = \frac{(EC_{10}\ NOEC)_{\min}}{AF}$$

建议的评估系数见附表 4－1：

附表 4－1 $PNEC_{水体（淡水）}$ 的评估系数

数据	评估系数
三个营养级水平，每一级至少有一项急性毒性数据 $L(E)C_{50}$（鱼、溞、藻类）	1 000①
一项长期毒性试验的 EC_{10}/NOEC 数据（鱼或溞类）	100②
两个长期毒性试验的 EC_{10}/NOEC 数据，分别代表两个营养级的两个物种（鱼和/或溞和/或藻类）	50③
三个长期毒性试验的 EC_{10}/NOEC 数据，分别代表三个营养级的三个物种（通常为鱼、溞、藻类）	10④
物种敏感度分布（SSD）法	1～5（根据实际情况而定）
野外数据或模拟生态系统	根据实际情况修正

① 用于急性毒性数据外推的评估系数 1 000 是相对保守的。对于给定的化学物质，在进行数据外推的不确定性分析过程中，若有一种因素的不确定性的权重明显重要，此时可能需对评估系数进行修正，根据实际情况，增大或减小评估系数。一般情况下，评估系数不低于 100，但在间歇排放情况下除外。

对评估系数 1 000 的修正非常规现象，需提交有力证据。

② 当采用评估系数 100 时，应通过急性毒性试验证明受试物种为该营养级的最敏感种，此时，可用该物种的长期毒性试验数据（EC_{10}或 NOEC）（鱼或大型溞）进行推算。

若仅有的长期毒性试验结果来源于非敏感物种（标准物种或非标准物种）[该物种的急性毒性数据 $L(E)C_{50}$非最低值]，应采用急性毒性试验数据除以评估系数 1 000 外推 PNEC。

若有两个营养级两个物种的长期毒性试验数据（EC_{10}或 NOEC），但最低的 EC_{10}或 NOEC 不是来自于最敏感物种 [该物种的急性毒性 $L(E)C_{50}$非最低值]，应采用最小的长期毒性值除以评估系数 100 外推 PNEC；当急性毒性试验最敏感物种的 $L(E)C_{50}$值低于最小的长期毒性试验数据时，可采用最小的 $L(E)C_{50}$值除以评估系数 100 外推 PNEC。

③ 若有两个营养级、两个物种的长期毒性数据 EC_{10} 或 NOEC 值，其中最低的 EC_{10} 或 NOEC 值来自于最敏感物种，则采用最低的长期毒性试验数据 EC_{10} 或 NOEC 值除以评估系数 50 外推 PNEC。

若有三个营养级三个物种的长期毒性试验数据（EC_{10} 或 NOEC），但无法通过急性毒性试验证明受试生物是最敏感种时，可采用最小的长期毒性试验数据除以评估系数 50 外推 PNEC。

当急性最敏感物种的 $L(E)C_{50}$ 值低于最小的长期毒性试验数据时，可采用最小的 $L(E)C_{50}$ 值除以评估系数 100 外推 PNEC。

④ 评估系数 10 仅适用于至少有来自三个营养级（如：鱼、大型溞和藻或非标准物种代替标准物种）三个物种的三项长期毒性试验结果。若数据仅来自实验室，外推评估系数不能小于 10。

2. SSD 法

当不同试验物种敏感性分布数据足够多时，可采用 SSD 法。

当试验物种的慢性 NOEC 值满足要求时［具有三门八科且大于 10 个（大于 15 个更好）的 NOEC 数据］，以化学物质慢性毒性数据为横坐标，以发生效应的概率为纵坐标，制作 SSD 曲线。根据数据的类型选择对数正态分布或者 log-logistic 分布进行 SSD 曲线拟合，然后以 K-S 或 A-D 拟合优度检验，判断其合理性。最后使用 SSD 曲线 5%概率对应的浓度（HC5 值）除以 AF 来推导 PNEC，并取与该浓度相关联的 50% 置信区间，具体公式如下：

$$PNEC=\frac{5\%SSD(50\%c.i.)}{AF}$$

式中，5% *SSD* 为保护 95%的物种时对应的 *SSD* 曲线上的浓度值；50% *c. i.* 为 50%的置信区间；*AF* 为评估系数，根据不确定度分析，取值在 1～5。式中得到的 *PNEC* 值意味着化学物质浓度低于此浓度时，在 50%置信区间内可以保护 95%以上的生物免受此化学物质的不良效应影响。

（二）PNEC 水体（海水）计算

通常假设，与淡水相比，海水具有更多的生物多样性，因此具有更广泛的物种敏感性分布和更高的外推不确定性。因此，相应建议的评估系数参见附表 4－2：

附表 4－2　$PNEC_{水体（海水）}$ 的评估系数

数据	评估系数
淡水和海水中有代表性的三个营养级水平的三个物种（藻类、甲壳类、鱼类）的最低的急性毒性 $L(E)C_{50}$	10 000
淡水和海水中有代表性的三个营养级的三个物种（藻类、甲壳类、鱼类）以及其他两个门类（棘皮类、软体类）的最低的急性毒性 $L(E)C_{50}$	1 000
一个长期试验结果（如 EC_{10} 或 NOEC）（通过淡水或海水中甲壳类繁殖或鱼类生长研究获得）	1 000
淡水和海水中代表两个营养级的物种（藻类、甲壳类、鱼类任选两种）所得出的两个长期试验结果（如 EC_{10} 或 NOEC）	500

续表

数据	评估系数
淡水或海水中代表三个营养级的三种物种（通常是藻类、甲壳类、鱼类）得到的最低的长期毒性试验结果（如 EC_{10} 或 NOEC）	100
淡水和海水中两个营养级的物种（藻类、甲壳类、鱼类任选两种）得到两个长期试验结果（如 EC_{10} 或 NOEC），及额外海洋生物种类（棘皮类、软体类）得出的一个长期试验结果	50
淡水和海水中三个营养级的物种（藻类、甲壳类、鱼类）得到两个长期试验结果（如 EC_{10} 或 NOEC），及额外海洋生物种类（棘皮类、软体类）得出的两个长期试验结果	10

（三）PNEC水体-间歇释放计算（$PNEC_{水体-间歇释放}$）

$PNEC_{水体-间歇释放}$ 可用三个营养级的至少三个急性毒性试验结果中最低的急性毒性 L(E)C50 除以评估系数 100 得出。

二、污水处理厂微生物 PNEC 的计算

具体试验对应的评估系数如附表 4－3。

附表 4－3　不同测试体系的 $PNEC_{STP}$ 微生物的评估系数

测试方法	测试结果	评估系数
呼吸抑制试验（OECD 209；ISO 8192）	NOEC 或 EC_{10}	10
	EC_{50}	100
标准生物降解试验的抑制控制： 快速生物降试验（OECD 301A-F；92/69/EEC C4；OECD 310） 固有生物降试验（OECD 302 B-C、88/302/EEC；ISO-9888）	可靠的降解实验中，对微生物不会产生毒性的测试浓度可作为 STP 微生物毒性的 NOEC	10
小规模活性污泥模拟试验（CAS）（OECD 303A；ISO-11733）	根据实际情况专家判断，不影响 CAS 单元正常功能的测试浓度可作为 STP 微生物毒性的 NOEC	视具体情况而定，很好执行并记录的测试取小于 5，最低为 1
硝化作用（ISO-9509）	NOEC 或 EC_{10}	1
	EC_{50}	10
活性污泥生长抑制试验（ISO-15522）	NOEC 或 EC_{10}	10
	EC_{50}	100
纤毛虫生长抑制试验（推荐使用 Tetrahymena sp.；OECD1998）	NOEC 或 EC_{10}	1
	EC_{50}	10
生长抑制试验，使用 Pseudomonas putida ISO-10712（1996）	NOEC 或 EC_{10}	1
	EC_{50}	10

三、沉积物 PNEC 计算

（一）淡水沉积物 PNEC 计算

当有底栖生物长期毒性测试数据时，通常采用评估系数法计算 $PNEC_{沉积物}$；当只有底栖生物急性测试数据时，建议综合考虑评估系数法（用最敏感生物数据除以评价系数 1 000）和平衡分配法（equilibrium partitioning method，EPM），以较低 $PNEC_{沉积物}$ 值用于风险表征；当缺乏毒理学数据时，可采用 EPM 法计算 $PNEC_{沉积物}$。

1. 评估系数法

评估系数法：采用长期毒性测试数据最低的 NOEC 或 EC_{10} 值除以评估系数，如附表 4－4，单位为 mg/kg 沉积物干重。

附表 4－4　$PNEC_{沉积物}$ 的评估系数

数据	评估系数
一个长期试验结果（EC10 或 NOEC）	100
代表不同生活方式和食性的物种的两个长期试验结果（EC10 或 NOEC）	50
代表不同生活方式和食性的物种的三个长期试验结果（EC10 或 NOEC）	10

2. EPM 法

计算公式如下：

$$PNEC_{沉积物}=\frac{K_{susp\text{-}water}}{RHO_{susp}}\times PNEC_{水}\times 1\ 000$$

$$K_{susp\text{-}water}=F\ water_{susp}+F\ solid_{susp}\times Kp_{susp}/1\ 000\times RHO_{solid}$$

$$Kp_{susp}=F\ oc_{susp}\times K_{oc}$$

式中　$PNEC_{沉积物}$——沉积物预期无（有害）作用浓度，mg/kg；

$K_{susp\text{-}water}$——悬浮物和水分配系数，m^3/m^3；

RHO_{susp}——悬浮物密度，kg/m^3；

$PNEC_{水}$——水体预期无（有害）作用浓度，mg/L；

$F\ water_{susp}$——悬浮物中的水部分，m^3/m^3；

$Fsolid_{susp}$——悬浮物中的土壤部分，m^3/m^3；

Kp_{susp}——悬浮物中的固体-水分配系数，L/kg；

RHO_{solid}——土壤密度，kg/m^3；

Foc_{susp}——沉积物中有机碳的质量分数，kg/kg；

K_{oc}——有机碳-水分配系数，L/kg。

$RHO_{susp}=1\ 150\ kg/m^3$　　　　$Foc_{susp}=0.1\ kg_{oc}/kg_{solid}$

$Fwater_{susp}=0.9\ m_{solid}{}^{3}/m_{susp}{}^{3}$ $Fsolid_{susp}=0.1\ m_{solid}{}^{3}/m_{susp}{}^{3}$

$RHO_{solid}=2\ 500\ kg/m^{3}$

（二）海水沉积物 PNEC 计算

1. 评估系数法

当有慢性毒性测试数据时，可采用最低 NOEC 或 EC_{10} 值除以评估系数得出，如附表 4－5：

附表 4－5　有长期沉积物毒性测试数据时 $PNEC_{海水沉积物}$ 的评估系数

数据	评估系数
一个长期淡水沉积物试验	1 000
代表不同生活方式和食性的物种的两个长期淡水沉积物试验	500
代表不同生活方式和食性的物种的一个长期淡水和一个海水沉积物试验	100
代表不同生活方式和食性的物种的三个长期淡水沉积物试验	50
代表不同生活方式和食性的物种（至少有两个为海洋生物物种）的三个长期沉积物试验	10

当有急性毒性测试数据时，可采用最低 LC_{50} 值除以评估系数，并结合平衡系数法得出，如附表 4－6：

附表 4－6　仅有急性沉积物毒性测试数据时 $PNEC_{海水沉积物}$ 的评估系数

数据	评估系数
一个急性淡水或海水毒性测试	10 000
至少包括一个敏感物种海洋毒性测试在内的两个急性毒性测试	1 000

2. EPM 法

计算公式如下：

$$PNEC_{marine\text{-}sediment}=\frac{K_{susp\text{-}water}}{RHO_{susp}}\times PNEC_{saltwater}\times 1\ 000$$

$$K_{susp\text{-}water}=F\ water_{susp}+F\ solid_{susp}\times Kp_{susp}/1\ 000\times RHO_{solid}$$

$$Kp_{susp}=F\ oc_{susp}\times K_{oc}$$

式中　$PNEC_{marine\text{-}sediment}$——海水沉积物预期无（有害）作用浓度，mg/kg；

$K_{susp\text{-}water}$——悬浮物和水的比率系数，m^3/m^3；

RHO_{susp}——悬浮物密度，kg/m^3；

$PNEC_{salt\text{-}water}$——海水预期无（有害）作用浓度，mg/L；

$F\ water_{susp}$——悬浮物中的水部分，m^3/m^3；

$Fsolid_{susp}$——悬浮物中的土壤部分，m^3/m^3；

Kp_{susp}——悬浮物中的固体-水分配系数，L/kg；

RHO_{solid}——土壤密度，kg/m^3；

Foc_{susp}——沉积物中有机碳的质量分数，kg/kg；

K_{oc}——有机碳-水分配系数，L/kg。

$RHO_{susp}=1\ 150\ kg/m^3$　　$Foc_{susp}=0.1\ kg_{oc}/kg_{solid}$

$Fwater_{susp}=0.9\ m_{solid}{}^3/m_{susp}{}^3$　　$Fsolid_{susp}=0.1\ m_{solid}{}^3/m_{susp}{}^3$

$RHO_{solid}=2\ 500\ kg/m^3$

四、陆地（土壤）PNEC 计算

开展土壤毒性试验时，由于不同土壤的性质如有机质、黏土含量、pH 和湿度等不同，一定程度上会影响受试物质的生物利用度，从而影响受试物质的毒性数据。因此不同类型土壤开展的毒性试验的数据不能直接比较，需要进行校正得到标准土壤毒性数据，再计算 PNEC。校正公式为，

$$NOEC\text{或}L(E)C_{50(standard)}=NOEC\text{或}L(E)C_{50(exp)}\frac{Fom_{soil(standard)}}{Fom_{soil(exp)}}$$

式中　$NOEC$ 或 $L(E)C_{50(standard)}$——标准土壤 $NOEC$ 或 $L(E)C_{50}$，mg/kg；

$NOEC$ 或 $L(E)C_{50(exp)}$——试验土壤 $NOEC$ 或 $L(E)C_{50}$，mg/kg；

$Fom_{solid(standard)}$——标准土壤中有机质的比率，kg/kg；

$Fom_{solid(exp)}$——试验土壤中有机质的比率，kg/kg。

$Fom_{solid(standard)}=0.034\ kg/kg$

当获得可用的生态毒理学数据时，可采用评估系数法计算 $PNEC_{土壤}$；当获得有限数据时，可综合考虑采用评估系数法和 EPM 法；当缺乏土壤生态毒理学数据时，可采用 EPM 法作为筛选方法计算 $PNEC_{土壤}$。

（一）评估系数法

评估系数法采用毒性测试最低值除以评估系数，如附表 4－7：

附表 4－7　$PNEC_{土壤}$的评估系数

数据	评估系数
急性毒性试验的 L（E）C_{50}（如植物，蚯蚓或微生物）	1 000
一个长期毒性试验的 NOEC（如植物）	100
两个营养级别两个长期毒性试验的 NOEC	50
三个营养级别三个物种的三个长期毒性试验的 NOEC	10
SSD 方法	1～5，根据实际情况具体给出
野外数据/模式生态系统数据	根据实际情况确定

（二）EPM法

具体计算公式如下：

$$PNEC_{soil}=\frac{K_{soil\text{-}water}}{RHO_{soil}}\times PNEC_{water}\times 1\ 000$$

式中 $PNEC_{soil}$——湿土预期无（有害）作用浓度，mg/kg；

$K_{soil\text{-}water}$——土壤和水分配系数，m^3/m^3；

RHO_{soil}——土壤密度，kg/m^3；

$PNEC_{water}$——水体预期无（有害）作用浓度，mg/L。

$RHO_{soil}=1\ 700\ kg/m^3$　　$Fwater_{soil}=0.2\ m_{water}{}^3/m_{soil}{}^3$

$RHO_{solid}=2\ 500\ kg/m^3$

（三）SSD法

当不同试验物种敏感性分布数据足够多时，可使用统计外推法（SSD）法。对于同一物种同一测试终点的多个测试数据，可采用多个毒性数据的几何平均值作为SSD法计算的输入值；当土壤特性不同并对试验结果有影响时，需对测试数据进行校正。否则，应采用最低的NOEC值进行计算。

五、大气PNEC计算

针对大气环境系统的风险评估，需考虑生物效应和非生物效应。

（一）生物效应

除哺乳动物吸入测试研究外，还没有建立研究化学物质对大气环境系统的生物效应方法。

（二）非生物效应

化学物质对大气环境系统产生的非生物效应主要有：全球变暖、平流层臭氧破坏、对流层臭氧生成和酸化作用。当有资料表明化学物质对大气环境系统具有非生物危害时，需寻求专家意见。

六、二次毒性评估

二次毒性涉及的化学物质包括亲脂性有机化学物和一些金属化合物。二次毒性涉及对食物链中较高营养级生物的有害效应，即水相或陆地环境相中，较低营养级的生物摄入的化学物质通过食物链会在较高营养级生物中累积并产生有害效应。

PNECoral 的计算

二次毒性专门指通过食物链的摄取，因此仅有经口暴露毒性测试与二次毒性有关。二次毒性采用 *NOEC* 数值，因此测试获得 *NOAEL* 数据需经以下公式转换：

$$NOEC_{bird} = NOAEL_{bird} \cdot CONV_{bird}$$

$$NOEC_{mammal,food\_chr} = NOAEL_{mammal,food\_chr} \cdot CONV_{mammal}$$

式中 $NOEC_{bird}$——鸟类的 *NOEC*，kg/kg 食物；

$NOAEL_{bird}$——鸟类的 *NOAEL*，kg/(kg · d) 人（体重）；

$CONV_{bird}$——鸟类的 *NOAEL* 转换为 *NOEC* 的转换系数，kg · bw · d/kg 食物；

$NOEC_{mammal}$——哺乳动物的 *NOEC*，kg/kg 食物；

$NOAEL_{mammal}$——哺乳动物的 *NOAEL*，kg/(kg · d) 人（体重）；

$CONV_{mammal}$——哺乳动物的 *NOAEL* 转换为 *NOEC* 的转换系数，kg · bw · d/kg 食物。

具体的转换系数如下附表 4－8：

附表 4－8 哺乳动物和鸟类的 NOAEL 转换为 NOEC 的转换系数

物种	转换系数/(bw/dfi)
Canis domesticus	40
Macaca sp.	20
Microtus spp.	8.3
Mus musculus	8.3
Oryctolagus cuniculus	33.3
Rattus norvegicus (> 6 周)	20
Rattus norvegicus (≤6 周)	10
Gallus domesticus	8

bw：体重/g；dfi：每日摄食量/(g/d)。

将毒性数据（口服相关）除以评估系数即可得到最终的 *PNEC*oral，具体公式如下：

$$PNEC_{oral} = \frac{TOX_{oral}}{AF_{oral}}$$

式中 $PNEC_{oral}$——鸟和哺乳动物二次毒性的 *PNEC*，kg/kg 食物；

TOX_{oral}——LC_{50} 鸟类或 NOEC 鸟类或 $NOEC_{哺乳动物,食物,慢性}$，kg/kg 食物；

AF_{oral}——评估系数。

评估系数，如附表 4-9：

附表 4-9 哺乳动物和鸟类二次毒性 $PNEC_{oral}$ 的评估系数

口服毒性数据	测试时程	评估系数
$LC50_{鸟类}$	5 天	3 000
$NOEC_{鸟类}$	慢性	30
$NOEC_{哺乳动物,食物,慢性}$	28 天 90 天 慢性	300 90 30

附录五：不同环境相 PEC 的计算

一、基于 PEC 的暴露估算原理

PEC 可通过估算和实测两种方式获得。但是，通常情况下化学物质的环境浓度实测值很难获得，而且由于时间和空间无法重现，测量浓度存在很大的不确定性，因此对其进行估算具有重要的意义。另一方面，已有的工业排放浓度、特定相的背景浓度、分布特征描述等实测数据可用于修正计算用的模型参数。因此，获得 PEC 值需要灵活运用这两种方法。

环境暴露原则上需要考虑两个空间维度，一是经点源和/或分散源释放到较近的周围环境的局部评估；二是包括一定空间范围内所有点源和/或分散源的区域评估。暴露估算的结果是获得化学物质在水体（淡水和海水）、沉积物、土壤、空气、生物群等相中的 PEC 值以及人群通过局部和/或区域性环境暴露引起的每日摄入量。一般情况下，更大空间下的暴露估算，如洲际范围则不作为评估终点。

同时，在环境暴露评估中，通常会使用一个标准的局部环境。而在时间维度上，PEC 值一般按照一定的释放周期计算。此外，有时还需要考虑间歇性释放或连续性释放的差异性。

（一） 局部评估

标准局部环境并非实际场景，而是假定的、特征一致的“标准环境”和有一万居住人口的标准城镇。其中，土壤、沉积物、悬浮介质均由气相（只针对土壤）、固相和液相组成，介质密度由三相的各自密度和所占比例决定。固相、液相的比例和介质密度均用于后续计算。欧盟《关于数据要求与化学物质安全评估的指南文件》的第 16 章 16.2.1 部分描述了局部环境特征和介质密度的计算过程。

局部释放有“工业环境释放”和“广泛分散使用后释放”两种场景。工业环境释放属于独立点源释放，即化学物质每个确定用途都发生在不同的地点。广泛分散使用的特征是化学物质的使用者为消费者、公共场所的使用人群或小型非工业公司。化学物质的广泛分散使用默认发生在居住一万人口的城镇，所有排放经当地市政污水处理厂收集处理后，以点源形式排放。广泛分散后释放不考虑对大气和土壤的直接释放。

（二） 区域评估

在欧盟，一个标准的区域以西欧典型的人口密集区为代表（面积（200 ×

200）km^2，居住人口两千万）。区域评估针对更大范围的点源和广泛分散源释放，计算稳态时的化学物质浓度。由于经过较长时间的迁移和转化，化学物质在区域范围的归趋不同于局部范围，介质间的迁移和降解相对更为重要。在计算预期区域环境浓度时，需使用多介质归趋模型，如 SimpleBox 等，区域环境模型参数见附表 5－4。

（三） 时间框架

局部释放可以是连续性①或间歇性②的，释放率按日（24 小时）均值计算。

对于连续性局部释放，当被暴露的物种寿命较短（如水生生物）时，其生命的大部分都暴露在化学物质的局部浓度下，因此，假定此物种在释放期内的平均暴露水平是恒定的，则 PEC 即可看作该物种的长期暴露水平，对应长期毒性测试得到的 PNEC。

区域释放以年为单位，假设释放是连续性的。基于年均释放率，按照稳态模型计算平均暴露水平，对应长期毒性数据。

纯物质和混合物的释放假定在生产年度发生，但对于物品的使用期及其废物处理阶段并不适用，这类释放在生产后的相当长一段时间持续存在。在考虑过去和未来市场的前提下，只有年均上市量与报废量或减少的市场份额量相抵时，区域浓度才算达到稳态。

二、释放估算

释放估算的目的是计算化学物质每个生命周期阶段和每种使用方式，在局部和区域范围内向废水、地表水、空气、土壤的释放速率（以 kg/d 表示）。展开释放估算需要如下四个方面的数据。

（一） 化学物质的生命周期阶段

附图 5－1 概括了化学物质的生命周期阶段。由于释放模式和参数与化学物质的生命周期阶段密切相关，因此，释放估算需要着眼于化学物质的整个生命周期，即生产、配制、工业使用或广泛分散使用、使用期和废物处理。

---

① 连续性释放：较长时间段（如 220 个工作日）内的排放量保持一致。

② 间歇性释放：不常发生，如每月不到一次且每次不足 24 小时。

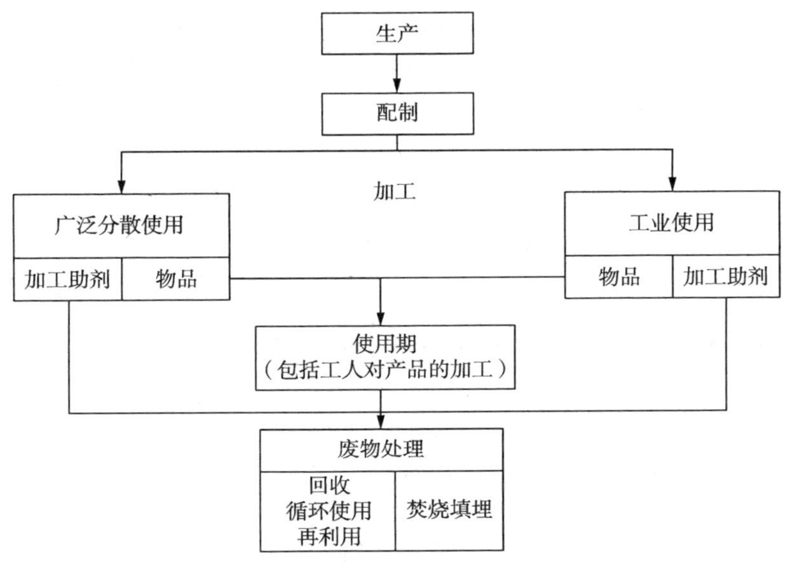

附图 5－1 化学物质的生命周期阶段

（二）化学物质每个生命周期阶段特定用途（组）的用量

释放估算的起点是生产/进口量和化学物质整个生命周期每个暴露场景中的使用量。

每年生产/进口的化学物质，进入市场并通过供应链传递。由于搜集下游用户（包括加工和工业使用）的年均或日均用量十分困难，因此，可采用保守假设来确定特定用途的用量（例如用总生产量代替）。

（三）操作条件和风险管理措施

操作条件和风险管理措施会影响暴露的释放类型和释放量。

操作条件包含一系列步骤、工具和参数［如化学物质用量、操作温度和 pH、释放频率和时间、使用类型（室内或室外）、操作密闭性、连续性和环境容量等］。

风险管理措施指用于减少或防止排放的技术和工艺，如过滤、洗涤和基于生物或物理化学法的污水处理设施等。废水处理后的污泥如经焚烧处理，则认为无释放。标准、可控且效率已知的风险管理措施可减少排放量，在构建暴露场景时需相应减小排放因子。

（四）释放因子

释放因子指特定用途下，化学物质释放到环境相中的量占用量的百分比，以 kg/kg 或%表示。

为简化释放估算，便于数据收集，《关于数据要求与化学物质安全评估的指南文件》第12章列出了标准环境释放类别，每种类别对应的默认释放参数见附表5-1：

附表5-1 环境默认释放参数

类别号	环境释放类别	默认释放因子		
		释放到空气/%	释放到水中（STP之前）/%	释放到土壤/%
1	化学品制造（Manufacture of chemicals）	5	6	0.01
2	混合物配制（Formulation of mixtures）	2.5	2	0.01
3	原料配制（Formulation in materials）	30	0.2	0.1
4	加工助剂工业用途（Industrial use of processing aids）	100	100	5
5	基质中或其表面的工业用途（Industrial inclusion into or onto a matrix）	50	50	1
6A	中间体工业用途（Industrial use of intermediates）	5	2	0.1
6B	反应加工助剂工业用途（Industrial use of reactive processing aids）	0.10	5	0.025
6C	用于聚合反应的单体的工业用途（Industrial use of monomers for polymerization）	5	5	0
6D	用于聚合反应的助剂的工业用途（Industrial use of auxiliaries for polymerization）	35	0.005	0.025
7	封闭系统中物质的工业使用（Industrial use of substances in closed systems）	5	5	5
8A	加工助剂广泛分散室内使用，开放（Wide dispersive indoor use of processing aids, open）	100	100	n.a.
8B	反应性物质广泛分散室内使用，开放（Wide dispersive indoor use of reactive substances, open）	0.10	2	n.a.
8C	广泛分散室内使用，在基质中或其表面（Wide dispersive indoor use, inclusion into or onto a matrix）	15	1	n.a.
8D	加工助剂广泛分散室外使用，开放（Wide dispersive outdoor use of processing aids, open）	100	100	20

续表

类别号	环境释放类别	默认释放因子		
		释放到空气/%	释放到水中（STP 之前）/%	释放到土壤/%
8E	反应性物质广泛分散室外使用，开放（Wide dispersive outdoor use of reactive substances，open）	0.10	2	1
8F	广泛分散室外使用，在基质中或其表面（Wide dispersive outdoor use，inclusion in matrix）	15	1	0.5
9A	室内封闭系统广泛分散使用（Wide dispersive indoor use in closed systems）	5	5	n. a.
9B	室外封闭系统广泛分散使用（Wide dispersive outdoor use in closed systems）	5	5	5
10A	物品整个生命周期室外广泛分散使用，低释放（Wide dispersive outdoor use of long-life articles，low release）	0.05	3.2	3.2
10B	物品整个生命周期室外广泛分散使用，高或预期释放（Wide dispersive outdoor use of long-life articles，high or intended release）	100	100	100
11A	物品整个生命周期室内广泛分散使用，低释放（Wide dispersive indoor use of long-life articles，low release）	0.05	0.05	n. a.
11B	物品整个生命周期室内广泛分散使用，高或预期释放（Wide dispersive indoor use of long-life articles，high or intended release）	100	100	n. a.
12A	通过研磨技术对物品进行工业加工（少量释放）［Industrial processing of articles with abrasive techniques（low release）］	2.5	2.5	2.5
12B	通过研磨技术对物品进行工业加工（大量释放）［Industrial processing of articles with abrasive techniques（high release）］	20	20	20

三、各环境相 PEC 的推导前提和计算过程

（一）预期局部浓度

1. 预期排放期化学物质局部地表水浓度（$PEC_{local\ water}$）

$PEC_{local\ water}$一般计算排污口排出的污水与自然水体充分混合后的化学物质浓度。

由于污水从排放口流到暴露位置的时间很短，稀释即成为清除过程的首要因素。因此，清除过程用稀释因子表示，通常不考虑化学物质在地表水体中的降解、挥发和沉降等作用。考虑到部分化学物质会被水中的悬浮物吸附，需对这一过程进行校正。同时计算污水中的化学物质在该暴露位置沉积相中的浓度。

对于生命周期较短的水生生物，选择排放期浓度计算直接暴露。人群、捕食鸟类和哺乳动物对化学物质的间接暴露是长期的，因而选取年平均浓度计算更为合适。

计算过程如下：

$$clocal_{water}=\frac{clocal_{eff}}{(1+Kp_{susp}\times SUSP_{water}\times 10^{-6})\times DILUTION}$$

式中 $clocal_{water}$——排放期地表水浓度，mg/L；

$clocal_{eff}$——污水处理厂出水浓度，mg/L；

Kp_{susp}——化学物质土水分配常数，L/kg；

$SUSP_{water}$——水中悬浮物浓度①，mg/L；

$DILUTION$——稀释因子②（最大值 1 000）。

$$DILUTION=\frac{EFFLUENT_{stp}+FLOW}{EFFLUENT_{stp}}$$

式中 $DILUTION$——稀释因子，（最大值 1 000）；

$EFFLUENT_{stp}$——污水处理厂排放速率，L/d；

$FLOW$——河流流速，L/d。

评估人群间接暴露和二次污染，需计算$clocal_{water}$的年平均值（$clocal_{water,ann}$）：

$$clocal_{water,ann}=clocal_{water}\times\frac{Temission}{365}$$

式中 $clocal_{water,ann}$——局部地表水浓度的年平均值，mg/L；

$clocal_{water}$——排放期局部地表水浓度，mg/L；

$Temission$——排放天数，d/y。

由于化学物质区域浓度（PECregional）被认为是局部浓度的背景值，因此：

$$PEClocal_{water}=clocal_{water}+PECregional_{water}$$

$$PEClocal_{water,ann}=clocal_{water,ann}+PECregional_{water}$$

式中 $PEClocal_{water}$——预期排放期化学物质局部地表水浓度，mg/L；

$clocal_{water}$——排放期地表水浓度，mg/L；

$PECregional_{water}$——预期地表水区域浓度，mg/L；

---

① 参考值 15 mg/L。

② 参考值 10。

$clocal_{water,ann}$——地表水年均浓度，mg/L；

$PEClocal_{water,ann}$——预期化学物质局部地表水浓度年均值，mg/L。

2. 预期局部沉积物浓度（$PEClocal_{sed}$）

$$PEClocal_{sed}=\frac{K_{susp\text{-}water}}{RHO_{susp}}\times PEClocal_{water}\times 1\ 000$$

式中 $PEClocal_{sed}$——预期局部沉积物浓度，mg/kg；

$K_{susp\text{-}water}$——悬浮物和水的比率系数，m^3/m^3；

RHO_{susp}——悬浮物密度，kg^3/m^3；

$PEClocal_{water}$——预期排放期化学物质局部地表水浓度，mg/L。

3. 预期局部土壤浓度（$PEClocal_{soil}$）

$PEClocal_{soil}$计算的是一段时间内化学物质在农业土壤中的平均浓度。

农业土壤的化学物质来源是污水处理厂产生的活性污泥的施用（湿沉降）和附近点源直接排放或挥发到空气后的沉降（干沉降）。假定上述物质逐年均匀地分布在以点源为中心 1 000 米半径范围内的土壤中，计算可得土壤中化学物质的年平均值。

在计算污泥施用时，需考虑到耕地与草地的显著差异，选择相应的活性污泥施用量和混合深度，具体参数见附表 5－2。

附表 5－2 三类不同用途土壤的特征描述

	土壤深度/m	平均时间/天	污泥利用率/（$kg_{dwt}\cdot m^{-2}\cdot y^{-1}$）	终点
$PEClocal_{soil}$	0.20	30	0.5	陆地生态系统
$PEClocal_{agr,soil}$	0.20	180	0.5	人类消耗作物
$PEClocal_{grassian}$	0.20	180	0.5	动物食用的草

化学物质在污水处理厂出水的活性污泥中的浓度计算如下：

$$c_{sludge}=\frac{Fstp_{sludge}\times Elocal_{water}\times 10^6}{SLUDGERATE}$$

式中 c_{sludge}——污水处理厂出水活性污泥浓度（以干重计），mg/kg；

$Fstp_{sludge}$——化学物质进入到污水处理厂污泥中的比例；

$Elocal_{water}$——化学物质进入到污水处理厂出水中的量，kg/d；

$SLUDGERATE$——污水处理厂污泥产量，kg/d。

假设空气沉降一年四季中是连续的过程，则沉降速率取年平均值。需要注意的是，若化学物质不挥发，且不通过空气直排，则D_{air}为零。两个输入源的计算过程如下：

$$\frac{dc_{soil}}{dt}=-k\cdot c_{soil}+D_{air}$$

式中 c_{soil}——土壤中化学物质浓度，mg/kg；

D_{air}——每千克土壤的空气沉降率，mg/(kg・d)；

t——时间，d；

k——表层土壤一级去除速率常数，/d。

$$D_{air}=\frac{DEP\text{total}_{ann}}{DEPTH_{soil}\cdot RHO_{soil}}$$

式中 D_{air}——每千克土壤的空气沉降率，mg/(kg・d)；

$DEP\text{total}_{ann}$——沉降率年均值，mg/(m^2・d)；

$DEPTH_{soil}$——土壤混合深度①，m；

RHO_{soil}——土壤密度，kg/m^3。

对上述土壤中化学物质浓度随时间的变化进行积分，得到：

$$c_{soil}(t)=\frac{D_{air}}{k}-\left[\frac{D_{air}}{k}-c_{soil}(0)\right]\cdot e^{-kt}$$

化学物质在土壤中的局部浓度定义为：在 T 时间段内的平均浓度，故：

$$c\text{local}_{soil}=\frac{1}{T}\cdot\int_0^T c_{soil}(t)\,\mathrm{d}t=\frac{D_{air}}{k}+\frac{1}{kT}\left[c_{soil}(0)-\frac{D_{air}}{k}\right]\times[1-e^{-kT}]$$

表层土壤一级去除速率常数 k 也是关键参数，它由淋洗下渗速率k_{leach}、生物降解速率$k\text{bio}_{soil}$和土壤物质挥发速率和k_{volat}三部分组成。

$$k=k_{volat}+k_{leach}+k\text{bio}_{soil}$$

$$k_{leach}=\frac{\text{Fin}f_{soil}\cdot RAIN\text{rate}}{\text{K}_{soil\text{-}water}\cdot DEPTH_{soil}}$$

$$k\text{bio}_{soil}=\frac{\ln(2)}{DT_{50}\,\text{bio}_{soil}}$$

$$\frac{1}{k_{volat}}=\left(\frac{1}{kasl_{air}*\text{K}_{air\text{-}water}/\text{K}_{soil\text{-}water}}+\frac{1}{kasl_{soil}}\right)\cdot DEPTH_{soil}$$

式中 k_{volat}——从土壤中挥发的准一级速率常数，/d；

k_{leach}——表层土壤淋洗作用的准一级速率常数，/d；

$k\text{bio}_{soil}$——土壤生物降解作用的准一级速率常数，/d；

Finf_{soil}——土壤中渗入的雨水比例②；

$RAIN\text{rate}$——降水量③，m/d；

$\text{K}_{soil\text{-}water}$——化学物质的土-水分配系数，m^3/m^3；

$DT_{50}\,\text{bio}_{soil}$——化学物质在土壤中降解的半衰期，d；

---

① 参考值见表 69 区域环境模型参数。

② 参考值 0.25。

③ 参考值 1.92×10^{-3} m/d。

$DEPTH_{soil}$——土壤混合深度，m；

$kasl_{air}$——气-土界面的气相局部转移系数①，m/d；

$kasl_{soil}$——气-土界面的土相局部转移系数，m/d；

$K_{air\text{-}water}$——物质的气-水平衡分配系数，m^3/m^3。

$$PEClocal_{soil} = clocal_{soil} + PECregional_{matural\ soil}$$

式中 $PEClocal_{soil}$——化学物质在土壤中的预期浓度，mg/kg；

$clocal_{soil}$——化学物质在土壤中的局部浓度，mg/kg；

$PECregional_{matural\ soil}$——化学物质在天然土壤中的预期区域浓度，mg/kg。

4. 预期局部空气浓度（$PEClocal_{air}$）

局部空气浓度计算距离排放源 100 米处的化学物质平均浓度，模型假设如下：

工厂的平均大小——100 米；

污染源的高度——10 米，代表生产和加工厂房的平均高度；

排气热量——0，假定不会因温度差导致烟气上升；

释放源面积——0，表示理想点源。

空气浓度与人群暴露相关，因此计算其年平均值（$PEClocal_{air,ann}$）。要强调的是，大气干沉降作为模型土壤模块的输入量，需计算污染源半径 1 000 米内的均值。

计算过程如下：

$$clocal_{air} = \max(Elocal_{air}, Estp_{air}) \cdot cstd_{air}$$

$$clocal_{air,ann} = clocal_{air} \times \frac{Temission}{365}$$

式中 $clocal_{air}$——排放期局部空气浓度，mg/m^3；

$Elocal_{air}$——排放期空气的局部直接释放率，kg/d；

$Estp_{air}$——排放期经污水处理厂到空气的局部间接释放率，kg/d；

$cstd_{air}$——源强为 1 kg/d 时空气的浓度②，kg/m^3；

$clocal_{air,ann}$——距点源 100 m 空气的年均浓度，mg/m^3；

$Temission$——释放天数［相当于每年用量（kg/y）/每天用量（kg/d)］，d/y。

$$Estp_{air} = Fstp_{air} \times Elocal_{water}$$

式中 $Fstp_{air}$——化学物质从污水处理厂释放到空气的比例；

$Estp_{air}$——化学物质从污水处理厂释放到空气的量，kg/d；

$Elocal_{water}$——排放期水体局部释放率，kg/d。

---

① 参考值 120 m/d。具体各相间的转移系数参考值请见附表 5－5。

② 参考值 $2.78 \times 10^{-4}\ mg/m^3$。

$Elocal_{water}$和$Elocal_{air}$均通过如下公式计算得出：

$$E_{local,IU,j} = Q_{daily,IU} \times RF_{IU,j} \times 1\ 000$$

式中 $E_{local,IU,j}$——特定使用在局部范围释放到 j 环境相的速率，kg/d；

$Q_{daily,IU}$——某个地点特定用途的每日用量，tonnes/d；

$RF_{IU,j}$——特定用途到 j 环境相的释放因子，%或 kg/kg。

$$PEClocal_{air,ann} = clocal_{air,ann} + PECregional_{air}$$

$$DEPtotal = (Elocal_{air} + Estp_{air}) \cdot (Fass_{aer} \cdot DEPstd_{aer} + (1 - Fass_{aer}) \cdot DEPstd_{gas})$$

$$DEPtotal_{ann} = DEPtotal \times \frac{Temission}{365}$$

式中 $DEPtotal$——排放期总沉降量，mg/(m² · d)；

$Elocal_{air}$——排放期空气的局部直接释放率，kg/d；

$Estp_{air}$——排放期经污水处理厂到空气的局部间接释放率，kg/d；

$Fass_{aer}$——化学物质吸附在气溶胶颗粒上的比例；

$DEPstd_{aer}$——源强为 1 kg/d 时气溶胶上化合物的标准沉降速率①，mg/(m² · d)；

$DEPstd_{gas}$——源强为 1 kg/d 时气态化合物标准沉降速率对亨利常数的函数②，mg/(m² · d)；

$Temission$——释放天数［相当于每年用量（kg/y）/每天用量（kg/d)］，d/y；

$DEPtotal_{ann}$——总沉降量年均值，mg/(m² · d)。

（二） 预期区域环境浓度

可由 SimpleBox 等模型计算得出，在本书中暂时不展开讨论。如果需要获得详细的各相间的分配的计算过程，请参考《关于数据要求与化学物质安全评估的指南文件》第 16 章 环境暴露评估第 82～84 页。

附表 5-3 局部环境相特征

参数	符号	单位	参考值
一般参数			
固相的密度	RHO_{solid}	kg_{solid}/m_{solid}^3	2 500
液相的密度	RHO_{water}	kg_{water}/m_{water}^3	1 000
气相的密度	RHO_{air}	kg_{air}/m_{air}^3	1.3
温度（12℃）	$TEMP$	K	285

① 参考值 1×10^{-2} mg/（m² · d）。

② 参考值 $\log_{10}$HENRY≤−2 时，5×10^{-4} mg/（m² · d）；−2<$\log_{10}$HENRY≤2 时，4×10^{-4} mg/（m² · d）；$\log_{10}$HENRY>2 时，3×10^{-4} mg/（m² · d）。

续表

参数	符号	单位	参考值
地表水			
悬浮物的浓度（干重）	$SUSP_{water}$	mg_{solid}/l_{water}	15
悬浮物			
悬浮物中固相的体积分数	$Fsoild_{susp}$	$m_{solid}{}^3/m_{susp}{}^3$	0.1
悬浮物中液相的体积分数	$Fwater_{susp}$	$m_{water}{}^3/m_{susp}{}^3$	0.9
悬浮物固相中有机碳的重量分数	Foc_{susp}	kg_{oc}/kg_{solid}	0.1
底泥			
底泥中固相的体积分数	$Fsoild_{sed}$	$m_{solid}{}^3/m_{sed}{}^3$	0.2
底泥中液相的体积分数	$Fwater_{sed}$	$m_{water}{}^3/m_{sed}{}^3$	0.8
底泥固相中有机碳的重量分数	Foc_{sed}	kg_{oc}/kg_{solid}	0.05
土壤			
土壤中固相的体积分数	$Fsoild_{soild}$	$m_{solid}{}^3/m_{solid}{}^3$	0.6
土壤中液相的体积分数	$Fwater_{soild}$	$m_{water}{}^3/m_{solid}{}^3$	0.2
土壤中气相的体积分数	$Fair_{soil}$	$m_{air}{}^3/m_{solid}{}^3$	0.2
土壤固相中有机碳的重量分数	Foc_{soil}	kg_{oc}/kg_{solid}	0.02
土壤固相中有机质的重量分数	Fom_{soil}	kg_{om}/kg_{solid}	0.034

注意：介质密度的计算。

不同介质（例如土壤、底泥和悬浮物）的密度可以由该介质中不同相物质的体积分数推导获得：

$$RHO_{comp}=Fsolid_{comp}\cdot RHOsolid+Fwater_{comp}\cdot RHOwater+Fair_{comp}\cdot RHO_{air}$$

$$withcomp\in\{\text{soil, sed, susp}\}$$

式中 RHO_{comp}——介质的密度（湿重），kg/m^3；

Fx_{comp}——介质中该相物质的体积分数，m^3/m^3；

$RHOx$——该相物质的密度，kg/m^3。

根据上述公式，可以得到相应介质的密度为：

RHO_{susp}——悬浮物的密度（湿重），kg/m^3，1 150；

$RHO_{sediment}$——底泥的密度（湿重），kg/m^3，1 300；

RHO_{soil}——土壤的密度（湿重），kg/m^3，1 700。

（x：solid、water、air）

附表 5-4 区域环境模型参数

参数	参考值
区域面积	(200 × 200) km^2
区域中水域所占的比例	0.03
区域中自然土壤所占的比例	0.27
区域中农业土壤所占的比例	0.60
区域中工业/城市土壤所占的比例	0.10
自然土壤混合层深度	0.05 m
农业土壤混合层深度	0.2 m
工业/城市土壤混合层深度	0.05 m
大气中混合层高度	1 000 m
水域的深度	3 m
底泥厚度	0.03 m
底泥中好氧部分的比例	0.10
平均年沉降率	700 mm/a
风速	3 m/s
空气的驻留时间	0.7 d
水的驻留时间	40 d
雨水土壤渗入比例	0.25
雨水径流比例	0.25
欧洲平均 STP 接入率	80%

附表 5-5 不同环境介质间转移系数

参数	参考值
气-水相间气相侧的转移系数	1.39×10^{-3} m/s
气-水相间液相侧的转移系数	1.39×10^{-5} m/s
气溶胶的沉降速率	0.001 m/s
气-土壤相间气相侧的转移系数	1.39×10^{-3} m/s
气-土壤相间土壤气相侧的转移系数	5.56×10^{-9} m/s
气-土壤相间土壤液相侧的转移系数	5.56×10^{-10} m/s
底泥-水相间液相侧的转移系数	2.78×10^{-5} m/s
底泥-水相间孔隙水相侧的转移系数	2.78×10^{-8} m/s
净沉积率	3 mm/a

附录六： 欧盟 REACH 法规下暴露场景的编制

一、概述

REACH 法规规定，对于年生产量或进口量大于 10 吨，且分类为危险物质[①]或 PBT 的物质[②]（持久性、生物蓄积性和有毒物质）或 vPvB 物质[③]（高持久性和高生物蓄积性物质）的化学物质，需进行暴露评估。暴露场景（Exposure Scenario）的构建是暴露评估中的核心步骤。本部分以 ECHA《关于数据要求与化学物质安全评估的指南文件 D 部分-构建暴露场景》为基础，对暴露场景及暴露场景的构建进行介绍。

暴露场景是一个条件集合，包括一系列操作条件和风险管理措施来描述化学物质在整个生命周期中的生产或使用，以及生产者/进口者如何控制或建议下游用户控制化学物质对人体和环境的暴露。暴露场景可以仅仅描述一个特定过程或使用，也可在适当的情况下描述多个过程或使用。

操作条件包括化学物质（纯物质或混合物）生产或使用过程中，可能对人体和/或环境暴露产生影响的任何活动、工具使用或者参数（如使用频率和持续时间、每次用量、温度或 pH 等）；而风险管理措施则包括化学物质（纯物质或混合物）生产或使用过程中，为预防、控制或降低人体和/或环境暴露，所采用的任何活动、工具或者参数变更（如局部排气通风、佩戴防护手套、废水废气处置等）。

二、暴露场景的标准格式

暴露场景是暴露评估的基础，也是供应链中相互沟通的工具。很有必要以精简和适当的词汇描述相关信息，规范暴露场景的标准格式，从而满足生产者/进口者与下游用户间的有效沟通。

附表 6－1 给出了一种暴露场景的标准格式，可帮助生产者/进口者和下游用户有针对性地提供信息。当然，也可根据实际需要对此标准格式进行调整。

---

① 危险物质：根据 Regulation（EC）No 1272/2008（CLP），分类为危险的物质，分类标准可参考 CLP 条款 58.1。

② PBT 物质：持久性、生物蓄积性和有毒物质，PBT 物质评估标准可参考 REACH-Annex XIII，第 1.1、1.2 和 1.3 部分。具体可参考 ECHA《关于数据要求与化学物质安全评估的指南文件 第 R.11 章-PBT 评估》。

③ vPvB 物质：高持久性和高生物蓄积性物质，vPvB 物质评估标准可参考 REACH - Annex XIII，第 2.1 和 2.2 部分。具体可参考 ECHA《关于数据要求与化学物质安全评估的指南文件 第 R.11 章-PBT 评估》。

附表 6－1　暴露场景的标准格式

1	暴露场景短标题
2	暴露场景涵盖的过程和活动
操作条件	
3	使用持续时间和频率； 与工人、消费者、环境对应（如相关）
4.1	化学物质或混合物的物理状态；物品的表面积体积比； 气体、液体、粉末、颗粒、大块固体； 单位含化学物质的物品的表面积（如适用）
4.2	化学物质在混合物或物品中的浓度
4.3	每次或每个活动中的用量； 与工人、消费者、环境对应（如相关）
5	其他相关的操作条件，如温度、pH、能量输入，环境受体的容量（如污水处理厂/河流的水流量、操作间体积、换气率）、物品的磨损（如适用）、与物品使用寿命相关的条件（如适用）
风险管理措施	
6.1	人体健康相关的风险管理措施（工人或消费者）； 量化（或以指导性短语表述）与暴露相关的单个风险管理措施或一组风险管理措施的类型和效率；与经口、吸入和经皮暴露等途径对应
6.2	环境相关的风险管理措施； 量化（或以指导性短语表述）与暴露相关的单个风险管理措施或一组风险管理措施的类型和效率；与废水、废气、土壤保护等对应
7	废物处置措施； 化学物质不同生命周期阶段（包括最终使用阶段的混合物或物品）
暴露估算信息和下游用户指南	
8	暴露估算信息和参考模型； 根据以上条件进行暴露估算（第 3～7 部分和化学物质的性质）；给出暴露估算的工具，描述暴露途径；明确工人、消费者或环境暴露
9	下游用户指南：供下游用户评估其化学物质的使用是否被涵盖； 指导下游用户评估其操作条件是否在本暴露评估设定的范围内

三、暴露场景的构建过程

针对不同的化学物质，暴露场景的构建过程可能有些差异。但通用过程有 14 步，如附图 6－1 所示。对某一化学物质来说，构建暴露场景需尽可能考虑其生命周期，包括：化学物质的生产、配制、使用（工业使用、职业使用或消费者使用①）、物品使用期和废弃阶段。具体过程参见附表 6－2：

① 消费者使用：指普通大众的使用，并非指下游用户。

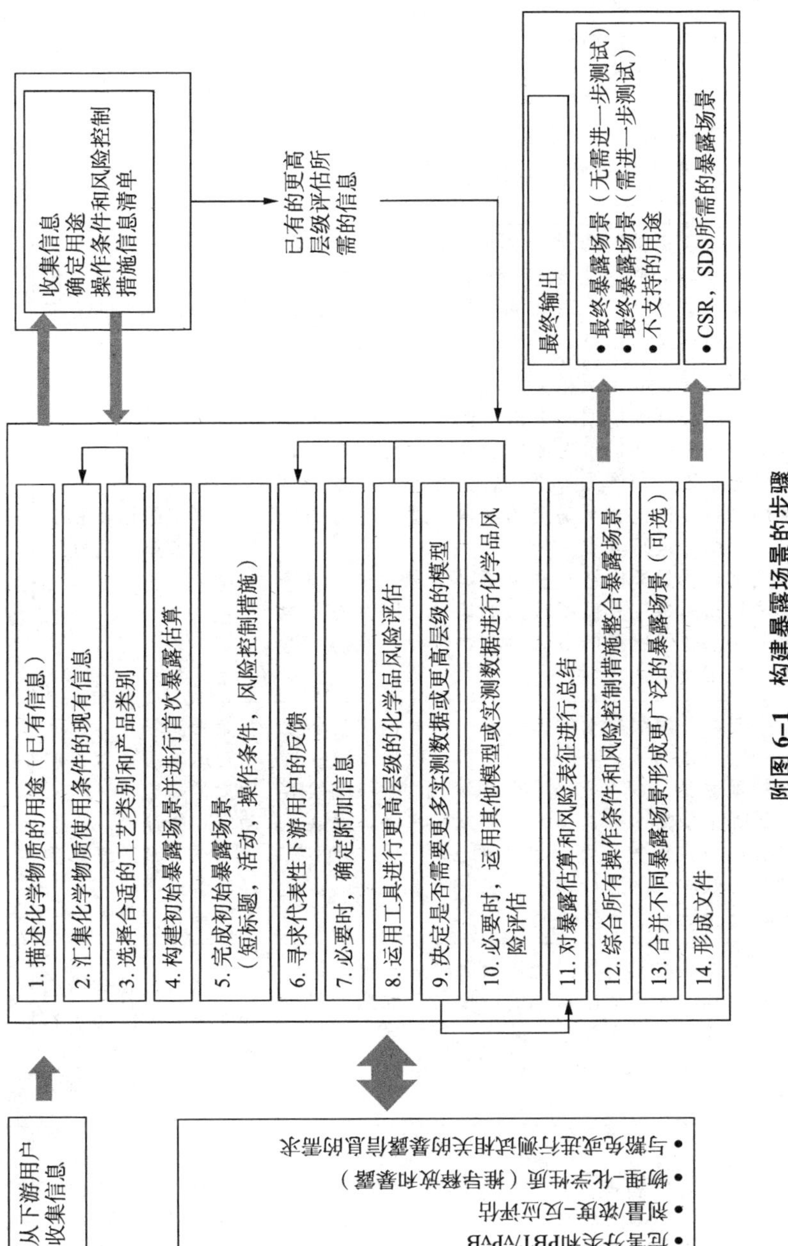

附图 6-1　构建暴露场景的步骤

附表 6－2　构建暴露场景的具体步骤

步骤	流程	结果	下一步
1	描述化学物质的使用。基于现有信息分析化学物质在市场上的使用；考虑如何涵盖其他的明确的用途；指定相关的生命周期阶段；应用合适的标准描述符体系（参考附件 I）；对产品或用户或相关的过程/活动进行分组。 利用下游用户主动提供，或必要时受邀提供的信息	用标准描述符体系描述的已知的下游用户和消费者的相关的使用	2
2	整理化学物质生命周期中已有的操作条件、风险管理措施和相关释放/暴露水平信息。此过程从现有信息开始，利用下游用户主动提供，或必要时受邀提供的信息	所获得的信息（包括实测数据）的清单	3
3	选择与确定的用途相关的工艺或产品类别。阐明选择该类别的依据，包括与操作条件和风险管理措施的相关性。可先根据步骤 2 的使用信息确定合适的工艺和产品类别，若无法确定，则列出使用信息，标记暂不确定的用途。适当时对同一类别的用途进行分类。 根据暴露场景标准格式确定所需信息，并以表格形式列出所选工具需要输入的信息。同时需要根据所评估化学物质的危害性和物理化学状态，考虑所选工具的适用性	与确定的用途相关的工艺或产品类别	4 9
4	基于第一层级暴露估算所需的信息构建初始暴露场景。根据暴露场景的相关暴露数据或第一层级的暴露估算结果进行初始暴露估算和风险表征。确定暴露途径并评估预期暴露水平，并在风险表征与在危害评估中获得的预期无影响浓度/衍生无效应水平进行比较。对于未涉及的暴露途径，需要给出适当的说明	初始暴露场景 对风险可控存疑的用途的概览 确定暴露途径 对未涉及的暴露途径给予说明 风险表征	5
5	完成初始暴露场景。若初始风险表征显示风险可控，则进一步描述相应的操作条件和风险管理措施完成初始暴露场景，并指定短标题。对于风险不可控的特定使用，需在第 6 步前、后进行优化	包括风险管理措施和操作条件的初始暴露场景 风险不可控的用途	6 7
6	邀请具有代表性的用户或下游用户给予反馈。确定：(1) 相关用途是否被涵盖；(2) 风险管理措施和操作条件是否适当；(3) 暴露场景中的描述是否易于理解	现有使用条件信息 下游用户接受初始暴露场景 反馈其他用途 需要时，修正使用条件	7

续表

步骤	流程	结果	下一步
7	如有必要结合反馈的其他用途和信息，继续步骤 8；或优化初始暴露场景中的风险管理措施和操作条件和/或优化化学物质性质信息（如某特定暴露途径的 DNEL）	优化的操作条件和风险管理措施集合 优化的化学物质性质信息	8 3-6 危害评估
8	开展进一步 CSA（暴露估算，风险表征和不确定性分析），确定是否需要重复评估过程；风险是否可控；是否需要进一步测试 注：对化学物质所有确定的使用和生命周期阶段，需逐一确定是否需要重复评估过程	完成危害评估或建议测试	9 11 风险表征
9	若进行第一层级暴露估算使用的工具无法控制风险，需明确是否需要实测数据或更高层级的模型 若风险可控，则继续步骤 11	第一层级工具评估风险是否可控	11 10
10	应用其他模型或使用实测数据 （1）优化暴露场景； （2）证明风险可控 也可以选择在暴露场景中不包含某个特定的使用，或说明更具体的使用条件	运用更高层级工具得到评估风险是否可控的结论	11
11	总结暴露估算和风险表征（包括不确定性分析）： 总结最终暴露场景中的风险管理措施和操作条件，确保风险可控。 若有必要，根据有限的已有信息，描述控制使用风险时的临时使用条件 若有必要，在风险评估报告中载明因人体健康和/或环境风险而建议避免的使用 若下游用户不能提供完成风险表征所需的使用条件信息，此用途不被最终暴露场景涵盖	基于所有危害信息的暴露场景； 临时使用条件； 建议避免的使用	12
12	整合暴露场景中所有的操作条件和风险管理措施得到最终暴露场景：针对暴露场景中的每个用途，分别列出人体健康、环境和相应暴露途径所需的操作条件和风险管理措施；考虑所有暴露途径中操作条件/风险管理措施的影响，选择与所有暴露途径相关并使风险可控的操作条件/风险管理措施	整合得出最终暴露场景	13
13	适当时合并暴露场景：交叉比较最终暴露场景，根据风险管理措施和操作条件的相似性，确定需要被合并的场景	不同水平整合的最终使用和暴露类别	14
14	编制暴露评估报告。在 CSR 中总结风险管理措施和操作条件。列出所有与暴露估算和风险表征相关的暴露场景描述。在 SDS 中以附件形式列出的暴露场景 在 CSR 和 SDS 中明确建议避免的使用	CSR 中的暴露场景部分 eSDS 中暴露场景部分	CSR，eSDS

四、生产者/进口者与下游用户的沟通

生产者/进口者需掌握下游使用条件的、能在CSR中证明风险可控的足够信息，并以在化学物质SDS附件中列出暴露场景的方式，向下游用户传递CSR中的包括化学物质所有生命周期阶段用途相关的合适的风险管理措施和操作条件信息。而下游用户则需要对接收到的暴露场景进行反馈，将其使用情况及其下游用户的使用情况告知生产者/进口者。

（一）整理已有信息

暴露场景的构建始于对已有知识和技术的整理。生产者/进口者可针对每个确定的用途，按照暴露场景标准格式逐项汇集所需信息，如化学物质的物理状态、工人的接触时程和频率、常用的风险管理措施、是否最终进入消费品（含量多少）、局部场所的每日用量及其预期释放因子、是否应用最先进的原位废水处理技术、每年销售给下游用户用于混配的量等。此过程需要健康、安全、环境（HSE）专家、产品监管人员、产品经理、市场和客户服务部门的共同参与。

必要时，生产者/进口者可向代表性用户寻求更多信息。此时，生产者/进口者需明确这些用户代表市场的哪一部分，是否有这部分用户覆盖不到的市场。收集信息时，用户问卷是否有效取决于具体情况。针对未参与沟通的用户，问卷需精心设计以获得足够的信息。

通常，生产者/进口者或相关协会会构建通用暴露场景，用以描述下游用户操作中典型使用条件相关的操作条件和风险管理措施。

（二）用户反馈

初始暴露场景构建完成后，生产者/进口者会希望得到用户的反馈，如暴露场景是否提供了足够的信息供下游用户判断其使用是否被该初始暴露场景涵盖？所提供的信息是否有用？下游用户的使用是否被涵盖？具体反馈可分为四种：

下游用户的使用条件与生产者/进口者构建的暴露场景一致，则无须反馈。

下游用户的使用条件与生产者/进口者构建的暴露场景相似，并能证明其采用的措施大体等效，下游用户需告知生产者/进口者实际情况即可。

下游用户的使用条件与生产者/进口者构建的暴露场景有明显差异，但是下游用户评估后证明其暴露水平并不会超过生产者/进口者构建的暴露场景下的暴露水平。在这种情况下，建议下游用户与生产者/进口者讨论并对评估结

果达成一致意见。

下游用户的使用条件与生产者/进口者构建的暴露场景有明显差异，且无法对该差异进行评估和比较。但是下游用户的实测数据显示该使用下的暴露水平低于 DNEL 或 PNEC。这种情况下，建议在注册前，下游用户向生产者/进口者提供实测的暴露信息和相应的使用条件。

（三）行业协会的协调作用

下游用户可向生产者/进口者提供其物质使用的足够信息，生产者/进口者可在其暴露场景中包括此用途，或基于特定环境或人体健康考虑不建议此用途。这需要生产者/进口者和下游用户进行有组织的对话，并达到统一。在此过程中，行业协会发挥了很重要的促进作用。

五、附件

暴露场景构建中涉及的用途描述符体系，操作条件和风险管理措施及示例请分别参看附录七、附录八和附录九。

附录七：用途描述符体系

暴露场景构建首先要确定化学物质的用途。确定的用途是指供应链各方如何有意使用纯物质或配制品中的物质、使用配制品；包括自身使用或其直接下游用户以书面形式告知的用途。在构建暴露场景过程中，应使用标准化的用途描述语言，使暴露场景能够在生产者/进口者和下游用户间准确传达。因此，REACH 构建了用途描述符体系以标准化描述物质的用途。

此体系包括 5 个独立的描述符列表，通过描述符组合，对化学物质的用途或暴露场景标题进行描述：

(1) 行业类别。用于描述使用纯物质或配制品中的物质的行业种类，包括物质的混合或再包装、工业使用、职业使用和消费者最终使用。

(2) 产品类别。用于描述工业使用、职业使用、消费者最终使用的化学产品（纯物质或混合物）的类型。

(3) 工艺类别。用于描述化学物质使用时的应用技术或工艺类别。

(4) 物品类别。用于描述含有化学物质的最终物品的类别。

(5) 环境释放类别。用于描述化学物质使用时向环境释放的类别。

具体的 5 个描述符列表请参考 ECHA《关于数据要求与化学物质安全评估的指南文件第 12 章——用途描述符体系》。

附录八： 操作条件和风险管理措施

本附录对化学物质确定用途下的操作条件和风险管理措施进行了简单的介绍，具体可参考 ECHA《关于数据要求与化学物质安全评估的指南文件第13章——风险管理措施和操作条件》。其中，常用操作条件包括产品的物理状态（固体、液体、物品）和产品的规格（如混合物或物品中化学物质的浓度/百分比）。下文分别介绍与职业工人、消费者、环境、物品中的化学物质和废物生命阶段相关的操作条件和风险管理措施。

一、与职业工人相关的操作条件和风险管理措施

（1）暴露时程和频率。若无具体数据，默认值为每年 220 天，每天工作 8 小时。对于吸入暴露，认为工人离开暴露环境则暴露终止；对于经皮暴露，当皮肤接触的物质完全被吸收或被洗去时，暴露才终止。

（2）化学物质的量。和实际使用情况相关。

（3）温度。化学物质的挥发与温度相关，主要影响吸入暴露。如果温度升高形成气溶胶，气溶胶在皮肤沉积、皮肤直接与气溶胶接触、皮肤与被气溶胶污染的物体表面接触，也会影响经皮暴露。

（4）操作过程的密闭性。使用自动控制的密闭操作设备来避免任何手工操作过程，或使用通风橱，或手套箱分隔相关的操作区域，可将化学物质的操作过程局限于一定密闭的空间，从而降低暴露水平。采用的技术和设备不同，效率也不同，如密闭操作设备/手套箱的效率可达到 100%。

（5）周围环境的容量。在暴露评估中需详细说明化学物质使用的周围环境，如操作是在室内还是室外进行。对于室内条件，房间大小（和通风）会影响空气中化学物质的浓度。第一层级的暴露评估工具设置了相应的默认值。

（6）风险管理措施。通过限制化学物质在市场上的使用（建议避免的用途或在 CSR 中未涵盖的用途），或使用安全设备或自动化生产以改变工艺以消除风险；通过限制化学物质浓度、和/或改变物质物理状态、和/或应用密闭操作条件、和/或安装有效的局部通风设备等以降低风险；普通通风设备和其他工作场所相关的措施（如污染区的隔离、安全储存、防火防爆、洗眼器/冲淋设备等）；其他保护职业工人的措施：如限制职业工人暴露的数量或暴露时程等；个人保护措施（personal protective equipment，PPE）：如使用 PPE 保护呼吸系统，皮肤和眼部等。

除以上措施外，对职业工人进行良好的企业卫生行为、个人卫生行为（如操作完洗手、更换受污染的衣物）和组织设置（如区隔暴露和非暴露区

域）的常规培训、指导及监督，也会有利于减少暴露。

二、与消费者相关的操作条件和风险管理措施

（1）暴露时程和频率。最坏情形认为每天 24 小时暴露；或根据导致暴露的特定活动的持续时间估算暴露。对于消费品和物品，尤其是室内用品，暴露时间往往并不等于使用时间（如油漆的使用），此时需考虑使用后的暴露。

（2）化学物质的量。产品中化学物质的质量分数乘以使用的产品的量可得到化学物质的用量。消费者对化学物质的实际最大用量可能因为其购买的消费品的不同或者其消费习惯的不同而有较大差异。

（3）温度。通常设定使用温度为 20℃。

（4）周围环境的容量。使用时的房间大小是暴露估算最重要的参数之一。通常，对于消费者的使用情况，通风条件很难控制。

（5）风险管理措施。包括供应商控制下的与产品相关的风险管理措施，如产品的物理参数（气味、颜色、功能性包装设计）、化学参数（组成、物理状态）等；以及确保消费者安全使用的指导性说明（标签、使用说明、保存说明、废物处置说明、关于使用防护服和防护行为的说明）。例如：将含化学物质的混合物制成颗粒或片剂以降低对粉尘的暴露的可能性；制成固定含量的或者小包装从而限制化学物质使用时的浓度；及时给予消费者“在使用时，需开窗保证良好通风”等建议等。

三、与环境相关的操作条件和风险管理措施

（1）暴露时程和频率。对于点源使用，区分连续性或间歇性释放对明确相应操作条件和风险管理措施很有必要。例如，每个生产日均有化学物质的释放，即其对环境的释放是连续性的，在进行暴露估算时，可以采用暴露频率，如 200 天/年。又如在有限的时间段内化学物质频繁地向环境释放，在进行暴露估算时，需根据实际情况来确定释放量，如千克/天。间歇性释放的频率则更低，一般为少于 1 天/月；此时，暴露估算需根据实际情况进行，如由于年度生产设备的清洗造成的排放，可根据清洗过程所用天数计算。

对于广泛分散使用，其对环境的释放则被认为是连续性的，即 365 天/年。

（2）化学物质的量。和实际使用情况相关。可根据每次或每个活动的具体情况进行估算。

（3）温度。化学物质的挥发与温度相关，主要影响化学物质向大气的释放。

（4）操作过程的密闭性。操作过程在密闭空间进行可以防止废水或废弃

物向环境释放。但在实际操作过程中很少能做到完全密闭。即使在密闭空间进行操作，可能不会对职业工人产生暴露，但并不一定对环境也不产生暴露。

(5) 周围环境的容量。可参考ECHA《关于数据要求与化学物质安全评估的指南文件第16章——环境暴露估算》设定环境受体容量的标准值。对于点源使用（非广泛分散使用）的暴露评估，地表水系统和废水处理系统的容量因子或稀释因子可进行优化。

(6) 风险管理措施。与环境相关的风险管理措施可分为防止工业处理过程中的损失和/或清除工艺过程留存的液体，如溶剂循环使用、排出气体洗涤器中处理水的再利用、采取不同的废水和废气的处置方法、限制污泥的扩散等。

四、与物品中物质相关的操作条件和风险管理措施

在物品使用期，化学物质可通过蒸发或磨损释放到环境中。职业工人和消费者可经口、吸入或经皮直接暴露，或经环境间接暴露于化学物质。暴露量与化学物质的物理化学性质及其在物品中的结合能力密切相关。

以下风险管理措施可降低物品中化学物质使用的风险：

(1) 限制物品中化学物质的浓度；

(2) 使化学物质在物品使用期的损失不高于一定百分含量；

(3) 仅在高效回收系统存在时使用。

五、与化学物质废弃阶段相关的操作条件和风险管理措施

在化学物质的废弃阶段，需着重考虑安全处置或重复利用，从而降低对人体健康的风险和对环境的释放。

废弃物处置操作包括：通过热处理或化学处理破坏化学物质；化学物质固定化处理；特定方式分离废弃物组分；分离/清洁回收材料；提取回收组分。

风险管理措施包括：使用焚化炉，垃圾填埋等措施。操作条件必须与相应的化学物质相适应，尽量减少/防止在废物处置时接触废物；分类处理废物；优化废物处置操作等。

附录九： 暴露场景示例

附表 9－1 根据正文暴露场景的标准格式给出了某一化学物质在配置、称量使用过程中的暴露场景，具体格式和内容稍有改动，可供参考。

附表 9－1 暴露场景描述举例

1. 配制、称量	
环境释放类别（ERC）	ERC 2：混合物配制
工艺类别（PROC）	PR 操作条件 5：序批式配制混合物或物品的过程（多工序和/或显著接触） PR 操作条件 8b：用专用的设备将物质/混合物转移至容器中（包括装料、卸料） PR 操作条件 9：用专用设备将物质或混合物分装成小包装（包括称量）
2. 操作条件和风险管理措施	
2.1 ERC 2：混合物配制	
年使用量/(MT/y)	99.9
主要点源日使用量/(kg/d)	49.95
每年释放次数/(d/y)	200
局部淡水稀释因子	10
局部海水稀释因子	100
操作过程中物质经大气排放率/%	2.5
操作过程中物质经废水排放率/%	2
操作过程中物质经土壤排放率/%	0.01
区域用量分布系数/%	10
主要点源用量分布系数/%	100
废水是否经污水处理厂处理	是
河流流量/(m^3/d)	18 000
市政污水处理厂排放量/(L/d)	2 000 000
2.2 PROC 5：序批式配制混合物或物品的过程（多工序和/或显著接触）	
产品特性	
物理状态	固体

续表

物质在混合物中的浓度/%	100
是否易形成粉尘	低
使用频率和时程	
时程/h	0.25～1
频率/(天/周)	5
与风险管理措施无关的因子	
皮肤暴露面积/cm^2	480
与工人暴露相关的其他操作条件	
场所	室内
范围	工业使用
控制分散和暴露的技术条件和措施	
是否使用局部排气通风	使用（防护效率：吸入 90%；经皮 90%）
与个人防护，卫生和健康评估相关的条件和措施	
是否使用保护性手套	未使用
是否使用呼吸防护设备	未使用
2.3 PROC 8b：用专用的设备将物质/混合物转移至容器中（包括装料、卸料）	
产品特性	
物理状态	固体
物质在混合物中的浓度/%	100
是否易形成粉尘	低
使用频率和时程	
时程/h	0.25～1
频率/(d/w)	5
与风险管理措施无关的因子	
暴露皮肤表面积/m^2	960
与工人暴露相关的其他操作条件	
场所	室内
范围	工业使用
控制分散和暴露的技术条件和措施	
是否使用局部排气通风	使用（防护效率：吸入 95%；经皮 95%）
与个人防护，卫生和健康评估相关的条件和措施	
是否使用保护性手套	未使用

续表

是否使用呼吸防护设备	未使用
2.4 PROC 9：用专用设备将物质或混合物分装成小包装（包括称量）	
产品特性	
物理状态	固体
物质在混合物中的浓度/%	100
是否易形成粉尘	低
使用频率和时程	
时程/h	0.25～1
频率/(d/w)	5
与风险管理措施无关的因子	
暴露皮肤表面积/m^2	480
与工人暴露相关的其他操作条件	
场所	室内
范围	工业使用
控制分散和暴露的技术条件和措施	
是否使用局部排气通风	使用（防护效率：吸入 90%；经皮 90%）
与个人防护，卫生和健康评估相关的条件和措施	
是否使用保护性手套	未使用
是否使用呼吸防护设备	未使用
3. 暴露估算信息和参考模型	
应用 EASY TRA 软件和现有数据对人体健康和环境风险进行评估	
3.1 环境风险表征	
水生生态系统（包括沉积物）	

体系	PEC	PNEC	RCR=PEC/PNEC
淡水	0.049 89 mg/L	0.916 mg/L	0.054 465
淡水沉积物	0.254 415 mg/(kg・d)	333.97 mg/(kg・d)	0.000 762
海水	0.004 989 mg/L	0.092 mg/L	0.054 229
海水沉积物	0.025 442 mg/(kg・d)	33.4 mg/(kg・d)	0.000 762

陆地生态系统

体系	PEC	PNEC	RCR=PEC/PNEC
农用土壤	0.010 787 mg/(kg・d)	1 mg/(kg・d)	0.010 787
草地	0.006 675 mg/(kg・d)	1 mg/(kg・d)	0.006 675

续表

污水处理厂微生物			
体系	PEC	PNEC	RCR＝PEC/PNEC
污水处理厂	0.498 565 mg/L	10 mg/L	0.049 856
二次毒性			
食物来源	EC	$PNEC_{oral}$	RCR＝EC/DNEL
鱼	0.019 308 mg/kg	66.7 mg/kg	0.000 289
鱼，海水	0.001 931 mg/kg	66.7 mg/kg	0.000 029
食鱼动物，海水	0.000 39 mg/kg	66.7 mg/kg	0.000 005 85
蚯蚓	0.009 069 mg/kg	66.7 mg/kg	0.000 136
3.2　人体健康风险表征			
PROC 5：序批式配制混合物或物品的过程（多工序和/或显著接触）			
途径	EC	DNEL	RCR＝EC/DNEL
长期/全身/经皮	0.274 286 mg/(kg・d) 人（体重）	3.33 mg/(kg・d) 人（体重）	0.082 368
长期/全身/吸入	0.010 mg/m^3	11.8 mg/m^3	0.000 847
长期/全身/经皮＋吸入	0.275 714 mg/(kg・d) 人（体重）	—	0.083 216
PROC 8b：用专用的设备将物质/混合物转移至容器中（包括装料、卸料）			
途径	EC	DNEL	RCR＝EC/DNEL
长期/全身/经皮	0.137 143 mg/(kg・d) 人（体重）	3.33 mg/(kg・d) 人（体重）	0.041 184
长期/全身/吸入	0.001 mg/m^3	11.8 mg/m^3	0.000 085
长期/全身/经皮＋吸入	0.137 286 mg/(kg・d) 人（体重）	—	0.041 269
PROC 9：用专用设备将物质或混合物分装成小包装（包括称量）			
途径	EC	DNEL	RCR＝EC/DNEL
长期/全身/经皮	0.137 143 mg/(kg・d) 人（体重）	3.33 mg/(kg・d) 人（体重）	0.041 184
长期/全身/吸入	0.002 mg/m^3	11.8 mg/m^3	0.000 169
长期/全身/经皮＋吸入	0.137 429 mg/(kg・d) 人（体重）	—	0.041 354
4.　下游用户指南			
建议下游用户仅在以上操作条件和风险管理措施条件下使用			

附录十：美国环保署预防、农药及有毒物质办公室和 OECD 测试导则列表

第一部分 美国环保署预防、农药及有毒物质办公室测试导则列表

OPPTS Harmonized Test Guidelines (series 850 Ecological Effects Test Guidelines)

Group B-Terrestrial Wildlife

850. 2000-Background and Special Considerations- Tests with Terrestrial Wildlife (June 2012)

850. 2100-Avian Acute Oral Toxicity Test (June 2012)

850. 2200-Avian Dietary Toxicity Test (June 2012)

850. 2300-Avian Reproduction Test (June 2012)

850. 2400-Wild Mammal Toxicity Testing (June 2012)

850. 2500-Field Testing for Terrestrial Wildlife (June 2012)

Group C-Terrestrial Beneficial Insects, Invertebrates, and Soil and Wastewater Microorganisms

850. 3000-Background and Special Considerations- Tests with Terrestrial Beneficial Insects, Invertebrates and Microorganisms (June 2012)

850. 3020-Honey Bee Acute Contact Toxicity Test (June 2012)

850. 3030-Honey Bee Toxicity of Residues on Foliage (June 2012)

850. 3040-Field Testing for Pollinators (June 2012)

850. 3100-Earthworm Subchronic Toxicity Test (June 2012)

850. 3200-Soil Microbial Community Toxicity Test (June 2012)

850. 3300-Modified Activated Sludge, Respiration Inhibition Test (June 2012)

Group D-Terrestrial and Aquatic Plants, Cyanobacteria, and Terrestrial Soil Core Microcosm

850. 4000-Background and Special Considerations-Tests with Terrestrial and Aquatic Plants, Cyanobacteria, and Terrestrial Soil-Core Microcosms (June 2012)

850. 4100-Seedling Emergence and Seedling Growth (June 2012)

850. 4150-Vegetative Vigor (June 2012)

850. 4230-Early Seedling Growth Toxicity Test (June 2012)

850. 4300-Terrestrial Plants Field Study (June 2012)

850. 4400-Aquatic Plant Toxicity Test Using Lemna spp. (June 2012)

850. 4450-Aquatic Plants Field Study (June 2012)

850. 4500-Algal Toxicity (June 2012)

850. 4550-Cyanobacteria (Anabaena flos-aquae) Toxicity (June 2012)

850. 4600-Rhizobium-Legume Toxicity (June 2012)

850. 4800-Plant Uptake and Translocation Test (June 2012)

850. 4900-Terrestrial Soil-Core Microcosm Test (June 2012)

Group F-Field Test Data Reporting Guidelines

850. 6100-Environmental Chemistry Methods and Associated Independent Laboratory Validation (June 2012)

Link: http://www.epa.gov/ocspp/pubs/frs/publications/Test_Guidelines/series850.htm

OPPTS Harmonized Test Guidelines (series 870 Health Effects Test Guidelines)

Supplemental Guidance

Test Guidelines/Acute Toxicity-Acute Oral Toxicity Up-And-Down-Procedure

Guidance for Waiving or Bridging of Mammalian Acute Toxicity Tests for Pesticides and Pesticide Products

Guidance for Neurotoxicity Battery, Subchronic Inhalation, Subchronic Dermal and Immunotoxicity Studies

Genetic Toxicology: Integration of in vivo Testing into Standard Repeat Dose Studies

Use of an Alternate Testing Framework for Classification of Eye Irritation Potential of EPA Pesticide Products

Update on the Use of the Local Lymph Node Assay for End Use Pesticide Products and Adoption of the Reduced Dose Protocol for LLNA (rLLNA)

GroupA-Acute Toxicity Test Guidelines

870. 1000-Acute Toxicity Testing-Background (December 2002)

870. 1100-Acute Oral Toxicity (December 2002)

870. 1200-Acute Dermal Toxicity (August 1998)

870. 1300-Acute Inhalation Toxicity (August 1998)

870. 2400-Acute Eye Irritation (August 1998)

870. 2500-Acute Dermal Irritation (August 1998)

870. 2600-Skin Sensitization (March 2003)

Group B-Subchronic Toxicity Test Guidelines

870. 3050-Repeated Dose 28-Day Oral Toxicity Study in Rodents (July 2000)

870. 3100-90-Day Oral Toxicity in Rodents (August 1998)

870. 3150-90-Day Oral Toxicity in Non-rodents (August 1998)

870. 3200-21/28-Day Dermal Toxicity (August 1998)

870. 3250-90-Day Dermal Toxicity (August 1998)

870. 3465-90-Day Inhalation Toxicity (August 1998)

870. 3550-Reproduction/Developmental Toxicity Screening Test (July 2000)

870. 3650-Combined Repeated Dose Toxicity Study with the Reproduction/Developmental Toxicity Screening Test (July 2000)

870. 3700-Prenatal Developmental Toxicity Study (August 1998)

870. 3800-Reproduction and Fertility Effects (August 1998)

Group C-Chronic Toxicity Test Guidelines

870. 4100-Chronic Toxicity (August 1998)

870. 4200-Carcinogenicity (August 1998)

870. 4300-Combined Chronic Toxicity/Carcinogenicity (August 1998)

Group D-Genetic Toxicity Test Guidelines

870. 5100-Bacterial Reverse Mutation Test (August 1998)

870. 5140-Gene Mutation in Aspergillus nidulans (August 1998)

870. 5195-Mouse Biochemical Specific Locus Test (August 1998)

870. 5200-Mouse Visible Specific Locus Test (August 1998)

870. 5250-Gene Mutation in Neurospora crassa (August 1998)

870. 5275-Sex-linked Recessive Lethal Test in Drosophila melanogaster (August 1998)

870. 5300-In vitro Mammalian Cell Gene Mutation Test (August 1998)

870. 5375-In vitro Mammalian Chromosome Aberration Test (August 1998)

870. 5380-Mammalian Spermatogonial Chromosomal Aberration Test (August 1998)

870. 5385-Mammalian Bone Marrow Chromosomal Aberration Test (August 1998)

870. 5395-Mammalian Erythrocyte Micronucleus Test (August 1998)

870. 5450-Rodent Dominant Lethal Assay (August 1998)

870. 5460-Rodent Heritable Translocation Assays (August 1998)

870. 5500-Bacterial DNA Damage or Repair Tests (August 1998)

870. 5550-Unscheduled DNA Synthesis in Mammalian Cells in Culture (August 1998)

870. 5575-Mitotic Gene Conversion in Saccharomyces cerevisiae (August 1998)

870. 5900-In vitro Sister Chromatid Exchange Assay (August 1998)

870. 5915-In vivo Sister Chromatid Exchange Assay (August 1998)

Group E-Neurotoxicity Test Guidelines

870. 6100-Acute and 28-Day Delayed Neurotoxicity of Organophosphorus Substances (August 1998)

870. 6200-Neurotoxicity Screening Battery (August 1998)

870. 6300-Developmental Neurotoxicity Study (August 1998)

870. 6500-Schedule-Controlled Operant Behavior (August 1998)

870. 6850-Peripheral Nerve Function (August 1998)

870. 6855-Neurophysiology Sensory Evoked Potentials (August 1998)

Group F-Special Studies Test Guidelines

870. 7200-Companion Animal Safety (August 1998)

870. 7485-Metabolism and Pharmacokinetics (August 1998)

870. 7600-Dermal Penetration (August 1998)

870. 7800-Immunotoxicity (August 1998)

Group G-Health Effects Chemical-Specific Test Guidelines

870. 8355-Combined Chronic Toxicity/Carcinogenicity Testing of Respirable Fibrous Particles (July 2001)

Link：http：//www. epa. gov/ocspp/pubs/frs/publications/Test_Guidelines/series870. htm（下载于 2014 年 12 月 31 日）

第二部分：经济合作与发展组织（OECD）测试导则列表

OECD Guidelines for the Testing of Chemicals，Section 2 Effects on Biotic Systems

Summary of Considerations in the Report from the OECD Expert Group on Ecotoxicology 11-Sep-2006

Test No. 201：Freshwater Alga and Cyanobacteria，Growth Inhibition Test 28-Jul-2011

Test No. 202：Daphnia sp. Acute Immobilisation Test 23-Nov-2004

Test No. 203：Fish，Acute Toxicity Test 17-Jul-1992

Test No. 204：Fish，Prolonged Toxicity Test：14-Day Study 4-Apr-1984

Test No. 205：Avian Dietary Toxicity Test 4-Apr-1984

Test No. 206：Avian Reproduction Test 4-Apr-1984

Test No. 207：Earthworm，Acute Toxicity Tests 4-Apr-1984

Test No. 208：Terrestrial Plant Test：Seedling Emergence and Seedling Growth Test 17-Aug-2006

Test No. 209：Activated Sludge，Respiration Inhibition Test (Carbon and Ammonium Oxidation) 23-Jul-2010

Test No. 210：Fish，Early-life Stage Toxicity Test 26-Jul-2013

Test No. 211：Daphnia magna Reproduction Test 2-Oct-2012

Test No. 212：Fish，Short-term Toxicity Test on Embryo and Sac-Fry Stages 21-Sep-1998

Test No. 213：Honeybees，Acute Oral Toxicity Test 21-Sep-1998

Test No. 214：Honeybees，Acute Contact Toxicity Test 21-Sep-1998

Test No. 215：Fish，Juvenile Growth Test 21-Jan-2000

Test No. 216：Soil Microorganisms：Nitrogen Transformation Test 21-Jan-2000

Test No. 217：Soil Microorganisms：Carbon Transformation Test 21-Jan-2000

Test No. 218：Sediment-Water Chironomid Toxicity Using Spiked Sediment 23-Nov-2004

Test No. 219：Sediment-Water Chironomid Toxicity Using Spiked Water 23-Nov-2004

Test No. 220：Enchytraeid Reproduction Test 23-Nov-2004

Test No. 221：Lemna sp. Growth Inhibition Test 11-Jul-2006

Test No. 222：Earthworm Reproduction Test (Eisenia fetida/Eisenia andrei) 23-Nov-2004

Test No. 223：Avian Acute Oral Toxicity Test 23-Jul-2010

Test No. 224：Determination of the Inhibition of the Activity of Anaerobic Bacteria 25-Jan-2007

Test No. 225：Sediment-Water Lumbriculus Toxicity Test Using Spiked Sediment 15-Oct-2007

Test No. 226：Predatory mite (Hypoaspis (Geolaelaps) aculeifer) reproduction test in soil 16-Oct-2008

Test No. 227：Terrestrial Plant Test：Vegetative Vigour Test 17-Aug-2006

Test No. 228：Determination of Developmental Toxicity of a Test Chemical to Dipteran DungFlies（Scathophaga stercoraria L.（Scathophagidae），Musca autumnalis De Geer（Muscidae））16-Oct-2008

Test No. 229：Fish Short Term Reproduction Assay 2-Oct-2012

Test No. 230：21-day Fish Assay 8-Sep-2009

Test No. 231：Amphibian Metamorphosis Assay 8-Sep-2009

Test No. 232：Collembolan Reproduction Test in Soil 8-Sep-2009

Test No. 233：Sediment-Water Chironomid Life-Cycle Toxicity Test Using Spiked Water or Spiked Sediment 23-Jul-2010

Test No. 234：Fish Sexual Development Test 28-Jul-2011

Test No. 235：Chironomus sp.，Acute Immobilisation Test 28-Jul-2011

Test No. 236：Fish Embryo Acute Toxicity（FET）Test 26-Jul-2013

Test No. 237：Honey Bee（Apis Mellifera）Larval Toxicity Test，Single Exposure 26-Jul-2013

Test No. 238：Sediment-Free Myriophyllum Spicatum Toxicity Test 26-Sep-2014

Link：http：//www.oecd-ilibrary.org/environment/oecd-guidelines-for-the-testing-of-chemicals-section-2-effects-on-biotic-systems_20745761

OECD Guidelines for the Testing of Chemicals，Section 4 Health Effects

Summary of Considerations in the Report from the OECD Expert Groups on Short Term and Long Term Toxicology 11-Sep-06

Test No. 401（obsoleted）：Acute Oral Toxicity 24-Feb-1987（已废止）

Test No. 402：Acute Dermal Toxicity 24-Feb-1987

Test No. 403：Acute Inhalation Toxicity 8-Sep-2009

Test No. 404：Acute Dermal Irritation/Corrosion 24-Apr-2002

Test No. 405：Acute Eye Irritation/Corrosion 2-Oct-2012

Test No. 406：Skin Sensitisation 17-Jul-1992

Test No. 407：Repeated Dose 28-day Oral Toxicity Study in Rodents 16-Oct-2008

Test No. 408：Repeated Dose 90-Day Oral Toxicity Study in Rodents 21-Sep-1998

Test No. 409：Repeated Dose 90-Day Oral Toxicity Study in Non-Rodents 21-Sep-1998

Test No. 410: Repeated Dose Dermal Toxicity: 21/28-day Study 12-May-1981

Test No. 411: Subchronic Dermal Toxicity: 90-day Study 12-May-1981

Test No. 412: Subacute Inhalation Toxicity: 28-Day Study 8-Sep-2009

Test No. 413: Subchronic Inhalation Toxicity: 90-day Study 8-Sep-2009

Test No. 414: Prenatal Development Toxicity Study 22-Jan-2001

Test No. 415: One-Generation Reproduction Toxicity Study 26-May-1983

Test No. 416: Two-Generation Reproduction Toxicity 22-Jan-2001

Test No. 417: Toxicokinetics 23-Jul-2010

Test No. 418: Delayed Neurotoxicity of Organophosphorus Substances Following Acute Exposure 27-Jul-1995

Test No. 419: Delayed Neurotoxicity of Organophosphorus Substances: 28-day Repeated Dose Study 27-Jul-1995

Test No. 420: Acute Oral Toxicity-Fixed Dose Procedure 8-Feb-2002

Test No. 421: Reproduction/Developmental Toxicity Screening Test 27-Jul-1995

Test No. 422: Combined Repeated Dose Toxicity Study with the Reproduction/Developmental Toxicity Screening Test 22-Mar-1996

Test No. 423: Acute Oral toxicity-Acute Toxic Class Method 8-Feb-2002

Test No. 424: Neurotoxicity Study in Rodents 21-Jul-1997

Test No. 425: Acute Oral Toxicity: Up-and-Down Procedure 16-Oct-2008

Test No. 426: Developmental Neurotoxicity Study 15-Oct-2007

Test No. 427: Skin Absorption: In Vivo Method 23-Nov-2004

Test No. 428: Skin Absorption: In Vitro Method 23-Nov-2004

Test No. 429: Skin Sensitisation 23-Jul-2010

Test No. 430: In Vitro Skin Corrosion: Transcutaneous Electrical Resistance Test Method (TER) 26-Jul-2013

Test No. 431: In Vitro Skin Corrosion: Reconstructed Human Epidermis (Rhe) Test Method 26-Sep-2014

Test No. 432: In Vitro 3T3 NRU Phototoxicity Test 23-Nov-2004

Test No. 435: In Vitro Membrane Barrier Test Method for Skin Corrosion 17-Aug-2006

Test No. 436: Acute Inhalation Toxicity-Acute Toxic Class Method 8-Sep-2009

Test No. 437: Bovine Corneal Opacity and Permeability Test Method for Identifying i) Chemicals Inducing Serious Eye Damage and ii) Chemicals Not Requiring Classification for Eye Irritation or Serious Eye Damage 26-Jul-2013

Test No. 438: Isolated Chicken Eye Test Method for Identifying i) Chemicals Inducing Serious Eye Damage and ii) Chemicals Not Requiring Classification for Eye Irritation or Serious Eye Damage 26-Jul-2013

Test No. 439: In Vitro Skin Irritation-Reconstructed Human Epidermis Test Method 26-Jul-2013

Test No. 440: Uterotrophic Bioassay in Rodents 15-Oct-2007

Test No. 441: Hershberger Bioassay in Rats 8-Sep-2009

Test No. 442A: Skin Sensitization 23-Jul-2010

Test No. 442B: Skin Sensitization 23-Jul-2010

Test No. 443: Extended One-Generation Reproductive Toxicity Study 2-Oct-2012

Test No. 451: Carcinogenicity Studies 8-Sep-2009

Test No. 452: Chronic Toxicity Studies 8-Sep-2009

Test No. 453: Combined Chronic Toxicity/Carcinogenicity Studies 8-Sep-2009

Test No. 455: Performance-Based Test Guideline for Stably Transfected Transactivation In Vitro Assays to Detect Estrogen Receptor Agonists 2-Oct-2012

Test No. 456: H295R Steroidogenesis Assay 28-Jul-2011

Test No. 457: BG1Luc Estrogen Receptor Transactivation Test Method for Identifying Estrogen Receptor Agonists and Antagonists 2-Oct-2012

Test No. 460: Fluorescein Leakage Test Method for Identifying Ocular Corrosives and Severe Irritants 2-Oct-2012

Test No. 471: Bacterial Reverse Mutation Test 21-Jul-1997

Test No. 473: In Vitro Mammalian Chromosomal Aberration Test 26-Sep-2014

Test No. 474: Mammalian Erythrocyte Micronucleus Test 26-Sep-2014

Test No. 475: Mammalian Bone Marrow Chromosomal Aberration Test 26-Sep-14

Test No. 476: In vitro Mammalian Cell Gene Mutation Test 21-Jul-1997

Test No. 477: Genetic Toxicology: Sex-Linked Recessive Lethal Test in Drosophila melanogaster 4-Apr-1984

Test No. 478: Genetic Toxicology: Rodent Dominant Lethal Test 4-Apr-1984

Test No. 479: Genetic Toxicology: In vitro Sister Chromatid Exchange Assay in Mammalian Cells 23-Oct-1986

Test No. 480: Genetic Toxicology: Saccharomyces cerevisiae, Gene Mutation Assay 23-Oct-1986

Test No. 481: Genetic Toxicology: Saacharomyces cerevisiae, Miotic Recombination Assay 23-Oct-1986

Test No. 482: Genetic Toxicology: DNA Damage and Repair, Unscheduled DNA Synthesis in Mammalian Cells in vitro 23-Oct-1986

Test No. 483: Mammalian Spermatogonial Chromosome Aberration Test 21-Jul-1997

Test No. 484: Genetic Toxicology: Mouse Spot Test 23-Oct-1986

Test No. 485: Genetic toxicology, Mouse Heritable Translocation Assay 23-Oct-1986

Test No. 486: Unscheduled DNA Synthesis (UDS) Test with Mammalian Liver Cells in vivo 21-Jul-1997

Test No. 487: In Vitro Mammalian Cell Micronucleus Test 26-Sep-2014

Test No. 488: Transgenic Rodent Somatic and Germ Cell Gene Mutation Assays 26-Jul-2013

Test No. 489: In Vivo Mammalian Alkaline Comet Assay 26-Sep-2014

http: //www. oecd-ilibrary. org/environment/oecd-guidelines-for-the-testing-of-chemicals-section-4-health-effects _ 20745788

词条对照表

AD 空气动力学直径
ADI 每日允许摄入量
AEC 澳大利亚环境理事会
AICS 澳大利亚化学物质名录
BMD 基准剂量
CAS 美国化学文摘号
CCA 化学物质控制法案
CFCs 全氯氟烃
CHESAR 化学物质安全评估和报告软件
CHRIP 化学物质风险信息平台
CMR 致癌物，致突变物，生殖毒性物质
CSCL 化学物质审查与生产控制法
CSR 化学安全报告
CTC 四氯化碳
DOC 特定有机化学品
DSL 加拿大国内物质清单
ECETOC 欧洲化学物质生态毒理学和毒理学中心
ECHA 欧洲化学品管理局
EINECS 欧洲现有化学物质目录
ELINCS 欧洲申报化学物质名录
EPD（香港）环境保护署
EPM 平衡分配法
ES 暴露场景
EUSES 欧盟化学物质评价系统
GHS 全球化学品统一分类和标签制度
GLP 良好实验室规范
HBFCs 溴氟烃
HCCO 香港有毒化学品管制条例
HCFCs 氯氟烃
IARC 国际癌症研究机构
IATA 国际航空运输协会
ICCA 国际化工协会联合会
IDLHs 立即威胁生命或健康的浓度
IECSC 中国现有化学物质名录
IMDG 国际海上危险货物运输规则
IPCS 国际化学品安全规划
ISHL 工业安全与健康法
IUCLID 国际通用化学信息数据库
KCMA 韩国化学物质管理协会
KECI 韩国现有化学物质名录
K-REACH 韩国化学物质注册与评估法案
LOAEL 观察到有害效应的最低水平
LOEL 观察到效应的最低水平
MAC 最高允许浓度
MAD 数据互认计划
METI 日本经济产业省
MLF 多边基金
MLHW 厚生劳动省
MPL 最大容许水平
MRLs 最大残留限量
MSDS 化学品安全技术说明书
NICNAS 国家工业化学物质申报评价计划
NIER 国立环境研究所
NOAEL 未观察到有害效应水平
NOEL 未观察到效应水平
ODP 消耗臭氧潜能值
ODS 消耗臭氧层物质
OECD 经济合作与发展组织

OEL 职业暴露限值
OR 唯一代表
PBT 持久性、生物蓄积性和毒性
PEC 预期环境浓度
PLC 低关注聚合物
PNEC 预期无（有害）作用浓度
PRTR 污染物释放与转移登记制度
PTMI 暂定每月耐受摄入量
PTWI 暂定每周容许摄入量
QSAR 结构活性定量估算
RCR 风险表征比值
REACH 化学品注册、评估、授权和限制法规
REACH IT 注册信息交流平台
Read-Across 交叉参照
RfC 参考浓度
RfD 参考剂量
RMMs 风险控制措施
SAHTECH 财团法人安全卫生技术中心
SAICM 国际化学品管理战略方针
SDS 安全数据表
SIEF 物质信息交换论坛
SSD 物种敏感性分布
SVHC 高度关注物质
TCCA 毒性化学物质控制法案
TCSI 台湾既有化学物质清单
TDI 每日耐受摄入量
TSCA 美国毒性物质管理法
TWA 时间加权平均浓度
UNEP 联合国环境规划署
vPvB 高持久性、高生物蓄积性
WHO 世界卫生组织
WMO 世界气象组织
WTO 世界贸易组织

作者简介

暨荀鹤，中国毒理学会理事，中国毒理学会注册毒理学家，现供职于亨斯迈集团，担任全球化学品注册与登记经理。先后毕业于北京大学医学部和中国科学院上海分院，获药理学学士和分子生物学与生物化学博士学位。具有近二十年在药理、毒理领域的研究经验和十年在化学物质风险评估方面的经验。是风险评估、化学物质登记与管理、毒理学等领域的资深专家。

李明，中国毒理学会注册毒理学家，现供职于亨斯迈集团，担任全球化学品注册与登记项目经理。毕业于华东理工大学资源与环境工程学院，获环境工程硕士学位。具有近十年化学品法规事务方面的从业经验，在化学物质注册与登记、化学物质风险评估、化工企业化学品合规性、产品安全监管等领域具有丰富的经验。

丁晓阳，华东理工大学环境系工学士，武汉大学法学院环境法学硕士，高级工程师，注册安全工程师，NEBOSH IGC Distinction。现任索理思化工亚太区环境健康安全与法规事务经理。专注于跨国公司环境诉讼、化学品管理和产品安全法规、转基因产品国际贸易规则与生物安全政策、化工过程安全法规、物流安全、技术风险规制、化学品相关刑事诉讼等领域。

皇甫平燕，华东理工大学化学工程硕士。有近十五年跨国企业化学品法规合现和产品安全监管经验。现任路博润（上海）管理有限公司亚太区产品安全和法规经理。

李群英，华东理工大学应用化学本科、有机合成专业硕士毕业，现供职于朗盛化学（中国）有限公司，担任产品安全和法规事务经理职务。具有多年化学品及产品法规符合性方面的工作经验。

钱立忠，现供职于宣伟（上海）涂料有限公司，担任亚太区法规事务总监。毕业于华东理工大学化学工程系。曾分别在通用电气、汉高股份、亚什兰等跨国企业从事 EHS 和法规事务工作，具有近二十年的 EHS 和法规事务管理经验，熟悉化学品全过程管理、环境风险管理、职业健康和工艺安全管理等工作。

张静，中国毒理学会认证毒理学家，现供职于亨斯迈集团，担任产品安全监管与法规符合性顾问。东北师范大学生态学本科；南开大学环境科学硕士。具有近十年化学品法规符合性方面的工作经验。熟悉亚洲、欧洲和美国等国家和地区的化学品管理法规以及化工企业产品安全监管体系，在新化学物质申报和化学物质风险评估等方面有丰富的经验。

郑洁华，现供职于亚什兰，担任亚太区产品法规经理。华东理工大学科技英语（化工方向）本科；目前为上海交通大学制药工程专业在读硕士。具有十几年化学品法规监管工作经历。在亚太区的化学品安全、化学品应用法规、化学物质登记与管理等领域有相关管理经验。

周纪标，华东理工大学石油加工本科，美国南哥伦比亚大学工商管理硕士，持有英国职业健康安全学院（IOSH）安全经理证书，六西格玛绿带，注册安全工程师。现任法国阿科玛集团亚太区安全健康环保及质量总监，曾任职于中石化、林德、通用电气、泰科国际，管理区域覆盖中国、日本、韩国、新加坡、马来西亚、印尼、菲律宾、泰国、印度、澳大利亚、新西兰等。